晋西黄土高原

植物志

曲 红　王百田　路端正 ◎编著

中国林业出版社
China Forestry Publishing House

图书在版编目(CIP)数据

晋西黄土高原植物志 / 曲红，王百田，路端正编著.
—北京：中国林业出版社，2022.12
ISBN 978-7-5219-2013-0

Ⅰ.①晋…　Ⅱ.①曲…②王…③路…　Ⅲ.①黄土高
原-植物志-山西　Ⅳ.①Q948.522.5

中国版本图书馆 CIP 数据核字(2022)第 248627 号

策划编辑：刘家玲
责任编辑：肖　静　邹　爱
封面设计：北京时代澄宇科技有限公司

———————————————

出版发行：中国林业出版社
　　　　　(100009，北京市西城区刘海胡同 7 号，电话 83223120)
电子邮箱：cfphzbs@163.com
网址：www.forestry.gov.cn/lycb.html
印刷：河北京平诚乾印刷有限公司
版次：2022 年 12 月第 1 版
印次：2022 年 12 月第 1 次
开本：787mm×1092mm　1/16
印张：21.25
字数：428 千字
定价：80.00 元

晋西黄土高原是我国重点水土流失地区。新中国成立后，对晋西黄土高原的水土流失进行了不懈的治理，生态环境明显改善。作为基础研究的植物区系与植物资源利用方面的研究相对滞后，未形成系统的科研成果。党的十七大提出科学发展观和建设社会主义新农村的战略方针，对晋西黄土高原的水土保持研究提出更高的要求，不仅要考虑农民的增收致富，更要考虑生态环境的保护与资源的合理利用，做到可持续发展，实现人与环境、人与自然的和谐相处。这就要求对晋西黄土高原的植物区系与植物资源的分布、利用现状有一个客观的认识，以便制订出科学合理的保护利用规划方案。基于这种指导思想，从2006年开始，笔者对晋西黄土高原做系统的植物多样性调查，编制《晋西黄土高原植物多样性目录》，在此基础上对晋西黄土高原植物区系与植物资源利用的问题进行分析研究。

晋西黄土高原地处半干旱区，在植物区系区划中属于泛北极植物区中国–日本森林植物亚区华北地区黄土高原亚地区。植物区系具有强烈的北方半干旱区的特点，共有维管束植物 664 种（含变种、变型，不含农作物），为山西植物种类总数的 27.9%。其中，长梗灰叶黄芪（*Astragalus discolor* var. *longipedicellus*）、白花远志（*Polugala tenuifolia* f. *alba*）为新分类群；牛枝子（*Lespedeza potaninii*）、细叶百脉根（*Lotus tenuis*）、阿拉善鹅观草（*Roegneria alashanica*）、雀瓢（*Cynanchum thesioides* var. *australe*）、紫花拐轴鸦葱（*Scprzonera divaricata* var. *sublilacina*）、红梗蒲公英（*Taxacum erythropodium*）、紫芒披碱草（*Elymua purpuraristatus*）、狭叶鹅观草（*Roegneria sinioca* var. *angustifolia*）、光盘早熟禾（*Poa elanata*）、西伯利亚早熟禾（*P. sibirica*）、密花小根蒜（*Allium macrostemon* var. *urarense*）等 7 种 4 变种为《山西植物志》的增补；野大豆（*Glycine soja*）、甘草（*Glycyrrhiza uralensis*）、黄檗（*Phellodendron amurense*）、中国沙棘（*Hippophae rhamnoides* ssp. *chinensis*）、穿山薯蓣（*Dioscorea nipponica*）、大花杓兰（*Cypripedium macranthum*）、小花火烧兰（*Epipactis helloborine*）、角盘兰（*Herminium monorchis*）、羊耳蒜（*Liparis japonica*）、二叶舌唇兰（*Platanthera cholorantha*）、绥草（*Spiranthes sinensis*）、蜻蜓兰（*Tulotis asiatica*）等 12 种为国家重点保护的珍稀濒危植物。这充分说明晋西黄土高原在山西植物区系中具有一定重要性。

目录

晋西黄土高原自然概况

晋西黄土高原位于山西西部，西起黄河岸边，东到吕梁山石质山麓，北起临县紫金山，南到吉县人祖山。地理坐标为东经 110°30′~111°36′，北纬 36°16′~38°18′，总面积 13 864km²，地跨吕梁、临汾两个地区，含临县、柳林、石楼、永和、隰县、蒲县全部，离石市除东南部以外的大部分，方山县和中阳县的西部，吉县人祖山北麓。

晋西黄土高原为沟壑纵横的梁峁状黄土丘陵地貌，海拔高度多在 1100m 左右，最高可达 1822m（临县紫金山）。地表大部分为第四纪马兰黄土所覆盖，厚度在 50~100m。海拔 1400m 以上会有石质山脉出露，多为石英砂岩。

有发源于兴县的湫水河、发源于岚县的三川河、发源于蒲县的昕水河三条较大的黄河一级支流流经本区。土壤侵蚀模数在 5000t/km² 以上。

晋西黄土高原是显著的季风型大陆气候，降水季节变化很大，大部分集中在夏季。年平均降水多在 500mm，南部的永和、大宁、石楼一带可多达 550~600mm，西部近吕梁山麓的地区可降至 450mm 甚至更少。年平均气温 8~10℃，临汾地区各县较吕梁地区各县要高。无霜期 160~180d，海拔 1400m 以上的地区可降至 140d。

晋西黄土高原属于暖温带落叶阔叶林地带、北暖温带落叶阔叶林亚地带；晋中部山地丘陵、盆地云杉、油松、辽东栎林地区。地带性植被应是落叶阔叶林，但由于开发历史悠久，森林植被早破坏殆尽，只有在北部临县紫金山、南部人祖山呈孤岛状保留有辽东栎林及山杨、白桦次生林。广袤的黄土梁峁地和黄土塬地早开垦为农田，在边缘黄土峭壁处可见到残存的臭椿、栾树林的片段。在干旱阳坡上发育有虎榛子、沙棘、荆条、黄刺玫次生灌丛及草原植被。主要草原类型有针茅草原、白羊草草原、铁杆蒿草原、牛枝子草原、鹅观草草原等。在阴坡有大面积的人工林，主要是油松林、侧柏林、刺槐林，也有华北落叶松林。在沟谷有湿生草甸发育。

晋西黄土高原植物区系分析

1. 区系的组成特征

晋西黄土高原共有维管束植物 664 种（含变种、变型，不含农作物），分属于 96 科 348 属（恩格勒系统）。其中，蕨类植物 4 科 4 属 7 种；裸子植物 3 科 5 属 8 种；双子叶植物 77 科 279 属 529 种；单子叶植物 12 科 60 属 120 种（表 1）。科、属、种分别占山西植物的 56.8%、39.0%、27.9%。

表 1　维管束植物组成分析

类别	科		属		种	
	野生	栽培	野生	栽培	野生	栽培
蕨类植物	4		4		7	
裸子植物	3		3	2	6	2

（续）

类别	科		属		种	
	野生	栽培	野生	栽培	野生	栽培
双子叶植物	72	5	263	16	486	43
单子叶植物	12		58	2	117	3
小计	91	5	328	20	616	48
合计	96		348		664	

2. 科的统计分析

晋西黄土高原维管束植物区系中，含 15 种以上的科有 7 科，仅占全部科的 7.3%，却包含 145 属 304 种，分别是全部属、种的 41.7% 和 45.8%。含 2~5 种的区域性少种科和区域性单种科分别为 36 科和 27 科，占到总科数的 65.6%，而包含的属与种分别只占 25.6% 和 19.6%（表 2）。

表 2　科的统计分析

项目	科数	占总科数比(%)	属数	占总属数比(%)	种数	占总种数比(%)
含 15 种以上	7	7.3	145	41.7	304	45.8
10~14 种	7	7.3	40	11.5	88	13.3
6~9 种	19	19.8	74	21.3	142	21.4
2~5 种	36	37.5	62	17.8	103	15.5
区域性单种科	27	28.1	27	7.8	27	4.1
合计	96	100.0	348	100.0	664	100.0

在优势科的统计分析（表 3）中可以看出，排在前 4 位，含 40 种以上的科是菊科（Compositae）、禾本科（Gramineae）、蔷薇科（Rosaceae）、豆科（Leguminosae），共含 236 种，占 35.5%。晋西黄土高原植物既有向少数世界性的大科集中的倾向，又有向 65% 以上的少种科和单种科分散的趋势。

表 3　优势科的统计分析

序号	科名	属数	占总属数比(%)	种数	占总种数比(%)
1	菊科	37	10.6	71	10.7
2	禾本科	30	8.6	64	9.6
3	蔷薇科	18	5.2	52	7.8
4	豆科	22	6.3	49	7.4
5	唇形科	18	5.2	24	3.6
6	毛茛科	10	2.9	22	3.3

（续）

序号	科名	属数	占总属数比（%）	种数	占总种数比（%）
7	百合科	10	2.9	22	3.3
8	蓼科	5	1.4	14	2.1
9	杨柳科	2	0.6	14	2.1
10	伞形科	9	2.6	13	2.0
11	莎草科	5	1.4	13	2.0

3. 属的统计分析

晋西黄土高原含 10 种以上的属只有蒿属（*Artemisia*），含 16 种，占 2.4%。2~5 种的少种属与单种属分别占到 47.4% 和 32.1%（表 4）。本区的优势属有蒿属、委陵菜属（*Potentilla*）、堇菜属（*Viola*）、蓼属（*Polygonum*）、铁线莲属（*Clematis*）、黄芪属（*Astragalus*）、忍冬属（*Lonicera*）等（表 5）。

表 4　属的统计分析

项目	属数	占总属数比（%）	种数	占总种数比（%）
含 10 种以上	1	0.3	16	2.4
6~9 种	17	4.9	120	18.1
2~5 种	117	33.6	315	47.4
区域性单种属	213	61.2	213	32.1
合计	348	100.0	664	100.0

表 5　优势属的统计分析

序号	属名	种数	占总种数比（%）
1	蒿属	16	2.4
2	委陵菜属	9	1.4
3	堇菜属	9	1.4
4	蓼属	8	1.2
5	铁线莲属	8	1.2
6	黄芪属	8	1.2
7	忍冬属	8	1.2
8	杨属	7	1.1
9	柳属	7	1.1
10	蔷薇属	7	1.1
11	鹅观草属	7	1.1

4. 植物生活型分析

晋西黄土高原的木本植物共 224 种，占 33.7%；草本植物 440 种，占 66.3%（表 6）。草本植物占有绝对优势，反映了温带气候的特点。

表 6　植物生活型统计

生活型		种数	小计	占总种数比(%)
木本植物	乔木	91	224	33.7
	灌木	118		
	藤本植物	15		
草本植物	多年生	335	440	66.3
	一二年生	105		
合计			664	100.0

5. 区系分布区类型与分析

本区的蕨类植物仅有 7 种，分属于 4 科 4 属。卷柏属(*Selaginella*)与铁角蕨属(*Asplenium*)为世界分布类型，粉背蕨属(*Alaeuritopteris*)为热带与亚热带分布类型，木贼属(*Equisetum*)为温带分布类型(表 7)。本区蕨类植物种类不够丰富，且多为旱生种类，与本区地处半干旱区有关。

表 7　蕨类植物分布区类型

分布区类型	科数	属数	种数
世界分布	2	2	2
热带及亚热带分布	1	1	2
温带分布	1	1	3
合计	4	4	7

本区共有种子植物 344 属，包含中国种子植物全部的 15 个分布区类型(表 8)。在种类相对贫乏的半干旱区来说，是具有一定的复杂性的。典型温带分布类型的属多达 183 属，占 53.2%，其中，北温带分布类型达到 116 属，充分说明该植物区系与所处的地理位置是一致的。热带分布类型在本区有 49 属，占 14.2%，东亚分布类型有 23 属，占 6.7%。另外，东亚和北美间断分布，地中海区、西亚至中亚分布，中亚分布各占 4.9%，2.3%，1.2%。该区植物区系的形成是以北温带分布类型为主，和热带、东亚分布类型有紧密联系，而西亚、中亚成分对本区的影响较小。

表 8　种子植物分布区类型

序号	分布区类型	属数	占总属数比(%)
1	世界分布	51	14.8
2	泛热带分布	30	8.7

（续）

序号	分布区类型	属数	占总属数比（%）
3	热带亚洲和热带美洲间断分布	2	0.6
4	旧世界热带分布	4	1.2
5	热带亚洲至热带大洋洲分布	4	1.2
6	热带亚洲至热带非洲分布	9	2.6
7	热带亚洲分布	4	1.2
8	北温带分布	116	33.7
9	东亚和北美间断分布	17	4.9
10	旧世界温带分布	50	14.5
11	温带亚洲分布	16	4.7
12	地中海区、西亚至中亚分布	8	2.3
13	中亚分布	4	1.2
14	东亚分布	24	7.0
15	中国特有分布	5	1.5
合计		344	100.0

（1）世界分布

本区共 51 属，占全部属的 14.8%。其中，木本属只有鼠李（Rhamnus）、槐属（Sophora），木本、草本兼有的有铁线莲属、悬钩子属（Rubus）、茄属（Solanum），其余皆是草本属。鼠李属、铁线莲属多见于山坡灌丛，金丝桃属（Hypericum）、堇菜属、猪殃殃属（Galium）、鼠尾草属（Salvia）、茄属、黄芪属、悬钩子属、薹草属（Carex）等在各种森林地被群落中都可见到。早熟禾属（Poa）、猪毛菜属（Salsola）、藜属（Chenopodium）在半干旱区是习见种类。毛茛属（Ranunculus）、百金花属（Centaurium）、荸荠属（Eleocharis）、灯心草属（Juncus）、藨草属（Scirpus）、香蒲属（Thypa）、芦苇属（Phragmites）、水麦冬属（Triglochin）等见于流水沟谷沼泽湿地。

（2）泛热带分布

本区共 30 属，占全部属的 8.7%。木本植物中枣属（Zyziphus）的酸枣（Z. acidojujuba）、牡荆属（Vitex）的荆条（V. negundo var. heterophylla）是一些灌丛群落的建群种，另外还有麻黄属、朴属（Celtis）、木蓝属（Indigofera）、一叶萩属（Securinega）、卫矛属（Euonymus）、醉鱼草属（Buddleja）等。草本植物中白前属（Cynanchum）含 6 种、大戟属（Euphorbia）、打碗花属（Calystegia）和狗尾草属（Setaria）含 4 种，其余多为区域性单种属，如马兜铃属（Aristolochia）、薯蓣属（Dioscorea）、菝葜属（Smilax）等，孔颖草属（Bothriochloa）的白羊草（B. ischaemum）为主的草原是本区的主要草原类型。

（3）热带亚洲与热带美洲间断分布

本区仅2属，即对节刺属（*Sageretia*）与栽培花卉大丽花属（*Dahlia*）。

（4）旧世界热带分布

本区4属，木本有吴茱萸属（*Euodia*）、寄生的桑寄生属（*Loranthus*）、栽培的合欢属（*Albizia*）。草本有百蕊草属（*Thesium*）、天门冬属（*Asparagus*）。

（5）热带亚洲至热带大洋洲分布

本区4属，均为木本，有臭椿属（*Ailanthus*）、雀儿舌头属（*Leptopus*）、荛花属（*Wikstroemia*）以及栽培的香椿属（*Toona*）。

（6）热带亚洲至热带非洲分布

本区共9属，占全部属的2.6%。除杠柳属（*Periploca*）为木本外其余均为草本，它们有赤瓟属（*Thladiantha*）、荩草属（*Arthraxon*）、芒属（*Miscanthus*）、菅属（*Themeda*）、草沙蚕属（*Tripogon*）等。大豆属（*Glycine*）的野大豆（*G. soja*）是国家保护植物。蓖麻属（*Ricinus*）的蓖麻（*R. communis*）在当地为栽培作物，亦见有逸生为野生的。

（7）热带亚洲分布

本区仅4属，木本的是构树属（*Broussonetia*），草本的蛇莓属（*Duchesnea*）、刺果菊属（*Pterocypsela*）和小苦荬属（*Ixeridium*），后者在本区分布甚广。

（8）北温带分布

北温带分布类型在晋西黄土高原多达116属，占全部属的33.7%，是构成本区各种植物群落的主体，充分说明本区植物区系与所处的地理位置与气候相吻合。一些典型的北温带分布的科，如菊科、蔷薇科、禾本科在本区分布中占有重要地位。桦木属（*Betula*）、杨属（*Populus*）的山杨（*P. davidiana*）、栎属（*Quercus*）是作为地带性植被落叶阔叶林主体，在本区虽分布面积不大，仅在海拔1400m以上孤立出露的石质山地分布，但对本区的生态、经济有重要作用。核桃属（*Juglans*）、苹果属（*Malus*）是本区的重要经济树种。松属（*Pinus*）、落叶松属（*Larix*）、榆属（*Ulmus*）、杨属的许多树种是本区的重要造林树种。栒子属（*Cotoneaster*）、忍冬属（*Lonicera*）、荚蒾属（*Viburnum*）、太山梅花属（*Philadelphus*）、葡萄属（*Vitis*）等是习见的林下灌木、藤本。蔷薇属、绣线菊属（*Spiraea*）、黄栌属（*Cotinus*）是主要灌丛的构成树种。禾本科的赖草属（*Aneurolepidium*）、披碱草属（*Elumus*）、针矛属（*Stipa*）、野青矛属（*Deyeuxia*）是草原、草甸群落的主要成分。虫实属（*Corispermum*）、委陵菜属、唐松草属（*Thalictrum*）、野豌豆属（*Viccia*）、风毛菊属（*Saussurea*）、蒿属、百合属（*Lilium*）、黄精属（*Polygonatum*）、鸢尾属（*Iris*）都是北温带典型的草本属。勺兰属（*Cypripedium*）、火烧兰（*Epipactis*）、舌唇兰属（*Platanthera*）、绶草属（*Spirantes*）是国家保护植物。

（9）东亚和北美间断分布

本区共17属，占全部属的4.9%。木本属有10属，其中，山核桃属（*Carya*）、紫穗槐属（*Amorpha*）、皂荚属（*Gleditsia*）、刺槐属（*Robinia*）为栽培树种，蝙蝠葛属（*Menispermum*）、漆树属（*Toxicodendron*）、楤木属（*Aralia*）、梓树属（*Catalpa*）分布在本区南部人祖山。胡枝子属（*Lespedeza*）、白蔹属（*Ampelopsis*）在本区广为分布。草本有红升麻属

（*Astilbe*）、大丁草属（*Leibnitzia*）、蜻蜓兰属（*Tulotis*）、透骨草属（*Phryma*）。向日葵属（*Helianthus*）为栽培植物，但逸生植株较为多见。

（10）旧世界温带分布

本区有 50 属，占全部属的 14.5%，是第二位的区系成分（世界分布除外）。木本的沙棘属（*Hypophae*）、丁香属（*Syringa*）是山地灌丛的主要成分。柽柳属（*Tamarix*）、水柏枝属（*Myricaria*）见于河滩地。桃属（*Amygdalus*）、梨属（*Pynus*）既有栽培果树，也有野生树种。连翘属（*Forsythia*）在南部人祖山习见。草本习见的有石竹属（*Dianthus*）、苜蓿属（*Medicago*）、青兰属（*Dracocephalum*）、益母草属（*Leonurus*）、菊属（*Dendranthema*）、山莴苣属（*Lactuca*）、鸦葱属（*Scorzonera*）。芨芨草属（*Achnatherum*）、隐子草属（*Cleistogenes*）、鹅观草属（*Roegneria*）是草原植被的重要成分。

（11）温带亚洲分布

该分布区类型在晋西黄土高原有 16 属。其中，锦鸡儿属（*Caragana*）是重要的水土保持树种，杏属（*Armeniaca*）是适合当地气候的经济树种。荆芥属（*Schizonepeta*）、米口袋属（*Gueldenstaedtia*）是药用植物。蕊巴属（*Cymbaria*）在黄土坡地上习见，刺儿菜属（*Cephalanoplos*）是常见农田杂草。

（12）地中海区、西亚至中亚分布

本区有 8 属，除栽培的石榴（*Punica granntum*）外均为草本属。其中，甘草属（*Glycirriza*）为药用植物，也是受保护的植物资源。牻牛儿苗属（*Erodium*）、糖芥属（*Erisimum*）在本区广布，离子草属（*Chorispora*）多见于南部地区的农田中。还有疗齿草属（*Odontites*）、顶羽菊属（*Acroptilon*）。

（13）中亚分布

仅大麻属（*Cannabis*）、沙蓬属（*Agriophyllum*）、防风属（*Ledebouriella*）、角蒿属（*Incarvillea*）4 属。大麻属为栽培植物，但逸生植株已随处可见，防风属是药用植物。

（14）东亚分布

本区有 24 属，占全部属的 7%。木本属有 9 属，其中，刚竹属（*Phyllostachys*）、泡桐属（*Paulownia*）在本区南部有种植，侧柏属（*Platycladus*）在本区各地均有野生，但大面积的还是人工林。栾树属（*Koelreuteria*）分布亦较广，多见于黄土塬地边缘。黄檗属（*Phellodendron*）、刺楸属（*Kalopanax*）仅见于南部山区。扁核木属（*Prinsepis*）、溲疏属（*Deutzia*）为林下灌木，薄皮木属（*Leptodermis*）生于阳坡罐丛。草本植物中的狗娃花属（*Heteropappus*）在本区极为习见。党参属（*Codonopsis*）、苍术属（*Atractylodes*）、地黄属（*Rehmannia*）、麦冬属（*Liriope*）、半夏属（*Pinellia*）等是药用植物。

（15）中国特有分布

本区有 5 属中国特有植物，它们是虎榛属（*Ostryop0sis*）、翼蓼属（*Pteroxygonum*）、地构叶属（*Speranskia*）、文冠果属（*Xanthoceras*）、知母属（*Anemarrhena*）。虎榛属是本区灌丛植被的建群种，分布很广；文冠果属多长于黄土悬崖峭壁上；知母属是药用植物。

晋西黄土高原植物资源的保护与利用

正确认识晋西黄土高原植物资源，合理开发利用这些植物资源，对于保护黄土高原生态环境，建设社会主义新农村，有效增加农民收入，加快实现小康与和谐社会的建设，实现可持续发展都有重要意义。晋西黄土高原现有的664种维管束植物中，有12种国家重点保护的植物，具有一定经济价值的占到70%以上。到目前为止，多数的植物资源尚未得到开发利用。合理开发利用这些植物资源，可以形成新的产业格局，有利于富裕劳动力的就地转移，增加收入，是利国利民的好事。合理开发利用是建立在有效保护植物多样性的基础之上的，只有这样才能做到资源的可持续利用，落实科学发展观，实现人与自然的和谐相处，实现社会、经济可持续发展。

地方政府应加强对于濒危珍稀植物的保护和植物资源开发利用的宏观指导。要对本区的植物资源进行必要的调查，根据市场的需求和本地资源的储量，制订合理的开发规划。开发强度应不对环境造成危害，应不对植物的天然繁衍造成危害。对于市场需求量大，而本地资源明显不足的种类，应采取人工种植的方式来满足资源加工的需求。应开发、引进先进的资源开发的新技术，在技术创新的前提下，实现资源开发的跨越式发展。

1. 濒危珍稀植物的保护

晋西黄土高原已记录的受国家保护的12种珍稀濒危植物，应明确写在地方性的有关法规中，切实予以保护。还应根据植物资源调查的结果，确定一批当地需要采取保护措施的植物名录，使当地的植物多样性保护落到实处。

2. 重要植物资源及其开发利用

2.1 水土保持乡土树种

晋西黄土高原是水土流失重点地区。经过近半个世纪的治理，生态环境得到极大的改善，但面临的任务仍十分艰巨。目前实行的退耕还林、退耕还草工程是黄土高原生态建设的宏伟工程。对于水土保持、固沙的树种和草种的需求量是很大的。峪口地区的一些乡土树种对当地自然环境有很好的适应性，应成为当地生态环境建设的主打树种。应大力培育、开发这些树种资源，供荒山和退耕地造林使用。主要的树种简介如下。

①砂地柏(*Sabina vulgaris*)：匍匐灌木，耐旱、耐寒，保持水土效果极佳。石楼黄河峡谷的黄土坡地有分布，应广泛推广种植。

②木贼麻黄(*Ephedra equisetina*)：旱生小灌木，又是重要药用植物，本地数量已十分稀少，应人工繁育大面积栽植。

③虎榛子(*Ostryopsis davidiana*)：灌木，为本区灌丛植被的主要树种，又可作为油料树种，在荒坡绿化上可采用。

④榆树(*Ulmus pumila*)：乔木，耐旱，本地人工林的主要树种。栽植不应过密，以免发生干梢现象。

⑤山桃(*Amygdalus davidiana*)、山杏(*Armeniaca vulgalis* var. ansu)：小乔木，耐旱，适合在阳坡种植。成片种植春季花期可增添旅游景观。桃仁与杏仁都有较大的经济价值。

⑥锦鸡儿(*Caragana* spp.)：灌木树种，本区天然分布有小叶锦鸡儿(*C. microphylla*)、

金雀花（*C. rosea*）、甘蒙锦鸡儿（*C. oplens*），但数量都不多，应人工繁育推广应用，不仅可保持水土，还可在饲料开发上应用。

⑦文冠果（*Xanthoceras sorbifolia*）：小乔木，耐干旱，在山地阳坡、黄土悬崖峭壁上都可生长，即是水土保持树种，又是油料树种。本区有分布，但数量不多，应大力推广应用。

⑧胡颓子（*Elaeagnus umbellata*）：灌木，耐干旱，果实可食用。本区偶见有分布，应推广应用。

⑨沙棘（*Hippophae rhamnoides*）：灌木，耐寒、耐旱、耐瘠薄，根蘖能力强，又具有根瘤，可以改善土壤肥力，是极好的水土保持树种。沙棘油、沙棘汁是非常好的保健食品。本区虽有丰富的天然沙棘资源，仍需在荒山造林中扩大沙棘的种植，即有利于水土保持，又可为沙棘产业的发展奠定基础。

⑩杠柳（*Periploca sepium*）：藤状灌木，耐干旱、耐瘠薄，有较强的水土保持能力，可以推广应用。

⑪枸杞（*Lycium chinensis*）：耐干旱，有一定的根蘖能力，适合作水土保持树种，还有药用价值。本区有分布，但数量不多，应注意繁殖推广。

⑫臭椿（*Ailanthus altissima*）：乔木树种，耐干旱，具有材用、药用、饲用等多种用途。本区仅在沟头、崖边有少量残留的孤树，应在荒山造林中推广应用。

⑬杜梨（*Pyrus betulaefolia*）：乔木，耐旱，山地阳坡有天然生长植株，数量不多。幼树是嫁接用的砧木，市场有一定的需求，可以大量培育。

⑭小叶鼠李（*Rhamnus parvifolia*）：灌木，耐旱，在海拔 1300m 以上的山坡有分布。可用于陡坡绿化。

⑮荆条（*Vitex negundo* var. *heterophylla*）：灌木，耐干旱，在本区中南部山地阳坡广泛分布，常与酸枣形成荆条-酸枣灌丛。可用于荒山与公路边坡绿化。

2.2 花木、花卉植物

随着城乡绿化事业的快速发展，对绿化树种、花木、花卉的需求也不断增长。开发、培育当地的花木、花卉植物资源，形成一定规模的生产基地，是有广阔市场前景的。下面是峪口地区可开发的绿化树木、花木、花卉资源。

（1）绿化树种

侧柏（*Platicladus orientalis*）、油松（*Pinus tablaeformis*）、落叶松（*Larix principis-rupprechtii*）、臭椿、明开夜合（*Euonymus bengeanus*）、椴树（*Tilia* spp.）、槭树（*Acer* spp.）等。

（2）花木资源

山桃、山杏、灰栒子（*Contoneaster acutifolius*）、山丁子（*Malus baccata*）、杜梨、山楂（*Crategus* spp.）、几种蔷薇属的灌木（*Rosa* spp.）、绣线菊属（*Spiraea* spp.）、栾树（*Koelreuteria paniculata*）、太平花（*Philadelphus pekinensis*）、文冠果、黄栌（*Cotinus cpggygria* var. *pubescens*）、胡颓子、丁香属（*Syringa* spp.）、忍冬科的几种忍冬（*Lonicera* spp.）、荚蒾（*Viburnum* spp.）。

（3）花卉资源

牛扁（*Aconitum barbatum* var. *puberulum*）、大火草（*Anenone tomentosa*）、短尾铁线莲

（*Clematis brevicaudata*）、翠雀（*Delphinium grandiflorum*）、白头翁（*Pulsatila chinensis*）、瓣蕊唐松草（*Thalictrum petaloideum*）、草芍药（*Peonia obovata*）、石竹（*Dianthus chinensis*）、二色补血草（*Limonium bicolor*）、花锚（*Halenia corniculata*）、青兰（*Dracosephalum moldavicum*）、香薷（*Elsholzia patrini*）、蒙古芯巴（*Cymbaria mongolica*）、华北蓝盆花（*Scabiosa tschiliensis*）、多歧沙参（*Adenophora waureana*）、小红菊（*Chrysanthemum erubescens*）、甘菊（*Ch. lavandu-laefolium*）、山丹丹（*Lilium pumila*）、马蔺（*Iris pallasii* var. *chinensis*）等。

（4）地被草坪植物资源

鹅绒委陵菜（*Potentilla anserina*）、多枝委陵菜（*P. multricaulis*）、天蓝苜蓿（*Medicago lupulina*）、紫花地丁（*Viola philippica*）、斑叶堇菜（*V. varoetata*）、细叶薹（*Carex rigescens*）等。

2.3 绿色食品植物资源

晋西黄土高原旅游资源丰富，有著名的黄河壶口瀑布、临县碛口古镇，又毗邻庞泉沟自然保护区和北武当山等风景名胜区，随着社会的进步和发展，旅游业必然会在当地的经济发展中占有一席之地。当地的许多山野菜、山野果在民俗旅游中可以大显身手，满足游人回归自然、崇尚天然的需求。下面介绍一些主要可供开发的"山珍"资源。

（1）山野菜类

①树芽（叶）菜类：榆树（*Ulmus pumila*）嫩时的果实，既榆钱、榆叶、榆皮面均可食用。榆树资源在当地颇为丰富，开发利用有一定优势。栾树（*Koelreuteria paniculata*）的嫩芽称木兰芽，颇受人们喜爱。椴树（*Tilia* spp.）、龙牙楤木（*Aralia mandshurica*）的嫩芽亦可食用，楤木的芽被称为刺龙芽。短尾铁线莲（*Clematis brevicaudata*），嫩茎可食，称龙须菜，在山地阴坡有分布，可以人工种植。

②野菜类：扁蓄（*Polygonum aviculare*）、扫帚苗（*Kochia scoparia* f. *tichjophylla*）、反枝苋（*Amaranthus retroflexus*）、荠菜（*Capsella bursa-pastoria*）、苜蓿（*Medicago sativa*）、冬葵（*Malva verticillata*）、水芹（*Oenathe japonica*）、车前（*Plantago asiatica*）、荠苨（*Adenophora trachelioides*）等，嫩叶嫩茎可食，当地田边路旁或林下较多。马齿苋（*Portulaca oleracea*），茎叶可食，并有治疗腹泻、痢疾的功效。菜地、田边常见。

③根菜类：鹅绒委陵菜（*Potentilla anserina*）早春的嫩叶、秋天的块根均可食，其块根称为人参果，河滩、湿润沟谷较多。桔梗科沙参属（*Adenophora* spp.）植物的根可用来制作泡菜。玉竹（*Polygonatum* spp.）的根茎也可食用。

④花菜类：刺槐（*Robinia pseudoacacia*）、红花锦鸡儿（*Caragana rosea*）的花可食。刺槐是当地主要造林树种，资源丰富。

⑤苦菜类：抱茎小苦荬（*Ixeridium sonchifolia*）、刺儿菜（*Circium segetum*）、北山莴苣（*Lsctuca tatarica*）、蒲公英（*Taraxacum mongolicum*）、苦苣菜（*Sonchus oleraceus*），嫩叶均可食用，味苦，别有风味，可清热去火，民间常有食用，本区分布较多。

⑥野葱类：小根蒜（*Allium macrostemon*）的鳞茎、细叶韭（*A. tenuissimum*）的花、野韭菜（*A. ramosum*）的花、叶均可食用，山坡草地常见。

（2）山野果与天然饮料植物

①山杏（*Armeniaca vulgaris* var. *ansu*）：种仁可以用来加工干果、酱菜，也可以加工成饮料。山杏耐旱、耐寒，是重要的水土保持树种。在当地的荒山造林中应注重山杏的种

植。成片的山杏林在春天开花时节，也是非常好的旅游景观。

②山丁子（*Malus baccata*）：果实可以生食，也可用来酿酒、加工饮料。本地山丁子的数量不多，可以人工种植。

③山楂（*Crategus* spp.）：本区有甘肃山楂、橘红山楂、野山楂、山楂等 4 种山楂可供开发利用，制作饮料、果酱、果丹皮、山楂片均可。

④茅莓（*Rubus parviflora*）：在海拔 1350m 以上的山地阴坡分布较多，果实 8 月成熟，红似玛瑙，酸甜可口，即可生食，又可加工成饮料，是极有开发前景的旅游植物资源。

⑤酸枣（*Ziziphus acidojujuba*）：果实可以加工成酸枣面、酸枣汁和酸枣酒，其风味独特，市场销售很好。由于本区海拔较高，天然酸枣分布不多。

⑥中国沙棘（*Hippophae rhamnoidews* ssp. *sinensis*）：沙棘及其制品的药用和保健价值已得到广泛认可。本区的天然沙棘群落面积较大，资源较丰富，应注重沙棘资源的开发利用，在荒山造林中应推广沙棘树种的使用。

⑦薄荷（*Mentha haplocalyx*）：夏天用薄荷制作的凉茶饮料、药膳食品，具有消暑解渴的作用。本区河边、沟谷湿地薄荷分布较多，开发前景较好。

⑧黄芩（*Scutelaria baicalensis*）：用黄芩全草泡茶，有清热解毒的保健作用。本区海拔 1400m 以上山地有野生，但数量不多，应开展黄芩的种植试验。

⑨野菊（*Chrysanthemum lavandulaefolium*）：菊花茶是保健饮料，本区野生菊花资源丰富，可充分开发利用。

（3）野蘑菇

雨季在山野可见野蘑菇（*Agaricus arvensis*）、双环蘑菇（*A. bitorguis*），均可实用，但数量不多。本区紧邻关帝山林区，野生蘑菇的种类与数量都十分可观，在民俗旅游中可以充分利用。

（4）重要药用植物

在晋西黄土高原的 664 种维管束植物中，有药用价值的就有 150 多种。其中较为常用的 50 余种，如木贼麻黄、侧柏、油松、马兜铃（*Aristoloichia cuntorta*）、山桃、山杏、龙牙草（*Agrimonia pilosa*）、扁核木、甘草（*Gluvitthiza uralensis*）、扁茎黄芪（*Astragalus camplantus*）、柴胡（*Bupleurum chinensis*）、远志（*Polygala sibirica*）、黄芩、薄荷、益母草（*Leonurus heterophyllum*）、构杞、蔓陀罗（*Datura stramonimum*）、地黄（*Rehmannia glutinosa*）、列当（*Orobanche pyucnostachya*）、车前（*Plantago asiatica*）、异叶败酱（*Patrinia hetelophylla*）、苍术（*Atractylodes chinensis*）、苍耳（*Xanthium sibiricum*）、小根蒜、山丹丹、知母（*Anemarrhena asphodeloides*）、穿山龙（*Dioscorea nipponica*）、盘龙参（*Spiranthes sinensis*）等。

在药用植物的开发中要根据每种植物的实际情况采取不同的具体措施。盘龙参是国家保护植物，严禁采挖。黄芩、苍术、穿山龙的天然分布数量较少，开发不当会使资源枯竭。甘草生长于干旱山坡，直接采挖会形成水土流失，对环境造成危害。对这些药材应通过人工种植来进行生产。在人祖山就有成功种植知母的经验。在药用植物种植中，不仅可以开发当地资源，也可引入适合本地生长的药用植物品种，形成规模经营。

（5）主要饲草植物

晋西黄土高原主要的草原类型在本区都有分布，优质的饲草种类有 40 余种。仅禾草中就有优等饲草小糠草（*Agrostis alba*）、羊草（*Aneurolepidim chinense*）、糙隐子草（*Cleistogenes squarrosa*）、披碱草（*Elymus dashuricus*）、肥披碱草（*E. excelsus*）、垂穗披碱草（*E. nuttans*）、草地早熟禾（*Poa pratensis*）、狗尾草（*Setaria viridis*）、长芒草（*Stipa bengeana*）等；良等饲草有华北剪股颖（*Agrostis clavata*）、赖草（*Aneurolepidium dasystachys*）、荩草（*Arthraxon hispidus*）、白羊草（*Bathriochioa ischaemum*）、多叶隐子草（*Cleistogenes polyphylla*）、稗子（*Echinochloa crusgalli*）、麦宾草（*Elymus tangutorum*）、白草（*Pennisetum faccodi*）、铁丝草（*Poa sphodylodes*）、狼针草（*Stipa grandis*）等。豆科中的苜蓿（*Medicago* spp.）、沙打旺（*Astragalus adsurgens*）、柠条、多花胡枝子（*Lespedeza floribunda*）、草木犀（*Melillotus* spp.）、野豌豆（*Vicia* spp.）、刺槐也都是优良的饲用植物资源。百合科的细叶韭（*Allium tenuissimum*）是优等饲草，菊科的苦荬菜（*Sonchus* spp.）、山莴苣（*Lactuca* spp.）等都是有开发价值的饲用植物。可以充分利用这些饲草资源发展与畜牧业有关的产业，如奶牛、奶羊、绒山羊、家兔的养殖，也可建立饲草、饲料加工基地。本区虽有一定的山场，但多为较陡的山坡，野外放牧易造成水土流失加剧，本区发展畜牧业只适合圈养。

（6）主要蜜源植物

晋西黄土高原蜜源植物的种类也不少，可以考虑蜂业的发展。本区大面积的刺槐林、苹果、梨、桃，大量种植的油菜、向日葵、苜蓿都是很好的蜜源树种与作物。野生植物中的荆条（*Vitex negongdo* var. *heterophylla*）在蜜源植物中是较为有名的，在本区中南部分布较多。苦荞麦（*Fagopyrum tataricum*）、达乌里黄芪（*Astraganus dahurica*）、锦鸡儿（*Caragana* spp.）、本氏木兰（*Indigofera bengeana*）、明开夜合（*Euonymus bengeanus*）、文冠果、鼠李（*Rhamnus* spp.）、酸枣、椴树（*Tilia tuan*）、杠柳（*Periploca sepium*）、水苏（*Stachys chinensis*）、野菊（*Chrysanthemum* spp.）、裂叶马兰（*Kalimeeris incisa*）等都是较好的蜜源植物。

3. 结论

①晋西黄土高原共计记录有植物 96 科 348 属 664 种。其中，种子植物 92 科 344 属 657 种。有珍稀濒危植物 12 种，应予保护。在晋西黄土高原有 2 个植物新分类群与山西未记录的植物 7 种 4 变种，对山西植物区系有一定贡献。

②晋西黄土高原植物区系菊科、禾本科、蔷薇科、豆科集中全部种的 35.5%，区域性的单种科、少种科（5 种以下）多达 63 个，草本植物种类多达 66.3%，具有明显的温带区系和干旱半干旱地区区系特点。该区系分布区类型包含了中国全部 15 个分布区类型，以温带分布区类型为主，与东亚和热带区系有紧密联系，与西亚、地中海分布联系较弱。各种分布区类型在长期历史条件下相互作用，形成今天分布区类型格局。

③晋西黄土高原的植物中，70% 具有一定的经济价值。科学、合理开发当地植物资源，引进必要的植物资源，对社会主义新农村建设、促进农民增收是必需的。

维管束植物分门检索表

1. 具有独立的孢子体和配子体。孢子体有根、茎、叶器官和维管束分化，并产有孢子囊。体产有颈卵器和精子囊……………………………………………**一、蕨类植物门 Pteridophyta**
1. 配子体寄生于孢子体上，形成种子……………………………………………………2
  2. 孢子叶集成球花(种子形成时称球果)，胚珠裸露生于大孢子叶上，颈卵器存在，不形成果实……………………………………………**二、裸子植物门 Gymnospermae**
  2. 具有真正的花，胚珠包被于由心皮(大孢子叶)形成的子房内，颈卵器不存在，形成果实……………………………………………**三、种子植物门 Angiospermae**

一、蕨类植物门 Pteridophyta

分科检索表

1. 孢子体有地上茎与分枝。孢子囊穗生于分枝顶端……………………………………2
1. 孢子体无地上茎，孢子囊群生于叶片背面……………………………………………3
  2. 地上茎纤细，匍匐，有支持根。叶鳞片状，呈背腹4行排列……………………
  …………………………………………………………**1. 卷柏科 Selaginellaceae**
  2. 地上茎直立，分节明显，有纵棱，绿色。叶退化成壳齿状，轮生……………………
  …………………………………………………………**2. 木贼科 Equisetaceae**
    3. 叶片羽状分裂，五角状三角形，叶柄褐色，有光泽，孢子囊群生于叶片边缘………
    …………………………………………………………**3. 中国蕨科 Sinopteridaceae**
    3. 叶三至四回羽状复叶，叶柄疏生鳞片，孢子囊群线形，生于侧脉上方………………
    …………………………………………………………**4. 铁角蕨科 Aspleniaceae**

1. 卷柏科 Selaginellaceae

小型草本，地上茎直立或匍匐生长。叶细小鳞片状，椭圆形、披针形、心形，呈背腹四行排列，或螺旋状互生。孢子囊穗四棱形，生于小枝顶端；孢子囊二型，生于孢子叶基部；孢子二型，有疣状突。

1属约700种。中国60种。山西7种，晋西黄土高原1种。

1. 卷柏属 *Selaginella* Spring
属特征同科。

1. 中华卷柏 *Selaginella sinensis*（Desv.）Spring 中国高等植物图鉴1：110，图231，1972；中国植物志6(3)：159，2000；山西植物志(1)：19，1992.—*Lycopodium sinense* Desv.

多年生草本，地上茎纤细，长20~30cm，匍匐生长，圆柱形，禾秆色，有支撑根。叶呈背腹四行排列，侧叶长椭圆形，先端具短尖，边缘有细锯齿，长1.5mm，宽1mm；腹叶卵形，先端锐尖，边缘有细锯齿，长1.2mm，宽0.6mm。孢子囊穗无柄，长5~10mm；

孢子叶卵状三角形，背部有龙骨状突起，大孢子叶较少，位于下部，小孢子叶较多，位于上部；孢子囊圆肾形。

分布于全国各地。生于山坡灌丛、草地。山西及本区广布。

2. 木贼科 Equisetaceae

多年生草本，具匍匐的根状茎。地上枝有纵棱，分节明显，分枝有或无。叶退化，连成桶状的叶鞘。孢子叶为盾形，在枝端集成孢子囊穗，每个孢子叶下面有 6~9 个孢子囊；孢子球形。具 4 条弹丝。

1 属 20 余种，世界广布。中国约 10 种。山西 6 种，晋西黄土高原 3 种。

1. 木贼属 *Equisetum* L.

属特征同科。

分种检索表

1. 地上茎分为生殖枝和营养枝。生殖枝早春发生，无色或淡黄褐色，不分枝。营养枝发生在孢子囊成熟以后，绿色，多分枝 ·················**1. 问荆 *E. arvense***
1. 地上茎同型，分枝较少 ·····································2
  2. 地上茎较细，直径 1~3cm，基部有少数分枝，叶鞘齿三角形 ·················
  ·····································**2. 节节草 *E. ramosissimum***
  2. 地上茎较粗，直径 6~10mm，不分枝或少分枝。叶鞘齿早落 ······**3. 木贼 *E. hyemale***

1. 问荆(土麻黄 笔头草) *Equisetum arvense* L. Sp. Pl. 2：1061.1753；中国高等植物图鉴 1：117，图 233，1972；中国植物志 6(3)：232，1990；山西植物志(1)：24，1992.

地上茎直立，生殖枝早春发生，淡黄褐色，不分枝，高 10~30cm，径 1~3mm。孢子囊穗顶生，顿头，长约 3cm。营养枝在生殖枝枯萎后生出，高 10~50cm，具 6~12 条棱脊。多分枝，分枝中实，斜向上。叶鞘筒漏斗状，长 10~20mm，叶鞘齿披针形，边缘白色、膜质。

分布于全国各地。生于沟谷溪水边。山西及本区广布。全草入药。

2. 节节草 *Equisetum ramosissimum* Desf. Fl. Atl. 2：398.1800；中国高等植物图鉴 1：116，图 232，1972；中国植物志 6(3)：234，1990；山西植物志(1)：24，1992.

根壮茎黑色，横走。地上茎直立，高 30~50cm，径 1~3mm，有棱脊 6~12 条，具硅质疣突，粗糙，基部有分枝。叶鞘筒长约 5mm，叶鞘齿 6~16 枚，三角形，黑色，有易脱落的尖头。孢子囊穗生于分枝顶端，长 0.5~2cm，长圆形，有小尖头，无柄。

分布于全国各地。生于路旁、溪边。山西及本区广布。全草入药。

3. 木贼 *Equisetum hyemqale* L. Sp. Pl. 2：1062.1753；中国高等植物图鉴 1：116，图 231，1972；中国植物志 6(3)：238，1990；山西植物志(1)：29，1992.

地上茎高 50~100cm，粗壮，径 6~10mm，中空，有棱脊 20~30 条，具硅质疣突，粗糙，不分枝或基部有少数分枝。叶鞘筒长 6~10mm，紧贴于茎，上下各有一黑色的圈，叶鞘齿线状钻形，背面有 2 条棱脊，易脱落。孢子囊穗长 7~12mm，矩圆形，有小尖头，无柄。

分布于东北、华北、西北、西南。生于山坡林下、沟谷湿草地。山西恒山、五台山、吕梁山有分布，本区见于房山峪口。全草入药。

3. 中国蕨科 Sinopteridaceae

小型蕨类，根状茎短，直立或斜向上升。叶簇生，一至三(四)回羽状分裂，五角形或长圆状披针形，叶背有粉，少数无粉；叶柄黑至褐色，具光泽，或有鳞片。孢子囊群生于小脉顶端，沿叶缘分布，成熟时彼此接近，具有由叶缘形成的膜质的假囊群盖。

14 属约 390 种。中国 9 属 80 余种。山西 3 属 4 种，晋西黄土高原 1 属 2 种。

1. 中国蕨属 Aleruiopteris Fee

叶五角形，纸质，背面有乳白色或淡黄色粉末或无，二至三回羽状分裂，裂片对生，无柄，基部 1 对裂片较大。孢子囊群沿叶缘着生。叶柄栗褐色，有光泽，具鳞片。

约 50 种。中国 40 种，山西 4 种，晋西黄土高原 2 种。

分种检索表

1. 叶背面有粉末状颗粒···**1. 银粉背蕨 A. argentea**
1. 叶背面无粉末状颗粒···**2. 陕西粉背蕨 A. shensiensis**

1. 银粉背蕨 Aleuriopteris argentea（Gmel.）Fee, Gen. fil. 154. 1850；中国高等植物图鉴 1：162，图 323，1972；中国植物志 3(1)：154，1990；山西植物志(1)：44，1992.

植株高 10~25cm。叶丛生，叶柄棕褐色，有光泽，被披针形的鳞片；叶片轮廓五角形，长宽近相等，3~7cm，二至三回羽状分裂，羽片 5~7 对，最下一对显著要大，有小羽片 3~5 对，基部下侧一对大于其他羽片，裂片边缘有小圆齿；叶片厚纸质，下面有淡黄色粉粒。

分布于全国各地。生于山地石缝中。山西各山地均有分布，本区见于房山峪口、吉县人祖山。全草入药。

2. 陕西粉背蕨 Aleuriopteris shenxiensis Ching in Fl. Tsinling. 2：66-207，1990；中国植物志 3(1)：156，1990；山西植物志(1)：29，1992—*A. argentea* var. *obscus*

该种与银粉背蕨的区别在于叶背面为淡绿色，无粉粒。

分布于全国各地。生于山地石缝中。山西各山地均有分布，本区见于房山峪口。全草入药。

4. 铁角蕨科 Aspleniaceae

中小型蕨类，根状茎具筛孔状鳞片。叶片单一或一至四回羽状分裂，末回裂片多为斜方形或不等边四方形，基部不对称，边缘有锯齿或撕裂状。孢子囊群线形，沿侧脉上方分布，囊群盖膜质或纸质；孢子两面形。有翅状或疣状周壁。

约 10 属 700 多种。中国 7 属 131 种。山西 2 属 9 种，晋西黄土高原 1 属 1 种。

1. 铁角蕨属 Asplenium L.

叶片一至三回羽状分裂，小羽片沿羽轴下延，不等边四方形，基部不对称，边缘有锯齿或撕裂。孢子囊群线形，通直，囊群盖膜质；孢子长圆形，有翅状周壁。

600 余种。中国约 130 种。山西 8 种，晋西黄土高原 1 种。

1. 华中铁角蕨 Asplenium sarelii Hook. in Blakiston，Five Months on the Yang-tsze Aooend. 363，364，1862；中国植物志 4(2)：97，1999；山西植物志(1)：95，1992.

植株高 15~20cm，根状茎直立。叶簇生，纸质；叶柄绿色，光滑，基部被线状鳞片；叶片轮廓长圆状披针形，长 10~12cm，宽 3~4cm，三回羽状分裂；裂片约 10 对，互生，基部一对不缩小，末回羽片先端有粗齿。孢子囊群线状长圆形，囊群盖灰白色，膜质。

分布于全国各地。生山地石缝中。山西分布于中条山、太行山、太岳山、吕梁山等，本区见于房山峪口。

二、裸子植物门 Gymnospermae

分科检索表

1. 乔木，木质部无导管，叶片正常发育，花不具假花被…………………………2
1. 灌木，茎分节明显，绿色，木质部有导管，叶片退化为膜质，花具假花被，珠被先端延长成珠被管……………………**7. 麻黄科 Ephedraceae**
  2. 叶片为针形或条形，雌球花珠鳞与苞鳞分离，螺旋状排列，每珠鳞基部着生 2 枚胚珠……………………**5. 松科 Pinaceae**
  2. 叶片为鳞形或刺形，交互对生或轮生，珠鳞与苞鳞愈合，交互对生或轮生，每珠鳞基部着生 2~9 枚胚珠……………………**6. 柏科 Cupressaceae**

5. 松科 Pinaceae

常绿或落叶乔木，少数为灌木状。有树脂。树皮片状剥落。叶条形或针形，在长枝上螺旋状排列或在短枝上簇生。雌雄同株。雄球花由多数螺旋排列的雄蕊(小孢子叶)组成，每个雄蕊有 2 个花药；雌球花由多数螺旋排列的珠鳞(大孢子叶)组成，每个珠鳞腹面基部有 2 枚倒生胚珠，背面苞鳞与珠鳞离生(仅基部结合)。球果成熟后开裂，少数不开裂；孢鳞脱落，种鳞木质化形成种鳞，腹面基部有 2 粒种子；种子有翅或无；有子叶 2~16，发芽时出土或不出土。

10 属 230 余种。中国 10 属 113 种 29 变种。山西 5 属 9 种，晋西黄土高原 2 属 3 种。

分属检索表

1. 叶冬季脱落，条形，在长枝上螺旋状排列，在短枝上簇生，球果当年成熟，苞鳞不脱落……………………**1. 落叶松属 Larix**
1. 叶常绿，针形，束生，螺旋状排列，球果翌年成熟，苞鳞脱落……………**2. 松属 Pinus**

1. 落叶松属 Larix Mill.

落叶乔木。枝条有长枝与短枝之分，短枝矩圆形。叶扁平条形，在长枝上螺旋状排列，在短枝上簇生，有气孔线，横切面有 2 个边生的树脂道。雌雄同株，球花单生枝顶。球果当年成熟，种鳞扁平，苞鳞膜质宿存。子叶 6~8 枚。

18 种。中国 10 种 1 变种。山西及晋西黄土高原 1 种。

1. 华北落叶松 *Larix principis-ruprechtii* Mayr. Fremdl. Wald-und Parkb. 309. f. 94 – 95. 1906；中国高等植物图鉴 1：304，图 607，1972；中国植物志 7：185，1978；山西植物志（1）：151，1992—*L. gmelini* var. *principis-ruprechtii*—（Mayr.）Pirger.

落叶乔木，高可达 30m。树皮棕褐色，不规则鳞片状脱落。枝条有长短枝之分，一年生小枝淡黄色或淡褐色。叶扁平条形，长 2~3cm，宽 1mm，叶背中脉隆起，两侧各 3~4 条气孔线。雌雄同株，球花单生于枝顶。球果卵球形或长卵形，长 2~3.5cm，直径 1.8~2.5cm，淡褐色；有种鳞 25~35 枚，种鳞扁平，五角状卵形，长 1.2~1.5cm，宽 0.8~1cm，先端截形或微凹，上部边缘不向外反卷，背面无毛；苞鳞暗紫色，不脱落，长圆形，长 0.8~1.2cm，先端截形或微凹，中肋伸长成尾状尖头，不露出或稍露出种鳞。种子倒卵形，连同翅长约 1.2cm。花期 4~5 月，球果成熟期 9~10 月。

用材树种，树皮可提取栲胶。

华北山地习见。山西太岳山、吕梁山、恒山、五台山有分布，本区房山峪口、石楼东山、人祖山有栽培。

2. 松属 *Pinus* L.

乔木。侧枝轮生，每年新生一轮，有树脂，树皮片状脱落。叶有鳞形叶与针形叶之分，鳞形叶螺旋状着生，膜质，早落，针形叶长绿，束生，基部有芽鳞形成的叶鞘，宿存或早落。雄球花集生于一年生枝的基部，雌球花单生于一年生枝的顶端。球果第二年成熟，种鳞张开，肥厚，先端形成鳞盾，苞鳞脱落。每枚种鳞着生 2 种子，种子有翅；子叶 3~18 枚。

80 余种。中国 22 种 10 变种。山西 3 种，晋西黄土高原 2 种。

分种检索表

1. 针叶 3 针一束，基部叶鞘早落，鳞叶基部不下延，树皮幼时灰绿色，老时灰白色⋯⋯⋯⋯⋯⋯⋯⋯⋯⋯⋯⋯⋯⋯⋯⋯⋯⋯⋯⋯⋯⋯⋯⋯⋯⋯⋯⋯⋯⋯⋯⋯⋯⋯⋯ **1. 白皮松 *P. bungeana***
1. 针叶 2 针一束，叶鞘不脱落，鳞叶基部下延，树皮棕褐色至灰褐色⋯⋯⋯⋯⋯⋯⋯⋯⋯⋯⋯⋯⋯⋯⋯⋯⋯⋯⋯⋯⋯⋯⋯⋯⋯⋯⋯⋯⋯⋯⋯⋯⋯⋯⋯ **2. 油松 *P. tabulaeformis***

1. 白皮松 *Pinus bungeana* Zucc. ex Endl. Syn. Conif. 166. 1847；中国高等植物图鉴 1：309，图 617，1972；中国植物志 7：234，1978；山西植物志（1）：157，1992.

常绿乔木，高可达 30m。树皮在幼时为青绿色，随着树皮片状脱落，逐渐显出乳白色斑块，老年时会呈现明显白色。针叶 3 针一束，长 5~10cm，两面有气孔线，叶鞘早落。球果圆锥状卵球形，长 5~7cm，直径 4~6cm。鳞盾扁菱形，鳞脊明显，鳞脐生于中央，有向下弯曲的短刺尖。花期 4~5 月，果期翌年 10 月。

用材树种。球果入药。树姿与树皮颜色优美，在园林绿化上广泛应用。

分布于山西、陕西、甘肃、河南、湖北、四川等地。山西中条山、太岳山、太行山有分布，本区人祖山有天然分布。

2. 油松 Pinus tabulaeformis Carr. Traite Conif. Ed. 2. 510. 1867；中国高等植物图鉴1：311，图 621，1972；中国植物志7：251，1978；山西植物志(1)：157，1992. —*P. densiflora* Sieb. et Zucc. var. *tabulaeformis*（Carr.）Fort. ex Mast. —*P. tabulaeformis* Carr. f. *jeholensis* Liou et Wang

常绿乔木，株高 25m。树皮褐色，鳞片状脱落。一年生枝淡褐色或灰褐色，无毛。叶 2 针一束，长 10~15cm，粗硬，两面有气孔线，基部叶鞘宿存；树脂道 5~8 或更多，边生。球果卵球形，长 4~9cm，熟后开裂。种鳞的鳞盾肥厚，菱状多角形，鳞脊明显，鳞脐中生，突起，有短尖头。种子卵形或长卵形，连同翅长 1.5~1.8cm；子叶 8~12 枚。花期 4~5 月，果期翌年 9~10 月。

用材树种，松脂、花粉、松针均可入药。生长快，耐干旱、瘠薄，是华北地区荒山造林的主要树种，也广泛用于城乡绿化。

分布于东北、华北、西北、西南、华东。生于山地，喜阳。山西各山地均有分布，晋西黄土高原多为人工林，在石质山地偶尔可见残留的天然植株。

6. 柏科 Cupressaceae

常绿乔木或灌木。树皮条状剥落。叶鳞形交互对生，或刺形轮生，有气孔线。雌雄同株或异株。雄蕊与珠鳞交互对生或轮生。雄球花具 3~8 对雄蕊，每雄蕊 2~6 花药；雌球花具 3~16 枚珠鳞，交互对生或轮生，珠鳞与苞鳞合生，每枚珠鳞腹面基部具 1 至多数直立胚珠。球果当年或翌年成熟，木质开裂，或肉质不开裂。能育种鳞有 1 至数粒种子，种子有窄翅或无；子叶 2 或 5~6 枚。

22 属约 150 种。中国 8 属 30 种 7 变种。山西 3 属 4 种 1 变种，晋西黄土高原 2 属 2 种 1 变种。

分属检索表

1. 小枝扁平，仅具鳞叶，雌雄同株，球果当年成熟，木质，开裂……**1. 侧柏属 *Platycladus***
1. 小枝圆形，具鳞形与刺形二形叶，鳞叶交互对生，针叶三枚轮生，球果翌年成熟，肉质，不开裂…………………………………………………**2. 圆柏属 *Sabina***

1. 侧柏属 *Platycladus* Spach

仅 1 种，属的特征与种的特征相同。

1. 侧柏（柏树）*Platycladus orientale*（L.）Franco in Portugalie Acta Biol. Ser. B. Suppl. 33. 1949；中国高等植物图鉴1：317，图 633，1972；中国植物志7：322，1978；山西植物志(1)：163，1992. —*Thuja orientais* L. —*Biota orientalis*（L.）Endl.

常绿乔木，高可达 20m。树皮灰褐色，条状剥落。生鳞叶的小枝扁平，排列成复叶状平面，且与地面垂直；鳞叶交互对生，长 1~3mm，先端钝，背面有腺点。雌雄同株，球花单生枝顶。雄球花 6 对交互对生的雄蕊，各 2~4 花药；雌球花有 4 对交互对生的珠鳞，仅中间 2 对各有 2 胚珠。球果当年成熟，卵球形，径 1.5~2cm；种鳞张开，木质，近扁平，背面有苞鳞顶端分离形成的钩状小尖头。仅中部种鳞各有 1~2 粒种子，种子长卵形，长约 4mm；子叶 2 枚。花期 4~5 月，10 月球果成熟。

分布于全国各地。耐干旱、耐瘠薄，喜钙质土。山西太岳山、中条山、吕梁山有分布，晋西黄土高原多地可见残留的天然林片段，为本区乡土树种，也是人工造林的主要树种。在晋西黄土高原有大面积的人工林。优质用材树种。种子、枝叶入药。

2. 圆柏属 *Sabina* Mill.

乔木或灌木，直立或匍匐。生鳞叶的小枝圆形，不排成一平面。有鳞形叶与刺形叶两种叶形，刺形叶多 3 枚轮生，少数交互对生，腹面有 2 条气孔带；鳞形叶交互对生，背部有腺点。雌雄异株或同株，球花单生枝顶。雄球花有 4~8 对雄蕊，交互对生；雌球花有珠鳞 2~4 对，交互对生，或 3 枚轮生，每珠鳞有胚珠 1~2。球果翌年成熟，球形，肉质，不开裂。

约 50 种。中国 15 种 5 变种。山西 2 引种 2 种 1 变种，晋西黄土高原 2 种 1 变种。

分种检索表

1. 乔木，刺形叶长 6~10mm，3 枚轮生 ·······················**1. 圆柏 *S. chinensis***
1. 灌木，匍匐生长，刺形叶长 3~7mm，多交互对生 ·············**2. 叉子圆柏 *S. vulgalis***

1. 圆柏（桧柏）*Sabina chinensis*（L.） Anr. Cupress. Garr. 54. t. 75-76，78/ f/ a/ 1857；中国高等植物图鉴 1：321，图 641，1972；中国植物志 7：362.1978；山西植物志（1）：165，1992. —*Juniperus chinensis* L.

常绿乔木，高可达 30m。树皮灰褐色，条状剥落。幼树枝条常斜上伸展，树冠尖塔形；老树大枝平展，树冠宽卵球形。有鳞形叶与刺形叶两种叶形，幼树几乎全为刺形叶，以后鳞形叶渐多。刺形叶长 6~10，腹面有 2 条气孔带，3 枚轮生；鳞形叶背面中部有凹陷的腺点。雌雄异株。雄球花有雄蕊 5~7 对；雌球花具 3 枚珠鳞，轮生。球果近球形，径 6~8mm，有白粉，不开裂。含种子 1~4 粒。花期 4 月，球果翌年 10 月成熟。

原产中国，从东北南部开始，全国许多地方都有分布。山西及本区有广泛栽培。优良用材、观赏树种。

1a. 塔形圆柏 ＊ 'Pyramidalis' 中国植物志 7：165，1978.

与圆柏的区别在于树冠狭窄，为尖塔形。吉县人祖山栽培。

2. 叉子圆柏（砂地柏）*Sabina vulgalis* Ant. Cupress. Gatt. 58，1857；中国高等植物图鉴 1：325 图 650，1972；中国植物志 7：359，1978；山西植物志（1）：167，1992.

匍匐灌木，高不及 1m。刺形叶长 3~7mm，多为交互对生；鳞形叶长 1~1.2mm，交互对生。雌雄异株，球果翌年成熟。

分布于西北各地区。生于山坡、沙地。本区石楼黄河边的山坡有野生。耐干旱，可作水土保持和绿化树种。

7. 麻黄科 Ephedraceae

灌木，木质部有导管。小枝绿色，轮生，明显分节。叶对生或 3 叶轮生，退化成膜质叶壳。雌雄异珠，球花生于枝顶或叶腋。雄球花单生或数朵丛生，雌雄球花均具苞片，2~8 对交互对生，或 3 枚轮生，共 2~8 轮，雄球花每苞片具 1 雄花，膜质假花被先端 2 裂，雄蕊 2~8，花丝集成 1~2 束，花粉有气囊；雌球花仅在顶端 1~3 苞片内有雌花，假花被革质，包被胚珠；胚珠有珠被管。种子成熟时假花被发育成红色肉质假种皮。种子当年成熟。

1属40余种。中国12种4变种。山西4种，晋西黄土高原2种。

1. 麻黄属 *Ephedra* L.

属特征同科。

分种检索表

1. 灌木，高50~100cm，雄球花几无梗，种子1粒··················**1. 木贼麻黄 E. equisetina**

1. 草本状灌木，高20~30cm，雄球花具总梗，种子2粒··················**2. 草麻黄 E. sinica**

1. 木贼麻黄（山麻黄）*Ephedra equisetina* Bge. in Mem. Acad. Sci. st. Petersb. Ser. 6. 7：501，1851；中国高等植物图鉴1：338，图672，1972；中国植物志7：478，1978；山西植物志(1)：175，1992.

灌木，高50~100cm。主茎直立粗壮，小枝较细，径约1mm，节间长1.5~2.5cm，有不明显纵棱。叶鞘2裂，三角形，褐色。雄球花单生或3~4集生，近无梗，具苞片3~4对，基部约有1/3合生，每雄花有6~8个雄蕊，花丝结合，稍外露；雌球花常2个对生于节上，有短梗。种子1粒，长约7mm。花期4~5月，种子成熟期7~8月。

耐干旱。东北、华北、西北均有分布。生于海拔1000m以上的干旱山坡。山西恒山、吕梁山有分布，本区见于房山峪口。茎入药。

2. 草麻黄（麻黄）*Ephedra sinica* Staspf. in Kew Bull. 1：133，1927；中国高等植物图鉴1：338，图671，1972；中国植物志7：477，1978；山西植物志(1)：172，1992.

草本状小灌木。木质茎短，小枝丛生。节间长3~4cm，叶鞘2裂，裂片锐三角形。雄球花集成复穗状，有总梗；雌球花有短梗。种子2粒。

旱生植物。分布同木贼麻黄。山西吕梁山、五台山、恒山有分布，本区见于人祖山。全株入药。

三、种子植物门 Angiospermae

分科检索表

1. 种子发芽时具有2枚子叶，叶常为网状脉，花被片多以5或4为基数（双子叶植物纲 Dicotyledoneae）··················**2**

1. 种子发芽时具有1枚子叶，叶常为平行脉或弧形脉，花被片多以3为基数（单子叶植物纲 Monocotyledoneae）··················**95**

  2. 花无花被或为单被花，或花萼花瓣状（花被片排列成数轮逐渐变化，花萼与花瓣不明显区分，也在此检索）··················**3**

  2. 花具花萼与花瓣··················**30**

    3. 花单性，雌雄同株或异株，雄花皆集成柔荑花序，雌花为总状花序、头状花序，或簇生··················**4**

    3. 花单性或两性，不集成柔荑花序··················**8**

4. 无花被，雌雄花均集成柔荑花序，蒴果 2~3 瓣裂，种子有毛·········**8. 杨柳科 Salicaceae**

4. 花具花萼（或花萼退化），果实不为蒴果，种子无毛·································**5**

  5. 子房上位，果实为瘦果，花萼在果期肉质化，包被瘦果，形成聚花果，乔木，有乳汁···**13. 桑科 Moraceae**

  5. 子房下位，果实为坚果，花萼有或退化···**6**

    6. 羽状复叶，雌花序为直立的总状花序，坚果成熟时，花被与苞片肉质化，全部包被坚果而成核果状····································**9. 胡桃科 Juglangdaceae**

    6. 单叶，雌花序为柔荑花序、总状花序或簇生，苞片果期不肉质化·············**7**

      7. 雌花 2~3 朵生于总苞内，花被片存在，果期总苞愈合成壳斗，全部或部分包被坚果···**11. 壳斗科 Fagaceae**

      7. 雌花集成柔荑花序、总状花序、头状花序，每小苞片具 1~2 朵花，果期 2~3 枚苞片愈合，包被或不包被坚果·············**10. 桦木科 Betulaceae**

        8. 无花被，单性同株···**9**

        8. 花萼存在，花单性或两性···**11**

          9. 乔木，叶掌状分裂，头状花序，聚花果，坚果基部有毛···**31. 悬铃木科 Platanaceae**

          9. 草本···**10**

            10. 沉水植物，叶一至四回丝状分裂，花簇生于叶腋，坚果具刺状宿存的花柱····································**23. 金鱼藻科 Ceratophyllaceae**

            10. 花聚成杯状聚伞花序，蒴果三瓣裂，植物体有乳汁···**41. 大戟科 Euphorbiaceae**

              11. 子房下位，花被愈合为管状、钟状·······························**12**

              11. 子房上位，花被愈合或分离·······································**13**

                12. 花被管两侧对称，先端尾状尖，缠绕草本，蒴果···**17. 马兜铃科 Aristolochiaceae**

                12. 花被管辐射对称，绿白色，半寄生草本，坚果···**15. 檀香科 Santalaceae**

                13. 心皮离生···**14**

                13. 心皮单生，或 2~3 合生···**15**

                  14. 两性花，花萼花瓣状，雄蕊多数，螺旋状排列，瘦果或蓇葖果·····················**24. 毛茛科 Ranunculaceae**

                  14. 单性花，雌雄异珠，花被片不为花瓣状，雄蕊与花被片同数，蓇葖果 1~3 集生，灌木，有皮刺···**37. 芸香科 Rutaceae**（花椒属 *Zhantoxylum*）

                15. 花单性，异株或同株·······································**16**

                15. 花为两性花···**28**

                  16. 花单性，雌雄异株·······································**17**

                  16. 花单性，雌雄同株·······································**20**

17. 花萼管状，2 裂，雄蕊 2，坚果被肉质化的萼筒包被。有刺灌木，叶背有具光泽的鳞片 ·············· **55. 胡颓子科 Elaeagnaceae**（沙棘属 *Hippophae*）

17. 花萼离生或愈合，但不为管状 ··**18**

　18. 花被片多数，黄绿色，排成 2~4 轮，逐渐过渡，花萼花瓣区分不明显，核果。木质藤本，叶盾形 ··············· **26. 防己科 Menisparmaceae**

　18. 花被片 5 ···**19**

　　19. 雄花花被 5，雌花花被 1。紧包子房，2 心皮合生，瘦果。草本 ··· **13. 桑科 Moraceae**

　　19. 雌雄花被皆为 5，3 心皮合生，蒴果，灌木 ··········· **41. 大戟科 Euphorbiaceae**

　　　20. 子房下位，雄蕊生于花被片中部，浆果含 1 枚种子。半寄生小灌木，叶对生 ················· **16. 桑寄生科 Loranthaceae**

　　　20. 子房上位 ···**21**

　　　　21. 花萼管状，2 裂 ··**22**

　　　　21. 花萼片分离或愈合，但不为管状 ·····················**23**

　　　　　22. 雄蕊 4，坚果为肉质化宿存萼筒包被 ·····················
 ············· **55. 胡颓子科 Elaeagnaceae**（胡颓子属 *Elaeagnus*）

　　　　　22. 雄蕊 8，于萼管上排成 2 轮 ············· **54. 瑞香科 Thymelaeaceae**

　　　　　23. 花被片宿存 ···**24**

　　　　　23. 花被片脱落 ···**29**

　　　　　　24. 雄蕊 8 或 6，瘦果常为三棱形，包于宿存花被内。植株具膜质的托叶鞘 ················· **18. 蓼科 Polyganaceae**

　　　　　　24. 雌蕊 3~5，与花被片对生，胞果，果皮疏松，包于宿存的花被内。无膜质托叶鞘 ·······················**25**

　　　　　　　25. 花具干膜质苞片 ·············· **20. 苋科 Amarantaceae**

　　　　　　　25. 花不具干膜质苞片 ·········· **19. 藜科 Chenopodiaceae**

　　　　　　　26. 乔木，花被钟状，雄蕊与花被同数，对生，翅果，种子 1 枚 ····························· **12. 榆科 Ulmaceae**

　　　　　　　26. 草本植物 ···**27**

　　　　　　　　27. 子房 1 室，瘦果，雄蕊 2~5 ·······················
 ··· **14. 荨麻科 Urticaceae**

　　　　　　　　27. 3 心皮合生，蒴果，雄蕊 8 至多数 ·····················
 ··· **41. 大戟科 Euphorbiaceae**

　　　　　　　　28. 草本，花萼片 4，早落，无花瓣，心皮 2 室，短角果近圆形·······**28. 十字花科 Cruciferae**

　　　　　　　　28. 灌木，花被片多数，3~4 轮，花萼与花瓣区分不明显，心皮 1，浆果或菁荚果 ·····················
 ··· **25. 小檗科 Berberidaceae**

67. 花单生叶腋，或为总状花序，雄蕊与花瓣互生，灌木，浆果，叶掌状分裂……………
　……………………………………**30. 虎耳草科 Saxifragaceae**（茶藨子属 *Ribes*）

67. 多数伞形花序又集成大型圆锥花序，核果，乔木，大型二回羽状复叶……………………
　……………………………………**58. 五加科 Araliaceae**（楤木属 *Aralia*）

68. 栽培小乔木，有枝刺，叶对生，无托叶，心皮 8~12，分上下两层叠生，种子多数，外种皮肉质多汁………………………………**56. 石榴科 Punicaceae**

68. 乔木或灌木，有托叶，心皮 2~5，与杯状花托愈合，花托参与果实形成，称为梨果……………………………**32. 蔷薇科 Rosaceae**（苹果亚科 Maloideae）

69. 心皮单一，荚果，花小集成头状花序，雄蕊多数，花丝粉红色，长出花冠数倍。乔木，二回羽状复叶……………………**33. 豆科 Leguminosae**

69. 心皮 2 至多数，离生至合生…………………………………………………………………70

　70. 子房上位……………………………………………………………………………………71

　70. 子房下位……………………………………………………………………………………88

　　71. 花冠辐射对称………………………………………………………………………………72

　　71. 花冠两侧对称………………………………………………………………………………82

　　　72. 寄生草本，无叶绿素，植物体呈黄色或红紫色…………………………………………
　　　……………………………**69. 旋花科 Convolvulaceae**（菟丝子属 *Cuscuta*）

　　　72. 自生植物…………………………………………………………………………………73

　　　　73. 雄蕊与花冠裂片不同数…………………………………………………………………74

　　　　73. 雄蕊与花冠裂片同数……………………………………………………………………75

　　　　　74. 栽培乔木，叶互生，花杂性同株，雄花有多数雄蕊，雌花中有退化雄蕊，浆果…………………**63. 柿树科 Ebenaceae**

　　　　　74. 乔木或灌木，两性花，雄蕊 2 枚，蒴果…………………………………………
　　　　　………………………………………………………**64. 木樨科 Oleaceae**

　　　　　75. 心皮 2，离生，双蓇葖果，植物体有乳汁…………………………………………76

　　　　　75. 心皮 2~5，合生，植物体无乳汁…………………………………………………77

　　　　　　76. 雄蕊离生，花粉不形成花粉块，栽培花木……………………………………
　　　　　　………………………………………………**67. 夹竹桃科 Apocynaceae**

　　　　　　76. 雄蕊合生，花粉聚成花粉块………………………………………………………
　　　　　　………………………………………………**68. 萝藦科 Asclepiadaceae**

　　　　　　77. 雄蕊与花冠裂片对生……………………………………………………………78

　　　　　　77. 雄蕊与花冠裂片互生……………………………………………………………79

　　　　　　　78. 花萼为干膜质，宿存，花冠枯萎后不脱落，果实包藏于花萼内……………………………………**62. 白花丹科 Plumbaginaceae**

　　　　　　　78. 花萼与花冠不呈上述特征，特立中央胎座，蒴果…………**61. 报春花科 Primulaceae**

91. 雄蕊 5，花药聚合，头状花序 ·······················**85. 菊科 Compositae**

91. 雄蕊 4，花药分离，头状花序或短穗状花序 ···············**82. 川续断科 Dipsacaceae**

 92. 灌木或木质藤本，无托叶，花冠两侧对称或辐射对称，雄蕊与花冠裂片同数且互生，浆果或核果 ···················**80. 忍冬科 Caprifoliaceae**

 92. 多年生直立或缠绕草本，稀灌木 ······························**93**

  93. 植物体有乳汁，果为蒴果，胚珠多数，中轴胎座 ·····**84. 桔梗科 Campanulaceae**

  93. 植物体无乳汁 ···**94**

   94. 雄蕊 3，少于花冠裂片，子房 3 室，但仅 1 室发育，瘦果，含 1 粒种子·····
    ··**81. 败酱科 Valerianaceae**

   94. 雄蕊与花冠裂片同数互生，子房 2~5 室，每室 1 胚珠，浆果、蒴果、核果
    ···**79. 茜草科 Rubiaceae**

    95. 植物体完全沉于水中，叶条形互生，部分浮于水面，腋生穗状花序，花被 4，雄蕊 4，心皮 4 ·····**87. 眼子菜科 Potamogetonaceae**

    95. 陆生植物，或沼生挺水植物，植物体不沉入水中 ···············**96**

     96. 花单性 ··**97**

     96. 花两性 ···**101**

      97. 雌雄异株 ·······································**98**

      97. 雌雄同株 ·······································**99**

       98. 叶退化为膜质鳞片状，具叶状枝，浆果·····
        ······**94. 百合科 Liliaceae（天门冬属 Asparagus）**

       98. 缠绕草本，叶互生，心形，掌状分裂，蒴果 3 裂，有翅···
        ·······················**95. 薯蓣科 Dioscoreacea**

       99. 挺水植物，高 1m 许，叶线形，2 列，花小，无花被，密集成穗状花序，雄花序位于上方，雌花序位于下方
        ·······················**86. 香蒲科 Typhaceae**

       99. 陆生植物 ·····································**100**

        100. 植株具块茎，肉穗花序，有佛焰苞片，雌花序位于下方，雄花序位于上方，雄蕊 2，浆果·····
         ·······················**92. 天南星科 Araceae**

        100. 植株不具块茎，茎三棱形，苞叶不呈佛焰状，小穗单性或两性，雄蕊 3，子房包于半囊状的苞片内，柱头 2 或 3，瘦果三棱状或平凸状·········
         ·······················**91. 莎草科 Cyperaceae（薹草属 Carex）**

        101. 无花被，有些具下位刚毛，花单生与鳞片腋部，集成小穗，小穗再聚成总状、头状、聚伞花序，瘦果，挺水沼生植物
         ·······················**91. 莎草科 Cyperaceae**

101. 有花被 ·· **102**

 102. 花被片仅 2 枚(称之为稃片)，雄蕊 3，柱头 2，羽毛状，果为颖果，花集成小穗，在集成总状、圆锥状、指状各式花序，秆(茎)明显分节，中空，有叶片叶鞘之分，叶鞘开放，有叶舌、叶耳···················· **90. 禾本科 Gramineae**

 102. 花被片 6 枚，排成 2 轮，茎不分节 ·························· **103**

  103. 心皮多数，轮生，内轮花被花瓣状，白色，挺水植物，叶宽卵形··········
   ···························· **89. 泽泻科 Alismataceae**

  103. 心皮合 4 生 ·· **104**

   104. 花被鳞片状，不显著 ································· **105**

   104. 花被花瓣状，显著 ································· **106**

    105. 叶基生，线形，有纤维状残留叶鞘，花在花莛上呈穗状花序，子房 1 室，1 胚珠 ······· **88. 水麦冬科 Juncaginaceae**

    105. 叶禾草形，有叶鞘，聚伞花序，子房 3 室，胚珠多数，蒴果 3 裂
     ·································· **93. 灯心草科 Juncaceae**

    106. 花冠两侧对称，唇瓣形成条状、囊状、叉状等形状··········
     ·································· **97. 兰科 Orchidaceae**

    106. 花冠辐射对称 ······································· **107**

     107. 叶折叠套生，雌蕊花柱花瓣状，子房下位，蒴果
      ·································· **96. 鸢尾科 Iridaceae**

     107. 叶不为折叠套生，雌蕊花柱不呈花瓣状，子房上位，蒴果、浆果·················· **94. 百合科 Liliaceae**

8. 杨柳科 Salicaceae

  落叶乔木或灌木。芽由 1 至多数芽鳞包被。单叶互生，稀为对生，不分裂或浅裂，全缘，具锯齿或牙齿。托叶宿存或早落。花单性，雌雄异株，偶有杂性。柔荑花序，花常先叶开放，或与叶同时开放。花生于苞片腋部；苞片膜质，脱落或宿存；无花被，基部常有杯状花盘或蜜腺；雄蕊 2 至多数，花药 2 室，花丝分离或合生；雌蕊 1 室，由 2~4 心皮合生，侧膜胎座，胚珠少数至多数。果为蒴果，成熟时 2~4 瓣裂；种子微小，无胚乳，基部附生由胎座表皮细胞形成的白色丝状长毛。

  3 属约 450 种。中国 3 属均有，约 250 种。山西 2 属 45 种 7 变种，晋西黄土高原 2 属 12 种 3 变种。

分属检索表

1. 具顶芽，芽鳞多数，叶片较宽阔，叶柄长，苞片边缘羽状分裂，花有杯状花盘··········
···································· **1. 杨属 Populus**

1. 无顶芽，芽鳞 1 枚，叶片较狭窄，叶柄短，苞片全缘，花有腺体········· **2. 柳属 Salix**

1. 杨属 Populus L.

  乔木。有顶芽，芽鳞多数。小枝髓心五角形。叶互生，较宽大，叶柄较长。柔荑花序下垂，先叶开花。苞片膜质，边缘分裂，具杯状花盘。雄蕊 4 至多数，花丝较短，花丝分

离；子房花柱短，柱头 2~4 裂。蒴果 2~4 裂。

约 100 种。中国 60 余种。山西 22 种 3 变种，晋西黄土高原 6 种 2 变种。

分种检索表

1. 叶缘波状齿或羽状分裂，叶背有毛，脱落或不脱落，雄蕊 5~20，苞片边缘有长毛，芽无黏液 ··2
1. 叶缘为锯齿、细锯齿，叶背无毛，芽有黏液 ··4
  2. 树冠为尖塔形，长枝叶掌状分裂，短枝叶有钝齿，叶背有白色茸毛，不脱落 ···············
  ··**1. 新疆杨 P. alba** var. *pyramidalis*
  2. 树冠开阔，叶缘为波状齿 ··3
    3. 叶芽卵形，叶三角形，多数叶长于 10cm，叶背初有毛，后脱落。栽培树种 ···············
    ··**2. 毛白杨 P. tomentosa**
    3. 叶芽圆锥形，叶近圆形，多数叶小于 10cm，叶两面无毛。生于山坡 ···············
    ··**3. 山杨 P. davidiana**
    4. 叶缘为粗锯齿，叶两面均为绿色，叶缘有透明边缘，叶柄扁平无沟槽，雄蕊 15~20 ··5
    4. 叶缘为细锯齿，叶上面绿色，下面灰绿色，叶柄圆形，有沟槽，雄蕊 20~60 ··7
      5. 树冠尖塔形，侧枝向上直伸，靠近树冠，叶菱状三角形 ···············
      ··**4. 钻天杨 P. nigra** var. *italica*
      5. 树冠宽阔 ··6
        6. 叶柄上下均匀扁平，叶三角形 ··············**5. 加杨 P. × canadensis**
        6. 叶柄上部扁平，下部为圆形，叶三角状卵形至椭圆状卵形 ···············
        ··**6. 北京杨 P. × beijingensis**
          7. 叶中部或中部以上最宽，菱状卵形至倒卵形，边缘锯齿平整，不上下交错 ···············**7. 小叶杨 P. simonii**
          7. 叶中部以下最宽，菱状卵圆形，边缘锯齿上下交错 ···············
          ··**8. 小青杨 P. pseudo-simonii**

1. 新疆杨 Populus alba L. var. pyramidalis Bge. in Mem. Div. Sav. Aead. Sci. st. Petrsb. 7：498，1854；中国植物志 20(2)：9，1984；山西植物志 1：194，1992.

树冠尖塔形，枝条斜向上紧靠拢主干。树皮青灰色，光滑。冬芽密被白色茸毛。叶片卵状长圆形，长 8~15cm，基部平截，上面绿色，下面具白色密茸毛。萌生枝上的叶较大，掌状分裂；短枝上的叶边缘为粗锯齿。雄花苞片紫红色，雌花苞片深黄色，边缘有不规则裂片和毛。雄蕊 8~10 枚，子房有短柄，柱头 2 裂。蒴果 2 裂。

分布新疆，西北栽培较多。山西及本区广为栽培，紫金山有天然林。耐干旱、耐盐碱，本区作为行道树、防护林种植。

2. 毛白杨 Populus tomentosa Carr. in Rev. Hort. 10：340. 1867；中国高等植物图鉴 1：351，图 701，1972；中国植物志 20(2)：9，1984；山西植物 1：194，1992.

落叶乔木。树干直而明显。幼树皮灰白色，老时褐色，纵裂。树冠圆锥形或卵圆形。小枝圆筒形，灰褐色，幼时被白色茸毛，后渐脱落。冬芽卵状锥形，被褐色短茸毛，有树脂。长枝上的叶三角状卵形，先端渐尖，基部叶鞘心形，有 2 腺体，上面绿色，下面被茸毛；短枝上的叶较小，卵状三角形，叶缘具波状齿，背面光滑。叶柄侧扁。花期 4 月，果期 4～5 月。

华北速生乡土树种，材质优良。运城、临汾有天然分布，本区广为栽培。

3. 山杨 *Populus davidiana* Dode in Bull. Soc. Nat A Hist Autun. 18：189. t. 11：31. 1905；中国高等植物图鉴 1：351，图 702，1972；中国植物志 20(2)：11，1984；山西植物志 1：198，1992.

落叶乔木。树皮灰白色，光滑，皮孔较小。叶芽圆锥形，芽鳞红色，多毛。叶近圆形，长 4～8cm，先端渐尖，基部圆形，边缘具波状锯齿。花芽近圆形。雄花序长 5～9cm，雌花序长 4～6cm；雄花有雄蕊 20～25 枚；子房柱头 4 裂。蒴果 2 裂。

北方山地次生林主要树种。山西各山地均有分布，本区见于紫金山、人祖山。

4. 钻天杨(美杨、意大利杨) *Populus nigra* L. **var. *italica* (Moench.) Koehne Deutsch. Cendr. 81：1993；中国高等植物图鉴 1：356，图 711，1972；中国植物志 20(2)：64，1984；山西植物志 1：206，1992.

落叶乔木，高可达 30m。树冠尖塔形，侧枝呈丛状轮生，向上直伸。树皮灰褐色。粗裂。叶三角形，宽大于长，基部截形，两面绿色，边缘为粗锯齿，有透明边缘。

原产欧洲、西亚、中亚。我国长江流域、黄河流域广为栽培。山西及本区作为行道树栽培。

5. 加杨 (加拿大杨) *Populus × canadensis* Moench. Verz. Ausl. Bume Weibenst. 81. 1785；中国高等植物图鉴 1：356，图 712，1972；中国植物志 20(2)：71，1984；山西植物志 1：210，1992.

落叶乔木。树皮灰褐色，老时具沟裂。小枝圆筒形或微具棱角，光滑或被稀柔毛。冬芽褐色，先端具长尖，具黏质。叶三角形或三角状卵形，长 7～9cm，宽 6～7cm，先端渐尖，基部截形或宽楔形；边缘半透明，具圆齿；叶柄侧扁，长 6～8cm。雄花序长 7～11cm，雌花序长 3～5cm，苞片丝状开裂；雄花有 30～40 枚雄蕊，子房柱头 4 裂。蒴果 2～3 裂。

加杨为美洲黑杨与黑杨的杂交种，原产于北美洲东部，19 世纪引进中国，除华南、西南外，各地都有种植。山西及本区广为栽培。优良速生用材树种。

6. 北京杨 *Populus × beijingensis* W. H. Hsu 植物研究 2(2)：111，1982；中国植物志 20(2)：67，1984；山西植物志 1：201，1992.

落叶乔木，高 25m。树冠开展，树皮灰绿色，光滑。幼枝圆形，无棱，冬芽细圆锥形，有黏液。长枝叶广卵圆形，长 7～9cm，先端渐尖，基部平截或心形，叶缘波状锯齿，有透明边缘；短枝叶卵形，基部圆形；叶柄长 2.5～4cm，上部侧扁，下部圆形。

钻天杨与青杨的杂交种。喜水、喜肥，具有速生、耐寒、材质较好的特性，北方普遍栽培。本区各县都有种植。

7. 小叶杨（甜叶杨） *Populus simonii* Carr. in Rev. Hort. 39：360，1867；中国高等植物图鉴1：353，图705，1972；中国植物志20（2）：25，1984；山西植物志1：218，1992.

落叶乔木，高15~25m。树冠长圆形或卵圆形。树皮灰绿色，老时灰黑色，深纵裂。小枝和萌发枝具棱角，无毛。叶芽细长，花芽稍短粗，有黏质。萌发枝上的叶倒卵形；果枝上的叶菱状倒卵形或菱状椭圆形，长4~12cm，宽2~8cm，上面淡绿色，下面苍白色，边缘具平整的细锯齿，无毛；叶柄圆形，常显红色，有沟槽。雄花序长4~7cm，雄花具8~14枚雄蕊；雌花序长3~6cm。果序长达15cm，蒴果2~3裂。花期4~5月，果期5~6月。

分布于东北、华北、西北和华东。生于河岸及平原地带。本区广布。适应性广，喜光，耐寒、耐旱、耐瘠薄，是优良的水土保持树种。材质较好。

8. 小青杨（二青杨） *Populus pseudo-simonii* Kitag. in Bull. Insl. Sci. Res. Manch. 3：601，1939；中国植物志20（2）：29，1984；山西植物志1：217，1992.

落叶乔木，高15~20m。树皮淡绿色至灰白色。小枝具棱。冬芽长圆锥形，有黏液。叶菱状卵形，长5~7cm，宽2~5cm，最宽处在中部以下，上面绿色，下面带白色，边缘为上下波状细锯齿。花序长4~7cm。果序长7~9cm，蒴果2~3裂。

青杨与小叶杨的杂交种。分布于东北、华北、西北。生于河流两岸。山西分布于吕梁地区，本区房山峪口有栽培。

1. 柳属 *Salix* L.

落叶乔木或灌木。枝条髓心圆形，合轴分枝，无顶芽。叶互生，少数种对生，狭长披针形或卵形，叶缘有锯齿或全缘；叶柄较短；托叶早落。柔荑花序直立或斜展。苞片全缘，宿存。雄蕊2~5，花丝分离或合生，具1~2个腺体；子房具2合生心皮，柱头1或分裂，子房柄有或无。蒴果2裂，种子多数，细小。

约500种。中国257种。晋西黄土高原6种1变种。

分种检索表

1. 叶片狭长，长为宽的4倍以上⋯⋯⋯⋯⋯⋯⋯⋯⋯⋯⋯⋯⋯⋯⋯⋯2
1. 叶片较宽，长为宽的4倍以下⋯⋯⋯⋯⋯⋯⋯⋯⋯⋯⋯⋯⋯⋯⋯⋯5
 2. 花丝完全分离，乔木⋯⋯⋯⋯⋯⋯⋯⋯⋯⋯⋯⋯⋯⋯⋯⋯⋯⋯3
 2. 花丝愈合，灌木⋯⋯⋯⋯⋯⋯⋯⋯⋯⋯⋯⋯⋯⋯⋯⋯⋯⋯⋯⋯4
  3. 树枝不下垂，叶片披针形，先端渐尖⋯⋯⋯⋯**1. 旱柳 *S. matsudana***
  3. 树枝下垂，叶片狭长披针形，先端长渐尖⋯⋯⋯**2. 垂柳 *S. babyluonica***
   4. 叶互生，倒披针形，两面有丝状毛，灰白色，叶缘向下反卷⋯⋯⋯
   ⋯⋯⋯⋯⋯⋯⋯⋯⋯⋯⋯⋯⋯⋯⋯⋯⋯⋯**3. 乌柳 *S. cheliophila***
   4. 叶对生，披针形，初有毛，后脱落，上面绿色，下面灰白，叶缘不向下反卷⋯⋯⋯⋯⋯⋯⋯⋯⋯⋯⋯⋯⋯⋯⋯**4. 红皮柳 *S. sinopurpurea***
   5. 叶两面无毛，上面有皱纹，背面灰白色，雄花序粗1.5cm以上⋯⋯6
   5. 叶背面有灰色绵毛，表面平整无皱纹，雄花序粗1.5cm以下⋯⋯
   ⋯⋯⋯⋯⋯⋯⋯⋯⋯⋯⋯⋯⋯⋯⋯⋯⋯**5. 皂柳 *S. wallichiana***
    6. 叶缘全缘⋯⋯⋯⋯⋯⋯⋯⋯⋯⋯**6. 中国黄花柳 *S. sinica***
    6. 叶缘有锯齿⋯⋯⋯⋯⋯⋯**6a. 齿叶黄花柳 *S. sinica* var. *dentata***

1. 旱柳（柳树）Salix matsudana Koidz. in Bot. Mag. Tokyo，39：312. 1915；中国高等植物图鉴 1：363，图 726，1972；中国植物志 20（2）：132，1984；山西植物志 1：226，1992. —S. jeholensis *Nakai*

落叶乔木。树冠广圆形。树皮粗糙，深裂，暗灰黑色。小枝黄色或绿色，光滑；幼枝有毛。叶披针形，长 4~9cm，宽 6~12mm，先端渐尖，基部楔形或近圆形，边缘有明显的细锯齿，上面绿色，下面灰白色；托叶披针形，常早落。雄花序长 1.5~2.5cm，粗 6~8mm；雄蕊 2，花丝离生；雌花序长 1~1.5cm，粗 4mm，腺体 2。蒴果 2 瓣裂；种子极小，暗褐色，具极细的丝状毛。花期 4 月，果期 4~5 月。

全国各地均有分布。生于河岸、沟谷。山西各地均有分布，本区各县均有天然分布，但多见栽培。

1a. 漳河旱柳 Salix matshudana f. lobata-glandulosa G. F. Famg et W. O. Liu 山西农业大学学报 2：225，1984；山西植物志 1：226，1989.

该变型与旱柳的区别在于枝条分枝角度小，向主干靠拢。雄花腹腺 2~3 裂，苞片背部毛较多。

分布于晋东南，本区房山峪口作为公路行道树栽培。

2. 垂柳 Salix babyluonica L. Sp. Pl. 1017；中国高等植物图鉴 1：362，图 724，1972；中国植物志 20（2）：132，1984；山西植物志 1：230，1992.

落叶乔木。枝条光滑，淡褐色带紫色晕，细长，从基部起就下垂。叶条状披针形，长 7~13cm，宽 1~1.5cm，先端长渐尖，基部楔形边缘有锯齿，两面绿色，无毛；叶柄有短毛。雄、雌花序近等长，1~2.5cm；雄蕊 2，花丝分离，腺体 2；子房柱头 2~4 裂，腺体 1。花期 3~4 月，果期 4~5 月。

分布于全国。本区南部有栽培。绿化树种。

3. 乌柳（沙柳、筐柳）Salix cheliophila Schneid. in Sarg. Pl. Wils. 3：69. 1931；中国高等植物图鉴 1：370，图 740，1972；中国植物志 20（2）：353，1984；山西植物志 1：248，1992.

灌木或小乔木，高 2~4m。小枝紫褐色，初被毛，后脱落。叶线状披针形，长 2~4cm，宽 3~5mm，两面有贴伏丝状毛，边缘向下反卷，上部有齿，下部全缘。雄花序长 1.5~2cm，雄蕊 2，花丝合生，腺体 1；雌花序长 1~2cm，子房柱头 2 裂。花期 4 月，果期 5 月。

分布于华北、西北、华中、西南。生于河岸、平原。山西各地均有栽培，本区紫金山沟谷河滩上有生长。

4. 红皮柳（黄花柳）Salix sinopurpurea C. Wang et Ch. Y. Yang 东北林学院植物研究室汇刊 9：98，1980；中国植物志 20（2）：363，1984；山西植物志 1：253，1992.

灌木，高 2~3m。叶对生，披针形，长 4~9cm，宽 8~16mm，无毛，下面灰白色，边缘有锐锯齿。花序长 2~3cm，苞片有毛，腺体 1；雄蕊 2，花丝合生，花药红色；子房被毛，柱头 2~3 裂。花期 4 月，果期 5 月。

分布于华北、西北。生于山地灌丛。山西各山地均有分布，本区见于人祖山。

5. 皂柳 Salix wallichiana Aderss. In Svensk. Vet. Acndl. Stockh. 1850；中国高等植物图鉴 1：369，图 737，1972；中国植物志 20（2）：397，1984；山西植物志 1：244，1992.

小乔木。小枝红褐色，初被毛，后脱落。叶卵状椭圆形，长 3~9cm，宽 3~3cm，先端渐尖，基部宽楔形，全缘，上面绿色，下面灰白色，有密绵毛。雄花序长 1~3cm，雄蕊 3，花丝离生；雌花序长 2~5cm，子房被毛，有长柄。果序长 10cm。花果期 4~5 月。

分布于华北、西北。生于山坡疏林。山西五台山、吕梁山、中条山、太岳山有分布，本区见于人祖山。

6. 中国黄花柳（红山柳）Salix sinica（Hao）C. Wang et C. F. Fang 中国植物志 20（2）：304，1984；山西植物志 1：210，1992.

小乔木。叶片椭圆形、卵状长圆形，长 4~11cm，宽 3~4cm，先端短渐尖，基部圆形，全缘，上面绿色，下面灰白色，初有毛，后脱落。雄花序长 1.5~2.5cm，粗 1.5cm，雄蕊 2，离生，苞片有黄色毛；雌花序长 4~6cm。果序长 10cm。花果期 5~6 月。

分布于华北、西北。生于山谷及山坡林地。山西各地均有分布，本区见于人祖山、紫金山。

6a. 齿叶黄花柳 Salix sinica var. dentata（Hao）C. Wang et S. D. Liu；中国植物志 20（2）：306，1984；山西植物志 1：244，1992.

该变种与中国黄花柳的区别在于叶缘有较整齐的牙齿。本区广为分布。

9. 胡桃科 Juglandaceae

常为落叶乔木，稀为灌木。芽常 2~3 枚重叠生于叶腋。叶互生，无托叶，奇数羽状复叶，稀为偶数羽状复叶。花单性，雌雄同株。雄花序呈下垂的柔荑花序，生于上年枝的叶腋或新枝基部；雄花具不分裂或 3 裂的苞片，花被 1~4 裂或无花被，雄蕊 3 至多枚，花药 2 室，花丝短或无；雌花序为柔荑花序或穗状花序，生于新枝的顶端，花被 2~5 裂，下位子房，心皮 2，合生，1 室，1 胚珠，柱头 2 裂。果为核果状或坚果。种子无胚乳，子叶通常皱褶，含油质。

8 属约 60 种。中国约 7 属 27 种。山西 3 属 6 种，其中，新引种 1 属 1 种，本区 2 属 3 种。

分属检索表

1. 枝髓心实，小叶基部明显偏斜，果 4 瓣裂·······························**1. 山核桃属 Carya**
1. 枝髓心片状，小叶基部基本对称，果不开裂·······························**2. 核桃属 Juglans**

1. 山核桃属 Carya Nutt.

落叶乔木。枝髓心实。奇数羽状复叶，小叶有锯齿。雄花序 3 条成一束，雄花具 1 大苞片 3 小苞片，无花被；雌花序为穗状花序，雌花具 1 大苞片 3 小苞片，无花被。坚果状核果，4 瓣裂。

30 种，主产美洲。中国产 4 种。山西及本区引种 1 种。

1. 洋核桃（美国山核桃、薄壳山核桃）Carya ilinoensis（Wangenth.）K. Koch, Dendr. 1：598，1869—*Juglans pecan* Marsh. —*J. illinoiensisi* Wangenh. —*Carya pecan*（Marsh.）Engl.

落叶乔木。树皮灰褐色，深纵裂。小枝有稀疏皮孔，被黄色星状柔毛。芽黄褐色，被毛。奇数羽状复叶，长 25～30cm；叶柄和叶轴初被毛，后几无毛；小叶 11～17 枚，卵状披针形至长圆状披针形，长 4～18cm，宽 2～4cm，常稍呈镰状弯曲，基部歪斜，楔形或近圆形，顶端渐尖，叶缘具单锯齿或重锯齿，幼叶背面脉腋有簇毛，后脱落。果实 3～10 簇生，椭圆形或长圆形，长 4～6cm，先端急渐尖，具 4 条纵棱，外果皮 4 瓣裂，内果皮平滑，灰褐色，具暗褐色斑点，顶端具黑色条纹。花期 4～5 月，果期 9～10 月。

原产北美。中国引种栽培。本区房山峪口、人祖山自然保护区种子园有种植。为山西栽培树种新记录。干果、油料树种。材质优良，家具、工艺用材。也可用于园林绿化。

2. 核桃属 *Juglans* L.

落叶乔木。小枝髓心片状，雄花芽为裸芽。奇数羽状复叶。单性花，雌雄同株。雄花序为柔荑花序，雄花有 1 大苞片 2 小苞片，花萼 3～6 裂，雄蕊 8 至多数；雌花序为顶生的总状花序，雌花 1 大苞片与 2 小苞片愈合，花萼 4 裂，柱头羽状 2 裂。核果状坚果，肉质果皮有苞片和花被发育而成。

约 15 种。中国产 4 种。山西 4 种，本区 2 种。

分种检索表

1. 小叶 5～9，全缘，叶背仅脉腋有簇毛。雌花序具 1～4 朵花，花序直立。果无毛。栽培
   ·· **1. 核桃 *J. regia***
1. 小叶 7～17，有锯齿，叶背有形状毛。雌花序具 5～10 朵花，花序下垂。果有毛。野生
   ·· **2. 野核桃 *J. cathayensis***

1. 核桃 (核桃) *Juglans regia* L. Sp. Pl. 997，1753；中国高等植物图鉴 1：381，图 762，1972；中国植物志 21：31，1984；山西植物志 1：262，1992. —J. *regia* L. var. *sinensisi* DC. —*J. orientalis* Dode.

落叶乔木。树皮幼时平滑，灰绿色，老时灰白色，有浅纵裂。小枝无毛，具光泽，常被盾状着生的腺体。奇数羽状复叶，长 22～40cm；小叶常 5～9 枚，椭圆状卵形至长椭圆形，叶缘常全缘，光滑。雄花序为柔荑花序，长 5～10cm，雄花苞片、小苞片及花被片均被腺毛，雄蕊 6～30 枚；雌花序直立、顶生，通常具 1～3（4）花。果序短，具 1～3 个果。果实近于球状，无毛。花期 4～5 月，果期 9～10 月。

中国南北各地均有栽培，而以西北和华北为主要产区。山西除少部分高寒地区外均有种植，本区各县有栽培。干果、油料树种。材质优良，可作国防用材和高档家具。核桃为本区主要经济树种。

2. 野核桃 *Juglans cathayensis* Dode Bull. Soc. Dondr. France 11：47，1909；中国高等植物图鉴 1：382，图 764，1972；中国植物志 21：33，1984；山西植物志 1：266，1992. —*J. draconis* Dode

落叶乔木。幼枝被腺毛。奇数羽状复叶，长 40～50cm，小叶常 9～19 枚，长椭圆形，先端渐尖，基部阔楔形，稍歪斜，叶缘有锯齿，两面被星状毛。果序具果 6～10 个，果实卵形，先端尖，被腺毛，坚果有尖头，具 8 条纵棱，棱间有不规则的凹陷，种仁小。花期

5月，果期9月。

分布于西南、中南、华东等地。生于山地沟谷杂木林。山西分布于中条山、太岳山、太行山、吕梁山，本区见于人祖山。油料树种，木材可作国防用材和制作家具。

10. 桦木科 Betulaceae

落叶乔木或灌木。单叶，互生，叶缘具重锯齿或单锯齿，稀全缘或浅裂；羽状脉，托叶分离，常早落。花单性，常雌雄同株。雄花序为柔荑花序，雄花具苞鳞，具花被或无；雄蕊常2~20枚，着生在苞鳞内；花丝短，花药2室，纵裂。雌花序为球果状、穗状、总状或头状，直立或下垂，具多数苞鳞，每苞鳞内有雌花2~3朵，每朵雌花下部又具1苞和1~2枚小苞片，无花被或具花被且与子房贴生；子房2室或不完全2室，每室具1个或2个倒生胚珠，其中1个退化；花柱2，分离，宿存。果苞由雌花下部的苞片和小苞片在发育过程中逐渐以不同程度的连合而成，木质、厚纸质或膜质。果为小坚果或坚果；胚直立，子叶平扁或肉质，无胚乳。

6属100余种。中国6属70余种。山西5属11种1变种，晋西黄土高原4属7种。

分属检索表

1. 雌花序为柔荑花序，坚果有翅。雄花2~6朵，生于苞片内‥‥‥‥‥**1. 桦木属 Betula**
1. 雌花序簇生或为总状花序，坚果无翅。雄花单生于苞片内‥‥‥‥‥‥‥‥‥‥2
  2. 雌花序为总状花序，果苞叶状，不完全包被坚果‥‥‥‥‥**2. 鹅耳枥属 Carpinus**
  2. 雌花序簇生，果苞囊状，完全包被坚果‥‥‥‥‥‥‥‥‥‥‥‥‥‥‥‥3
    3. 坚果大，长7mm以上，总苞管状或钟状‥‥‥‥‥‥**3. 榛属 Corylus**
    3. 坚果小，长7mm以下，总苞囊状‥‥‥‥‥‥**4. 虎榛子属 Ostryopsis**

1. 桦木属 Betula L.

落叶乔木或灌木。树皮光滑或层状剥落，含芳香油。小枝有树脂点。雌雄花序皆为柔荑花序。雄花序每苞鳞内具2小苞片及3朵雄花，花萼4裂，雄蕊2，花丝2深裂。雌花序每苞鳞内具3朵雌花，无花被，子房扁平，2室，柱头2。果苞革质，内有3枚小坚果，扁平，具膜质翅，柱头宿存。

约100种。中国产31种。山西5种，晋西黄土高原2种。

分种检索表

1. 叶三角形，侧脉6对以下，果序狭长，下垂，树皮白色‥‥‥‥‥**1. 白桦 B. platyphylla**
1. 叶椭圆状卵形，侧脉6对以上，果序粗短，直立，树皮红褐色‥‥‥‥**2. 红桦 B. albo-sinensis**

1. 白桦（桦树）Betula platyphylla Suk. in Trav. Mus. Bot. Acad. Imp. Sci. St. Petrsb. 3：220，1911；中国高等植物图鉴 1：388，图776，1972；中国植物志 21：112，1979；山西植物志 1：279，1992.—*Betula japonica* Sieb. ex H. Winkl.—*B. mandshurica*（Regel）Nakai—*B. alba* subsp. *mandshurica* Regel.

落叶乔木，高可达25m。树皮白色，小枝红褐色，有树脂点。叶三角状卵形或菱状三角形，长 3~9cm，宽 2~7cm，先端渐尖，基部截形或阔楔形，边缘不规则重锯齿，侧脉 5~9 对；叶柄长 1~3cm。果序单生，下垂，长 3~5cm，果苞长 5~7mm，中裂片三角形，较短，侧裂片卵圆形，开展。小坚果椭圆形，膜质翅与坚果近等宽。花期 5~6 月，果期 8~9 月。

分布于东北、华北、西北、西南等地，为山地天然次生林的主要树种。山西各山地均有分布，本区见于紫金山、人祖山。木材可供制作家具、胶合板。树皮可供提取桦皮油。桦汁可供制饮料。

2. 红桦 Betula albo-sinensis Burk. in Jorurn. Linn. Soc. Bot. 26：497，1899；中国高等植物图鉴 1：390，图 780，1972；中国植物志 21：121，1979；山西植物志 1：285，1992. —*B. utilis* D. Don var. *sinensis*（Franch.）H. Winkl.

落叶乔木，高可达 30m。树皮红褐色，层状剥落。小枝红褐色，有树脂点及圆形皮孔。叶椭圆状卵形，长 5~10cm，宽 2~5cm，先端渐尖，基部圆形或微心形，边缘不规则重锯齿，侧脉 7~10 对；叶柄 5~15mm。果序单生或 2~4 枚集成总状，长 2~4cm，粗 1cm。果苞长 4~7cm，中裂片披针形，较长，侧裂片长为中裂片的 1/3。小坚果卵形，膜质翅与坚果等宽或稍宽。花期 5 月，果期 8~9 月。

分布于华北、西北、四川、湖北、河南等地。生于山地杂木林。山西中条山、吕梁山、五台山、太岳山有分布，本区见于人祖山。木材用于细木工，树皮供提取桦木油。

2. 鹅耳枥属 *Carpinus* L.

落叶乔木。树皮平滑。单叶互生，侧脉明显羽状。雌雄同株。雄花序为柔荑花序，每苞片具 1 花，无花被，雄蕊 3~13 枚，花丝先端分叉，花药顶端有毛；雌花序为总状花序，苞片叶状，边缘有锯齿或浅裂，每苞片具 2 花，花被与子房贴生，先端浅裂。小坚果卵圆形，有纵肋，生于苞叶基部。

约 40 种。中国 25 种 15 变种。山西 3 种 1 变种，晋西黄土高原 2 种。

分种检索表

1. 果苞内侧基部具明显裂片 ···**1. 鹅耳枥 C. turczaninowii**
1. 果苞内侧基部无明显裂片，仅具耳突或仅边缘内折 ···········**2. 川陕鹅耳枥 C. fargesiana**

1. 鹅耳枥（山榆、湿榆）*Carpinus turczaninowii* Hance in Journ. Linn. Coc. Bot. 10：203. 1869；中国高等植物图鉴 1：401，图 802，1972；中国植物志 21：112，1979；山西植物志 1：275，1992—*C. chowii* Hu

落叶乔木，高可达 15m。树皮灰色，浅纵裂。叶宽卵形，长 2.55cm，先端渐尖，基部圆形至楔形，边缘不规则重锯齿；叶柄长 4~10mm，被微毛。果序长 3~6cm，序梗、序轴被毛；果苞半宽卵形，中脉偏向一侧，外缘有锯齿，内缘平滑。小坚果生于果苞基部内折的小裂片内。花期 4~5 月，果期 8~9 月。

分布于辽宁、华北、西北、山东、河南等地。山西恒山、五台山、吕梁山、太岳山有分布，本区见于人祖山。

木材制家具、农具，种子可榨油。

2. 川陕鹅耳枥 *Carpinus fargesiana* H. Winkl. —in Engler. Bot. Jahrb. 50（Suppl.）：506. fig. 6. 1914；中国植物志 21：80，1979；中条山树木志 311，图版 211，1995；北京林

业大学学报 25(4)：42, 2003.

乔木。小枝细，褐色，被毛。叶卵状披针形，长 2.5~6.5cm，宽 2~5cm，先端渐尖，基部楔形、圆形或微心形，边缘具细锐锯齿，侧脉 11~15 对，脉间有髯毛；叶柄长 5~10mm。果苞半卵形，内侧基部微内折或具小耳突。花期 4~5 月，果期 8 月。

分布于四川、陕西。生于山地杂木林。山西中条山、太岳山有分布，本区见于人祖山，为该种在山西地理分布的新资料。用途同鹅耳枥。川陕鹅耳枥为《山西植物志》增补种。

3. 榛属 *Corylus* L.

落叶灌木。单叶互生，叶缘有小裂片和重锯齿，羽状脉。花先叶开放，雌雄同株。雄花序为柔荑花序，无花被，雄蕊 4~8，花丝 2 分叉，花药顶端有毛；雌花簇生呈头状花序或单生，具花被，子房下位，每室 1 胚珠。坚果，果苞叶状或囊状。

中国 7 种。晋西黄土高原 2 种。

分种检索表

1. 叶片先端近平截，浅裂，果苞钟形·······························**1. 榛 *C. heterophylla***
1. 叶片先端急尖或尾尖，果苞管状·························**2. 毛榛 *C. mandshurica***

1. 榛（榛子）*Corylus heterophylla* Fisch ex Trautv. Pl. Imag. Deser. Fl. Ross. 10. t. 4. 1844；中国高等植物图鉴 1：396，图 791，1972；中国植物志 21：50，1979；山西植物志 1：268，1992.

灌木，高 0.8~2m。小枝被毛。叶阔卵形，长 3~13cm，先端近截形，有数个短尖缺刻，基部心形，边缘不规则重锯齿，羽状脉 3~5 对，叶背面沿脉有毛；叶柄长 1~2cm。坚果近球形，直径 7~13mm，1~6 个簇生，果苞叶状，钟形，先端有不规则裂片，外面有柔毛和刺状腺体；果序柄长 1.5cm。花期 6 月，果期 9~10 月。

分布于东北、华北、西北。生于山地阳坡。山西及本区广布。水土保持树种。种仁可食，为重要的干果资源。

2. 毛榛（毛榛子）*Corylus mandshurica* Maxim et Rupr. in Bull. Acad. Sei. St. Petersb 15：137. 1856；中国高等植物图鉴 1：398，图 795，1972；中国植物志 21：54，1979；山西植物志 1：268，1992. —*C. rostrat* Air. var. *mandshurica*（Maxim.）Regel

灌木，高 1~3m。小枝被毛。叶倒广卵形，先端急尖，基部心形，边缘不规则粗锯齿，中部以上有缺刻状浅裂，羽状脉 5~7 对，叶两面有毛，背部较密；叶柄长 1~2cm。坚果近球形，长 1~2cm，1~6 个簇生；果苞囊状，坚果以上渐细成管状，长为坚果的 2~3 倍，先端浅裂，外面有刚毛和柔毛。

分布于东北、华北各林区。生于林缘或林下。山西恒山、五台山、吕梁山、太岳山有分布，本区见于紫金山、人祖山。种仁可食用。

4. 虎榛子属 *Ostryopsis* Decne.

落叶灌木。小枝有毛。单叶互生，叶缘重锯齿。花先叶开放，雌雄同株。雄花序为柔荑花序，无花被，雄蕊 4~6，花药合生，顶端无毛；雌花短穗状，每苞片内 2 花，花被附着子房，子房下位，每室 1 胚珠。小坚果包于顶端 3 裂的囊状果苞内。

虎榛子属为中国特产属，分布于北方及西南，共 2 种。山西及晋西黄土高原 1 种。

1. 虎榛子 *Ostryopsis davidiana* Decne. in Bull. Soc. Bot. France 20：155, 1873；中国高等植物图鉴 1：398, 图 796, 1972；中国植物志 21：56, 1979；山西植物志 1：271, 1992. —*Coylus davidiana* Baillon

落叶灌木。树皮浅灰色，枝条灰褐色，密生皮孔。叶卵形或椭圆状卵形，长 2~6.5cm，宽 2~4cm，顶端渐尖或锐尖，基部心形，叶缘具不规则的重锯齿和不明显的浅裂片，上面疏生短毛，下面密生褐色小腺点，脉腋具簇生的髯毛，侧脉 7~9 对；叶柄长 3~12mm，密被短柔毛。雄花序单生于小枝的叶腋，短圆柱形，苞鳞宽卵形，外面疏被短柔毛；雌花序生于当年生枝的顶端，4~14 朵密集成簇，花柱深紫色，2 裂，向外反曲。果苞厚纸质，下半部紧包果实，上半部延伸呈管状，外面密被短柔毛，具条棱，成熟后一侧开裂，有光泽，具细肋。花期 4~5 月，果熟期 8~9 月。

山西及本区广布。水土保持树种和油料植物。

11. 壳斗科 Fagaceae

落叶或常绿乔木。单叶互生，羽状脉。单性同株，花仅具萼片，4-7 裂。雄花序为柔荑花序，雄蕊与花被裂片同数或为其倍数，花丝细长，花药纵裂；雌花 1~2 朵生于总苞内，子房下位，2~3 室，每室 2 胚珠。坚果包于总苞发育成的壳斗内，壳斗外壁的小苞片成为鳞片状、条状披针形或刺状。种子含淀粉，无胚乳。

8 属约 900 种。中国 7 属 300 余种。山西 2 属 9 种，晋西黄土高原 1 属 5 种。

1. 栎属(壳斗属) *Quercus* L.

落叶或常绿乔木。小枝有纵棱，具顶芽，芽鳞片数枚，覆瓦状排列。叶缘具缺刻状裂片或针芒状锯齿。雄花序下垂；雌花单生或数朵集成短的总状花序，柱头 3 裂，子房 3 室。坚果生于杯状壳斗内，壳斗外小苞片为鳞片状、瘤状或披针状钻形。

约 300 种。中国近 50 种。山西 8 种，晋西黄土高原 5 种。

木材密度大，耐腐朽，可用于建筑。热值高，是重要的薪炭树种。种子含淀粉，叶可饲柞蚕，壳斗、树皮含鞣质。

分种检索表

1. 叶缘有针芒状锐锯齿，壳斗鳞片为条形，略反卷 ………………………………………2
1. 叶缘为波状齿，壳斗鳞片为鳞形 ……………………………………………………3
　2. 叶背密生星状毛，树皮木栓层较厚，有弹性 …………**1. 栓皮栎 *Q. valiabilis***
　2. 叶背起初有毛，后完全脱落，树皮木栓层不及上者厚 …………**2. 橿子栎 *Q. baronii***
　　3. 叶柄长 1~1.5cm，叶下面密生星状毛，侧脉 10 对以上 ………**3. 槲栎 *Q. aliena***
　　3. 叶柄长不及 0.5cm，叶下脉上初有毛，后脱落，侧脉 10 对以下 ………4
　　　4. 侧脉 5~6 对，壳斗鳞片平滑 …………………**4. 辽东栎 *Q. wutaishanica***
　　　4. 侧脉 6~9 对，壳斗鳞片有疣状突起 …………**5. 蒙古栎 *Q. mongolica***

1. 栓皮栎(软木栎) *Quercus variabilis* Bl. in Mus. Bot. Lugd. -Bat. 1：297, 1850；中国高等植物图鉴 1：457, 图 913, 1972；山西植物志 1：289, 1992. —*Q. chinensis* Bge.

落叶乔木，高可达 30m。树皮木栓层发达。叶长椭圆状披针形，长 8~15cm，宽 2~7cm，先端渐尖，基部圆形或阔楔形，边缘具针芒状锯齿，叶背密生灰白色星状毛；侧脉 12~15 对，叶柄长 1~2cm。壳斗直径 2cm，半包坚果，小苞片钻形，向外翻。坚果宽卵形，直径 1.5cm。花期 3~4 月，果期 8~9 月。

分布于辽宁、山西、河北、云南、四川、华中、华东、中南、华南各地。山西中条山、吕梁山南部、太行山有分布，生于中低山区阳坡，本区见于人祖山。耐干旱、瘠薄，是山地阳坡绿化较理想的树种。

2. 橿子栎 *Quercus baronii* Skan. in Jour. Linn. Soc. Bot. 26：507. 1899；中国高等植物图鉴 1：456，图 911，1972；山西植物志 1：297，1992.

半常绿小乔木，高可达 12m。小枝初有毛，后脱落。叶卵状披针形至卵状椭圆形，长 3~6cm，宽 1.5~2cm，先端渐尖，基部圆形或阔楔形，边缘有锐锯齿，侧脉 6~8 对，叶背初有星状毛，后脱落；叶柄长 3~7mm。壳斗直径 1.2~1.5cm，包围坚果可达 2/3，苞片条形，反曲。花期 4 月，果期翌年 9 月。

分布于山西南部、河北、陕西、甘肃、湖北、湖南、四川。生于中低山阳坡、半阳坡。山西分布于中条山、太行山和吕梁山南部，本区仅见于人祖山，较少。

3. 槲栎 *Quercus aliena* Bl. in Mus. Bot. Lugd. -Bat 1：298，1850；中国高等植物图鉴 1：459，图 918，1972；山西植物志 1：293，1992.

落叶乔木，高可达 25m。叶倒卵状椭圆形，长 10~22cm，宽 5~15cm，先端微钝，基部阔楔形，边缘疏生波状钝齿，侧脉 10~15 对，背面有星状毛；叶柄长 1~3cm。壳斗直径 1.2~2cm，半包坚果，苞片鳞片状。坚果卵形，长 1.2~1.5cm。花期 4~5 月，果期 9~10 月。

分布于辽宁、河北、山西、华南、西南。生于山地杂木林。山西中条山、太行山、太岳山有分布，本区见于人祖山，较少。

4. 辽东栎（柴树）*Quercus wulaishanica* Mayr freemdl. Wremdl. Parkbaume Eur. 504，906. —*Q. liaotungensis* Koidz. in Bot. Mag. Tokyo 26：166，1912；中国高等植物图鉴 1：461，图 922，1972；山西植物志 1：293，1992.

落叶乔木，高可达 15m。叶倒卵状椭圆形，长 5~17cm，宽 4~10cm，先端圆钝，基部圆形或耳形，边缘 5~7 对波状钝齿，侧脉 5~7 对，背面幼时沿脉有毛，后脱落；叶柄长 4~5mm。壳斗直径 1.2~1.5cm，包围坚果 1/3，苞片鳞片状。坚果长卵形，长 1.2~1.5cm。

分布于东北、黄河流域各地。山西各山地均有分布，本区紫金山、人祖山、石楼东山林场有分布，为山地落叶阔叶林分的基本树种。

5. 蒙古栎（柞树）*Quecus mongolica* Fisch. ex Turcz. in Bull. Soc. Nat. Mosc. 11：101，1838；中国高等植物图鉴 1：462，图 924，1972.

落叶乔木，高可达 30m。叶倒卵状长椭圆形，长 7~17cm，宽 4~10cm，先端钝或急尖，基部楔形或耳形，边缘 6~10 波状钝齿，侧脉 6~10 对，背面有少量星状毛；叶柄长 2~5mm。壳斗直径 1.5~1.8cm，半包坚果，苞片鳞片三角形，背部有明显的瘤状突起。坚果卵形，长 1.5~2cm。

分布于东北、华北，山地杂木林。山西吕梁山、五台山有分布，本区见于紫金山。

12. 榆科 Ulmaceae

乔木，少为灌木，落叶或常绿。芽具覆瓦状鳞片。单叶，互生，羽状脉或三出脉，叶基常偏斜，叶缘具锯齿，稀有全缘；托叶早落。花小，单生或簇生，或排列成聚伞花序。花两性、单性或杂性，雌雄同株。花被裂片常为4~5，稀有3~9，宿存；雄蕊与花被裂片同数且对生，稀为其2倍；子房上位，雌蕊由2心皮组成，1室，内具1倒生或半倒生胚珠，花柱2。果为翅果、核果或小坚果；种子通常无胚乳，胚直立或弯曲，子叶扁平。

约15属150种。中国8属约52种。山西5属14种1变种，晋西黄土高原2属7种1变种。

分属检索表

1. 叶为三出脉，果为核果 ·· **1. 朴属 Celtis**
1. 叶为羽状脉，果为翅果 ·· **2. 榆属 Ulmus**

1. 朴属 Celtis L.

落叶乔木。树皮平滑，不裂。单叶互生，硬纸质至革质，先端渐尖，基部不对称，叶缘有锯齿，基出三主脉，侧脉弧形弯曲，不达叶缘。花小，杂性同株，簇生，雄花，萼片4~5裂，雄蕊与萼片相等；雌花子房1室，1胚珠，花柱2裂。核果，球形。

约70种。中国21种。山西3种，晋西黄土高原2种。

分种检索表

1. 叶两面均有毛，下面犹密，果梗与叶柄近等长 ·············· **1. 黄果朴 C. labilis**
1. 叶无毛，果梗明显长与叶柄 ···························· **2. 小叶朴 C. bungeana**

1. 黄果朴 Celtis labilis Schneid. in Sarg. Pl. Qils. 3：267，1916；中国高等植物图鉴1：473，图946，1972；山西植物志1：316，1992.

落叶乔木，高可达14m。小枝被毛。叶卵状椭圆形，长5~11cm，宽2~4cm，叶缘中上部有钝锯齿，两面被毛；叶柄长5~8mm，有毛。核果橙黄色，2~3聚生于叶腋，直径6~8mm，果柄与叶柄近等长，果核有凹点。花期4~5月，果期9~10月。

分布于山西、陕西、甘肃、河南、湖北。生于山地杂木林。山西中条山、太岳山有分布，本区见于紫金山、人祖山。茎皮纤维可造纸、人造棉。

2. 小叶朴(黑蛋树) Celtis bungeana Bl. in Mus. Bot. Lugd. -Bat. 2：71，1852；中国高等植物图鉴1：472，图943，1972；山西植物志1：316，1992.

落叶乔木，高可达20m。小枝无毛。叶卵形或卵状椭圆形，长4~10cm，宽2~5cm，叶缘中上部有钝锯齿或全缘，两面无毛；叶柄长5~10mm。核果紫黑色，单生于叶腋，直径4~7mm，果柄长1.5~2.8cm，果核有不明显网纹。花期4月，果期9月。

分布于东北、华北、西北、山东、河南、湖北。生于山地阳坡。山西中条山、太岳山、吕梁山南部有分布，本区见于紫金山、人祖山。木材可制农具，茎皮纤维可造纸、人造棉。

2. 榆属 *Ulmus* L.

乔木。单叶，2列互生，叶缘多为重锯齿，羽状脉，托叶膜质。两性花，较小，簇生、散生，或集成短总状聚伞花序；花萼钟形，4~7裂，宿存；雄蕊与花萼裂片同数，上位子房，1室。翅果扁平，圆形或卵形。

约20种。中国13种。山西9种1变种，晋西黄土高原5种1变种。

分种检索表

1. 叶基极歪斜，中脉两侧的侧脉数常不相等，栽培树种 ……………………………**1. 欧洲白榆 *U. laevis***
1. 叶基略歪斜，中脉两侧的侧脉数相等 ……………………………………………………**2**
  2. 叶缘为单锯齿 ………………………………………………………………………………**3**
  2. 叶缘为重锯齿 ………………………………………………………………………………**4**
    3. 叶椭圆状披针形，纸质，较柔软，翅果近圆形，长 1~1.5cm ………**2. 榆 *U. pumila***
    3. 叶卵形，厚纸质，稍硬，翅果倒卵形，长 2~2.5cm ………**3. 旱榆 *U. glaucescens***
      4. 叶明显倒卵形，中上部最宽，较厚，枝上木栓翅为 4 条，翅果较大，长 2.5~3.5cm，全部被毛，种子位于果翅中部 ………………**4. 大果榆 *U. macrocarpa***
      4. 叶卵形，中部最宽，稍软，枝上的木栓翅为 2 条，翅果长 1~1.5cm，果核处有毛或无，种子位于果翅中上部 …………………………………………………………………**5**
      5. 叶卵形，叶背面幼时疏生柔毛，后脱落，叶柄密生丝状毛，果核处有疏毛 …………………………………………………………………………………**5. 黑榆 *U. davidiana***
      5. 叶椭圆状卵形，叶背面脉腋间有簇毛，叶柄被薄毛，翅果完全无毛 …………………………………………………………………**5a. 春榆 *U. davidiana* var. *japonica***

1. 欧洲白榆 *Ulmus laevis* Pall. in Fl. 1：75. t. 48 f. 6, 1784.

落叶乔木，高可达 35m。树皮深纵裂。小枝初有毛，后脱落，冬芽纺锤形。叶倒卵圆形，长 6~14cm，中上部较宽，先端尾状尖，基部歪斜，边缘重锯齿，上面暗绿色，光滑，下面绿色，初有毛，后脱落；叶柄长 4~14mm，有柔毛。花先叶开放，20~30 朵于二年生枝上集成短聚伞花序；花萼 9 裂，花梗长 6~20mm。翅果宽椭圆形，长 10~16mm，种子位于翅果中部，果翅边缘有毛，果梗长可达 3cm。花期 4 月，果期 5 月。

原产欧洲，中国多地引种。本区人祖山有栽培。该种为山西栽培树种的新记录。木材坚硬，可用于建筑、家具制作。喜光、耐寒，可用于园林绿化。

2. 榆(家榆、白榆、榆树) *Ulmus pumila* L. Sp. Pl. 226，1753；中国高等植物图鉴 1：463，图 926，1972；山西植物志 1：302，1992.—*U. manshurica* Nakai

落叶乔木，高可达 25m。树皮暗灰色，粗糙，纵裂。小枝黄褐色，常被短柔毛。叶椭圆状卵形或椭圆状披针形，长 2~9cm，宽 1.2~3.5cm，先端锐尖或渐尖，基部圆形或楔形，两边近对称，叶缘多为单锯齿，侧脉 9~16 对，脉腋常簇生毛；叶柄长 2~8mm，被毛。花先叶开放，多数为一簇生的聚伞花序，生于上一年生枝条的叶腋；花被片 4~5；雄蕊 4~5，花药紫色，伸出花被外。翅果倒卵形，长 1~1.5cm，先端具凹陷，种子位于翅果的中央，周围均具膜质翅。花期 3 月，果期 4~5 月。

分布于东北、华北、西北、华中、华东。生于丘陵山坡、河滩、村旁。山西及本区广布，栽培或野生。木材供建筑、家具、农具用材；嫩叶幼果可食，树皮可磨榆皮面。喜光、耐旱、耐寒，是本区荒山造林的主要树种。

3. 旱榆（灰榆）Ulmus glaucescens Franch. in Nouv. Arch. Mus. Hist. Nat. Paris Ser. 2. 7：76. Pl. 8. f. A（Pl. Davod. 1：266.）1884；中国高等植物图鉴 1：463，图 925，1972；山西植物志 1：302，1992.

落叶乔木，高可达 15m。小枝初有毛，后脱落。叶卵形、长卵形，长 2~5cm，先端渐尖，基部偏斜，边缘单锯齿，两面无毛；叶柄长 5~8mm，有柔毛。花与叶同时开放，散生于当年生枝或簇生于二年生枝上；花萼 4 裂。翅果倒卵圆形，长 2~3cm，种子位于翅果中部，果翅边缘有毛，果梗等于宿存花萼。花期 4~5 月，果期 5~6 月。

分布于华北、西北、山东、河南。生长于山地阳坡。山西吕梁山、太岳山有分布，本区见于人祖山。木材可供制农具。喜光、耐旱、耐寒，可用于荒山造林。

4. 大果榆（山榆）Ulmus macrocarpa Hance in Journ Bot. 6：332，1868；中国高等植物图鉴 1：464，图 928，1972；山西植物志 1：302，1992.

落叶乔木，高可达 20m。小枝初有毛，后脱落。萌生枝和二年生枝两侧长有木栓翅。叶宽倒卵形、倒卵状圆形，长 3~10cm，宽 2~6cm，先端突尖，基部偏斜，边缘重锯齿，两面被毛，叶柄长 3~5mm，密被柔毛。翅果倒卵形，长 2.5~3.5cm，两面被毛，种子位于翅果中部，果梗短，有腺毛。花期 4 月，果期 5 月。

分布于辽宁、山西、河南。生于向阳的山坡上及岩石缝中。山西太岳山、中条山、吕梁山有分布，本区见于人祖山。木材可制农具。

5. 黑榆（山毛榆）Ulmus davidiana Planch. in Compt. Remd ar 74(1)：1498，1872；中国高等植物图鉴补编 1：466，图 932，1972；山西植物志 1：306，1992.

落叶乔木，高可达 15m。树皮不规则纵裂。小枝长有 4 条膨大的木栓翅。叶倒卵圆形或椭圆状倒卵形，长 4~10cm，先端渐尖或急尖，基部微偏斜，边缘重锯齿，侧脉 10~20 对，初有毛，后脱落，或下面脉腋有毛；叶柄长 5~10mm，有丝状毛。花先叶开放，簇生于二年生枝上。翅果倒卵形，长 1~1.5mm，种子位于翅果中上部，与缺刻相连，果核处有毛，果梗长可达 3cm。花期 4~5 月，果期 5~6 月。

分布于东北、华北、陕西、河南。生于山地阳坡、沟谷。山西五台山、吕梁山、中条山、太岳山有分布，本区见于紫金山、人祖山。木材供建筑、家具、农具用材；茎皮纤维可制人造棉；嫩果可食。

5a. 春榆（山榆）Ulmus davidiana var. japonica（Rehd.）Nakai in Fl. Sylv. Kaor. 19：26，1932；中国高等植物图鉴 1：466，图 931，1972.—*U. japonica* Sarg.；山西植物志 1：306，1992.—*U. propinqua* Koidz

该变种与黑榆的区别在于翅果无毛。分布同黑榆。

13. 桑科 Moraceae

落叶或常绿乔木或灌木，有时为藤本或直立草本。多数属具有乳汁。叶常互生，少对生，单叶或复叶，全缘或有锯齿和不同程度的裂；托叶早落。花单生，雌雄同株或异株，常集成柔荑花序、头状花序、聚伞花序、圆锥花序或隐头花序，花小，整齐。雄花被片通常为 4，离生或基部稍连合，雄蕊与花被裂片同数且对生，花药 2 室，纵裂；雌花被片 4，基部稍连合，雌蕊由 2 个心皮组成，花柱明显或不明显，柱头 1 或 2，子房通常为上位，1 室、1 胚珠。瘦果或核果；种子具胚乳，胚常为弯曲。

约 60 属 1000 多种。中国 18 属 150 种。山西 5 属 11 种 2 变种，晋西黄土高原 4 属 4 种。

分属检索表

1. 木本，有乳汁，瘦果成熟时被肉质化的花萼包被 ···2
1. 草本，无乳汁，瘦果成熟时花被紧贴果实，但不肉质化 ·····························3
  2. 雌雄花序皆为柔荑花序，叶无毛，叶缘有针芒状锐锯齿 ···············**1. 桑属 Morus**
  2. 雌花序为头状花序，叶下面密生毛，叶缘为粗锯齿 ···········**2. 构属 Broussonetia**
    3. 缠绕草质藤本，茎有倒刺，叶掌状分裂 ·····························**3. 葎草属 Humulus**
    3. 直立草本，叶掌状分裂 ···**4. 大麻属 Canabilis**

1. 桑属 *Morus* L.

落叶乔木或灌木。单叶互生或对生，叶缘有锯齿或缺刻状分裂，基出 3~5 脉，托叶早落。花单性同株或异株，雌雄花序皆为柔荑花序，花无花被；雄花萼片 4 裂，具 4 雄蕊；雌花萼片 4 裂，子房上位，1 室，花柱短，柱头 2 裂。小瘦果，宿存花萼肉质化。整个雌花序形成聚花果，即桑葚。

12 种。中国 9 种，各地均产。山西 3 种 1 变种，晋西黄土高原 1 种。

1. 蒙桑（崖桑、刺叶桑）*Morus mongolica*（Bur.）Schneud. in Sarg. Pl. Wils. 3：296，1916；中国高等植物图鉴 1：479，图 958，1972；山西植物志 1：322，1992.—*M. alba* L. var. *mongolica* Bur.

落叶乔木或灌木。小枝紫红色，无毛。冬芽卵形，芽鳞 5~7 枚。单叶互生，椭圆状卵形，长 5~12cm，宽 4~8cm，先端尾状尖，基部心形，边缘有针芒状锯齿，两面无毛；叶柄长 3~6cm。果序长 1.5cm，熟时黑紫色。花期 4~5 月，果期 6 月。

分布于辽宁、华北、山东、河南、湖北、湖南、四川、云南。生于山地杂木林。山西中条山、吕梁山、太行山有分布，本区紫金山、人祖山有分布。果实可食，叶可饲蚕；木材坚韧，可制农具；茎皮可造纸。

2. 构属 *Broussonetia* L Herit. ex Vent.

落叶乔木。有乳汁。叶互生或对生，叶缘有锯齿或缺刻状分裂，基出 3 脉，托叶早落。单性异株，雄花序为柔荑花序，雌花序为球形头状花序。雄花萼片 4 裂，雄蕊 4；雌花花萼管状，3~4 裂，包围有柄的子房，宿存，果熟时肉质化，花柱侧生，柱头细长。聚花果球形。

约 4 种。中国 3 种。山西及晋西黄土高原 1 种。

1. 构树（构桃）*Broussonetia papyrifera*（L.）L Herit. ex Vent. in Tabl. Regn. Veg. 3：547，1799；中国高等植物图鉴 1：481，图 962，972；山西植物志 1：325，1992.—*Morus papyrifera* L.

落叶乔木，高可达 10m。小枝粗壮，密被灰色粗毛。叶互生、对生，偶见轮生者，宽卵圆形，先端渐尖，基部圆形或心形，边缘粗锯齿，不裂或 3~5 不规则深裂，两面被毛；叶柄长 3~10cm，密被毛。聚花果球形，直径 1.5~2.5cm，熟时橘红色，小瘦果扁球形。花期 5~6 月，果期 8~9 月。

分布于华北、华东、华中、华南、西南。多生于石灰岩低山地区。山西运城、临汾、太原、忻州地区有分布，本区见于人祖山。抗烟尘和有害气体，可用于城乡绿化。茎皮纤维长，洁白，是制高级纸张的原料。果实和根皮入药。

3. 葎草属 *Humlus* L.

一年生或多年生草质藤本。叶对生，3~7 掌状裂。单性异株，雄花序为圆锥花序，花被 5 裂；雄蕊 5 枚；雌花序为紧密的穗状花序，花序苞片宿存，覆瓦状排列，每苞片内 2 雌花，子房为全缘的膜质苞片包围，柱头 2 裂。瘦果。

4 种。中国 3 种。山西 2 种 1 变种，晋西黄土高原 1 种。

1. 葎草 (拉拉藤) *Humlus scandens* (Lour.) Merr. in Trans. Amer. Philos. Soc. Philad. 24 (2)：138，1935；中国高等植物图鉴 1：502，图 1004，1972；山西植物志 1：334，1992.

一年生缠绕草本。茎与叶柄有倒刺。叶对生，五角状圆形，直径 5~7cm，掌状 5 裂，边缘粗锯齿，两面被刺毛，下面有黄色腺点；叶柄长 5~20cm。瘦果淡黄色，扁平。

全国广布。本区各地均有分布，南部较多。全草入药，茎皮可用于造纸。

4. 大麻属 *Cannabis* L.

1 种，属特征同种。

1. 大麻 (火麻、线麻) *Cannabis sativa* L. Sp. Pl. 1027. 1753；L Herit. ex Vent.；中国高等植物图鉴 1：503，图 1005，1972；山西植物志 1：338，1992.

一年生直立草本。具特殊气味。茎灰绿色，具纵沟，密生柔毛。叶互生或下部的叶为对生；掌状全裂，裂片 3~9，披针形，长 7~15cm，先端渐尖，基部渐窄；叶缘具锯齿；上面深绿色，被短毛；下面淡绿色，被长毛；叶柄长 4~13cm，被糙毛。单性异株。雄花序为圆锥花序，雄花花萼 5 裂，雄蕊 5；雌花序簇生于叶腋内，雌花花萼膜质，不裂，与子房紧贴，子房无柄，1 室，1 胚珠，柱头 2 裂。瘦果两面凸，质硬，灰色。花期 6~8 月，果期 9~10 月。

原产中亚，中国栽培。山西及本区各地均有栽培，常逸为野生。茎皮纤维可供制绳、编织。种子供榨油。

14. 荨麻科 Urticaceae

草本或灌木，稀乔木。有些种类具种蛰毛。单叶对生或互生。单被花，花小，排成聚伞花序、穗状或圆锥花序。雄花花被 4~5 裂，雄蕊与花被裂片同数且对生；雌花花被 2~5 裂，果期常扩大，花柱 1，柱头画笔状，子房 1 室，胚珠 1。瘦果包于花被内。

45 属 600 余种。中国 23 属 250 余种。山西 6 属 10 种，晋西黄土高原 1 属 1 种。

1. 冷水花属 *Pilea* Lindl.

一年生或多年生草本。叶对生，有锯齿或全缘，基出三主脉，托叶早落。雌雄同株或异株，腋生聚伞花序，雄花花被 2~4 裂，雌花花被多 3 裂。瘦果压扁。

200 余钟。中国 70 余种。山西及晋西黄土高原 1 种。

1. 透茎冷水花 Pilea monggolica Wedd. in DC. Prodr. 16：135，1869；中国高等植物图鉴 1：510，图 1020，1972；山西植物志 1：349，1992—*P. viridisima* Makino

一年生草本，高 10~30cm，光滑，有透明感。叶卵形、菱状卵形，长 1~8cm，宽 0.8~2.5cm，叶柄长 0.5~3.5cm，先端渐尖，微钝，基部楔形，边缘钝锯齿，有密集的钟乳体；雄花花被 2 裂，先端有角状附属体；雌花花被 3 裂。瘦果卵形，长 1~1.5mm。

华南到东北均有分布，生于流水沟谷。山西中条山地区有分布。本区石楼东山林场有分布，为该种在山西地理分布的新记录。根茎入药，有清热利尿功效。

15. 檀香科 Santalaceae

多年生草本、乔木或灌木。单叶，对生或互生，有时退化成鳞片状，柄极短，全缘，无托叶。花两性或单性。花小，辐射对称，单生或集成伞形花序或聚伞花序；通常具苞片及小苞片；花被 1 轮，呈花萼状或花冠状，常肉质，基部常成管状，先端呈 3~5 齿裂或 3~8 全裂；雄蕊生于花被裂片基部，与花被裂片同数且对生，花药 2 室，纵裂；子房下位呈半下位，少为上位，包于花盘内；1 室，内有胚珠 1~3，稀 4~5，花柱通常短于花被裂片，柱头不裂或 3~5 裂。核果或坚果；种子近于球形，胚直，含丰富的胚乳。

约 30 属 620 种。中国 7 属 20 余种。山西及晋西黄土高原 1 属 2 种。

1. 百蕊草属 Thesium L.

多年生半寄生草本，稀一年生。叶互生，条形或鳞片形。花小，两性，单生或于叶腋内排成聚伞花序，花苞片叶状，两侧各有 1 小苞片；花萼管状，4~5 裂；雄蕊 4~5；子房下位，柱头头状，胚珠 2~3。核果或小坚果。

120 余种。中国 8 种。山西及晋西黄土高原 2 种。

分种检索表

1. 坚果具网状脉纹，果梗短，斜向上…………………………………………**1. 百蕊草 T. chinense**
1. 浆果具纵棱，不具网纹，果梗长，下垂…………………………………**2. 急折百蕊草 T. refractum**

1. 百蕊草 Thesium chinense Turcz. in Bull. Soc. Nat. Mosc. 10（7）：157，1837；中国高等植物图鉴 1：535，图 1070，1972；山西植物志 1：355，图版 218，1992.—*T. decureh* Bl. ex DC.

多年生的半寄生草本。株高 15~40cm，无毛。叶狭披针形，互生，近无柄，长 1~5cm，宽 1~2mm，全缘，具 1 条明显的叶脉。花单生于叶腋，两性，绿白色，花柄极短；苞片 1，与叶同形，稍小，通常比花长 2~4 倍；小苞片 2，线形，常 2~6mm；花被下部合成钟状，上端 5 裂，稍向内曲；雄蕊 5，若生花被裂片的内侧，与花被裂片对生；子房下位，花柱短，不超出雄蕊。坚果球形或椭圆形，直径约 2mm，表面具网状皱棱，先端具宿存花被。花期 4~6 月，果期 5~8 月。

分布于南北各地。生于山地林缘草地。山西太岳山、吕梁山有分布，本区广布，生于山坡草地。全草入药。

2. 急折百蕊草 Thesium refractum Mey. in Bongard et Meyer. Verzeicichn. 58，1841；中

国高等植物图鉴 1：536，图 1071，1972；山西植物志 1：355，图版 219，1992.

多年生的半寄生草本。株高 15~45cm，具纵棱，无毛。叶条形，互生，长 3.5~5cm，宽 1~2mm，全缘，具 1 条明显的叶脉。花单生于叶腋，两性，绿白色，花柄 5~9mm；苞片叶状，比花长或近等长；小苞片 2，较短，花被下部合成钟状，上端 5 裂；雄蕊 5，生于花被裂片基部，与花被裂片对生；子房下位，柱头不超出花被裂片。坚果椭圆形，长约 2.5mm，表面具不明显的纵棱，先端具宿存花被，果柄达 1cm。花期 5~7 月，果期 6~9 月。

分布于东北、华北。生于山坡草地、林缘。山西太岳山、吕梁山有分布，本区广布。全草入药。

16. 桑寄生科 Loranthaceae

半寄生灌木。叶对生，革质，全缘。花小，具苞片和小苞片，两性或单性，排成头状、总状、穗状、聚伞状各式花序，雌雄同株或异株；萼片 3~8 裂，副萼片有或无，有些种类有花冠分化；雄蕊与裂片同数且对生；子房下位，1 室，1 胚珠。浆果或核果。

65 属 1300 余种。中国 11 属 60 余种。山西 2 属 2 种，晋西黄土高原 1 属 1 种。

1. 桑寄生属 *Loranthus* Jacq.

半寄生灌木，全株光滑。叶对生或近对生。两性或单性而雌雄异株，穗状花序，花序轴在花着生处凹陷；花托球形，花 5~6 数，花冠长不及 1cm，副萼环状；雄蕊着生于花冠上，有花柱，柱头钝。浆果卵球形，顶端有宿存副萼，具黏性。

约 10 种。中国 6 种。山西及晋西黄土高原 1 种。

1. 北桑寄生 (杏寄生) *Loranthus tanakae* Franch. et Sav. in Enum. Pl. Jap. 2：428，1876；中国高等植物图鉴补编 1：217，1978；中国高等植物图鉴 1：538，图 1075，1972；中国植物志 24：102，1988；山西植物志 1：358，1992. —*L. europaeus* Jccq.

半寄生落叶灌木。茎二歧分枝，枝条暗紫色至黑色，有蜡质层。叶对生，厚纸质，椭圆形，长 2.5~5cm，宽 1~2.5cm，先端钝，基部楔形；叶柄长 5~8mm。穗状花序，长约 4cm，有花 12~22 朵，花对生排列，两性，花被黄绿色，长 1.5mm；雄蕊生于花被片中部，柱头棒状。果球形，橙黄色，直径 8mm，光滑。花期 5~6 月，果期 9~10 月。

分布于华北、西北、山东、四川等地。寄生于乔木树种上。山西五台山、中条山、太岳山有分布，本区见于人祖山、紫金山。吕梁地区为该种在山西地理分布新记录。对寄主有一定危害。全株可入药。

17. 马兜铃科 Aristolochiaceae

直立或缠绕的草本或木本。单叶，互生或基生，常为心脏形，全缘，少有分裂，无托叶。花单生或数朵集生呈总状花序，整齐或不整齐；花被单层，合生，常扩大为花瓣状、管状，上部为 3~6 裂，暗紫色或绿黄色；花两性；雄蕊 6~12，稀为多数，花丝短，分离或与花柱相结合成柱状；心皮 4~6，合生，子房下位或半下位，少有近上位，中轴胎座，胚珠多数。蒴果或浆果状。

5 属约 300 种。中国 4 属 50 多种。山西 1 属 2 种，晋西黄土高原 1 属 1 种。

1. 马兜铃属 *Aristolochia* L.

草质或木质缠绕藤本。单叶互生，心形。花单生于叶腋，或呈短总状花序；花被管状，两侧对称，花被管长而弯曲基部膨大，颈部收缩，顶端扩展呈舌片状，有尾状尖；雄蕊 6，与花柱合生；子房下位，6 室，柱头 3~6 裂。蒴果，6 瓣裂，种子多数。

200 余种。中国 30 种。山西 2 种，晋西黄土高原 1 种。

1. 北马兜铃 (马兜铃) *Aristolochia contorta* Bge. in Enum. Pl. Chin. Bor. 58，1831；中国高等植物图鉴 1：548，图 1095，1972；山西植物志 1：362，图版 223，1992.

多年生缠绕草本。植株无毛。茎细长，具纵沟。叶互生，三角状心形、心形或卵状心形，长 4~12cm，宽 4~10cm，全缘，上面绿色，下面灰绿色，具 7 条主脉，叶脉明显而隆起；柄长 1.5~6cm。花数朵，簇生于叶腋；花被管状，下面绿色，上部带紫色，内侧具软腺毛，基部呈球形，具 6 条隆起的纵脉和明显的网状脉，上部筒状，与基部相接处的内侧生有长腺毛，花被的筒部连球形的基部共长 1~2.5cm；花被筒的上部呈二唇形开展，先端延伸成细线状的尾尖；雄蕊 6，着生于 6 裂柱头之下；子房下位，6 室，柱头膨大 6 裂，肉质。蒴果下垂，广倒卵形或椭圆状倒卵形，基部广楔形，顶端圆形而微凹，室间开裂。种子多数，具膜质翅。花期 7~8 月，果期 9~10 月。

分布于东北、华北。生于山坡、路旁、灌丛。山西太岳山、吕梁山、中条山、五台山有分布，本区广布。药用植物。

18. 蓼科 Polygonaceae

多年生或一年生草本，稀木本。茎直立、缠绕、斜生或平卧，节部常膨大。单叶，互生，稀对生或轮生，全缘，少有分裂；叶柄有或无；托叶鞘膜质，抱茎。花序穗状、总状或圆锥状；花小，常为两性，稀有单性，辐射对称；花被片 3~5，常具颜色；雄蕊 6~9，或更少；花盘腺状、环状或无；子房上位，1 室，1 胚珠，基生，直立；花柱 2~3，分离或下部合生。瘦果两面平或三棱形，包于宿存的花被内或部分外露；胚偏于一侧或侧生，种子具丰富的胚乳。

约 40 属 800 种。中国 12 属 200 种。晋西黄土高原 5 属 14 种。

分属检索表

1. 瘦果无翅 ··· **2**
1. 瘦果有翅 ··· **4**
  2. 花被片 5，果期不增大 ·· **3**
  2. 花被片 6，内轮花被果期增大 ································· **1. 酸模属 *Rumex***
    3. 果实超出花被近 1 倍 ································· **2. 荞麦属 *Fagopyrum***
    3. 果实与花被近等长 ····································· **3. 蓼属 *Polygonum***
      4. 缠绕草本，花被 5，果实基部有角状附属物 ····· **4. 翼蓼属 *Pteroxygonum***
      4. 直立草本，花被 6，果实无附属物 ················· **5. 大黄属 *Rheum***

1. 酸模属 *Rumex* L.

多年生或一年生草本。茎直立，有沟槽。叶全缘，或波状皱褶，托叶鞘易破裂早落。

花两性或单性，具花梗，多数排成轮伞花序，再集成顶生的圆锥花序；花被片 6，外轮 3 片果期不增大，内轮 3 片果期增大，多具瘤突，有些种具针刺；雄蕊 6；子房三棱状，1 室，柱头 3 裂，毛刷状。瘦果三棱形，有光泽，包于宿存并扩大的内花被内，胚弯曲。

约 200 种。中国 30 种。山西 6 种，晋西黄土高原 2 种。

分种检索表

1. 叶长圆状披针形，叶基圆形或微心形，宿存花被全部有瘤状突起………**1. 巴天酸模 *R. patientia***
1. 叶三角状心形，基部心形，宿存花被无瘤状突起………………………**2. 毛脉酸模 *R. gmelini***

**1. 巴天酸模（羊蹄、牛西西）*Rumex patientia* L. in Sp. Pl. 333，1753；中国高等植物图鉴 1：571，图 1142，1972；山西植物志 1：370，图版 229，1992.

多年生草本。根常粗壮。茎直立，不分枝或上部分枝，具棱。基生叶长圆状披针形，长 15~30cm，宽 4~12cm，先端圆钝或急尖，基部圆形或近心形，全缘，具波状缘，叶脉突出；叶柄粗，长 10cm；茎上部的叶窄而小，近无柄；托叶鞘筒状，膜质，老时破裂。圆锥花序顶生或腋生，花两性；花被片 6，2 轮，内轮 3 片，宽 5~6mm，果时增大，宽心形，全缘，具网纹，常为 1 片具有瘤状突起，有时 3 片均具长圆形的瘤状突起；雄蕊 6。瘦果三棱形。褐色，具光泽，包于宿存的内轮花被片内。花期 5~8 月，果期 6~9 月。

分布于华北、西北和东北。生于水沟、路旁、田边、荒地。山西及本区广布。

**2. 毛脉酸模（土大黄）*Rumex gmelini* Turcz. in Bull Soc. Nat. Mosc. 11：986，1833；山西植物志 1：370，图版 227，1992.

多年生草本。根粗壮肥厚。茎直立，粗壮，具槽，无毛，中空，微红色或淡黄色。基生叶和茎生下部的叶具长柄，柄长 30cm，具沟；叶三角状卵形或三角状心形，常 8~16cm，基部宽 7~14cm，叶形变化幅度较大，先端钝圆，基部深心形，上面无毛，下面脉上具有短柔毛，全缘或微皱波状；茎上部叶的叶柄较短，叶较小，三角状狭卵形或披针形。圆锥状花序顶生，两性花，花梗中下部具关节；花被片 6，2 轮，外轮花被片卵形，内轮花被片结果时增大，椭圆状卵形，先端钝圆，基部圆形，背面无瘤状突起；雄蕊 6，花柱 3。瘦果三棱形，深褐色，具光泽。花期 7~8 月，果期 8~9 月。

分布于东北、华北。生于水边湿地。山西吕梁地区有分布，本区见于房山峪口。

2. 荞麦属 *Fagopyrum* Gaertn.

一年生或多年生草本。叶三角形、箭状三角形，有叶柄，托叶鞘膜质。顶生或腋生的总状花序，再排成伞房状。花两性，白色或粉红色，花被 5 裂，果期不增大；雄蕊 8，花柱 3，柱头头状。瘦果三棱形。

15 种。中国 8 种。山西及晋西黄土高原 2 种。

分种检索表

1. 叶先端渐尖，瘦果光滑无沟……………………………………………**1. 荞麦 *F. esculentum***
1. 叶先端急尖，果实有 3 条窄纵沟……………………………………**2. 苦荞麦 *F. tataricum***

1. 荞麦 Fagopyrum esculentum Moench. in Meth. 290，1794；中国高等植物图鉴 1：569，图 1137，1972；山西植物志 1：377，图版 233，1992.

一年生草本。高 40~60cm，茎中空，光滑，淡绿色带紫色，具条纹及细毛。叶宽三角形，长 1.5~5cm，宽 1.5~6cm，先端急尖，基部心形，全缘，无毛或有微毛，叶柄长 2~5cm，向上渐缩短。花被 5 深裂，裂片椭圆形。瘦果三棱形，有纵沟，果棱上部锐，下部钝。花果期 7~8 月。

分布于全国各地，栽培粮食作物。山西及本区各地均有种植，亦见有野生。

2. 苦荞麦 Fagopyrum tataricum (L.) Gaertn. in Fruct. 2：182. t. 119.1791；中国高等植物图鉴 1：569，图 1138，1972；山西植物志 1：380，图版 234，1992. —Polygomum tataricum L.

一年生草本。高 40~80cm，茎光滑，淡绿色或红褐色。叶三角状箭形，长 2~6cm，宽 3~5cm，先端渐尖，基部心形，全缘，无毛或有微毛；叶柄长 2~5cm，向上渐缩短。花被 5 深裂，裂片卵形。瘦果三棱形，表面平滑，果棱锐。花果期 8~9 月。

分布于东北、华北、西北、西南。生于河滩草地。山西西北部山地有分布，本区广布。可食用、做饲料。

3. 蓼属 Polygonum L.

多年生或一年生草本，陆生或水生。茎直立、平卧或缠绕，光滑，有毛，或具刺，节处稍膨大。叶披针形、条形、戟形、心形，托叶鞘先端平截、歪斜、分裂为刺毛或扩展。花序穗状、总状、头状、圆锥状。花有花梗，生于苞片内，花被 4~6，花瓣状，宿存；雄蕊 8；子房三棱形或两面凸起，花柱 2~3，胚珠 1。瘦果三棱状或两面凸透镜状，包于或突出宿存花被内。

约 300 种。中国 120 种。山西 21 种，晋西黄土高原 8 种。

分种检索表

1. 茎平卧，叶较小，长 3cm 以下，叶柄有关节，花数朵簇生于叶腋⋯⋯**1. 萹蓄 P. aviculare**
1. 茎直立或缠绕，叶长 3cm 以上，叶柄无关节，花序穗状、圆锥状，顶生或腋生⋯⋯⋯⋯2
　2. 有块根，基生叶卵形，有长柄，叶基心形，茎生叶向上叶柄渐短，穗形花序顶生或腋生
　　⋯⋯⋯⋯⋯⋯⋯⋯⋯⋯⋯⋯⋯⋯⋯⋯⋯⋯⋯⋯⋯⋯⋯⋯**2. 支柱蓼 P. suffultum**
　2. 植株无块根⋯⋯⋯⋯⋯⋯⋯⋯⋯⋯⋯⋯⋯⋯⋯⋯⋯⋯⋯⋯⋯⋯⋯⋯⋯⋯⋯⋯⋯⋯3
　　3. 缠绕草本，叶心形，穗状花序叶生⋯⋯⋯⋯⋯⋯⋯⋯⋯**3. 卷茎蓼 P. convolvulus**
　　3. 直立草本⋯⋯⋯⋯⋯⋯⋯⋯⋯⋯⋯⋯⋯⋯⋯⋯⋯⋯⋯⋯⋯⋯⋯⋯⋯⋯⋯⋯⋯⋯4
　　　4. 圆锥花序，花黄绿色，叶长椭圆形或披针形，肉质，基部戟形
　　　　⋯⋯⋯⋯⋯⋯⋯⋯⋯⋯⋯⋯⋯⋯⋯⋯⋯⋯⋯⋯**4. 西伯利亚蓼 P. sibiricum**
　　　4. 穗状花序，叶卵形至披针形，基部非戟形⋯⋯⋯⋯⋯⋯⋯⋯⋯⋯⋯⋯⋯⋯⋯⋯5
　　　　5. 叶片中部有黑褐色的新月形斑点⋯⋯⋯⋯⋯⋯**5. 酸模叶蓼 P. lapathifolium**
　　　　5. 叶片中部无黑褐色的新月形斑点⋯⋯⋯⋯⋯⋯⋯⋯⋯⋯⋯⋯⋯⋯⋯⋯⋯⋯⋯6
　　　　　6. 水陆两栖植物，有横走根茎。水生植株叶浮生，长圆形，叶基心形。陆
　　　　　　生植株叶长圆状披针形，两面有硬毛⋯⋯⋯⋯⋯**6. 两栖蓼 P. amphibium**
　　　　　6. 无横走根茎，叶无毛或疏生柔毛⋯⋯⋯⋯⋯⋯⋯⋯⋯⋯⋯⋯⋯⋯⋯⋯⋯⋯7

7. 植株高 1~2m，叶宽卵形，托叶鞘上部草质，绿色，穗状花序较粗…………………
……………………………………………………………………………**7. 红蓼 *P. orientale***

7. 植株高不及 1m，叶条状披针形，托叶鞘膜质，有睫毛…………………………………
……………………………………………………………………………**8. 水蓼 *P. hydropiper***

1. 萹蓄（鸟蓼、猪菜）*Polygonum aviculare* L. Sp. Pl. 362. 1753；中国高等植物图鉴 1：554，图 1108，1972；山西植物志 1：382，图版 335，1992.—*P. aviculare* var. *vegetum* Ledeb.

一年生草本。茎平卧或直立。叶窄椭圆形、长圆状倒卵形，长 0.5~4cm，宽 1.5~10mm，先端钝尖，基部楔形，全缘，两面无毛；托叶鞘膜质，2 裂，下部带绿色，上部白色透明，具脉纹，无毛。花生于叶腋，1~5 朵簇生；花被 5 裂，裂片具窄的白色或粉红色的边缘；雄蕊 8，花丝短；花柱 3，分离。瘦果三棱状卵形，长约 3mm，黑褐色，表面具明显的线纹，果稍伸出宿存花被。花期 5~7 月，果期 8~10 月。

南北各地都有分布。生于路边、荒地、田边以及沟边湿地。山西及本区广布。全草入药。

2. 支柱蓼（螺丝三七、山奇）*Polygonum suffultum* Maxim. in Mel. Biol. 9：616，1876；中国高等植物图鉴 1：557，图 1115，1972；山西植物志 1：404，图版 253，1992.

多年生草本。根茎肥厚。茎直立，不分枝，高 10~30cm。基生叶椭圆状卵形，长 7~15cm，宽 1~3cm，先端急尖，基部阔楔形，叶缘外卷，叶柄长达 20cm；茎生叶披针形，具短柄或无柄；托叶鞘先端分裂。短穗状花序顶生或腋生，花梗有关节，花被白色，5 裂，柱头 3。瘦果三棱形，有光泽。花果期 5~6 月。

分布于华北、西北、华中、西南。生于山地草甸。山西五台山、吕梁山、太岳山、中条山有分布，本区见于紫金山。

3. 卷茎蓼（卷旋蓼）*Polygonum convolvulus* L. Sp. Pl. 364，1753；中国高等植物图鉴 1：566，图 1132，1972；山西植物志 1：400，图版 350，1992.

一年生缠绕草本。叶卵圆形，长 2~5cm，宽 1.5~5cm，先端渐尖，基部心形，叶柄长 1~3cm，托叶鞘斜形。花序顶生或腋生，间断的总状花序，花 2~4 簇生，花梗有关节，花被淡绿色，边缘白色，5 裂，外面 3 枚裂片舟状，背部有狭翅；雄蕊下部与花被合生；花柱短，柱头 3。瘦果卵状三棱形，表面有小点，无光泽，全包于花被内。花期 6~7 月，果期 7~9 月。

分布于东北、华北、河南。生于沟谷草地。山西分布于五台山、吕梁山，本区见于紫金山。

4. 西伯利亚蓼（剪刀股、酸溜溜）*Polygonum sibiricum* Laxm. in Nova Com. Acad. Petrop. 18：351，1773；中国高等植物图鉴 1：568，图 1135，1972；山西植物志 1：395，图版 246，1992.—*Persicaria sibirica*（Laxim.）H. Gross

多年生草本。根状茎细长。茎直立或斜生，常从基部分枝。叶长椭圆形或披针形，常 3~8cm，宽 5~20mm，先端锐尖，基部戟形或楔形，两面无毛，稍带肉质；托叶鞘筒状，膜质，无缘毛。花序圆锥状，顶生，苞片浅漏斗状；花梗短，中部以上具关节；花被 5 深裂；雄蕊 7~8；花柱 3，甚短。瘦果椭圆状三棱形，黑色，具光泽，包于宿存的花被内或稍突出。花期 7~9 月，果期 8~10 月。

南北各地均有分布。山西恒山、五台山、太岳山、吕梁山有分布，本区见于紫金山。喜生于盐碱地，特别是在碱地上生长好，故为碱性土壤的指示植物。根可入药。

5. 酸模叶蓼 (斑叶蓼) *Polygonum lapathifolium* L. Sp. Pl. 360, 1753；中国高等植物图鉴 1：558，图 1116，1972；山西植物志 1：392，图版 242，1992. —*P. scabrum* Moench. — *Persicaria lapathifolia* (L.) Gray.

一年生草本。茎直，通常带粉红色，节部膨大。叶披针形或宽披针形，长 4~20cm，宽 1~5.5cm，先端渐尖，基部楔形，全缘，具缘毛；叶脉和边缘均有斜生粗刺毛；托叶鞘筒状，膜质，无毛，先端截平。花由数花穗组成圆锥花序，顶生或腋生。苞片漏斗状，内生数花；花淡绿色或粉红色；花被常 4 深裂，稀 5 深裂，裂片椭圆形；雄蕊 6，花柱 2。瘦果扁卵圆形，两面平，黑褐色，具光泽，包在宿存的花被内。花期 6~7 月，果期 7~9 月。

南北各地均有分布。生于水沟边、潮湿地和路旁。山西及本区广布。全草入药。

6. 两栖蓼 *Polygonum amphibium* L. Sp. Pl 361. 1753；中国高等植物图鉴 1：561，图 1121，1972；山西植物志 1：388，图版 241，1992. —*Periscaria amphibia* (L.) Gray.

多年生草本。水生。具横走根状茎，节部生根。叶浮于水面，具长柄；叶长圆形或椭圆状披针形，长 5~13.5cm，宽 2.5~4.5cm，先端钝或微尖，基部心形或稍心形，全缘；托叶鞘圆筒状，膜质。陆生：茎直立，常不分枝；叶宽披针形，先端急尖，基部近圆形，密生短硬毛；叶柄短。花序穗状，顶生或腋生；苞片膜质，内有 3~4 朵花；花淡红色或白色，花被 5 深裂；雄蕊 5，与花被对生；花柱 2，伸出花被。瘦果卵圆形，黑色，具光泽。花期 5~9 月，果期 7~10 月。

全国各地均有分布。生于山沟水边、平原的水沟边和潮湿处。山西五台山、吕梁山、太原郊区有分布，本区见于房山峪口、紫金山。全草入药。

7. 红蓼 (狗尾巴花、东方蓼) *Polygonum orientale* L. Sp. Pl. 362，1753；中国高等植物图鉴 1：557，图 1114，1972；山西植物志 1：384，图版 238，992. —*P. orientate* L. var. *pilosum* Meisn.

一年生草本。根粗壮。茎直立，粗壮，节部稍膨大，中空，上部分枝多，密生柔毛。叶宽椭圆形、宽披针形或近圆形，长 7~20cm，宽 4~10cm，先端渐尖，基部圆形或略呈心脏形，全缘，有时呈浅波状，两面被毛，脉上毛较密；托叶鞘筒状，顶端绿色，扩大呈开展或向外反卷的绿色环状小片，具缘毛。圆锥花序钝顶生或腋生；苞片卵形，具长缘毛，每苞片内生多数相继开放的白色或粉红色花，花开时下垂；花被片 5，椭圆形；雄蕊 7，伸出花被；具花盘，呈齿状裂；花柱 2，柱头球形。瘦果近圆形，稍扁，长约 3mm，黑色，具光泽，包在宿存的花被内。花期 7~9 月，果期 9~10 月。

分布于东北、华南、华北、西南。生于荒地、水沟边或房屋附近。山西各地均有分布，本区见于吉县、临县。植株高大，花密集红艳，可供观赏。果实可入药。

8. 水蓼 (辣蓼) *Polygonum hydropiper* L. Sp. Pl. 361. 1753；中国高等植物图鉴 1：559，图 1118，1972；山西植物志 1：388，图版 240，1992. —*Persicaria hydropiper* Spach.

一年生草本。茎直立，单一或基部分枝，基部节上生根，节部有时膨大。叶披针形，长 3~8.5cm，宽 0.5~1.6cm，先端渐尖，基部狭楔形，两面具黑褐色腺点；托叶鞘圆筒形，膜质，褐色，边缘具缘毛。花序穗状，顶生或腋生，花疏生；苞片钟状，内生 3~5 朵花，淡绿色或粉红色。花被 5 深裂，密被带紫红色的腺点；雄蕊 6，少有 8；花柱 2~3。瘦果卵形，长 2~3mm，常一面平另一面凹出，黑褐色，无光泽。花期 7~8 月，果期 9~10 月。

全国各地均有分布。生于水沟边或潮湿处。山西吕梁山有分布，本区见于房山峪口、人祖山。

4. 翼蓼属 *Pteroxygonum* Danum et Diels

仅 1 种，属特征同种。

1. 翼蓼 (红药子) *Pteroxyponum giraldii* Dammer et Diels in Engl. Bot. Jahrb. 36. Beibl. 32：36，1905；中国高等植物图鉴 1：554，图 1107，1972；山西植物志 1：377，图版 232，1992.

多年生蔓性草本。茎长，中空，不分枝。叶 2~4 簇生，心状三角形，长 4~6cm，宽 3~4cm；先端狭尖，基部心形，有长柄，托叶膜质，顶端尖。花两性，排成总状花序，花序梗长于叶；花苞片膜质，披针形；花白色，花被 5 深裂；雄蕊 8，与花被近等长；子房三棱形，柱头 3，花柱 3。瘦果三棱形，伸出宿存花被之外，沿棱脊生翼，基部有 3 个角状附属物，果柄有 2 条狭翅。花果期 8~9 月。

产中国北部。生于山坡草地、沟谷湿地。山西中条山、吕梁山、太岳山有分布，本区见于人祖山、紫金山。

5. 大黄属 *Rheum* L.

多年生粗壮草本。根茎木质化。茎直立，不分枝。基生叶大，有长柄；茎生叶较小，有短柄，向上渐无柄；托叶鞘较长。圆锥花序，花两性，白绿色，花被 6，果期不增大，雄蕊 8，花柱 3，柱头头状。瘦果三棱形，果棱扩展呈翅状。

约 50 种。中国 35 种。山西及晋西黄土高原 1 种。

1. 波叶大黄 (河北大黄、土大黄) *Rheum franzen* Bachii Munt. in Act. Congr. Botl Amst. 1877：212，1879；中国高等植物图鉴 1：573，图 1145，1972；山西植物志 1：367，图版 225，1992.

多年生草本。根茎肥厚。茎有纵棱，中空。高达 1m。基生叶宽卵形，长 7~20cm，宽 5~16cm，先端钝，基部心形，边缘全缘，波状皱折，两面有毛，叶柄长 5~15cm；茎生叶较小，有短柄，向上渐无柄；托叶鞘较长。顶生圆锥花序，苞片小，肉质；花梗有关节，下垂，花被 6，外轮 2 枚较小。瘦果三棱形有翅。花果期 6~8 月。

分布于华北。生于山坡草地。山西各地均有分布，本区产于人祖山。

19. 藜科 Chenopodiaceae

一年生或多年生草本，稀灌木或小乔木。单叶，通常互生，稀有对生；全缘，具齿或分裂，稀有退化为鳞片状、且为肉质；无托叶。花簇生成穗状花序或圆锥花序，稀有单生或呈二歧聚伞花序。花小，两性、单性或杂性，包皮有或无；花被片 5，稀 1~4，稀有无花被者；花被分离或合生，绿色或灰色；雄蕊常与花被片同数，且对生；雌蕊常为 2 心皮合生，稀有 3~5 心皮，子房上位，少为卒下位，1 室，1 胚珠。胞果、盖果。果期花被片常发育为针刺状、刺状等附属物，稀有无变化者。种子直立、横生或斜生；胚乳为外胚乳，粉质或浆质，或无胚乳；胚环形、半环形或螺旋形，子叶通常狭细。

约 100 属 1400 多种。中国约 39 属 186 种。山西 13 属 30 种 1 亚种 1 变型，晋西黄土高原 7 属 11 种 1 变型。

分属检索表

1. 叶片扁平，种子内的胚芽呈环形或马蹄形包围胚乳 …………………………………………2
1. 叶片条形，肉质，种子的胚芽呈螺旋状，胚乳少 ………………………………………………6
　2. 叶具有星状毛或分枝毛 ……………………………………………………………………3
　2. 叶有柔毛或粉粒，无分枝毛 ………………………………………………………………5
　　3. 叶卵状披针形，密被星状毛，花单性 ……………………………**1. 轴藜属 Axyris**
　　3. 植株疏被星状毛或分枝毛，花两性间杂性 ………………………………………………4
　　　4. 具分枝毛，叶披针形，具 3~9 条平行脉，先端具刺尖，胞果背腹微凸
　　　………………………………………………………………**2. 沙蓬属 Agriophyllum**
　　　4. 具星状毛，叶线形，胞果背腹平或微凹 ………………**3. 虫实属 Corispermum**
　　　5. 植株有粉粒，叶较宽，具波状裂片，有叶柄 …………**4. 藜属 Chenopedium**
　　　5. 植株有柔毛，叶全缘，无叶柄 …………………………………**5. 地肤属 Kochia**
　　　　6. 叶具刺尖，有毛，结果后花被片具横生翅 ……………**6. 猪毛菜属 Salsola**
　　　　6. 叶无刺尖，无毛，结果后花被片扩大呈隆脊 …………**7. 碱蓬属 Suaeda**

1. 轴藜属 Axyris L.

一年生草本。茎被星状毛或光滑。单叶互生，条形、卵状披针形，有柄。花单性，雌雄同株；雄花序为密集的穗状花序，无苞片，花被膜质，3~5 裂，雄蕊 2~5；雌花单生于叶腋，或呈聚伞花序，具苞片及 2 小苞片，花被膜质，被毛，3~4 裂，子房卵形，花柱短，柱头 2。胞果椭圆形，顶端有附属物，种子直立，胚马蹄形。

7 种。中国 3 种。山西 2 种，晋西黄土高原 1 种。

1. 轴藜 Axyris amaranthoides L. in Sp Pl. 2：979，1752；中国高等植物图鉴 1：584，图 1167，1972；中国植物志 25(2)：22，图版 4：1-8.1979；山西植物志 1：415，图版 258，1992.

茎直立，高 20~80cm，全株被星状毛。叶卵状披针形，长 3~7cm，宽 0.5~1.5cm，先端急尖，基部楔形，全缘，背部密生星状毛，后脱落，叶柄短。雄花花被 3，雄蕊 3；雌花柱头 2，线形。胞果直立，倒卵形，侧扁，顶端有 2 角状突起。花果期 8~9 月。

分布于东北、西北、华北。生于山坡、沙地、林缘、沟边。山西恒山、五台山、吕梁山有分布，本区见于紫金山。

2. 沙蓬属 Agriophyllum Bieb.

一年生草本。茎多分枝。叶披针形、卵形，先端有刺尖。穗状花序，花两性，诞生于

苞片腋部，花被 1~5，膜质，披针形，顶端分裂；雄蕊 1~5；子房卵形，背腹扁，花柱短，柱头 2，丝状。胞果圆形，扁平，先端有喙，2 裂，种子直立，胚环形。

6 种。中国 3 种。山西及晋西黄土高原 1 种。

1. 沙蓬 (沙米、水蓬) Agriophyllum squarrosum（L.）Moq. in DC. Prodr. 13（2）：139，1849；中国高等植物图鉴 1：589，图 1178，1972；中国植物志 25(2)：48，1979；山西植物志 1：426，图版 266，1992. —*A. arenarium* Bieb.

茎直立，高 15~80cm，具纵棱，幼时有毛，后脱落。叶披针状条形，长 1.3~7cm，宽不及 1cm，先端渐尖，有刺尖头，基部渐狭，3~7 条弧形脉，无叶柄。穗状花序紧密，苞片先端急尖，后期反折，花被 1~3，膜质。胞果椭圆形，扁平，果喙 2 裂，向外弯曲，各有 1 小齿。花果期 8~10 月。

中国北方广布。生于河滩、沙地。山西黄河滩地有分布，本区人祖山有分布。种子含油，幼株可作饲料。

3. 虫实属 Corispermum L.

一年生草本。全株有柔毛或星状毛。叶互生，扁平条形或圆柱形。穗状花序顶生或侧。花单生于苞腋，苞片宽，有白色膜质边缘；花两性，花被 1~3，不等大，膜质；雄蕊 1~5；子房卵形或椭圆形，花柱短，柱头 2，向外弯曲。胞果长圆状卵形，扁平，一面或两面凸起，顶端有短喙，边缘有翅。

约 60 种。中国 26 种 7 变种。山西 1 种 1 变种，晋西黄土高原 1 种。

1. 绳虫实 (棉蓬) Corispermum declinatum Steph. ex Sstev. in Mem. Soc. Hat. Mose. 5：334，1817；中国高等植物图鉴 1：588，图 1175，1972；中国植物志 25(2)：55，1979；山西植物志 1：426，图版 267，1992.

一年生草本。茎高 15~50cm，疏生毛，自基部分枝。叶扁平线形，长 3~6cm，宽 3mm，1 脉，先端锐尖。花序长 5~15cm，较稀疏，苞片披针形或狭卵形；花被 1~3，雄蕊 1~3。胞果长 3~4mm，倒卵形，具明显的喙，被毛凸起，腹部扁平，无毛。花果期 6~9 月。

分布西北、华北。生于沙质地。山西吕梁山、恒山地区有分布，本区广布。

4. 藜属 Chenopedium L.

一年生或多年生草本。全株被粉粒或腺毛。单叶互生，全缘或有不整齐的锯齿及裂片。花两性或兼有单性，无苞片，簇生呈头状，再聚成穗状或圆锥状花序，花被 5；雄蕊 5；子房球形，花柱短，柱头 2~5。胞果扁球形，种子横生，胚环形或马蹄形。

约 250 种，全球广布。中国 19 种 2 亚种。山西 8 种 2 亚种，晋西黄土高原 5 种。

分种检索表

1. 花序有刺，叶条形··**1. 刺穗藜 C. aristatum**
1. 花序无刺，叶卵形、矩圆形，有裂片··2
  2. 植株有腺毛，有较强烈的气味，叶矩圆形，羽状浅裂至深裂·····**2. 菊叶香藜 C. foetidum**
  2. 植株有粉，无特殊气味··3
    3. 叶较大，长 6~15cm，宽 5~12cm，基部心形···················**3. 大叶藜 C. hyridum**
    3. 叶长在 12cm 以下，基部宽楔形··4

4. 叶菱状三角形，边缘有粗牙齿·· **4. 藜 *C. album***

4. 叶卵状矩圆形，基部有 1 对裂片·· **5. 小藜 *C. serotinum***

1. 刺穗藜（刺藜）*Chenopodium aristatum* L. Sp. Pl. 221. 1753；中国高等植物图鉴 1：576，图 1151，1972；中国植物志 25（2）：79，1979；山西植物志 1：430，图版 268，1992.

一年生草本。茎直立，多分枝，高 15～30cm。叶线形、条状披针形，长 2～5cm，宽 0.3～1cm，全缘，中脉明显。二歧聚伞花序，花序分枝先端有刺芒，花生于刺芒腋部；花被 5，长圆形，边缘膜质，内曲；雄蕊 5；子房扁球形，柱头 2。胞果扁圆形。花果期 8～10 月。

分布于东北、华北、西北、华中。生于田间、沟边湿地。山西及本区广布。

2. 菊叶香藜 *Chenopodium foetidum* Schrad. in Magaz. Ges. Natur f. Freunde Berl. 79，1808；中国高等植物图鉴 1：577，图 1153，1972；中国植物志 25(2)：80，1979；山西植物志 1：430，图版 269，1992.

一年生草本。全株有特殊的气味，茎直立，高 20～60cm，具腺体和腺毛，有纵条棱。叶具长柄，卵状三角形，长 6～15cm，宽 5～10cm，先端渐尖或急尖，基部楔形、截形或心形，边缘具 2～3 缺刻状尖锐牙齿。圆锥花序顶生或腋生，花被 5，雄蕊 5，柱头 2。胞果双凸透镜状，种子褐色或黑色，有光泽，有网纹，胚半环形。花果期 8～10 月。

分布于东北、华北、西北。生于山坡草地、河岸、田边、路旁。山西及本区广布。

3. 大叶藜（杂配藜、绿藜）*Chenopodium hybridum* L. Sp. Pl. 219，1753；中国高等植物图鉴 1：580，图 1159，1972；中国植物志 25(2)：94. 1979；山西植物志 1：435，图版 273，1992.

一年生草本。茎直立，高 40～120cm，分枝少，有纵条棱。叶具柄，长圆形，长 2～6cm，宽 1.5～3.5cm，先端钝，基部楔形，边缘羽状浅裂至深裂，上面无毛，下面有黄色腺点及毛。圆锥状聚伞花序腋生，花被 5，背部有隆脊，雄蕊 5。胞果扁球形，种子黑色，无光泽，有凹点，胚环形。花果期 7～10 月。

分布于东北、华北、西北、西南。生于山坡、路旁、荒地。山西及本区广布。

4. 藜（灰条）*Chenopodium album* L. Sp. Pl. 219，1753；中国高等植物图鉴 1：578，图 1156，1972；中国植物志 25(2)：98，1979；山西植物志 1：439，图版 276，1992.

一年生草本。茎直立，高 60～120cm，有分枝，有纵条棱和红色条纹。叶具长柄，菱状卵形、卵状三角形，长 3～6cm，宽 2～5cm，先端急尖或微钝，基部宽楔形，边缘不整齐锯齿，上面光滑，下面有白粉。圆锥花序顶生或腋生，有多数团伞花序集生而成，花被 5，雄蕊 5，柱头 2。胞果完全包于花被内，种子横生，黑色，有光泽，表面有不明显沟纹，胚环形。花果期 5～10 月。

广布于全国。生于路边、荒地。山西及本区广布。可作饲料，全草入药。

5. 小藜 *Chenopodium serotinum* L. in Cent. Pl. 2：12，1756；中国高等植物图鉴 1：579，图 1157，1972；中国植物志 25(2)：96，1979；山西植物志 1：435，图版 19：8-

10，1992. —*C. ficifolium* Smith

一年生草本。茎直立，高 29~50cm，有分枝，有条纹。叶具长柄，长卵圆形，长 1.5~5cm，宽 1~3cm，先端钝或突尖，基部楔形，边缘具浅波状齿或全缘，基部有 2 个稍大的裂片。圆锥花序顶生或腋生，花被 5，雄蕊 5，柱头 2。胞果包于花被内，种子横生，黑色，有凹点，胚环形。花期 4~6 月，果期 5~7 月。

分布于全国各地。生于田边、滩地、荒地。山西及本区广布。

5. 地肤属 *Kochia* Roth.

一年生或多年生草本，稀灌木。全株被毛。叶互生，披针形或线形。花两性或单性，单生或簇生于叶腋，排成穗状花序；花被 5，内曲，被毛有翅状附属物；雄蕊 5，伸出花被外；柱头 2~3，线形。胞果扁球形，包于花被内，花被周围有附属物扩展形成的膜质翅，种子横生，胚环形。

约 35 种。中国 7 种 3 变种 1 变型。山西 3 种 1 变型，晋西黄土高原 1 种 1 变型。

**1. 地肤 (扫帚菜) *Kochis scopaaria* (L.) Schrad. in Nneues Journ. 3：85，1809；中国高等植物图鉴 1：586，图 1151，1972；中国植物志 25 (2)：102，1979；山西植物志 1：442，1992. —*Chnopodium scoparia* L.

一年生草本，高 50~100cm。茎多分枝，具红色或绿色条纹。叶线状披针形，长 2~5cm，宽 3~7mm，先端渐尖，基部渐狭成柄，显具 3 脉。花两性或雌性，单生或 2 朵生于叶腋内，在枝上排成穗状花序；花被 5，背部有隆脊和横生的龙骨凸起，胞果成熟后，龙骨凸起扩展成翅。胞果扁球形，胚半环形。花期 5~6 月，果期 7~10 月。

全国广布，生于田间、荒地、河滩、谷地。山西及本区广布。嫩苗可食，种子入药。

**1a. 扫帚苗 *Kochis scopaaria* (L.) Schrad. f. *trichophylla* (Hort.) Schinz et Thell；中国高等植物图鉴 1：586，1972；中国植物志 25 (2)：103，1979；山西植物志 1：422，1992. —*K. trichophylla* Schin

该变型与地肤的区别在于分枝特别多，全株呈倒卵形。栽培作扫帚用，亦见有野生者。

6. 猪毛菜属 *Salsola* L.

一年生草本或小灌木。叶互生，肉质，圆柱形，先端有刺尖，基部扩展包茎。花两性，总状花序或圆锥花序，花单生或簇生，有苞片及小苞片花被 5，果期背部有横生的翅，翅以上花被内曲，聚成圆锥体，雄蕊 5，子房宽卵形或球形。胞果球形，包于花被内，种子横生，胚螺旋形，无胚乳。

约 130 种。中国 36 种。山西 3 种，晋西黄土高原 1 种。

**1. 猪毛菜 *Salsola collina* Jpall. in Illustr. 34. t. 26，1803；中国高等植物图鉴 1：598，图 1195，1972；中国植物志 25 (2)：176，图版 39：1-3，1979；山西植物志 1：451，1992. —*S. chinensis* Gdgr.

一年生草本，高 20~50cm。茎直立，有条纹。叶半圆杜形，长 2~5cm，宽 2~3mm，先端有硬刺尖，基部扩展下延。穗状花序，苞片条形，有小刺尖，背部有隆脊，花被 5，膜质，雄蕊 5，柱头线形，2 裂。胞果倒卵形，包于花被内，花被具横生的翅状凸起。花果期 7~10 月。

分布于东北、华北、西北、西南、华中。生于路边草地、田间、山坡。山西及本区广布。

7. 碱蓬属 *Suaeda* Forsk.

一年生、多年生草本，或灌木。茎直立或平卧。叶互生，肉质，圆柱形、棒形、球形，无柄。花两性或单性，单生或簇生于叶腋内，有苞片和小苞片，花被5，肉质，果期背部具瘤或横生翅状附属物；雄蕊5，花丝短；子房卵形，柱头2~5。胞果包于花被内，种子横生、斜生或直立，胚螺旋形，无胚乳。

约100种。中国20种。山西4种，晋西黄土高原1种。

1. 碱蓬（灰绿碱蓬）*Suaeda glauca* Bge. on Bull. Acad. Sci. St. Petersb. 25：362，1879；中国高等植物图鉴1：593，图1186，1972；中国植物志25（2）：118，图版24：1-2，1979；山西植物志1：445，1992. —*Schoberia glauca* Bge.

一年生草本，高30~100cm。茎直立，有条纹，上部分枝。叶条形，半圆柱形，长1~3cm，宽约1mm，先端钝，基部收缩。花单生或簇生于叶腋，集成聚伞花序；花被5，果期肥厚成五角形，有隆脊；雄蕊5，柱头2。胞果包于花被内，种子双凸透镜状。花果期7~10月。

分布于东北、华北、西北、西南、华中。生于路边草地、田间、盐碱湿地。山西及本区广布。

20. 苋科 Amarantaceae

一年生或多年生草本，稀攀缘藤本或灌木。单叶，对生或互生，无托叶。花小，两性或单性，同株或异株，或杂性。花簇生于叶腋，或呈疏散或密集的穗状花序、头状花序或圆锥花序；具苞片和2小苞片，干膜质，小苞片有时呈刺状；花被3~5，干膜质，覆瓦状排列，常和果实一起脱落，稀宿存；雄蕊常与花被片同数且对生，稀有较少者，花丝离生或基部连合为杯状或管状，常有退化雄蕊生于其间；子房上位，1室，花柱1~3，柱头头状或2~3裂，胚珠1个或多数。胞果或小坚果；果皮薄膜质，不裂或呈不规则开裂或顶端盖裂；种子直立，凸镜状，肾形或球形，表面光滑或具小疣点；胚环状。

约60属850种。中国13属约39种。山西6属13种，晋西黄土高原1属3种。

1. 苋属 *Amaranthus* L.

一年生草本。单叶互生，全缘，有柄。花小，单性或杂性，密集簇生，再成顶生或腋生的穗状花序，直立或下垂；花被5，后期变厚且变硬；雄蕊1~5；子房扁，柱头2~3，胚珠1。胞果不开裂或盖裂，种子有光泽。

40种。中国13种。山西7种，晋西黄土高原3种。

分种检索表

1. 穗状花序集成顶生圆锥花序，全株有毛⋯⋯⋯⋯⋯⋯⋯⋯⋯⋯**1. 反枝苋 *A. retroflexus***
1. 穗状花序腋生，植株无毛⋯⋯⋯⋯⋯⋯⋯⋯⋯⋯⋯⋯⋯⋯⋯⋯⋯⋯⋯⋯⋯**2**
  2. 直立草本，叶先端凹陷⋯⋯⋯⋯⋯⋯⋯⋯⋯⋯⋯⋯**2. 凹头苋 *A. livldus***
  2. 平卧草本，叶先端不凹陷⋯⋯⋯⋯⋯⋯⋯⋯⋯**3. 腋花苋 *A. roxburghianus***

1. 反枝苋 (西风谷) Amaranthus retroflexus L. Sp. Pl. 991，1753；中国高等植物图鉴 1：605，图 1209，1972；中国植物志 25 (2)：208，图版 46：4-6，1979；山西植物志 1：459，图版 288，1992.

一年生草本。茎高达 1m，全株被短柔毛。叶椭圆状卵形，长 4~12cm，宽 2~5cm，先端钝，有小突尖，或稍凹，基部楔形，边缘波状，叶柄长 2~5cm。穗状花序直立，花苞片具针芒，花被膜质，顶端突尖，柱头 3。胞果盖裂，包于宿存花被内。花果期 7~9 月。

分布于东北、华北、西北。生于田边、路旁、草地。山西及本区广布。嫩叶可食，种子入药。

2. 凹头苋 Amaranthus livldus L. Sp. Pl. 990，1753；中国高等植物图鉴 1：607，图—1213，1972；中国植物志 25 (2)：217，图版 47：9-12，1979；山西植物志 1：463，图版 292，1992. —A. ascendens Loisel. —A. blitum auct. non L. —Euxolus ascendens (Loisel.) Hara

一年生草本。茎高 10~30cm，全株光滑。叶菱状卵形，长 1.5~4cm，宽 1~3cm，先端凹却，有小突尖，基部楔形，边缘波状，叶柄长 1~4cm。穗状花序直立，在枝端可再集成圆锥状；花苞片短，长圆形，花被膜质，长于苞片，边缘内曲，背部具绿色隆起的中脉。胞果不裂，扁卵形。花果期 7~9 月。

分布于华北、东北、西南、华南。山西中部和南部地区有分布，本区见于房山峪口。嫩叶可食，全草入药。

3. 腋花苋 Amaranthus roxburghianus Kung；中国高等植物图鉴补编 1：283，图 8534，1982；中国植物志 25 (2)：1979；山西植物志 1：459，图版 290，992.

一年生草本。茎高 20~50cm，茎细弱，有时呈平卧状。全株毛。叶菱状卵形或倒卵形，长 2~5cm，宽 1~2.5cm，先端钝或微缺，有小突尖，基部楔形，边缘波状，叶柄长 2.5cm。花少数簇生于叶腋，花苞片与小苞片具芒尖，花被披针形，顶端芒尖，柱头 3。胞果卵形，盖裂。花果期 8~9 月。

分布于华北、西北。生于草地、村边、路旁。山西各地均有分布，本区见于紫金山。

21. 马齿苋科 Portulacaceae

草本或亚灌木。叶互生或对生，肉质，全缘，托叶有或无。花两性，辐射对称，单生或呈头状、圆锥状或卷卷尾状花序；萼片 2，花瓣通常 4~5，稀有更多者，在芽中呈覆瓦状；雄蕊与花瓣同数且对生，有时雄蕊较少或较多，雄蕊由 3~5 个合生心皮组成；子房上位或下位，1 室，特立中央胎座，具有 1 至多数的弯生胚珠，花柱单生，柱头 2 至多裂。蒴果盖裂，或 2~3 瓣裂；种子具胚乳。

约 20 属 500 余种。中国 3 属 7 种。山西 2 属 3 种，晋西黄土高原 1 属 1 种。

1. 马齿苋属 Portulaca L.

肉质草本。茎平卧或斜生。叶互生或对生。扁平或圆柱形萼片 2，基部合生；花瓣 4~6；雄蕊 5 至多数；子房下位，1 室，胚珠多数，柱头 3~8。蒴果盖裂，种子细小。

200 余种。中国 5 种。山西 2 种，晋西黄土高原 1 种。

1. 马齿苋 (马齿菜) Portulaca oleracea L. Sp. Pl. 445，1753；中国高等植物图鉴 1：617，图 1233，1972；山西植物志 1：483，图版 304，1992.

一年生草本。植物体肉质。茎多分枝，平卧地面，淡绿色，有时暗红色。单叶，互生，有时对生，扁倒卵形，先端钝圆或截形，全缘，肉质，长 1~2.5cm，光滑，无毛。花3~8 朵，黄色，顶生枝端；总苞片 4~5，三角状卵形，先端具细尖；萼片 2，绿色，基部与子房合生；花瓣5，倒卵状长圆形，具凹头，下部结合；雄蕊 8~12，基部合生；子房半下位，卵形，花柱单 1，柱头 5 裂，花柱连同柱头长于雄蕊。果为盖裂的蒴果，种子多数，黑褐色，肾状卵圆形，表面密被小疣状突起。花果期 5~9 月。

分布于东北、河北、河南、山东、陕西、甘肃。山西及本区广布。全草入药，具清热解毒和预防痢疾的功能，同时也是不错的野菜。

22. 石竹科 Caryophyllaceae

草本，很少为半灌木。茎节部常膨大。单叶，对生，全缘，基部常连接；无托叶，极少具膜质托叶。花通常两性，稀单性；花辐射对称，集成聚伞花序或聚伞圆锥花序，少数单生或密集呈头状；有时在茎下部具闭合受精花(闭锁花)，闭锁花无花瓣，可结实；萼片4~5，宿存，分离或合生，有时为干膜质，有时具萼下苞；花瓣4~5，通常分为萼片和爪两部分，在瓣片和爪间有时具 2 枚鳞片状附属物，稀有无花瓣者；雄蕊 8~10，为花瓣的 2倍，呈 2 轮，稀5~4 或更少；花药 2 室，纵裂；花盘小，环状或延伸成子房柄(雌雄蕊柄)，或分裂成腺体；心皮 2~5，合生；子房上位，1 室或基部分隔成不完全的 3~5 室；花柱 2~5，胚珠通常多数，着生于特立中央胎座上，稀有仅 1 胚珠着生基底胎座上的。蒴果，顶端瓣裂或齿裂，裂齿和花柱同数或为其 2 倍，稀为浆果。种子 1 至多数；胚通常弯曲，绕于外胚乳的周围。

约 80 属 2100 种。中国有 31 属 300 种以上。山西 15 属 33 种，晋西黄土高原 5 属8 种。

分属检索表

1. 花萼合生，花瓣具爪 …………………………………………………………………… 1
1. 花萼离生，花瓣无爪 …………………………………………………………………… 4
  2. 花柱 2，萼脉不明显呈棱状 ……………………………………………………………… 3
  2. 花柱 3，萼脉明显呈棱状，蒴果 6 或 10 齿裂 ……………… **1. 蝇子草属 Silene**
    3. 萼筒基部膨大，具 5 条脉状棱，萼外无叶状苞片 ……… **2. 麦蓝菜属 Vaccaria**
    3. 萼桶圆柱形，无脉状棱，萼外有叶状苞片 ……………… **3. 石竹属 Dianthus**
    4. 有块根，下部的闭锁花无花瓣，可结实 ……… **4. 孩儿参属 Pseudostellaria**
    4. 无块根，无闭锁花 ……………………………………… **5. 繁缕属 Stellaria**

1. 蝇子草属 Silene L.

一年生或多年生草本。叶条状披针形、卵状披针形。花两性，花小，单生或数朵呈聚伞花序集生于叶腋，有花梗，花萼囊状，合生，先端 5 齿，具 10~20 条脉，脉间有网络连接；花瓣 5，先端 2 裂，具爪，喉部有鳞片；雄蕊 10；子房 1 室，或基部 3~5 室，子房具柄，花柱 3~5，胚珠多数。蒴果 3~5 瓣裂，裂片顶部 2 裂。种子肾形，有小瘤突。

约 600 种。中国 120 余种。山西 9 种，晋西黄土高原 3 种。

分种检索表

1. 全株有毛，萼筒外多少被毛，叶线状披针形，宽 4~8mm ···**2**
1. 植株仅下部有毛，萼广钟形，萼筒外无毛，叶卵状披针形，宽 1~3cm ···········
··**1. 粗壮女娄菜 S. firma**

2. 具细长匍匐根茎，萼筒长 12~15mm，花瓣白色或淡黄色······**2. 匍茎蝇子草 S. repens**

2. 无匍匐根茎，茎直立，自基部分枝，花紫红色·························**3. 女娄菜 S. aprica**

1. 粗壮女娄菜（坚硬女娄菜）Silene firma Sieb. et Zucc. in Abh. Akad. Wiss. Munech. 4
（2）：166, 1843；中国高等植物图鉴 1：640, 图 1279, 1972；山西植物志 1：522, 图版
330, 1992.—*Silene firma*（Sieb. et Zucc）Rohrb.

多年生草本，茎簇生，粗壮，常不分枝，高 60~100cm。叶较宽，矩圆状披针形至卵
状披针形，长 2~10cm，宽 1~3cm，先端急尖，基部渐狭，叶缘有显著缘毛，花序顶生或
腋生。花梗有短毛，萼筒长 8~14cm，10 条脉，花瓣 5，白色，2 裂至中部，喉部有 2 鳞
片，下部具爪，雄蕊 10，子房长圆形，花柱 3，伸出。蒴果长卵形，与萼等长，6 齿裂。
种子多数，肾形，有疣状突起。花期 6~7 月，果期 7~8 月。

分布于东北、华北。生于山坡草地。山西太岳山有分布，本区人祖山、紫金山有分
布，为该种在山西地理分布新记录。

1. 匍茎蝇子草（蔓茎蝇子草）Silene repens Pall. in Pers. Syn. Pl. 1：500, 1805；中国高
等植物图鉴 1：614, 图 1281, 1972；山西植物志 1：518, 图版 326, 1992. —*Melandrium
tatarinowii*（Regel）Tsui

多年生草本，高 20~50cm。全株被短柔毛或卷曲毛。叶长圆状披针形，长 2~5cm，
宽 0.5~2cm，先端渐尖，基部渐狭成柄，缘毛明显，二歧聚伞花序顶生，有苞片及小苞
片，花梗长 1~2cm，萼筒棍棒状，长 1.2~1.5cm，10 脉；花瓣淡黄白色或白色，先端 2
深裂，喉部有 2 鳞片；雄蕊 8。花果期 8~9 月。

分布于东北、华北、西北。生于山坡草地。山西五台山、太岳山有分布，本区见于人
祖山，为该种在山西地理分布新记录。

3. 女娄菜 Silene aprica Turcz. ex Fisch. et Mey, in Ind. Hort. Petrop. 1：38, 1835；中国
高等植物图鉴 1：639, 图 1278, 1972；山西植物志 1：518, 图版 328, 1992. —
Melandrium apricum（Turcz）Rohrb.

一或二年生草本，高 20~40cm。全株密生短毛。茎自基部分枝，直立。叶长 3~6cm，
宽 3~7mm，先端渐尖，基部渐狭成短柄，中脉在下面凸起。苞片小，贴于花梗基部，萼
筒长 8~12mm，先端 5 裂，具 10 条脉，果期膨大，花瓣粉红色或白色，顶多 2 裂，下部渐
狭，喉部有鳞片，雄蕊 10，花柱 3。蒴果与萼等长，椭圆形，5 齿裂，种子有疣状突起。
花期 5~7 月，果期 7~8 月。

分布于南北各地。生于山坡草地。山西及本区广布。

2. 麦蓝菜属 Vaccaria Medic.

一年生草本。二叉状分枝。叶卵状披针形，基部合生，1 脉。圆锥聚伞花序伞房状；
萼管状，具 5 纵棱，果期扩展为翅；花瓣 5，红色，有爪；雄蕊 10；子房 1 室，胚珠多

数，特立中央胎座。蒴果 4 齿裂，包于宿存萼片内。

4 种。中国 1 种，山西及晋西黄土高原 1 种。

1. 王不留行(麦蓝菜) *Vaccaria segetalis* (Neck.) Garcke in Axchers Fl. Prov. Brandenb. 1：84，1864；中国高等植物图鉴 1：645，图 1290，1972；山西植物志 1：534，1992.

株高 30~70cm，全株无毛，茎中空，节膨大。叶长 2.5~6cm，宽 1~2.5cm，先端急尖，基部圆形、微心形，抱茎，中脉在背部隆起。花梗细，长 1~4cm，中部有 2 小苞片，萼筒长 1~1.5cm，先端 5 齿裂，具 5 脉，绿色；花瓣粉红色，倒卵形，先端有小齿，长 14~17mm，具爪；雄蕊 10；子房卵形，花柱 2。蒴果卵形，种子有瘤状突起。花期 5~6 月，果期 7~9 月。

分布于除华南外各地。生于田间。山西各地习见，本区见于吉县。麦田杂草。种子入药。

3. 石竹属 *Dianthus* L.

一年生或多年生草本。叶狭披针形。花单生或聚伞花序；萼管状，下部有 2 至多数苞片，花瓣 5，有爪，顶端全缘、有齿或流苏状细裂；雄蕊 10；子房 1 室，花柱 2。蒴果长椭圆形，先端 4~5 齿裂。

约 300 种。中国 20 种。山西 3 种，晋西黄土高原 2 种。

分种检索表

1. 花瓣边缘为锯齿状浅裂，萼片外叶状苞片呈叶状展开·················**1. 石竹 *D. chinensis***
1. 花瓣边缘为丝状深裂，萼外苞片不呈叶状展开·····················**2. 瞿麦 *D. superbus***

1. 石竹 *Dianthus chinensis* L. Sp. Pl. 1：411，1753；中国高等植物图鉴 1：645，图 1289，1972；山西植物志 1：532，图版 336：1-5，1992.

多年生草本，或栽培为一年生。株高 25~40cm，全株微带粉绿色，无毛。茎簇生，直立，上部分枝。叶线状披针形，长 3~5cm，宽 3~7mm，先端渐尖，基部剪下成短鞘围抱茎节，灰绿色，两面平滑或边缘微粗糙，具不明显 3~5 脉。花单生，或 1~3 朵呈聚伞状；萼下苞 2 对，倒卵形，先端外展，具细长芒尖，长为萼的 1/2；萼圆筒形，长 1.5~2.2cm，宽 4~6mm，绿色或有时带紫色；萼齿直立，边缘粗糙，具细睫毛；花瓣 5，瓣片菱状倒卵状，淡红、粉色或白色，先端齿裂，基部具长爪，咽部有斑纹柄疏生须毛；雄蕊 10；花柱 2。蒴果圆筒形，长约 2.5cm，先端 4 裂；种子卵形，灰黑色，边缘有狭翅。花果期 6~9 月。

分布于中国北部及中部各地。生于向阳山坡草地、丘陵坡地、林缘灌丛间。山西及本区广布。全草作瞿麦入药。

2. 瞿麦 *Dianthus superbus* L. F. Succ. Ed. 2.146.1755；中国高等植物图鉴 1：643，图 1287，1972；山西植物志 1：532，图版 336：5-8.1992.

多年生草本。高 30~50cm，茎丛生，直立。叶长 4~7cm，宽 3~6mm，先端渐尖，基部合生，鞘状抱茎，中脉在下部凸起。花单生或数朵集成聚伞花序；苞片 2~3 对，为萼筒的 1/4，萼筒长 2.5~3.5cm，具多条脉，先端 5 齿裂，花瓣 5，红紫色，长 4~5cm，先端流苏状细裂，喉部有毛，爪与萼等长；雄蕊 10，花柱 2。蒴果狭圆筒形，包于萼内。花期 7~8 月，果期 8~9 月。

广布于南北各地。生于山地草甸、林缘。山西五台山、太岳山、吕梁山、中条山有分布，本区人祖山有分布。

4. 孩儿参属 *Pseudostellaria* Pax

多年生草本。有块根，茎直立或匍匐。叶卵形或条状披针形。花多单生，二型，顶端花有花瓣，不结实，下部闭锁花生于茎下部，无花瓣，雄蕊退化，能结实；萼片 5，离生；花瓣 5，白色，先端全缘；雄蕊 10，花柱 1~2。蒴果球形，种子少数，具疣突。

约 15 种。中国 10 种。山西及晋西黄土高原 1 种。

1. 蔓孩儿参（蔓假繁缕）*Pseudostellaria davidii*（Franch.）Pax, in Engl. et Prantl. Pflanzenfam. ed. 2. 16：318，1934；中国高等植物图鉴 1：625，图 1250，1972；山西植物志 1：494，图版 311，1992. —*Kraschennikowia davidii* Franch. —*Stellaria davidii*（Franch.）Hemsl.

多年生草本。块根纺锤形。茎匍匐，有柔毛。叶卵圆形，长 1.5~2cm，宽 1~2cm，先端尖，基部近圆形，全缘，有缘毛，叶柄长 3~5cm。花梗细长，萼片披针形，边缘宽膜质，背面有毛；花瓣倒披针形，子房卵圆形。蒴果卵形，种子球形，具疣突。花期 5~7 月，果期 7~8 月。

生于林下。山西中条山、太岳山有分布。本区紫金山有分布，是该种在山西地理分布新记录。

5. 繁缕属 *Stellaria* L.

一年生或多年生草本。顶生或腋生聚伞花序；萼片 5，分离；花瓣 5，白色，2 深裂；雄蕊 10；有花盘，子房 1 室，柱头 3。蒴果球形或长椭圆形，3 深裂，各裂片先端 2 裂。种子多数，有疣状突。

约 100 种。中国 57 种。山西 6 种，晋西黄土高原 1 种。

1. 内曲繁缕 *Stellaria infracta* Maxim. in Acta Hort. Petrop. 1：78，1889；中国高等植物图鉴 1：630，图 1258，1972；山西植物志 1：499，图版 315，1992.

多年生细弱草本。全株密生星状毛，高 15~20cm，主茎平卧地面。叶无柄，披针形，长 2~4cm，宽 3~5mm，先端锐尖，基部圆形，二歧聚伞花序，苞片叶状，花多数，花梗花后下弯；萼片 5，离生，披针形，长 5mm；花瓣 5，白色，略短于萼片，2 深裂几达基部；雄蕊 10；子房卵形，花柱 3。蒴果卵形，种子肾形。花期 6~8 月，果期 8~9 月。

分布于华北、西北、河南、四川等地。生于田埂、沟谷山岩底部。山西五台山、中条山、太岳山有分布。本区人祖山、紫金山有分布，为该种在山西地理分布的新记录。

23. 金鱼藻科 Ceratophyllaceae

沉水草本，茎细弱，多分枝，叶轮生，1~4 回细裂，裂片 2 分叉，有细齿。花腋生，无柄，单性同株，苞片 8~12，无花被，雄蕊 8~18，无花丝，花药外箱，药隔延伸成附属物，雌蕊 1，子房 1 室 1 胚珠。坚果，先端有宿存花柱形成的刺，基部也具 2 刺。

仅 1 属，广布全球浅水沟、池塘。

1. 金鱼藻属 *Ceratophyllum* L.

7 种。中国 5 种。山西及本区 1 种。属特征同科特征

1. 金鱼藻 *Ceratophyllum demersum* L. Sp. Pl. 992, 1753；中国高等植物图鉴 1：649，图 1297，1972；中国植物志 27：16，图版 6，1979；山西植物志 1：541，图版 340，992.

多年生沉水草本。茎长 40~100cm。叶一至二回二叉分裂，裂片线形，长 1.5~2cm，顶端有软骨质边缘，一侧有小齿。花小，1~3 生于叶腋；苞片 9~10，条形，顶端有短刺；雄蕊 10~16；子房卵圆形。小坚果椭圆形，长 4~5mm，有 3 条刺。

广布各地，本区人祖山有分布。全草入药。

24. 毛茛科 Ranunculaceae

草本、灌木、藤本。叶互生或对生，单叶或复叶，花辐射对称或两侧对称，单生或呈伞房花序、圆锥花序、总状花序。萼片 5 至多数，有时花瓣状，花瓣缺或 3~5，常有特化的蜜叶；雄蕊多数，有时具花瓣状的退化雄蕊；心皮多数，离生或合生，1 室，胚珠 1 或多数。瘦果或蓇葖果，有时浆果或蒴果。

50 属 1000 余种。中国 40 属 730 余种。山西 21 属 79 种 6 变种，晋西黄土高原 10 属 17 种。

分属检索表

1. 花两侧对称 ··· 2
1. 花辐射对称 ··· 3
  2. 上面 1 枚萼片呈圆筒状、盔状 ································· **1. 乌头属 Aconitum**
  2. 上面 1 枚萼片基部延伸成细长距 ····························· **2. 翠雀属 Delphinium**
    3. 叶对生，木质或草质藤本，或直立灌木，花萼花瓣状，心皮多数，瘦果，宿存花柱羽毛状，种子 1 ································· **3. 铁线莲属 Clematis**
    3. 叶互生，草本植物 ··· 4
      4. 心皮多数，瘦果，种子 1 ·· 5
      4. 心皮 3~5，蓇葖果，种子多数 ··· 8
        5. 花莛具 3 枚轮生的苞片 ··· 6
        5. 花莛无轮生苞叶 ··· 7
          6. 苞叶离生，花被 5 枚，1 轮，花柱非羽毛状 ········ **4. 银莲花属 Anemone**
          6. 苞叶合生，花被 6 枚，2 轮，花柱宿存，羽毛状 ······ **5. 白头翁属 Pulsatilla**
          7. 单叶，掌状深裂至全裂，花萼 5，绿色，花瓣 5，黄色 ·· **6. 毛茛属 Ranuculus**
          7. 二至四回羽状复叶，花萼白色或黄绿色，无花瓣 ·· **7. 唐松草属 Thalictrum**
        8. 花瓣 5，与花萼同色，花瓣末端成细长距 ······ **8. 耧斗菜属 Aquilegia**
        8. 花瓣无距 ··· 9
          9. 植株有恶臭味，二至三回羽状复叶，圆锥花序，无花瓣，花萼白色 ··························· **9. 升麻属 Cimicifuga**
          9. 植株无恶臭味，二回三出复叶，花单生或数朵生茎顶 ·· **10. 芍药属 Paeonia**

1. 乌头属 Aconitum L.

草本。具直根或块根。茎直立或缠绕。单叶互生，多为掌状分裂。总状花序，花两性，两侧对称；萼片 5，花瓣状，上萼片盔形、筒形，侧萼片 2，圆形，下萼 2，披针形；花瓣 2，有爪；雄蕊多数；心皮 3~5。蓇葖果，种子多数。

约 350 种。中国 1657 种。山西 5 种 6 变种，晋西黄土高原 1 种。

1. 牛扁 Aconitum barbatum Pers var. puberulum Lodeb. Fl. Foss. 1：67，1842；中国植物志 27：178，图版 31：4-8，1979；山西植物志 1：571，图版 359，1992.

多年生草本。具直根，茎高可达 1m，全株被紧贴的卷曲毛。基生叶与茎下部叶有长柄，柄长可达 40cm，向上叶片与叶柄渐变小、变短，叶圆形，掌状 3~5 全裂，最终裂片条形，先端 2 裂。总状花序，长 20~30cm；花梗中部有小苞片，花黄色，两侧对称，上萼片筒形，长 1.5~2cm，侧萼片倒卵形，长近 1cm，下萼片较小，蜜叶具短而钝的距；雄蕊多数；心皮 3。蓇葖果长约 1cm，种子多数。花期 7~8 月，果期 8~9 月。

分布于华北、西北。山西太岳山有分布。本区房山峪口有分布，为该种在山西地理分布的新记录。根供药用。

2. 翠雀属 Delphinium S. F. Gray

多年生草本。叶掌状分裂。花左右对称，蓝色、紫色、粉红色、白色，伞房花序、穗状或总状花序；萼片 5，最上 1 枚有长距；蜜叶 2，有伸入萼片内的距；雄蕊多数，退化雄蕊 2，瓣片状，有爪；雌蕊 3~5，胚珠多数。蓇葖果。

300 余种。中国 110 种。山西 3 种 3 变种，晋西黄土高原 1 种。

1. 翠雀(大花飞燕草) Delphinium grandiflorum L. Sp. Pl. 531，1753；中国高等植物图鉴 1：708，图 1416，1972；中国植物志 27：445，图版 104：1-5，1979；山西植物志 1：533，图版 369，1992. —*D. grandiflorum* var. *chinense* Fesch. —*D. grandiflorum* var. *tigridium* Kitag.

多年生草本。高 70cm。有基生叶与茎生叶，叶片轮廓五角状圆形，3 全裂，各裂片再次 3 深裂，小裂片条状披针形，背面有毛。伞房花序生茎顶或枝端，有花 5~15 朵，花序轴有开展毛和腺毛，花梗中部有 2 小苞片，花蓝紫色；萼片长约 1.5cm，萼距长于萼片；退化雄蕊蓝紫色，卵状长圆形，先端 2 裂，内面有黄色须毛，爪与瓣片等长，雄蕊多数；心皮 3，被毛。蓇葖果有喙，种子有横翅。花期 7~8 月，果期 8~9 月。

分布于华北、西北。生于山地草甸、沟谷。山西吕梁地区有分布，本区人祖山有分布，可有作观赏花卉。

3. 铁线莲属 Clematis L.

多年生草质或木质藤本，或直立草本或灌木。叶对生，多羽状复叶，少单叶，小叶片全缘、有牙齿或锯齿，藤本者叶柄多具有卷须功能。花单生或排成聚伞圆锥花序；萼片 4~8，花瓣状，白色、蓝紫色、黄色；雄蕊多数，雌蕊多数。瘦果，集成头状，宿存花柱羽毛状或喙状。

约 300 种。中国 110 种。山西 14 种 7 变种，晋西黄土高原 8 种。

分种检索表

**1. 灌木铁线莲 *Clematis fruticosa* Turcz. in Bull. Soc. Nat. Mosc. 5：180，1832；中国高等植物图鉴1：743，图1485，1972；中国植物志28：148，图版43：1-8，1980；山西植物志1：633，图版403，1984. —*C. fruticosa a. viridis* Turcz.

小灌木，高50~100cm。单叶，薄革质，对生，披针形，长2~3.5cm，宽0.8~1.5cm，边缘疏牙齿；下部叶有羽状分裂者，叶背有毛，叶柄长3~8mm。聚伞花序腋生，有花1~3朵，花梗长1~2.5cm，中部有1对苞片；萼片4，黄色，狭卵形，先端尖，边缘密生茸毛，钟状开展；雄蕊多数。瘦果扁卵形，长3mm，宿存花柱长2~3cm。

分布于华北、西北。生于干旱山坡。山西中条山、关帝山、太岳山有分布，本区广布。

**2. 棉团铁线莲 *Clematis hexapetala* Pall. Reise 3：735，Q. f. 2，1776；中国高等植物图鉴1：743，图1489，1972；中国植物志28：156，图版46：1-4，1980；山西植物志1：637，图版404，1984. —*C. angustifolia* Jacq.

直立草本，高30~100cm。单叶或复叶，对生，一至二回羽状分裂，裂片线状披针形至椭圆状披针形，先端尖或钝，全缘，两面沿脉有毛。聚伞花序顶生或腋生，有花3朵，苞片线状披针形，花直径3~5cm；萼片4~8，开展，白色，狭椭圆形，先端尖，外面密生棉毛；雄蕊多数。瘦果扁倒卵形，长 3mm，宿存花柱长 3cm。花期 6~8 月，果期 7~9 月。

分布于东北、华北、西北。生于山坡草地、林缘。山西太岳山有分布，本区见于紫金山，为该种在山西地理分布新记录。根入药。

3. 芹叶铁线莲 Clematis aethusifolia Turcz. in Bull. Soc. Nat. Mat. Mose. 5：181，1832；中国高等植物图鉴 1：740，图 1479，1972；中国植物志 28：145，图版 10：1-3，1980；山西植物志 1：627，图版 398，1984.

多年生草质藤本。茎匍匐，枝纤细。叶对生，二至四回羽状分裂，羽片 3~5 对，末回裂片线形，宽 2~0mm，先端尖或钝，中脉下面隆起，叶柄长 0.5~1cm。聚伞花序腋生，有花 3 朵，花梗长达 9cm，苞片叶状；萼片 4，钟状，黄色，狭卵状椭圆形，有 3 脉；雄蕊多数，花丝下部加宽；子房扁平。瘦果扁倒卵形，长 1.5cm，宽 3mm，宿存花柱长 3cm。花期 7~8 月，果期 9 月。

分布于华北、西北。生于山坡草地。山西太原、太岳山有分布，本区见于紫金山、人祖山，为该种在山西地理分布新记录。全草入药。

4. 大瓣铁线莲 Clematis macropetala Ledeb. in Pl. Rose. 1：5. tab. 2. 1829；中国高等植物图鉴 1：742，图 1483，1972；中国植物志 28：138，图版 14：1-4，1980；山西植物志 1：630，图 版 400，1984.—*Atragene macropetala*（Ledeb.）Ledeb.—*Clematis alpine* var. *macropetala* Maxim.

木质藤本。二回三出复叶，小叶 9 枚，菱状卵形，先端急尖，基部楔形或圆形，中央小叶有时 3 裂，边缘有锯齿，小叶柄短。花单生于当年生枝顶端；花梗长达 15cm，花大，直径 3~5cm；萼片 4，钟状，淡蓝紫色，狭卵形或卵状披针形，长 3~4cm，宽 1~1.5cm，边缘有毛，纹脉网状；退化雄蕊花瓣状，与萼片近等长，条状分布，披针形，雄蕊多数，花丝线形。瘦果倒卵形。

分布于东北、华北、西北。生于林下。山西关帝山、太岳山有分布，本区见于紫金山、人祖山。

5. 黄花铁线莲 Clematis intricata Bge. in Mem. Acad. St. Petersb. Sav. Etr. 2：75，1838；中国高等植物图鉴 1：740，图 1480，1972；中国植物志 28：142，图版 15：1-4，1980；山西植物志 1：633，图版 401，1984.—*C. orientalis* L. var. *intricate*（Bge.）Maxim.

草质藤本。叶灰绿色，2~3 全裂或深裂，中央裂片线状披针形，全缘，侧裂片较短，下部 2 裂。聚伞花序腋生，有花 3 朵，花梗长 1.2~3.5cm，侧生花梗有小苞片；萼片 4，开展，黄色，狭卵形至长圆形；雄蕊多数，花丝有短柔毛。瘦果卵形或椭圆状卵形，长 3mm，宿存花柱长 3.5~5cm。花期 6~7 月，果期 8~9 月。

分布于东北、华北、西北。生于山坡草地。山西关帝、太岳山有分布，本区广布。全草入药。

6. 秦岭铁线莲 Clematis obscura Maxim. in Mem. Act. Hort. Petrop. 11：6.1，890；中国高等植物图鉴 1：746，图 1492，1972；中国植物志 28：142，图版 15：1-4，1980；山西植物志 1：637，图版 407，1984.

木质藤本。一至二回羽状复叶，小叶 5~15 枚，上部有时为三出复叶，下部 2 叶常 2~3 深裂至全裂，小叶片与裂片卵状三角形或披针形，先端尖，基部楔形、圆形或浅心形。

聚伞花序生有花 3~5 朵，顶生或腋生，花直径 2.5~4cm；萼片 4~6，开展，白色，倒卵形至长圆形，外面密生毛。瘦果卵形或椭圆形，长 5mm，宿存花柱长 2.5cm，有金黄色毛。花期 4~6 月，果期 8~10 月。

分布于四川、湖北、甘肃南部、陕西、河南等地。生于林缘草地。山西太岳山有分布，本区见于人祖山，为该种在山西地理分布新记录。

7. 粗齿铁线莲 Clematis argentilucida（Ledeb. et Vant.）W. T. Wang；植物分类学报 6（4）：387，1957；中国高等植物图鉴 1：752，图 1503，1972；中国植物志 28：195，图版 15.1-4，1980；山西植物志 1：533，图版 414，1984. —*C. argetilucida*（Ledeb. et Vant.）Hj.

藤本。小枝密生毛，老时外皮条状剥落。一回羽状复叶，小叶 5，顶端或为三出叶，小叶卵形、椭圆形，先端渐尖，基部圆形、阔楔形，边缘有粗大牙齿。聚伞花序腋生，有花 3~7 朵，花梗长 1.2~3.5cm；萼片 4，开展，白色，长圆形；雄蕊多数。瘦果扁卵形，被短毛，宿存花柱柔毛淡褐色。花期 5~6 月，果期 7~10 月。

分布于华东、华中、西南。生林缘草地。山西太岳山有分布，本区见于人祖山，为该种在山西地理分布的新记录。根入药。

8. 短尾铁线莲 Clematis brevicaudata DC. Syst. 1：138.1818；中国高等植物图鉴 1：752，图 1504，1972；中国植物志 28：188，图版 26.1-6，1980；山西植物志 1：647，图版 412，1984. —*C. vitalba* L. ssp. *brevicaudata*（DC.）Kuntze.

藤本。枝条暗褐色，有条棱。一至三回羽状复叶，小叶卵形、披针形，先端尾状尖，基部圆形，边缘有缺刻状牙齿，有时 3 裂。圆锥状聚伞花序顶生或腋生，比叶稍短；花多数，总花梗长 1.5~4.5cm，小花梗长 1~2cm；萼片 4，开展，白色，倒卵形，被绢状毛；雄蕊多数。瘦果卵形，密被毛，宿存花柱长 1.5~2cm。花期 7~8 月，果期 8~10 月。

分布于华东、华中、西南、东北、华北。生于林缘草地。山西太岳山、关帝山有分布，本区见于房山峪口。根茎入药，嫩茎可食。

4. 银莲花属 Anemone L.

多年生草本。叶基生，掌状分裂，具掌状脉，或为复叶。花葶具 3 枚轮生的叶状苞叶，苞片掌状分裂或不裂，有柄或无。伞房花序，花辐射对称，较大，萼片 5 至多数，多白色，雄蕊多数，雌蕊多数，胚珠下垂。聚合瘦果球形，瘦果有喙。

中国 52 种。山西 5 种 1 亚种 2 变种，晋西黄土高原 1 种。

1. 大火草 Anemone tomentosa（Maxim.）Pei, in Contr. Biol. Lab. Sa Soc. China, Bot. Ser. 9：2，1933；中国高等植物图鉴 1：728，图 1456，1972；中国植物志 28：29，1980；山西植物志 1：617，图版 391，1992. —*A. japonica* var. *tomentosa* Maxim. —*A. vitifolia*（Maxim.）Finet. et Gagnep

株高 40~150cm，根状茎木质化，粗壮。基生叶 4 枚，具 10~40cm 的长柄，三出复叶，背面密生棉毛，表面疏生毛，边缘不规则分裂和锯齿，中央小叶三角状卵形，3 裂，具柄，侧生小叶斜卵形，3 裂，裂片可再次分裂，柄较中央小叶短。花葶上苞叶轮生，与基生叶相似。聚伞花序二至三回分枝，花直径 3~5cm，粉红色或白色，背面有短柔毛；雄蕊多数，密集成球形，长为萼片的 1/4；雌蕊 400~500，子房有毛。聚合瘦果球形，直径 1cm，长约 3mm，有细柄，密被绢毛。花果期 7~9 月。

分布于四川、河南、甘肃、山西、河北。生山坡草地。山西太岳山有分布，本区广布，为该种在山西分布新记录。

5. 白头翁属 *Pulsatilla* Adans.

多年生草本。全株有柔毛。叶全部基生，掌状或羽状分裂，具较长的叶柄。花单生于花莛顶端，花莛具 3 枚轮生的苞片，苞叶基部合生，分裂或成 3 小叶；花辐射对称，花被 6 枚，2 轮，蓝紫色；雄蕊多数；心皮多数，离生，花丝细长，具柔毛。瘦果，种子 1，花柱宿存，羽毛状，果期伸长。

约 43 种。中国 11 种。山西 2 种，晋西黄土高原 1 种。

1. 白头翁 *Pulsarilla chinensia*（Bge.）Regel Tent. Fl. Ussur. 5：2，1863；中国高等植物图鉴 1：733，图 1466，1972；中国植物志 28：65，图版 20：1-4，1980；山西植物志 1：623，图版 395，1992.

植株高 20~40cm，全株被丝状毛。叶片 4~5，基生，宽卵形，3 深裂几达基部，各裂片再 3 裂达中部，叶背被毛，叶柄长 8~15cm。具花莛 1~2 条，总苞片基部合生成长 3~10mm 的筒状；花钟状，直径 3~5cm，蓝紫色；宿存花柱长达 5cm。瘦果多数集成头状，连同宿存柱头直径达 7cm。果期 4~5 月。

分布于华北、西北、东北、华中、湖北、四川、江苏。生于山坡草地。山西及本区广布。根茎入药。

6. 毛茛属 *Ranuculus* L.

一年生或多年生草本，有些为水生植物。有基生叶，茎生叶互生，单叶，3 浅裂至深裂，或三出复叶。花辐射对称，单生、伞房花序或圆锥花序；萼片 5，绿色，常早落；花瓣黄色，5 或多数，基部有蜜腺；雄蕊多数，心皮 5 至多数，离生，每心皮含 1 胚珠。聚合瘦果密集于花托上呈球形，瘦果有喙。

约 600 种。中国 90 种。山西 8 种，晋西黄土高原 2 种。

分种检索表

1. 全株被开展硬毛，基生叶为三出复叶，聚合瘦果卵圆形…………**1. 茴茴蒜 *R. chinensis***
1. 植株无毛，基生叶 3 深裂，聚合瘦果球形………………………**2. 毛茛 *R. japonica***

1. 茴茴蒜 *Ranuculus chinensis* Bge. Pl. Chin. Bor. 3. 1831；中国高等植物图鉴 1：776，图 1432，1972；中国植物志 28：327，图版 102，4-6，1980；山西植物志 1：662，图版 422，1984. —*R. pensylvanicus* var. *chinensis* Maxim. —*R. brachyrhynclus* Chien

一年生草本。茎高 20~70cm，茎有开展的毛。三出复叶，基生叶与茎下部叶有长达 10cm 的长柄，向上叶柄渐短，叶片轮廓卵状三角形，中央小叶有柄，菱状卵形，3 裂，裂片边缘有锯齿，侧生小叶柄较短，不等 2 裂。花单生，花梗长 2~3cm；萼片 5，反曲，有毛；花瓣 5，与萼片等长，有爪；雄蕊多数，心皮多数。花托果期伸长，聚合瘦果长圆形，长 2cm，瘦果扁平。花果期 5~8 月。

全国广布，生于水边湿地。山西各地均有分布，本区见于房山峪口、人祖山。全草入药。

2. 毛茛 *Ranuculus japonica* Thunb. in Trrans. Linn. Soc. 2：337，1794；中国高等植物图

鉴 1：715，图 1432，1972；中国植物志 28：312，图版 97：1-4，1980；山西植物志 1：662，图版 423，1984.—*R. propinquus* auct. non C. A. Mey. —*acris* L. var. *japonicus*（Thunb.）Maxim.

多年生草本。茎高 30~60cm，被柔毛。三出复叶，基生叶与茎下部叶有长达 15cm 的长柄，向上叶柄渐短，叶片轮廓五角形或圆心形，3 深裂，不达基部，裂片披针形，边缘有尖锐锯齿，或再裂，上部叶线形，全缘，无柄。聚伞花序，花梗长 2~4cm，有贴生毛；萼片 5，花瓣 5，有爪；雄蕊多数，心皮多数。花托短小，聚合瘦果球形，长 6~8cm，瘦果回直或外弯。花果期 4~8 月。

全国广布，生湿草地。山西及本区广布。

7. 唐松草属 *Thalictrum* L.

多年生草本。至多回羽状复叶，小叶掌状分裂，边缘有牙齿，总叶柄基部有短鞘。花小，两性或单性，聚伞花序、总状花序或圆锥花序；萼片 4~5，早落；雄蕊多数，花丝线形或上部加粗，心皮数个至多数，无柄或有柄，胚珠 1。瘦果聚生成束，花柱宿存，有时肿胀或有翅。

约 200 种。中国 67 种。山西 9 种 3 变种，晋西黄土高原 4 种。

分种检索表

1. 小叶长 4~6mm，宽 2~4mm，全缘，叶脉不明显，萼片 4，黄绿色┄┄1. 细唐松草 **T. tenue**
1. 小叶浅裂至深裂┄┄┄┄┄┄┄┄┄┄┄┄┄┄┄┄┄┄┄┄┄┄┄┄┄┄┄┄┄┄┄┄┄┄┄┄┄2
　2. 小叶长 5~8mm，萼片 4，早落，花丝棒状，宽于花药，白色┄┄┄┄┄┄┄┄┄┄┄┄┄
　┄┄┄┄┄┄┄┄┄┄┄┄┄┄┄┄┄┄┄┄┄┄┄┄┄┄**2. 瓣蕊唐松草 *T. petaloideum***
　2. 花丝丝状┄┄┄┄┄┄┄┄┄┄┄┄┄┄┄┄┄┄┄┄┄┄┄┄┄┄┄┄┄┄┄┄┄┄┄┄┄┄┄3
　　3. 圆锥花序伞房状，二叉分枝，瘦果长圆形┄┄┄┄┄**3. 展枝唐松草 *T. squarrosum***
　　3. 圆锥花序塔形，非二叉分枝状，瘦果卵球形┄┄┄┄┄┄┄┄┄┄┄┄┄┄┄┄┄┄┄┄
　　┄┄┄┄┄┄┄┄┄┄┄┄┄┄┄┄┄┄┄┄┄┄**4. 东亚唐松草 *T. minus* var. *hypoleucum***

1. 细唐松草 *Thalictrum tenue* Franch. in Nouv. Arch. Mus. Paris. Ser. 5：168，1883；中国高等植物图鉴 1：682，图 1364，1972；中国植物志 27：575，图版 133：1-4，1979；山西植物志 1：596，图版 380，1984.

株高 30~60cm，全株无毛，被白粉。二至三回羽状复叶，小叶椭圆形、倒卵形，长 4~6mm，宽 2~4mm，顶端钝，基部圆形，不分裂，全缘，脉不明显，总叶柄长 2~4cm。聚伞花序，花梗长 0.7~3cm；萼片 4，黄绿色，长 2~3mm，早落；雄蕊多数，花药有短尖头，心皮 4~6，柱头三角形，有翅。瘦果狭倒卵形，具短柄，两侧各有 1 纵肋，宿存花柱长 0.7mm。

分布于西北、华北。生于山坡草地。山西分布于太原，本区见于房山峪口、紫金山，为该种在山西地理分布新记录。

2. 瓣蕊唐松草 *Thalictrum petaloideum* L. Sp. Ed. 2.771，1762，中国高等植物图鉴 1：676，图 1351，1972；中国植物志 27：544，图版 140：9-143，1979；山西植物志 1：600，图版 381，1984.

株高 20~80cm，全株无毛。有基生叶，三至四回三出复叶，小叶倒卵形。伞房花序，花梗长 0.7~3cm；萼片 4，白色，长 3~5mm，早落；雄蕊多数，长 8~12mm，花丝上部倒披针形，比花药宽，呈花瓣状，花药顶端钝；心皮 4~13，柱头短。瘦果卵形，具两侧 8 条纵肋，宿存花柱长 1mm。

分布于东北、西北、华北、华东、四川。生于山坡草地。山西太岳山、中条山有分布，本区广布，为该种在山西地理分布新记录。

3. 展枝唐松草 *Thalictrum squarrosum* Steph. ex Willd. Sp，Pl. 2：1799；中国高等植物图鉴 1：684，图 1368，1972；中国植物志 27：586，图版 148：1-7，1979；山西植物志 1：607，图版 385，1984.

株高 30~80cm，全株无毛，有细槽，二歧分枝。二至三回羽状复叶。小叶卵形、广卵形，顶端急尖，基部楔形，3 浅裂，裂片全缘或具 2~3 小齿，背面有白粉，脉稍隆起，总叶柄长 2~4cm。圆锥花序，叉状分枝，开展，花梗长 1.5~3cm；萼片 4，淡黄绿色，长 2~3mm，早落；雄蕊 5~14，花药有短尖头；心皮 1~3，柱头箭头状。瘦果狭倒卵形，或新月形，具短柄，有 8 条纵肋，宿存花柱长 1.6mm。

分布于东北、华北、陕西。生于山坡草地。山西各大山区有分布，本区见于人祖山。

4. 东亚唐松草 *Thalictrum minus* L. var. *hypoleucum*（Sieb. et Zucc.）Miq. in Ann. Mus. Bot. Lugd. Bat. 3：1867；中国植物志 27：583，图版 149：5-9，1979；山西植物志 1：604，图版 383，1984.

株高 50~100cm，全株无毛，被白粉。四回三出羽状复叶，叶片长达 20cm，小叶近圆形、宽倒卵形，长 1.5~4cm，三浅裂，有牙齿，背面有白粉，网脉名显，总叶柄长 4cm。圆锥花序长达 30cm，花梗长 3~8cm；萼片 4，淡黄绿色，长 3mm，早落；雄蕊多数，花药有短尖头，花丝线形；心皮 3~5，柱头三角状箭形。瘦果椭圆状球形，无柄，有 8 条纵肋。

分布于华南至东北。生于林缘草地。山西太岳山有分布，本区见于人祖山、紫金山，为该种在山西地理分布新记录。

8. 耧斗菜属 *Aquilegia* L.

多年生草本。基生叶为一至三回三出复叶，有长柄，叶柄具鞘，中央小叶 3 裂，侧生小叶 2 裂，茎生叶小于基生叶，有短柄，向上渐无柄。花辐射对称，单生或二歧聚伞花序；萼片 5，与花瓣同色或异色；花瓣 5，与萼片等长，有向后延伸的管状距；雄蕊多数，内轮为退化雄蕊；心皮 5，胚珠多数，花柱宿存，长为子房的一半。蓇葖果直立，互相靠拢。

约 70 种。中国 19 种。山西 2 种 1 变型，晋西黄土高原 1 种。

1. 华北耧斗菜 *Aquilegia yabeana* Kitag. in Rep. Isst Sci. Exp. Manch. 4（4）：81，1936；中国高等植物图鉴 1：669，图 1338，972；中国植物志 27：499，1979；山西植物志 1：592，1992. —*A. oxysepala* var. *yabeana*（Kitag.）Munz.

茎高 30~50cm。基生叶为一至二回三出复叶，小叶轮廓宽卵形，3 浅裂或深裂，裂片边缘有钝齿，叶柄长 8~25cm；茎生叶较小。花序具少数花，花下垂，美丽，紫色；萼片狭卵形，长 1.7~1cm，开展；花瓣长 1.5cm，直立，先端钝，距长 1.7~2cm，先端钩状弯曲；雄蕊不伸出花冠外，子房被毛。蓇葖果长 1.5cm，有明显网脉。花期 5~6 月。

分布于辽宁、华北、河南、陕西、山东、四川。生于林缘、沟谷草地。山西各地均有分布，本区见于人祖山。

9. 升麻属 *Cimicifuga* L.

多年生草本。有根状茎。三出复叶，小叶有锯齿。花小，单性或两性，总状花序或圆锥花序；萼片 2~5，早落；退化雄蕊 1~8，雄蕊多数；心皮 1~8，胚珠多数。蓇葖果圆形、倒卵状椭圆形。

20 余种。中国 8 种。山西 4 种，晋西黄土高原 1 种。

1. 兴安升麻（苦乐芽子）*Cimicifuga dahurica* （Turcz.） Maxim. Prim. Fl. Amur. 28，1859；中国高等植物图鉴 1：664，图 1327，1972；中国植物志 27：102，1979；山西植物志 1：559，图版 353，1992—. *Actaea dahurica* Turcz. et Mey.

全株有特殊气味，茎高 1~2m，被短柔毛。二至三回羽状复叶，下部叶柄长可达 15cm，小叶菱状卵形，长 10cm，宽 7cm；顶生小叶 3 裂，有较长柄；侧生小叶柄较短，向上叶渐变小。圆锥花序长达 40cm，分枝 4~20 条，有腺毛；萼片白色，长 2~4mm；退化雄蕊（蜜叶）长 3mm，顶端微 2 裂，雄蕊多数；心皮 2~5，密生毛，有短柄。蓇葖果长 0.8~1.4cm。

分布于西南、西北、华北。生于林下。山西太岳山有分布，本区见于人祖山，为该种在山西地理分布的新记录。

10. 芍药属 *Paeonia* L.

多年生草木或灌木。根粗壮或具块根。叶互生，羽状复叶或三出复叶，小叶常深裂。花多单生，大而美丽，萼片 5，宿存，花瓣 5~10，栽培种常呈多数，花盘状或杯状，雄蕊多数，离心发育，离生心皮 2~5。蓇葖果，种子数粒。

约 35 种。中国 11 种。山西 3 种 3 变种，晋西黄土高原 2 种，其中，栽培 1 种。

分种检索表

1. 小叶椭圆状披针形，叶缘具软骨质小齿，栽培花卉 ·····················**1. 芍药 *P. laciflora***
1. 小叶倒卵形，叶缘无软骨质小齿 ·····························**2. 草芍药 *P. obovata***

1. 芍药 *Paeonia laciflora* Pall. Reise 3：286，1776；中国高等植物图鉴 1：653，图 1306，1972；中国植物志 27：51，图版 7：1-4，1979；山西植物志 1：549，图版 346，1984.

多年生草本。高 40~70cm，无毛。下部叶为二回三出复叶，茎上部叶为三出复叶，小叶椭圆状披针形，边缘有白色骨质小齿，下面沿脉有短柔毛。花数朵，顶生或腋生；苞片 4~5，披针形；萼片 4，绿色，近圆形，长 1.5~2cm；花瓣 6~14，紫红色、粉红色或白色，倒卵形，长 3~5cm，宽 1~2.6cm；雄蕊多数，心皮 4~5。

分布于东北、华北、西北。生于山坡草地。山西中条山、太岳山有野生，本区人祖山有栽培。观赏花卉。根皮入药。

2. 草芍药 *Paeonia obovata* Maxim. in Mem. Acad. Sci. St. Petersb. 9：29. 1859；中国高等植物图鉴 1：653，图 1305，1972；中国植物志 27：48，图版 6：2-4，1979；山西植物志

1：549，图版 345，1984.

多年生草本。高 30~50cm，无毛。下部叶为二回三出复叶，顶生小叶倒卵形或宽椭圆形，侧生小叶较小。花单生于茎顶或叶腋，直径 5~9cm；萼片 5，绿色，近圆形，长 1.2~1.5cm；花瓣 6，粉红色或白色，倒卵形，长 2.5~4cm；雄蕊多数，心皮 2~5。蓇葖果长 2~3cm。

分布于西南、华中、东北、华北、西北。生于山坡草地、林下。山西各大山区均有野生，本区见于紫金山。根皮入药。

25. 小檗科 Berberidaceae

草本或灌木。叶互生，单叶或羽状复叶。花两性，辐射对称，单生，总状花序或聚伞花序；萼片与花瓣相似，3~6(9)，常 2 轮，有些种类花瓣变为蜜腺状距；雄蕊 6，与花瓣对生；花药瓣裂，心皮 1，子房上位，1 室，胚珠数枚至多数。浆果或蒴果。

14 属约 600 种。中国 11 属约 300 种。山西 4 属 9 种，晋西黄土高原 2 属 2 种。

分属检索表

1. 灌木，单叶，有叶刺，浆果 ·· **1. 小檗属 Berberis**
1. 草本，二回羽状复叶，蓇葖果 ······································ **2. 淫羊藿属 Epimedium**

1. 小檗属 Berberis L.

灌木。木材及内皮黄色。枝多有叶变态刺。单叶，长枝叶互生，短枝上簇生，全缘或有芒状刺。花黄色，单生，簇生或呈下垂的总状花序；萼片 6~9；花瓣 6，黄色，基部有腺体；雄蕊 6，柱头盾状。浆果红色或黑色，种子 1 至多数。

约 500 种。中国 160 种。山西 6 种，晋西黄土高原 1 种。

1. 芦木(大叶小檗) Berberis amurensis Rupr. in Bull. Phys. Math. Acad. Sci. St. Petersb. 15：260，1857；中国高等植物图鉴 1：773，图 1546，1972；山西植物志 2：2，图版 2，1998.

落叶灌木。高 1~2m，小枝具棱，刺 3 分叉，长 1~2cm。叶在老枝上簇生，倒卵状椭圆形，长 3~10cm，宽 1~3cm，先端钝圆或急尖，基部渐狭成柄，叶缘有 40~60 刺芒状细锯齿，背面有白粉，叶柄长 5~15mm。总状花序长 4~10cm，有花 10~9mm。浆果椭圆形，红色，长约 10mm，种子 2 颗。花期 5~6 月，果期 7~8 月。

产东北、华北、山东、河南、陕西。生于山坡草地、林缘、灌丛。山西各山区均有分布，本区见于人祖山。根药用。

2. 淫羊藿属 Epimedium L.

多年生草本。有坚硬的根茎。一至二回羽状复叶，小叶边缘有刺毛状细齿，叶基心形，多少不对称。总状花序或圆锥花序顶生；萼片 8，2 轮，外轮成大小不等的 2 对，内轮花瓣状；花瓣 4，蜜腺状，有距；雄蕊 4，与花瓣对生；子房上位，1 室。蒴果背裂，种子有肉质假种皮。

约 23 种。中国 13 种。山西及本区 1 种。

2. 淫羊藿 Epimedium brevicornum Maxim. in Act. Hort. Petrop. 11：42.1890；山西植物志 2：8，图版 6，1998. —*E. rotundatum* Haa

茎高 15~30cm，数条丛生，基部有鳞片，根状茎粗厚。二回三出复叶；基生叶 1~3 枚，有长柄；茎生叶 2 枚，对生，小叶卵形，长 3~7cm，宽 2~5cm，先端急尖，基部心形；侧生小叶明显歪斜，边缘有刺毛状细齿。多数花集成顶生的圆锥花序；外轮萼片较小，长 1~2.5mm，内轮花瓣状，白色或淡黄色，长 10mm；花瓣白色，短于内轮萼片，有距，雄蕊长于花瓣。蓇葖果圆柱形，先端有喙。花期 5~7 月，果期 6~8 月。

分布于西北、华中。生于林下、草地。山西中条山、太岳山有分布，本区见于人祖山，为该种在山西地理分布的新记录。全草入药。

26. 防己科 Menispermaceae

木质藤本。单叶，互生，有时掌状分裂，无托叶。花单性，雌雄异株，腋生的总状花序或伞形花序，花小，辐射对称；萼片与花被 6 枚，2 轮排列，少螺旋状着生；雄蕊 6，与花瓣对生（3 至多数）；离生心皮，3~6（1~2，多数），1 室，2 胚珠，其中 1 枚退化。核果。

70 属约 400 种。分布于热带、亚热带。中国 18 属 62 种，主产南方、西南。山西及本区 1 属 1 种。

1. 蝙蝠葛属 *Menispermum* L.

落叶藤本，长达 10m 以上。盾形叶，直径 7~10cm，浅裂，掌状脉，叶柄长 6~12cm。总状花序或圆锥花序；萼片 2~8，2 轮；花瓣 6~8，短于萼片；雄蕊 12~24，退化雄蕊 6~12，离生心皮 2~4。核果球形。

2 种。中国 1 种。山西及晋西黄土高原 1 种。

1. 蝙蝠葛（山豆根）*Menispermum dauricum* DC. Syst. 1：540，1871；中国高等植物图鉴 1：764，图 1528，1972；山西植物志 2：13，图版 6，1998.

茎缠绕，长达 14m，小枝绿色。叶片轮廓圆肾形，长宽近相等，7~10cm，先端急尖，基部心形，两侧各 2~5 浅裂，裂片边缘全缘，掌状脉，叶柄长 8~10cm，盾状着生于中脉下部。圆锥花序腋生，总花梗长 3cm，花黄绿色，雄花萼片 6，花瓣 6~8，边缘外卷，雄蕊 12，花药球形。核果直径 8~10mm，黑色。

分布于东北、华北、华东。生山地灌丛。本区见于人祖山、紫金山，为该种在山西野外分布新资料。根茎入药。

27. 罂粟科 Papaveraceae

一年生或多年生草本，多数具白色或黄色乳汁。叶互生，全缘或分裂，无托叶。花单生，总状花序或聚伞花序，两性，辐射对称或两侧对称；萼片 2，早落；花瓣 4~6 或更多；雄蕊多数，离生或数枚合生；子房上位，2 至多数合生心皮合成 1 室，胚珠多数，侧膜胎座，花柱短或无，柱头与心皮同数。蒴果瓣裂或顶孔开裂。

43 属 500 余种。中国 20 属 230 种。山西 9 属 17 种，晋西黄土高原 2 属 2 种。

分属检索表

1. 植物体无乳汁，花两侧对称，雄蕊 6···**1. 紫堇属 *Corydalis***
1. 植物体有橙红色乳汁，花辐射对称，雄蕊多数·················**2. 秃疮花属 *Dicranostigma***

1. 紫堇属 *Corydalis* DC.

一年生或多年生草本。有块根或根茎。叶二回三出复叶，或掌状分裂。花两侧对称，紫色、淡蓝紫色或黄色，总状花序，有苞片；萼片 3，鳞片状，早落；花瓣 4，2 轮，最上一片基部膨大或延伸成距，下面一片平展，内轮 2 片有爪，先端靠拢，包围雌蕊，雄蕊 6，合成 2 束，与外轮花瓣对生，上面一束花丝有蜜腺，深入内；上位子房，2 心皮合成 1 室，花柱线形，柱头 2 裂，胚珠 2 至多数。蒴果线状长圆形，种子细小，黑色，有附属物。

320 种。中国 150 种。山西 8 种，晋西黄土高原 1 种。

1. 地丁草 *Corydalis bungeana* Turcz. in Bull. Nat. Mose. 19（1）：62，1846；中国高等植物图鉴 2：54，图 1779，1980；山西植物志 2：56，图版 35，1998.

多年生或二年生草本。高 10~30cm，茎多分枝，微被白粉。叶片轮廓卵形，长 3.5~10cm，二至六回羽状分裂，裂片线形；基生叶与茎下部叶有长 3.5~10cm 的柄。总状花序长 1~6cm，有数花，苞片羽状分裂；萼片小，近三角形；花被淡紫色，上面一片长 1~1.2cm，基部有 4~6mm 长的距，先端呈兜状。蒴果长圆形，扁平，长约 1.5cm，宽 3~4mm，种子黑色，有光泽。花果期 4~5 月。

分布于华北、华东、西北。分布于田边、路旁草地。山西太原、晋中、临汾、运城、晋东南普遍有分布，本区见于人祖山。全草入药。

2. 秃疮花属 *Dicranostigma* Hook. f. et Thoms.

一年生或多年生草本。被白粉状毛，含黄色乳汁。叶莲座状基生，全缘或羽状分裂，具柄。聚伞花序，无苞片，萼片卵形，花瓣 4，黄色；雄蕊多数；2 心皮合成 1 室，胚珠多数，无花柱，柱头 2 裂。种子多数，有网纹。

3 种。中国均产。山西及本区 1 种。

1. 秃疮花 *Dieranostigma leptopodum*（Maxim.）Fedde in Bot. Jaheb. 36（Bieb. 82）：45，1905；中国高等植物图鉴 2：2，图 1734，1980；山西植物志 2：33，图版 20，1998.

二年生草本。高 40cm，含黄色乳汁。叶羽状深裂或全裂，边缘有粗锯齿或缺刻，长 5~15cm，宽 2.5~5.5cm，疏生白柔毛，基生叶有柄，茎生叶小而无柄。顶生聚伞花序，花鲜黄色，直径 3~4cm，花瓣倒卵形，长 1.5~2.2cm，雄蕊花丝扁平，子房圆柱形。蒴果圆柱形，长 5~9cm，种子棕褐色。花果期 4~7 月。

分布于河北、河南、西南、西北。生于田边、路旁荒地。山西临汾、运城地区习见，本区人祖山有分布。全草入药。

28. 十字花科 Cruciferae

一年生或多年生草本，稀灌木或乔木。无毛，或有单毛、星状毛、分叉毛及腺毛。单叶，叶缘波状或羽状分裂，少有复叶，无托叶。总状花序或伞房花序，花两性，无苞片；萼片 4，直立或开展，呈 2 轮，交互对生，内轮者有时基部呈囊状；花瓣 4，开展成"十"字形，有爪，黄色、白色、紫色，与萼片互生；四强雄蕊，花丝有时具翅、齿及附属物，短雄蕊基部常有蜜腺；雌蕊 1，由 2(3~4) 心皮合生，因有假隔膜而呈 2 室，胚珠 1 至多数，侧膜胎座，花柱单一或无，柱头头状，2 裂或不裂。短角果或长角果，瓣裂、横裂，或不裂，果瓣具 1 条或数条平行脉，具毛或光滑，有时具脊或翅状附属物。种子无胚乳。

约350属3000余种。中国96属410余种。山西26属400余种9变种2变型，晋西黄土高原野生9属10种。

分属检索表

1. 果实为短角果，长为宽的3倍以下 ……………………………………………………2
1. 果实为长角果，长为宽的3倍以上 ……………………………………………………4
　　2. 花黄色，茎不分枝或仅下部分枝，叶倒卵状矩圆形，全缘或有疏锯齿，短角果椭圆状扁平 ………………………………………………………… **1. 葶苈属 *Draba***
　　2. 花白色或花瓣缺 ………………………………………………………………………3
　　　　3. 短角果倒三角形，花瓣白色 …………………………………… **2. 荠属 *Capsella***
　　　　3. 短角果近圆形，无花瓣(本地区) ………………… **3. 独行菜属 *Lepidim***
　　　　　　4. 角果有横节，不开裂，先端有喙，花紫色，植株有腺毛 …………………………………………………………………… **4. 离子芥属 *Chorispora***
　　　　　　4. 角果无横节，开裂，不具喙，花白色、黄色或紫色 …………………5
　　　　　　　　5. 花白色或紫红色 …………………………………………………………6
　　　　　　　　5. 花黄色 ……………………………………………………………………7
　　　　　　　　　　6. 植株有星状毛，花白色，果瓣具明显中脉 ……… **5. 南芥属 *Arabis***
　　　　　　　　　　6. 植株无星状毛，花红紫色(本地区)，果瓣无脉·· **6. 碎米荠属 *Cardamine***
　　　　　　　　　　　　7. 植株有星状毛，叶披针形，不分裂 ……… **7. 糖芥属 *Erysimum***
　　　　　　　　　　　　7. 植株无星状毛，无毛或具单毛，叶羽状分裂 …………………8
　　　　　　　　　　　　　　8. 植株无毛，果瓣有1脉，角果圆柱形短棒状(本地区) ……………………………………………………………………… **8. 蔊菜属 *Roriippa***
　　　　　　　　　　　　　　8. 植株有单毛，果瓣有3脉，长角果条形下垂 …………………………………………………………………… **9. 大蒜芥属 *Sisymbrium***

1. 葶苈属 *Draba* L.

一二年生或多年生草本。植株矮小，有单毛、星状毛、分叉毛。基生叶莲座状，有柄或无柄；茎生叶无柄；总状花序，苞片有或无；花瓣倒卵状楔形，有爪，黄色或白色，少有紫红色。短角果卵形、披针形、长圆形或线形，直或扭转，开裂。

约300种。中国50种。山西4种1变种，晋西黄土高原1种。

1. 葶苈 *Draba nemorosa* L. Sp. Pl. 2：642，1753；中国高等植物图鉴2：49，图1827，1972；中国植物志33：174，1987；山西植物志2：127，图版78，1998.

一年生草本。高5~25cm，被星状毛。基生叶倒卵状矩圆形，长2~3cm，宽2~5mm，具疏齿或全缘，叶柄长2~3cm；茎生叶卵状披针形，长5~10mm，宽2~3mm，边缘齿状浅裂。顶生总状花序，花黄色，直径2mm。短角果椭圆形，略扁，水平开展，被毛，长6~8mm，果梗长8~20mm。种子淡褐色。花果期4~6月。

分布于东北、华北、西北、华东，四川。生于山坡草地。山西各山地均产，本区见于人祖山。

2. 荠属 *Capsella* Medic.

一二年生草本。无毛，或有单毛、星状毛、分叉毛。基生叶莲座状，全缘或羽状裂；茎生叶有缺刻或齿裂，基部抱茎。顶生总状花序，无苞片；花小，白色；萼片直立，基部非囊状；花瓣匙形；雄蕊蜜腺有附属物，花柱极短。短角果倒心状三角形，扁平，顶端微凹，开裂。

5 种。中国 2 种。山西及晋西黄土高原 1 种。

1. 荠菜 *Capsella bursa-pastoris* （L.）Medic. Pflanzengatt. 1：85，1792；中国高等植物图鉴 2：42，图 1813，1972；中国植物志 33：85，图版 14：1-3，1987；山西植物志 2：74，图版 45，1998. —*Thlaspi bursa-pastoris* L.

株高 15~50cm，分枝或不分枝。基生叶丛生，铺散，倒椭圆状披针形，长 3~10cm，宽 1~2cm，先端渐尖，基部渐狭成柄，大头羽裂、不规则深裂、少全缘；茎生叶狭披针形，长 1~3cm，基部耳状抱茎，边缘浅裂。花小，直径 2mm。短角果倒三角形，长 5~8mm，宽 4~7mm，扁平。花果期 4~6 月。

全国各地均产。生于田间、路旁、滩地。山西及本区广布。嫩茎可食，种子含油，全株入药。

3. 独行菜属 *Lepidim* L.

一年生或多年生草本，亦有灌木。被单毛或腺毛。单叶，条形、宽椭圆形、全缘、有锯齿或分裂，有叶柄或基部心形抱茎。花小，总状花序，无苞片，萼片基部不呈囊状；花瓣白色、粉红色，或退化；雄蕊 6，常退化为 2 或 4 枚。短角果卵形、或椭圆形，扁平，开裂，果瓣舟形，种子有翅或无。

约 150 种。中国 15 种。山西 2 种 1 变种，晋西黄土高原 1 种。

1. 独行菜 *Lepidium apetalum* Willd. Sp. Pl. 3：439，800；中国高等植物图鉴 2：36，图 1801，1972；中国植物志 33：57，1987；山西植物志 2：70，图版 42，1989.

一二年生草本。高 10~35cm，多分枝，无毛，或被单毛及乳头状腺毛。基生叶窄匙形，羽状浅裂，长 3~5cm，宽 1~1.5cm，叶柄长 1~2cm；茎生叶条形，有疏齿或全缘。总状花序果期伸长，花梗极小，有窄翅。果梗长 2~3mm，种子红褐色。花果期 5~7 月。

分布于东北、西北、华北、西南。生于田边、荒地、山坡。山西及本区广布。种子入药。

4. 离子芥属 *Chorispora* DC.

一年生或多年生草本。有单毛、腺毛，或无毛，茎自基部分枝或缩短。叶簇生于基部，羽状深裂或浅裂。花集成总状花序或单生，萼片直立，内轮萼片基部呈囊状，花瓣紫色、紫红色或黄色，有爪。长角果圆柱形，有喙，种间收缩成念珠状，断裂；种子 1 行，椭圆形。

约 10 种。中国 5 种。山西及晋西黄土高原 1 种。

1. 离子芥 *Chorispora tenela* （Pall.）DC. Syst. Nat. 2：435，1821；中国高等植物图鉴 2：63，图 1855，1972；中国植物志 33：348，图版 102：9-16，1987；山西植物志 2：98，图版 60，1998. —*Raphanus tenellus* Pall.

一年生草本。高 8~30cm，疏生短腺毛，自基部分枝，斜上铺散生长。基生叶和茎下部叶长椭圆形，长 3~4cm，宽 3~5mm，先端急尖，基部渐狭，边缘羽状浅裂，叶柄长 2~5mm，上部叶渐变小，披针形，全缘或有波状齿，叶柄变短至无。总状花序顶生，花梗极短，花紫色，直径 3mm。长角果细圆柱形，长 3~5cm，弯曲，具横节，不开裂，有长喙；种子圆形，长 1.5cm，淡褐色。

分布于辽宁、河北、西北。生于田野、荒地。山西晋东南、临汾、运城、吕梁地区有分布，本区见于人祖山。

5. 南芥属 *Arabis* L.

一年生或多年生草本。被单毛、星状毛或分枝毛。基生叶有柄，丛生，全缘或有锯齿，有时大头羽裂；茎生叶有柄或无柄，有时基部耳状抱茎。总状花序顶生，萼片直立，基部囊状；花瓣白色或紫色，具爪，花柱短，柱头凹陷。长角果条形，扁平，直立或下垂，果瓣具中脉与侧脉，种子 1 行。

100 余种。中国 25 种。山西 2 种 1 变种，晋西黄土高原 1 种。

1. 垂果南芥 *Arabis pendula*（L.）Scop. in Sp. Pl. 665，1753；中国高等植物图鉴 2：56，图 1842，1972；中国植物志 33：265，图版 73：1-4，1987；山西植物志 2：117，图版 71，1998.

一二年生草本。高 20~80cm，全株有硬毛及分枝毛。茎下部叶长圆形、倒卵状长圆形，长 5~10cm，宽 2~3cm，先端渐尖，基部耳状抱茎，边缘有锯齿，上部叶披针形，长 3~5.5cm，边缘有细锯齿，无柄，基部心形抱茎。总状花序顶生，花稀疏，花小，直径 3mm，白色。长角果扁平条形，下垂，长 6~9cm，宽 1.5~2.5mm；种子淡褐色，具窄膜质翅。花期 6~7 月，果期 7~8 月。

分布于东北、华北、西北、西南。生于山坡草地。山西各山区均产，本区见于人祖山。

6. 碎米荠属 *Cardamine* L.

一年生至多年生草本。无毛或具单毛。单叶或羽状复叶。顶生或腋生总状花序，无苞片，萼片直立或开展；花瓣白色、紫红色，顶端圆形或深裂，有长爪，具侧蜜腺，花柱细，柱头 2 裂或不裂。长角果扁平，开裂，果瓣向上卷曲，有 1 中脉；种子多数，1 行，扁平。

约 130 种。中国 42 种。山西 5 种，晋西黄土高原 1 种。

**1. 紫花碎米荠 *Cardamine tangutorum* O. E. Schulz. in Engl. Bot. J ahrb. 32：360，903；中国高等植物图鉴 2：52，图 1833，1972；中国植物志 33：189，图 4：1-4，1987；山西植物志 2：63，图版 39，1989.

多年生草本。高 20~40cm，有细长根状茎，具短柔毛。奇数羽状复叶，茎下部小叶 7~11，上部 2~7，小叶矩圆状披针形，长 2~3.5cm，宽 0.5~1.5cm，边缘有锯齿，叶柄长 1~2.5cm。总状花序顶生，花长 1cm，内轮萼片基部呈囊状；花瓣紫红色，花丝扁，扩大；雌蕊柱状。长角果直立，条形，长 2.5~4.5cm，宽 2~3mm，花柱宿存，果梗长 1.5cm；种子近圆形，褐色，有光泽。花期 6~7 月，果期 7~8 月。

分布于西北、西南，河北、山西。生于林间草地。山西各山区均有分布，本区见于石楼东山林场。

7. 糖芥属 *Erysimum* L.

一年生或多年生草本。全株有叉状毛。叶条形或椭圆形，全缘、有锯齿或浅裂。总状花序伞房状，花黄色、橘黄色，萼片直立，内轮萼片基部稍囊状，花瓣有长爪，花丝基部有中蜜腺及侧蜜腺，子房多数胚珠，柱头 2 裂。长角果条形，具棱线，开裂，果苞中脉明显；种子 1 行，长圆形。

约 100 种。中国 20 种。山西及晋西黄土高原 2 种。

分种检索表

1. 花大，长 1cm 以上，橘黄色 ···**1. 糖芥 E. bungei**
1. 花小，长 0.5cm ···**2. 小花糖芥 E. cheiranthoides**

**1. 糖芥 *Erysimum bungei*（Kitag.）Kitag. in Jour. Jap. Bot. 25：45，1950；中国高等植物图鉴 2：65，图 1860，1972. —*E. amurense* Kitag. ssp. *bungei* Kitag.；中国植物志 33：383，图版 110：1-4，1987；山西植物志 2：120，图版 73，1998. —*E. auratiacum*（Bge.）Maxim.

一二年生草本。高 30~60cm，茎具棱角，全株贴伏二叉"丁"字毛。叶披针形、矩圆状条形，基生叶长 5~15cm，宽 0.5~2cm，边缘有波状齿，或近全缘，叶柄长 1.5~2cm，茎上部叶无柄，基部微抱茎。总状花序顶生，花橘黄色，直径约 1cm，花梗长 3~6mm，萼片密生丁字毛，有白色膜质边缘，花瓣有长爪。长角果条形，略呈四棱形，长 4.5~8.5cm，有短喙，种子侧扁。

分布于东北、华北、陕西、江苏、四川。生于林缘、草甸。山西各山地均有分布，本区见于紫金山。

**2. 小花糖芥 *Erysimum cheiranthoides* L. Sp. Fl. 611，1753；中国高等植物图鉴 2：63，图 1859，1972；中国植物志 33：387，1987；山西植物志 2：120，图版 74，1998. —*E. macilentum* Bge.

一年生草本。高 15~50cm，全株贴伏 2~4 叉状毛。叶披针形或条形，长 2~4cm，宽 1~4mm，边缘有波状齿，或近全缘，基部渐狭，近无柄。总状花序顶生，花淡黄色，直径约 5mm，花梗长 2~3mm，萼片条形，外面有分叉毛，花瓣有长爪。长角果圆柱形，略呈四棱形，长 2~2.5cm，侧扁，疏生星状毛；种子卵形，淡褐色。花期 5 月，果期 6 月。

广布全中国。生于山坡草地、田边、荒地。山西各地均有分布，本区见于人祖山。

8. 蔊菜属 *Roriippa* Scop.

一年生或多年生草本。无毛或有单毛。叶羽状深裂，或全缘。总状花序顶生；萼片直立，内轮萼片基部不呈囊状，具白色膜质边缘；花瓣黄色或白色，与萼片等长，少数种类花瓣缺；雄蕊 6，有些种外轮雄蕊退化成 4 枚雄蕊，花丝有侧生蜜腺；花柱明显，柱头 2 裂。角果长圆形、椭圆形或球形，2 室，少数种类可为 3~4 室，开裂；种子多数，2 行，圆形，红棕色，有细网纹。

约 90 种。中国 9 种。山西 2 种，晋西黄土高原 1 种。

**1. 风花菜（沼生蔊菜）*Rorippa islandica*（Oedeer）Borba. Balaton. Tav. Part. 2：392，1900；中国高等植物图鉴 2：60，图 1850，1972；中国植物志 33：309，图版 86：1-4，

1987；山西植物志 2：101，图版 62，1998. —*Sisymbrium islandicum* Oed. —*Nasturtium palustre* DC. —*Rorippa palustris*（leyss.）Bess.

一年生或多年生草本。无毛或下部有单毛。基生叶和茎下部叶长圆形，长达 12cm，羽状深裂，裂片 3~6 对，茎上部叶渐变小，披针形，分裂或不裂。总状花序顶生或腋生，花梗长 2~3mm，萼片长 2mm，花瓣黄色，与萼片等长。短角果柱状椭圆形，长 4~6mm，宽 2mm，稍弯曲，无毛；种子卵圆形，红黄色，有小点。花果期 5~7 月。

中国广布。生于河边湿地。山西及本区广布。种子含油，嫩茎作饲料。

9. 大蒜芥属 *Sisymbrium* L.

一二年生或多年生草本。无毛或有单毛。叶为大头羽裂，或不裂。总状花序，萼片直立，花瓣黄色，具爪，花丝基部加宽，花柱短，柱头微 2 裂。长角果条形，稍压扁，开裂，果瓣具 2 脉；种子 1 行，多数。

80 余种。中国 9 种。山西 2 种 1 变种，晋西黄土高原 1 种。

1. 垂果大蒜芥 *Sisymbrium heteromallum* C. A. Mey. in Ledeb. Fl. Alt. 3：132，1831；中国高等植物图鉴 2：68，图 1866，1972；中国植物志 33：411，图版 118：1-7，1987；山西植物志 2：81，图版 49，1998. —*S. heteromallum* var. *dahuricum*（Turcz.）Glehn sp. Maxim

一二年生草本。高 12~90cm，有粗硬毛。茎下部叶矩圆状披针形，长 4~15cm，宽 2~4cm，大头羽裂，裂片 2~4 对，顶生裂片矩圆状卵形，有锯齿，侧生裂片有疏齿或全缘，下面脉上有毛，叶柄长 1~2cm，茎上部叶无柄，羽状浅裂。总状花序顶生，内轮萼片基部呈囊状，花淡黄色，直径 1mm。长角果条形，长 6~8mm，宽不足 1mm，果梗长 5~15mm，下垂；种子椭圆形，棕色。花果期 6~7 月。

分布于华北、西北，四川。生于河边草地。山西产太原、雁北地区，本区房山峪口有分布，为该种在山西地理分布的新记录。

29. 景天科 Crassulaceae

多年生或二年生肉质草本或灌木。叶互生、对生或轮生，单叶，稀羽状复叶，全缘或稍有缺刻，常无柄，无托叶，叶脉不明显。聚伞花序，花两性或单性异株，辐射对称，5 或 4 基数；萼片与花瓣同数，合生；雄蕊与花瓣同数或为其 2 倍；雌蕊与花瓣同数，离生，子房 1 室，胚珠数枚至多数，侧膜胎座。蓇葖果，腹缝开裂；种子细小，边缘有翅或无。

约 34 属 1500 余种，全球分布。中国 10 属 242 种。山西 5 属 17 种 1 变种，晋西黄土高原 3 属 3 种。

分属检索表

1. 心皮先端反曲，无柄，基部合生……………………………………………**1. 景天属 *Sedum***
1. 心皮有柄，分离……………………………………………………………………………**2**
  2. 叶为莲座状基生，花集成密集的穗状花序…………………………**2. 瓦松属 *Orostachys***
  2. 叶对生或互生，花集成聚伞花序…………………………………**3. 八宝属 *Hylotelophium***

1. 景天属 *Sedum* L.

一年生或多年生草本，或亚灌木。叶互生、对生或轮生。花序为顶生或腋生的聚伞花序，花长偏生于花序分枝一侧，黄色、白色、紫色；萼片4~5裂，花瓣4~5，分离或基部合生；雄蕊多为10，2轮，内轮与花瓣对生；心皮4~5，无柄，基部合生，少离生。蓇葖果，种子1至多数。

约400种。中国120种。山西6种1变种，本区1种。

2. 景天三七(土三七) *Sedum aizoon* L.

多年生草本。高20~50cm，茎不分枝。叶互生，椭圆状披针形至卵状披针形，长2.5~7cm，宽0.6~2cm，先端渐尖，基部楔形，边缘有不整齐锯齿，无柄。聚伞花序分枝平展，多数花；萼片5，线形；花瓣披针形，黄色，有短尖；雄蕊10，鳞片5；心皮5，基部合生。蓇葖果水平开展。花期6~7月，果期8~9月。

分布于东北、华北、西北、长江流域。生于山坡草地、石埂。山西及本区广布。全草入药。

3. 瓦松属 *Orostachys* Fisch.

二年生或多年生肉质草本。花莛不分枝。叶多为线形，少数为卵形，先端为软骨质附属物，第一年呈莲座状。第二年自莲座中央抽出不分枝的花莛，多数花密集呈聚伞圆锥花序，花5基数，肉质；萼片长为花瓣之半；花瓣为黄色、白色、粉红色，基部稍合生；雄蕊10枚，与花瓣等长；心皮5，分离，有柄，有细长花柱。蓇葖果，种子多数。

约13种。中国10种。山西2种，晋西黄土高原1种。

4. 瓦松 *Orostachys fimbriatus*（Turcz.）Berger

二年生草本。植株高10~40cm，被紫红色斑点。叶条状倒披针形，长2~5cm，宽3~5cm，先端软骨质附属物边缘流苏状，有尖刺，茎生叶散生。花莛高10~30cm，花序为紧密的圆锥状聚伞花序，花梗长1cm；萼片长圆形；花瓣淡粉红色，长5~6cm，先端有尖头；雄蕊花药紫色；心皮5。蓇葖果长圆形，长5cm，种子多数。

分布于东北、华北、西北、华东。山西及本区广布，生石质山坡、房顶上。全草入药。

5. 八宝属 *Hylotelophium* H. Ohba

多年生草本。具块根。叶互生、对生或三叶轮生。复伞房状聚伞花序，花多数密生，两性，少有退化为单性的，5基数，少为4基数，萼片短于花瓣，花瓣离生，雄蕊10，心皮直立，离生，有柄。蓇葖果；种子多数，有狭翅。

30种。中国15种2变种。山西5种，晋西黄土高原1种。

1. 华北八宝(华北景天) *Hylotephium tatarinowii*（Maxim.）H. Ochba in Bot. Mag. Tokyo 90：52. F. 3a. 1977；中国高等植物图鉴2：82，图1894，1972；中国植物志34(1)：52，1984；山西植物志2：137，1998. — *Sedum tatarinowii* Maxim.

多年生草本。植株高10~20cm。茎多数，直立或倾斜。叶互生，倒披针形，长1~3cm，宽3~6cm，先端急尖，基部楔形，边缘有疏牙齿，无柄。伞房状聚伞花序，花序直径达3cm；萼片5，卵状披针形，较花瓣短；花瓣5，粉红色，长4~6cm；雄蕊10，与花瓣等长，花药紫色；心皮5，花柱稍外弯。蓇葖果卵形。花期7~8月，果期9月。

分布于华北。生于石质山地。山西产五台山、中条山、太岳山，本区人祖山有分布，为该种在山西地理分布的新记录。

30. 虎耳草科 Saxifragaceae

草本或灌木。叶互生或对生，单叶或复叶。花两性，辐射对称，稀两侧对称，单生或呈聚伞花序、总状花序、圆锥花序；萼片 4~5，花瓣与萼片同数且互生，或无花瓣；雄蕊 5~10，着生于花瓣上，花丝分离；子房 2~5 室，上位、周位或下位，花柱与心皮同数，离生，胚珠多数，生于中轴胎座上或悬垂生长于子房室顶端。蒴果或浆果，种子小。

约 80 属 1200 种。中国 27 属 400 种。山西 11 属 27 种 7 变种，晋西黄土高原 4 属 5 种。

分属检索表

1. 草本，叶二至三回三出复叶，顶生圆锥花序，花杂性，粉红色………**1. 落新妇属 Astilba**
1. 灌木，单叶………………………………………………………………………………2
  2. 叶互生，掌状分裂，总状花序，子房下位，浆果……………**2. 茶藨子属 Ribes**
  2. 叶对生，子房半下位，蒴果…………………………………………………………3
    3. 叶两面具星状毛，下面尤密，花瓣 5，雄蕊 10，蒴果 3 裂………**3. 溲疏属 Deutzia**
    3. 叶无星状毛，基出三主脉，花瓣 4，雄蕊多数，蒴果 4 裂………………………
    …………………………………………………………**4. 山梅花属 Philadelphus**

1. 落新妇属 Astilba L.

多年生草本。根状茎粗壮。叶为二至四回三出复叶，稀单叶，叶缘有锯齿或分裂。圆锥花序顶生，花小，粉红色或白色，两性或单性，萼片 4~5 裂，花瓣 4~5，稀多数或缺，雄蕊 9~10，雌蕊 2，分离或基部合生。蓇葖果或蒴果。

约 25 种。中国 12 种。山西及晋西黄土高原 1 种。

1. 落新妇（红升麻）Actilbe chinensis（Maxim.）Franch. et Sav. Enum. Pl. Jap. 1：144，1875；中国高等植物图鉴 2：122，图 1924，1972；山西植物志 2：150，图版 90，1998. — *Horteia chinensis* Maxim.

株高 40~100cm。基生叶为二回三出复叶，小叶卵形或菱状卵形，长 2~8cm，宽 1~4cm，先端渐尖，基部圆形或阔楔形，边缘有重锯齿，两面沿脉有硬毛，茎生叶较小，2~3 枚。圆锥花序稍狭窄，长达 30cm，被褐色卷曲毛，花密集，几无花梗；苞片为萼片之半，萼片长 1.5cm，5 裂；花瓣 5，红紫色，条形，长 5mm，早落；雄蕊 10；心皮 2，离生。蓇葖果。花期 6~7 月，果期 9 月。

分布于长江中下游以北广大地区。山西五台山、中条山、太岳山均有分布，本区见于人祖山，为该种在山西地理分布的新记录。根茎入药。

2. 茶藨子属 Ribes L.

落叶灌木，稀常绿。有刺或无刺。单叶互生或在短枝上簇生，常为掌状分裂，叶脉掌状，有叶柄，无托叶。花单生或呈总状花序，两性或单性异株；花萼裂片直立或反折，萼筒与子房合生；花瓣 4~5，通常较花萼裂片小，着生于萼筒上；雄蕊于花瓣同数且互生；子房下位，1 室，花柱 2，侧膜胎座。浆果，种子多数，花萼宿存。

约 150 种。中国 45 种。山西 6 种 2 变种, 晋西黄土高原 2 种。

分种检索表

1. 枝条具刺, 两性花, 花单生或 2 朵簇生, 浆果表皮有细刺……………**1. 刺梨 *R. burjense***
1. 枝条无刺, 雌雄异株, 总状花序, 浆果无刺…………………**2. 长白茶藨子 *R. komarowii***

1. 刺梨 (刺果茶藨子) *Ribes burjense* Fr. Schmidt. in Mem. Acad. Sci. St. Petersb. Ser. 7 (2) : 42, 1874; 中国高等植物图鉴 2: 118, 图 1965, 1972; 山西植物志 2: 178, 图版 106, 1998. —*R. grossularioides* auct. non Maxim.

落叶灌木。高 1m, 枝条密生长短不等的细刺, 在节处生数枚长刺, 长度达 0.5~1cm。叶圆形, 3~5 裂, 长 1.5~4cm, 宽 1~5cm, 叶基心形或截形, 裂片先端锐尖, 边缘有钝锯齿, 两面疏生毛, 叶柄长 0.5~3cm。花两性, 1~2 朵生于叶腋, 红色; 萼裂片 5, 矩圆形, 反折; 花瓣长为萼裂片之半; 雄蕊 5, 比花瓣长; 花柱顶端 2 裂。浆果球形, 黄绿色, 直径 1~1.5cm, 密生细刺。花期 5~6 月, 果期 7~8 月。

分布于东北、华北, 陕西。生于林缘灌丛。山西五台山、吕梁山、中条山、太岳山均有分布, 本区见于紫金山。果实可食。

2. 长白茶藨子 *Ribes komarowii* A. Pojark. in Act. Inst. Bot. Acad. Sci. URSS. Ser. 1. 2; 209. F. 16, 1936; 中国植物志 35(1) : 341, 1995; 山西植物志 2: 185, 图版 111, 1998.

落叶灌木。高约 1m, 枝条无刺。叶卵形, 长 2~4cm, 宽 2~3cm, 叶基截形, 边缘有牙齿, 掌状 3 裂, 中裂片较大, 锐尖, 侧裂片长约为中裂片之半, 先端稍钝, 叶上面疏生短硬毛, 下面沿脉有短刺毛, 叶柄长 1~1.5cm, 有腺毛。单性异株, 总状花序; 雄花序长 2~3cm, 黄绿色; 雌花序长 1~2cm, 直立, 雌花萼片卵状披针形, 淡黄白色, 有 3 条紫脉, 花瓣极小。浆果红褐色, 直径 5~8mm。花期 5 月, 果期 7~8 月。

分布于东北。生于林下。山西吕梁山、太岳山、中条山有分布, 本区人祖山有分布。

1. 溲疏属 *Deutzia* Thunb.

落叶灌木。单叶对生, 被星状毛, 羽状脉, 边缘有锯齿。两性花, 多为白色, 圆锥花序或聚伞花序, 5 基数; 雄蕊 10 枚, 排成 2 轮, 花丝有刺, 顶端齿状; 子房下位, 3~5 室, 花柱 2~5, 分离。蒴果, 种子细小, 多数。

约 60 种。中国 40 种。山西 3 种 2 变种, 晋西黄土高原 1 种。

1. 大花溲疏 *Deutzia grandiflora* Bge. in Enum. Pl. Chin. Bor. 30, 1831; 中国高等植物图鉴 2: 103, 图 1935, 1972; 中国植物志 35(1) : 101, 图版 15: 1-7, 1995; 山西植物志 2: 169, 图版 102, 1998.

高 1~2m, 小枝被星状毛。叶有短柄, 卵形, 长 2~5cm, 宽 1~2.5cm, 先端急尖, 基部圆形, 边缘具小牙齿, 两面密被白色星状毛。聚伞花序生于侧枝顶端, 有 1~3 朵花, 花直径 2.5~0cm; 萼筒密生星状毛, 萼裂片披针状条形; 花瓣倒卵形, 长 1~1.5cm; 雄蕊 10, 花丝上部具 2 长齿; 花柱 3。蒴果球形, 直径 4~5mm。

分布于华北、湖北、河南、山东、甘肃、陕西、四川、辽宁。生于山坡灌丛。山西五台山、吕梁山、太岳山、中条山有分布。本区见于人祖山。

2. 山梅花属 *Philadelphus* L.

落叶灌木。单叶对生，基出三至五主脉，边缘有细齿。花两性，白色，单生或数朵呈聚伞花序，花4基数；雄蕊多数；子房4室，下位或半下位，中轴胎座。蒴果，种子多数。

75种。中国12种。山西4种，晋西黄土高原1种。

1. 太平花 *Philadelphus pekinensis* Rupr. in Bull. Phys. – Marh. Acad. Sci. St. Petersb. 15：365，1857；中国高等植物图鉴2：95，图1920，1972；中国植物志35（1）：144，图版27：1-4，1995；山西植物志2：165，图版98，1998.

高约2m，枝条光滑。叶有短柄，卵形或狭卵形，长1.5~6cm，宽1.5~4cm，先端渐尖，基部宽楔形或圆形，三主脉，两面无毛。聚伞花序有5~9朵花，花直径2~3cm；萼裂片三角形，长4~5mm，宿存；花瓣倒卵形，长约1cm；雄蕊多数长近1cm；花柱上部4裂，柱头匙形。

分布于辽宁、河北、河南、甘肃、江苏、浙江、四川。生于沟谷、林缘灌丛。山西产五台山、吕梁山、太岳山太行山，本区见于人祖山、紫金山。常用于园林观赏。

31. 悬铃木科 Platanaceae

落叶乔木。树皮片状脱落，无顶芽，幼枝被星状毛。单叶互生，较大，轮廓为五角形，掌状分裂，裂片边缘有牙齿，幼时被星状毛，后脱落，托叶膜质，早落，叶柄基部扩大，包被冬芽。花单性同株，头状花序，雄花序无苞片，雌花序有线状苞片，每花有3~8萼片，花瓣与萼片同数，匙形；雄花具雄蕊3~8，花丝短，药隔顶端膨大成盾形；雌花有3~8离生心皮，子房长圆形，1室，胚珠1。聚合果球形，含多数小坚果，基部有丝状毛。

1属7种。中国引种栽培3种。本区栽培1种。

1. 悬铃木属 *Platanus* L.

属特征同科。

1. 三球悬铃木（法国梧桐）*Platanus orientalis* L. Sp. Pl. 999. 1753；中国高等植物图鉴2：170，图2070，1972；中国植物志35（2）：120，1979；山西植物志2：194，图版118，1998.

树高可达30m，总状分枝，开展，树冠宽阔，树皮灰绿色，大片状脱落。叶长9~15cm，宽9~17cm，掌状3~5裂，裂片达中部，中裂片长大于宽，裂片先端渐尖，边缘有粗牙齿，叶基截形或楔形，叶柄长3~8cm。头状花序多3个串生。聚花果直径3.5~3.5cm，小坚果长约9mm，基部有黄色茸毛。花期4~5月，果期9~10月。

原产欧洲，中国栽培已久。山西运城、临汾地区有栽培，本区人祖山有栽培。优良的行道树种。

32. 蔷薇科 Rosaceae

草本、灌木或乔木，有时攀缘状，落叶或常绿。有刺或无。叶互生，稀有对生，单叶或复叶，通常明显具托叶，稀有无托叶者。花两性，稀有单性，辐射对称，周位花或上位花；花托中空，呈碟状、钟状、杯状或圆筒状，花被与雄蕊着生于花托边缘；萼片与花瓣同数，通常 4~5，覆瓦状排列，稀有无花瓣者(地榆属)，萼外有时具副萼；雄蕊通常多数，轮生，有时 5~10 枚，稀少数，花丝分离，稀为合生；心皮 1 至多数，分离或结合，子房上位、半下位或下位，每心皮具 1 至数个直立或悬垂的胚珠，花柱与心皮同数，有时连合，顶生、侧生或基生。蓇葖果、瘦果、聚合果、核果、梨果，稀为蒴果。

约 124 属 3300 种。中国约 55 属 1000 余种。山西 28 属 115 种 11 变种，晋西黄土高原 19 属 53 种。

分属检索表

13. 花托成熟肉质化，红色，匍匐草本，小叶 3，副花萼较大⋯⋯⋯**12. 蛇莓属 Duchesnea**

13. 花托成熟不肉质化⋯⋯⋯⋯⋯⋯⋯⋯⋯⋯⋯⋯⋯⋯⋯⋯⋯⋯⋯⋯⋯⋯⋯⋯**14**

  14. 有副花萼，羽状复叶或掌状复叶，直立或匍匐草本(本地区)⋯⋯⋯⋯⋯

    ⋯⋯⋯⋯⋯⋯⋯⋯⋯⋯⋯⋯⋯⋯⋯⋯⋯⋯⋯⋯⋯**13. 委陵菜属 Potentilla**

  14. 无副花萼，叶 3 裂，直立草本⋯⋯⋯⋯**14. 地蔷薇属 Chamaerhodos**

    15. 果实成熟时心皮呈硬骨质(梨果状核果)⋯⋯⋯⋯⋯⋯⋯⋯⋯⋯**16**

    15. 果实成熟时为革质或纸质⋯⋯⋯⋯⋯⋯⋯⋯⋯⋯⋯⋯⋯⋯⋯⋯**17**

      16. 灌木，叶全缘，枝无刺，花较小，直径一般不超过 1cm⋯⋯⋯⋯⋯

      ⋯⋯⋯⋯⋯⋯⋯⋯⋯⋯⋯⋯⋯⋯⋯⋯⋯**15. 栒子属 Cotoneaster**

      16. 乔木，叶有裂片，有枝刺，花直径较大，大于 1cm⋯⋯⋯⋯⋯

      ⋯⋯⋯⋯⋯⋯⋯⋯⋯⋯⋯⋯⋯⋯⋯⋯⋯⋯**16. 山楂属 Crataegus**

        17. 羽状复叶，复伞房花序⋯⋯⋯⋯⋯⋯**17. 花楸属 sorbus**

        17. 单叶，伞形花序⋯⋯⋯⋯⋯⋯⋯⋯⋯⋯⋯⋯⋯⋯⋯⋯**18**

          18. 花柱 3~5，分离，花药红色，果实有石细胞⋯⋯⋯**18. 梨属 Pyrus**

          18. 花柱 5，下部合生，花药黄色，果实无石细胞⋯⋯**19. 苹果属 Malus**

1. 珍珠梅属 Sorbaria A. Br.

落叶灌木。奇数羽状复叶，有托叶，小叶有锯齿。顶生圆锥花序，花极多，两性，辐射对称，较小，萼片 5，反折，花瓣 5，雄蕊多数，心皮 5，基部合生。蓇葖果，种子数枚。

约 8 种。中国 4 种。山西及晋西黄土高原 1 种。

1. 珍珠梅 Sorbaria kirilowi（Regel）Maxim. in Act. DGidrt. Petrop. 6：225，1879；中国高等植物图鉴2：186，图2102，1972；中国植物志36：72，图版10：3-6，1974；山西植物志2：216，图版129，1998.

高 1.5~3m，小枝无毛。羽状复叶，小叶 13~21，小叶披针形或矩圆状披针形，长 4~7cm，宽 1.5~2cm，先端渐尖，基部圆形或宽楔形，边缘有重锯齿，两面无毛或脉腋间有柔毛，托叶膜质，全缘。圆锥花序分枝近直立，直径 7~11cm，花白色，直径 5~7mm，花梗长 3~4mm，苞片线形，雄蕊 20~25，与花瓣等长或稍短，花柱侧生。蓇葖果矩圆形，有反折的宿存萼片，果梗直立。花期 6~7 月，果期 8~9 月。

分布华北、山东、河南、陕西、甘肃。生于向阳山坡或杂木林。山西中条山、太岳山、吕梁山、太行山均有野生，本区见于交口、交城。常作为观赏花木栽培。

2. 绣线菊属 Spiraea L.

落叶灌木。单叶互生，无托叶。花两性，辐射对称，排成伞形花序、伞房花序、或总状花序，萼片 5，花瓣 5，白色或粉红色，雄蕊多数，心皮 5，离生，子房上位，1 室，2 至多数胚珠。蓇葖果。

80 余种。中国 50 余种。山西 13 种 2 变种。晋西黄土高原 3 种。

分种检索表

1. 叶片扇形，先端 3 裂，花序为无总梗的伞形花序，基部有数枚小叶………………………
……………………………………………………**1. 耧斗叶绣线菊 *S. aquilegiafolia***
1. 叶片圆形或椭圆形，伞形花序有总梗………………………………………………**2**
　2. 叶片近圆形，先端 3 裂，两面无毛………………………**2. 三裂绣线菊 *S. trilobata***
　2. 叶片菱状椭圆形，两面有柔毛，下面较密………………**3. 柔毛绣线菊 *S. pubescens***

1. 耧斗菜叶绣线菊 *Spiraea aquilegiafolia* Pall. in Reise Russ. Keich 3：737. f. 3. 1776； 中国高等植物图鉴 2：185，图 2100，1972；中国植物志 36：63，1974；山西植物志 2：214，图版 128，1998.

植株高 0.5~0m，幼枝被毛，后脱落。叶扇形至倒卵形，长 4~10mm，宽 2~8mm，先端圆钝，基部楔形，全缘或先端 3 浅裂，裂片先端钝圆，上面无毛或疏被短柔毛，下面毛较密，几无叶柄。伞形花序，无总梗，具少数花，花序基部有簇生的小叶片，花梗长 4~6mm，花白色，直径 5mm。蓇葖果沿腹线有短毛，宿存萼片直立或反折。花期 5~6 月，果期 7~8 月。

分布于东北、华北、西北。生于山坡灌丛。山西吕梁山有分布，本区房山峪口石质山坡有小片生长。

2. 三裂绣线菊（三桠绣线菊）*Spiraea trilobata* L. in Pl. 2：244，1771；中国高等植物图鉴 2：176，图 2081，1972；中国植物志 36：34，图版 4：5-8，1970；山西植物志 2：211，图版 126：1-3，1998.

株高 1~5m。小枝呈"之"字形弯曲，无毛。叶片近圆形，长 1.5~2.5cm，宽 1.3~2.5cm，先端 3 裂，基部圆形或楔形，边缘自中部以上具少数圆钝锯齿，两面无毛，叶柄长 1~5mm。伞形花序，具总梗；花梗长 6~12mm，花直径 5~7mm；花瓣白色，长 2.5~4mm。蓇葖果沿腹缝被短柔毛或无毛，萼片直立，宿存。花期 5~6 月，果期 7~8 月。

分布于东北，内蒙古、河北、山西、河南、陕西、甘肃、安徽。生于低山向阳坡地或灌丛中，极为常见。山西及本区广布。

3. 柔毛绣线菊（土庄绣线菊）*Spiraea pubescens* Turcz. in Bull. Soc. Nat. Moscon 5：190，1832； 中国高等植物图鉴 2：177，图 2083，1972；中国植物志 36：36，图版 4：1-4，1974；山西植物志 2：208，图版 125，1998。

株高 1~1.5m。小枝幼时被短柔毛，后脱落。叶片菱状卵形至椭圆形，长 2~4.5cm，宽 1.3~2.5cm，先端急尖，基部宽楔形，边缘自中部以上具深刻状锯齿，有时 3 浅裂，上面疏被毛，下面被短柔毛；叶柄长 2~4mm，被短柔毛。伞形花序，具总柄，有 15~20 朵花；花梗长 7~12mm，花直径 4~8mm，花瓣白色。蓇葖果开张，沿腹缝微被短柔毛；宿存萼片直立。花期 5~6 月，果期 7~8 月。

分布于东北、华北、陕西、甘肃、安徽、湖北。生于干燥岩石坡地或杂木林中。山西及本区广布。

3. 扁核木属 *Prinsepis* Royle

落叶灌木。有腋生的枝刺。叶互生、簇生，托叶宿存。总状花序，花 1 单生或 2~4 朵簇生于二年生枝条腋部；萼筒杯状，裂片 5，短而宽；花瓣 5，白色，开展；雄蕊 10 或更多；子房 1 室，2 胚珠，花柱生于子房近基部。核果，核扁，有皱纹。

4 种。中国皆产。山西及本区 1 种。

1. 蕤核 (扁核木) Prinsepia utilis Royle in Act. Hort. Peterop. 12：167，1892；中国高等植物图鉴 2：303，图 2335，1972；山西植物志 2：542，图版 208，1998.

株高 1.5m。小枝具片状髓心，枝刺长 6~15mm。叶条状矩圆形，长 2.5~5cm，宽约 7mm，先端圆钝，有短尖头，基部宽楔形，全缘或有细锯齿，几无叶柄。花梗长 5~7mm，花直径 1.5cm，萼片果期反折，花瓣倒卵形，雄蕊 10，2 轮，心皮 1，花柱侧生。核果球形，直径 1~1.5cm，成熟为暗紫红色。

分布于西北、华北。生于山坡或疏林下。山西及本区广布。果实可食用、酿酒，种仁含油，并入药。

4. 稠李属 Padus Mill.

落叶小乔木或灌木。单叶互生，叶缘有锯齿，叶柄有腺体，托叶早落。总状花序具多花，苞片早落，萼筒钟形，裂片 5，花瓣 5，白色，雄蕊 10 至多枚，心皮 1，子房上位，无毛。核果球形，无纵沟。

20 余种。中国 14 种。山西 2 种 1 变种，晋西黄土高原 1 种。

1. 稠李 Padus racemosa (Lam.) Gihb. in Pl. Rar. Comm. Lithusn. 74：310，1785；中国高等植物图鉴 2：315，图 2360，1972. —Prunus racemosa Lam. 中国植物志 38：96，1986；山西植物志 2：366，图版 223，1986. —Prunus padus L.

乔木。高可达 15m，小枝有棱。叶椭圆形或倒卵形，长 6~14cm，宽 3~7cm，先端急尖，基部宽楔形，边缘有锐锯齿，上面无毛，下面沿脉有短毛，叶柄长 1~1.5cm，顶端或叶片基部有 2 腺体。总状花序下垂，长 5~10cm，具 10~30 朵花，花直径 1~1.5cm。核果成熟黑色，直径 6~8mm，果核有皱纹。

分布于东北、华北、西北。生于山地杂木林。山西五台山、吕梁山、太岳山、中条山皆有分布，本区人祖山、紫金山均有分布。

5. 桃属 Amygdalus L.

落叶乔木或灌木。枝具顶芽，侧芽 2 或 3 枚并生。单叶互生，叶缘有锯齿，叶柄有腺体。花先叶开放，单生或 2 朵并生；萼筒钟状，裂片 5；花瓣 5，粉红色或白色；雄蕊多数；子房上位，被毛，1 室。核果被茸毛，有纵沟，果核有刻纹。

约 40 种。中国 12 种。山西 3 种 1 变种，晋西黄土高原 2 种。

分种检索表

1. 一年生小枝绿色，向阳面紫红色，花萼有毛，果核先端尖，栽培………**1. 桃 A. persica**
1. 一年生小枝红褐色，花萼无毛，果核先端钝…………………………**2. 山桃 A. davidiana**

1. 桃 Amygdalus persica L. Sp. Pl. 677，1753；中国植物志 38：17，1986；山西植物志 2：345，图版 210，1998. —Prunus persica (L.) Batsch. 中国高等植物图鉴 2：304，图 2338，1972.

株高 4~8m。嫩枝无毛，向阳面紫红色，背阳面绿色，芽 2~3 个并生，中间的为叶芽。叶椭圆状披针形或长圆状披针形，长 8~12cm，宽 3~4cm，先端长渐尖，基部楔形，边缘有较密的锯齿，两面无毛或下面脉腋间具稀疏短柔毛；叶柄长 1~2cm，顶端具腺点。花直径 2.5~3.5cm，粉红色，花梗极短。核果近球形或卵圆形，直径 5~7cm，果肉多汁，不开裂。花期 4~5 月，果期 6~8 月。

普遍栽培。为中国著名水果之一，品种极多，果供生食和加工用；核仁可食，并供药用。

2. 山桃 Amygdalus davidiana (Carr.) C. de Vos ex Henry in Rev. Hort. 1902：290. f. 120, 1902；中国高等植物图鉴 2：204，图 2337，1972；中国植物志 38：20，图版 3：1-3，1986；山西植物志 2：216，图版 348，1998. —Prunus davidiana (Carr.) Franch.

株高可达 10m。树皮暗紫色，光滑有光泽。叶片卵圆状披针形，长 6~10cm，宽 1.5~3cm，先端长渐尖，基部楔形，边缘具细锐锯齿，叶柄长 1~2cm，腺体有或缺。花单生，近无梗，直径 2~3cm，白色或浅粉色。核果球形，直径约 2cm，果肉干燥，离核，果核小，球形，有凹沟。花期 3~4 月，果期 7 月。

分布于黑龙江、山东、陕西、河南、贵州、四川、云南。生于向阳坡地或林缘。山西各山地均有分布，本区见于人祖山、房山峪口。

6. 杏属 Armeniaca Mill.

落叶乔木。枝无顶芽，侧芽单生或 2~3 并生。单叶互生，叶柄顶端处常有 2 腺体。花单生，无梗或具极短梗，先叶开放；萼筒圆筒形或钟形，裂片 5；花瓣 5；雄蕊多数；子房上位，心皮 1，有短柔毛。核果被短柔毛，有纵沟，果核侧扁，平滑或有孔穴。

约 8 种。中国 7 种。山西 2 种 1 变种，晋西黄土高原 1 种 1 变种。

1. 杏 Armeniaca vulgaris Lam. in Encycl. Meth. Bot. 1：2，1783；中国植物志 38：25，4：1-3，1986；山西植物志 2：350. 图版 212. 1998. —Prunus armeniaca L. var. typical Maxim.

株高可达 10m。小枝褐色，无毛。叶片卵圆形或近卵形，长 5~9cm，宽 4~5cm，先端尾尖，基部圆形，边缘具钝锯齿，叶柄长 2~3cm。花直径 2~3cm，萼筒圆筒形，萼片花后反折，花瓣白色或浅粉红色。核果球形，直径超过 2.5~3.5cm，黄白色至黄红色，常具红晕，果肉多汁，成熟时不开裂，果核平滑，沿腹缝处有纵沟，种子味苦或甜。花期 4 月，果期 6~7 月。

原产于亚洲西部，世界各国普遍栽培。中国除华南地区外，也普遍栽培。山西及本区各地均有栽培。果实可生食或蜜制成杏脯，或干制成杏干。杏仁供食用或药用，能润肺止咳。

1a. 山杏 Armeniaca vulgaris var. ansu (Maxim.) Yu et Lu 中国植物志 38：26. 1986；山西植物志 2：350. 1998. —Prunus ansu Kom. —Armeniaca ansu (Maxim.) Kost.

与杏的区别在于叶较小，基部微宽楔形；花 2 朵并生，稀为 3 朵簇生；核果直径约 2cm；果核网纹明显，背棱锐。

分布于华北、西北，安徽、江苏等地。生于山地阳坡灌丛。山西及本区广布。果肉不能吃，杏仁味苦，可榨油或药用，有止咳祛痰之效。

7. 樱属 *Cerasus* Mill.

落叶乔木或灌木。顶芽正常发育或败育，侧芽单生或 3 芽并生。单叶互生，叶缘有锯齿，叶柄和托叶有腺体。伞形花序或伞房花序，花序基部有苞片及宿存芽鳞；花具较长的梗，少数具短梗；萼筒管状或钟形，萼裂片 5，直立或反折；花瓣 5，白色、粉红色；雄蕊多数；心皮 1，子房上位，光滑或有短柔毛。核果多汁，种子平滑或稍有皱纹。

100 余种。中国 45 种。山西 8 种 2 变种，晋西黄土高原 5 种。

分种检索表

1. 花梗短，长不及 1cm，花单生或 2~3 朵簇生 ……………………………………………… 2
1. 花梗长于 1.5cm，伞房花序具 3 朵以上花 …………………………………………………… 4
  2. 花萼筒状，裂片反折，子房密生毛 ………………………… 1. 毛樱桃 *C. tomentosa*
  2. 花萼杯状，裂片不反折，子房无毛 ………………………………………………………… 3
    3. 叶背无毛或微被毛，倒卵形，中部以上最宽 ………………… 2. 欧李 *C. humilis*
    3. 叶背密被毛，叶片椭圆形 ………………………… 3. 毛叶欧李 *C. dictyoneura*
     4. 叶缘为具腺体的重锯齿，总花梗长约 1.5cm，萼片反折，果熟时红色，栽培…
      ……………………………………………………………… 4. 樱桃 *C. pseudocerasus*
     4. 叶缘为针芒状锯齿，总花梗长 2~2.5cm，萼片不反折，果熟时黑色…………………
      …………………………………………………………………… 5. 山樱花 *C. serrulata*

1. 毛樱桃 *Cerasus tomentosa* (Thunb.) Wall. in Carr. No. 715，1829；中国高等植物图鉴 2：313，图版 2355.1972；中国植物志 38：86，图版 15：1-2，1986；山西植物志 2：366. 图版 222.1998. —*Prunus tomentosa* Bge.

灌木。高可达 3m。小枝有柔毛。叶椭圆形或倒卵形，长 4~7cm，宽 4~4cm，先端渐尖或急尖，基部圆形或宽楔形，边缘有不整齐锯齿，叶两面有毛，背面尤密，叶柄长 3~5mm。花几无梗，1~2 朵生叶腋，直径 1.5~2cm，萼筒筒形，萼片反折，花瓣白色或浅粉红色。核果球形，深红色，直径约 1cm，微被毛。花期 4~5 月，果期 5~7 月。

分布于东北、华北、西南，河南、江苏、西北。生于山地灌丛。山西各山区均有分布，本区见于紫金山、人祖山。果实可食用，果仁入药，常作为观赏花木栽培。

2. 欧李 *Cerasus humilis* (Bge.) Sok. in Gep. Kyct. CCCP 3：751，1954；中国高等植物图鉴 2：310，图 2344，1972；中国植物志 38：83，图版 14：1-3，1986；山西植物志 2：363，图版 221，1998. —*Prunus humlis* Bge.

小灌木，高 0.5~1m。叶矩圆状倒卵形或椭圆形，长 2.5~5cm，宽 1~2cm，先端急尖，基部宽楔形，边缘有细密锯齿，两面无毛，叶柄长 2~3mm，托叶有腺齿，早落。花 1~3 朵生于叶腋，直径 1~2cm，花梗长 1cm，萼筒种状，萼片反折，花瓣白色或微带红色。核果球形，鲜红色或紫红色，直径约 1.5cm，光滑无毛。花期 4~5 月，果期 5~7 月。

分布于东北、华北，河南、山东、江苏、陕西。生于干旱山地。山西各山区均有分布，本区见于紫金山、人祖山。果可食用，果仁入药。

3. 毛叶欧李 *Cerasus dictyoneura* (Diels) Yu et Lu；中国高等植物图鉴 2：308，图 2346，1972. 中国植物志 38：82，图版 14：4，1986；山西植物志 2：363，图版 220，

1998. —*Prunus dictyoneura* Diels.

小灌木，高 0.5~1m。叶矩圆状倒卵形或椭圆形，长 2.5~5cm，宽 1~2cm，先端急尖，基部宽楔形，边缘有细密锯齿，两面无毛，叶柄长 2~3mm，托叶有腺齿，早落。花 1~3 朵生叶腋，直径 1~2cm，花梗长 1cm，萼筒种状，萼片反折，花瓣白色或微带红色。核果球形，鲜红色或紫红色，直径约 1.5cm，光滑无毛。花期 4~5 月，果期 5~7 月。

分布于东北、华北，河南、山东、江苏、陕西。生于干旱山地。山西各山区均有分布，本区见于紫金山、人祖山。果实可食用，果仁入药。

4. 樱桃 *Cerasus pseudocerasus*（Lindl.）G. Don in London. Hort. Brir. 200，1830；中国高等植物图鉴 2：312，图 2353，1972；中国植物志 38：61，图版 9：1-2，1986；山西植物志 2：360，图版 218，1998. —*Prunus pseudocerwsus* Lindl.

乔木，高可达 8m。叶卵形或椭圆状卵形，长 7~13cm，宽 4~8cm，先端渐尖或短尾状尖，基部圆形，边缘有不整齐的尖锐重锯齿，两面疏被毛，叶柄长 0.8~1.5cm，托叶 3~4 裂，有腺齿，早落。花 3~6 朵呈伞形花序，花直径 1~2.5cm，花梗长约 1.5cm，萼筒圆筒形，萼片反折，花瓣白色。核果近球形，红色，直径约 1~1.3cm，光滑无毛。花期 3~4 月，果期 5~6 月。

分布于华北、华中、华东，西南、陕西、甘肃、辽宁。山西中条山、太行山有栽培，本区见于人祖山。果可食用、酿酒，果仁入药。

5. 山樱花 *Cerasus serrulata*（Lindl.）G. Don et London pubescens（Makino）Yu et Li，中国植物志 38：78，图版 4：1-3，1986；山西植物志 2：360，1998. —*Prunus Serrulata* var. *pubescens*（Makino）Wils.

乔木，高可达 8m。叶卵形至卵状披针形，长 6~12cm，宽 3~5cm，先端锐尖，基部圆形，边缘有针芒状单锯齿，两面被柔毛，叶柄长 1.5~3cm，托叶早落。花 2~5 朵呈伞形总状花序，直径 2~3cm，花梗长 2~2.5cm，萼筒钟状，花瓣白色，微带红色。核果球形，紫黑色，直径 0.8~1cm。花期 4~5 月，果期 6~7 月。

分布于黑龙江、辽宁、河北、山东、浙江。生于山地杂木林。山西中条山有分布，本区见于人祖山，为该种在山西地理分布新记录。观赏花木。

8. 蔷薇属 *Rosa* L.

落叶或常绿灌木，直立、蔓生、钩附攀缘，有皮刺、针刺及刺毛。奇数羽状复叶互生，极稀单叶，小叶边缘有锯齿，托叶多与叶柄合生，稀分离。花单生，或呈伞房花序、圆锥花序；萼筒壶形，萼裂片 5，分裂或不分裂；花瓣 5；雄蕊多数；心皮 1 室，1 胚珠，多数心皮生于壶状萼筒内，柱头聚生于壶口或超出。瘦果多数，包于肉质化的萼筒（蔷薇果）内。

约 200 种。中国 82 种。山西 12 种 2 变种，晋西黄土高原 6 种。

分种检索表

1. 花黄色，羽状复叶小叶较小，长不及 1.5cm ························2
1. 花红紫色，羽状复叶小叶较大，长 1.5cm 以上 ························3
  2. 枝条上的皮刺扁宽，小叶边缘为锐锯齿························**1. 黄蔷薇 *R. hugonis***
  2. 枝条上的皮刺细直，小叶边缘为钝锯齿········**2. 单瓣黄刺玫 *R. xanthina* f. *normalis***

   3. 萼筒外有刺状腺毛，叶下脉上有腺体 ·················· **3. 美蔷薇 *R. bella***

   3. 萼筒光滑，无刺状腺毛 ···**4**

      4. 小叶 3~5，两面无毛，伞房花序，有 2 枚萼片为羽状分裂，花柱伸出花托口，

        栽培 ·· **4. 月季 *R. chinensis***

      4. 小叶 7 枚以上，有毛或腺点，花柱聚生在花托口 ·························**5**

        5. 小枝有茸毛，小叶上面叶脉下陷成皱纹，栽培 ·············**5. 玫瑰 *R. rugosa***

        5. 小枝无毛 ···**6**

          6. 小叶下面有白霜或腺点，蔷薇果球形 ·············**6. 山刺玫 *R. davurica***

          6. 小叶下面无白霜或腺点，蔷薇果卵形 ···········**7. 钝叶蔷薇 *R. sertata***

1. 黄蔷薇 *Rosa hugonis* Hemsl. in Curtis. Bot. mag. 131. t. 8004, 1905；中国高等植物图鉴 2：243，图 2219，1972；中国植物志 37：376，图版 57：1-4，1985；山西植物志 2：333，图版 203，1998. —*R. xantina* auct. non Lindl.

    落叶直立灌木，株高 2.5m。小枝紫红色，皮刺扁宽直立并混有刚毛。羽状复叶，小叶 9~11，连同叶柄长 5~8cm，小叶卵状矩圆形或倒卵形，长 8~20mm，宽 6~13mm，先端圆钝，基部近圆形，边缘有锐锯齿；托叶披针形，中部以下与叶柄连生。花黄色，单生于短枝顶端，无苞片，直径 4~5cm，花梗长 1.5~2cm；花萼筒无毛，裂片披针形，先端延长成叶状，全缘；花瓣 5，黄色；柱头稍伸出壶口外。蔷薇果，扁球形，直径 1~1.5cm。花期 5~6 月，果期 8~9 月。

    分布于甘肃、陕西、四川。生于亚高山灌丛中。山西中条山、太岳山、吕梁山、太行山均有分布，本区广布。根入药，可作为观赏花木栽培。

2. 单瓣黄刺玫（马茹茹）*Rosa xanthina* Lindl. f. *normalis* Rehd. et Wills in Sarg. Pl. Wils. 2：342，1915；中国植物志 37：379，1986；山西植物志 2：335，1998.

    落叶直立灌木，株高 2~3m。小枝紫褐色，皮刺直，散生，基部稍扁化。羽状复叶，小叶 7~13，连同叶柄长 3~5cm，小叶宽卵形或近圆形，长 8~15mm，宽 8~15mm，先端微尖或圆钝，基部近圆形，边缘有锐锯齿；托叶披针形，大部分与叶柄连生。花黄色，单生于短枝顶端，无苞片，直径 4~5，花梗长 1.5~2cm；花萼筒无毛，裂片披针形；花瓣 5，黄色；柱头稍伸出壶口外。蔷薇果，扁球形，直径 1~1.2cm。花期 5~7 月，果期 7~9 月。

    分布于华北、西北，吉林、辽宁。生于山地灌丛中。山西及本区广布。蔷薇果可食，可作为观赏花木栽培。

3. 美蔷薇（油瓶瓶）*Rosa bella* Rehd. ex Wills. in Sarg. Pl. Wils. 2：341，1915；中国高等植物图鉴 2：248，图 2226，1972；中国植物志 37：407，1985；山西植物志 2：330，图版 200，1998.

    落叶直立灌木，株高 1~3m。小枝皮刺基部膨大，老枝密被针刺，花托下有 1 对粗大针刺。羽状复叶，小叶 7~9，小叶椭圆形、卵形，长 10~25mm，宽 5~15mm，先端急尖或圆钝，基部近圆形或楔形，边缘有锐锯齿；托叶边缘有腺毛，大部分与叶柄连生，花黄色，单生或 1~2 朵聚生，直径 4~5cm，花梗长 0.5~1cm，花梗和萼筒密被腺毛；裂片披

针形，全缘，先端尾状尖，被腺毛；花瓣 5，粉红色；柱头不伸出壶口外。蔷薇果椭圆形，长 1.5~2cm，顶端有短颈，萼片宿存，深红色，密被腺毛。花期 5~7 月，果期 8~9 月。

分布于华北、西北，吉林、辽宁。生于山地灌丛中。山西各山地均有分布，本区见于人祖山、紫金山。蔷薇果可食，花与果入药。

4. 月季 Rosa chinensis Jacq. in Obs. Bot. 3：7. t. 55，1768；中国高等植物图鉴 2：252，图 2233，1972；中国植物志 37：422，1986；山西植物志 2：320，图版 2194，1998.

常绿或半常绿灌木，株高 1~2m，小枝粗壮，绿色，具钩状皮刺。羽状复叶，小叶 3~5(7)，小叶宽卵形或卵状长圆形，长 2~6cm，宽 1~3cm，先端渐尖，基部圆形或宽楔形，边缘有锐锯齿；托叶有腺毛，大部分与叶柄连生。花单生或数朵呈伞房状，花直径 4~5cm，花梗长 2.5~6cm；花萼筒无毛，裂片 5，卵形，先端尾状渐尖。花期 5~6 月，果期 9 月。

原产中国，世界各地广泛栽培。著名观赏花木。山西各地及本区各地均有栽培。

5. 玫瑰 Rosa rugosa Thunb. in Pl. ajap. 213，1784；中国高等植物图鉴 2：247，图 2223，1972；中国植物志 37：401，1985；山西植物志 2：323，图版 197，1998. — *R. pubescens* Baker.

落叶直立灌木，株高 2m。小枝粗壮，密生短柔毛，有皮刺或针刺，刺微曲或直立。羽状复叶，小叶 5~9，椭圆形或椭圆状倒卵形，长 2~5cm，宽 1~2cm，先端急尖，稀为圆钝；基部圆形或宽楔形，边缘有钝锯齿；上面有光泽，沿叶脉下陷成皱纹，下面灰绿色，有茸毛及腺毛；叶柄与叶轴具茸毛，并疏生小皮刺和腺毛；托叶披针形，大部分与叶柄连生。花单生，或 3~6 朵聚生，芳香，直径 6~8cm；花萼筒密生短茸毛和腺毛，裂片卵状披针形，先端尾尖，常扩大成叶状，外有腺毛；花瓣紫红色，稀为白色，单瓣或重瓣，花柱微伸至萼筒口外。蔷薇果扁球形，直径 2~2.5cm，平滑，萼片宿存。花期 5~7 月，果期 8~9 月。

原产中国北部，各地广为栽培。山西各地及本区房山峪口、人祖山有种植。鲜花瓣含香精油约 0.03%，为名贵的香料，用作香水、香皂等原料，并作食品、薰茶、酿酒等辅料。

6. 山刺玫 Rosa davurica Pall. in Ross. 1. 2：61，1788；中国高等植物图鉴 2：247，图 2224，1972；中国植物志 37：402，图版 62：1-3. 1986；山西植物志 2：327，图版 198，1998. —*R. willdenonwii* Spreng.

落叶直立灌木，株高 1~2m。小枝无毛，皮刺基部膨大，稍弯曲，成对生于叶柄基部。羽状复叶，小叶 7~9，连同叶柄长 4~10cm，小叶长椭圆形或阔披针形，长 1~3.5cm，宽 0.5~1.5cm，先端急尖或圆钝，基部圆形或宽楔形，边缘近中部以上有细重锯齿；上面绿色，侧脉下陷，下面灰绿色，有白霜，沿脉有柔毛及腺点。花单生或数朵聚生，芳香，直径约 4cm；花萼筒近圆形，裂片披针形，先端大成叶状，边缘有不整齐锯和腺毛；花瓣粉红色或深红色，稀为白色；花柱伸至萼筒口外。蔷薇果球形，直径 1~1.5cm，红色平滑，萼片宿存。花期 5~7 月，果期 8~9 月。

分布于东北、华北、西北，湖北、西南。生于山地杂木林边缘。山西各山地均有分布，本区见于紫金山。蔷薇果可食用。

7. 钝叶蔷薇 *Rosa sertata* Rolfe in Cultis's Bot. Mag. 139. t. 8473，1913；中国高等植物图鉴 2：249，图 2227，1972；中国植物志 37：418，1986；山西植物志 2：330，图版 201，1998. —*R. iochanensis* Levl. —*R. kwangshamensis* Hsu

株高 1~2m。小枝长弓形弯曲，皮刺直立，侧扁，三角形，并混生细密刺毛。羽状复叶，小叶 9~11，连同叶柄长 2.5~8cm，小叶椭圆形或卵形，长 0.8~2cm，宽 0.5~1.2cm，先端急尖或圆钝，基部圆形或宽楔形，边缘有锐锯齿；托叶披针形，边缘有腺齿，大部分与叶柄连生。花单生，或 3~6 朵聚生成伞房状，直径 2~4cm；花萼筒无毛，裂片卵状披针形，先端常扩大成叶状，外有毛；花瓣粉红色或玫瑰色。花期 9 月。

生于杂木林下。山西分布于中条山、太岳山、太行山、吕梁山，本区见于人祖山、紫金山。

9. 悬钩子属 *Rubus* L.

落叶稀常绿灌木，稀草本，直立或攀缘。有皮刺。羽状复叶或掌状复叶，稀单叶掌状分裂，叶轴与叶下面脉上有小刺，小叶有锯齿或裂片，托叶狭窄，与叶柄愈合或分离。花单生，或呈总状花序、圆锥花序、聚伞花序，花序及花梗有小刺，花辐射对称，两性或单性异株；花萼 5 裂，宿存，有副萼；花瓣 5，白色或粉红色；雄蕊多数；子房上位，心皮数个至多数，1 室，1 胚珠。小核果有肉质假种皮，在凸起的花托上形成聚合果。

约 700 种。中国 194 种。山西 8 种 3 变种，晋西黄土高原 2 种。

分种检索表

1. 小叶 3，下面密生茸毛，花红色·················· **1. 茅莓 *R. parvifolius***
1. 小叶 5~7，叶下面生有柔毛·················· **2. 香莓 *R. pungens* var. *oldhamii***

1. 茅莓 (小叶悬钩子) *Rubus parvifolius* L. Sp. Pl. 1197，1753；中国高等植物图鉴 2：279，图 2288，1972；中国植物志 37：68，1985；山西植物志 2：274，图版 168，1998. —*R. parvifolius* L. var. *subconcolor*（Cardd.）Makino et Nemoto

落叶灌木，高 1~2m。茎拱曲，具钩状皮刺。小枝被灰白色柔毛及小刺。3~5 小叶，小叶菱状卵形或宽菱形，长 3~6cm，宽 1.5~6cm，先端圆钝或急尖，基部近圆形，边缘有不整齐粗锯齿和浅裂片，上面疏被毛，下面密生灰白色茸毛。顶生或腋生伞房花序，有花数朵，花梗长 0.5~1.5cm，花直径 0.8~1.2cm，花瓣粉红色。聚合果球形，直径约 1cm，红色。花期 5~6 月，果期 7~8 月。

分布广，几乎遍及全国。生于山坡、林缘。山西各山地均有分布，本区广布。果实可食，全株入药。

2. 香莓 *Rubus pungens* Camb. var. *Oldhamii*（Miq.）Maxim. in Mel. Biol. 8：386，1781；中国植物志 37：89，1985；山西植物志 2：279，图版 170，1998.

落叶灌木。茎匍匐，长达 2m，皮刺较少，小枝幼时有毛后脱落。5~7 小叶，顶生小叶较大，小叶卵形或三角状卵形，长 1~5cm，宽 0.8~3cm，先端渐尖或急尖，基部圆形或近心形，边缘有缺刻状重锯齿，两面疏被毛。花单生于小枝顶端或叶腋，花梗长 1.5~3cm，下垂，花直径 1~2cm，花瓣白色。聚合果近球形，直径约 1cm，红色。花期 5~6 月，果期 7~8 月。

分布于西南、山西、甘肃。生于山坡、河边。山西太岳山、中条山、吕梁山有分布，本区见于人祖山。果实可食，根入药。

10. 龙牙草属 *Agrimonia* L.

多年生草本。奇数羽状复叶，小叶不等大，大小相间生长。顶生总状花序，花小，黄色，萼筒上部有 1 圈钩状刺毛。瘦果包于宿存的萼筒内。

约 10 种。中国 4 种。山西 1 种 1 变种，晋西黄土高原 1 种

1. 龙牙草 *Agrimonia pilosa* Ledeb. in Ind. Sem. Hort. Dorpat. Suppl. 1，1823；中国高等植物图鉴 2：225，图 2239，1972；中国植物志 37：457，1985；山西植物志 2：338，图版 205，1998.

株高 30~120cm。茎分枝，有长柔毛。小叶 3~4 对，椭圆状卵形、卵状披针形，长 1.5~5cm，宽 1~2.5cm，先端急尖，基部楔形，边缘具粗锯齿，两面被柔毛，下面叶脉上较密，并有稀疏的银白色腺体；托叶亚心形，近全缘或具锯齿。总状花序细长，具多花，被长柔毛，苞片细小，常 3 裂；花直径 6~9mm，几无梗；花萼倒圆锥形，萼片 5，卵形三角形，外生短柔毛；花瓣黄色。花期 6 月，果期 8~10 月。

分布于东北、华中、华南，河北、内蒙古、山西、陕西、浙江。日本、朝鲜等也有。生于林缘草地。山西及本区广布。全草入药。

11. 水杨梅属 *Geum* L.

多年生草本。奇数羽状复叶互生，有托叶。花两性，单生或为伞房花序，萼筒钟形，裂片 5，有副萼，花瓣 5，黄色、白色或红色，雄蕊多数，离生心皮多数，生于圆锥形花托上。瘦果无柄，花柱顶生，宿存，果期伸长，先端成钩刺。

约 30 种。中国 4 种。山西及晋西黄土高原 1 种。

1. 路边青（水杨梅）*Geum alppicum* Jacq. in Ic. Pl. Rar. 1：t. 95. et Collect. Bot. 1：88，1786；中国高等植物图鉴 2：225，图 2239，1972；中国植物志 37：221，1985；山西植物志 2：282，图版 172，1998. —*C. strictum* Air.

株高 40~100cm。基生叶为大头羽状复叶，小叶 5~13，连同叶柄长 10~25cm，叶柄被粗硬毛，顶生小叶菱状广卵形，或宽扁圆形，长 4~8cm，宽 5~10cm，先端急尖或圆钝，基部楔形或宽心形，边缘浅裂，有粗锯齿，茎生叶小叶 3~5，托叶倒卵形。花直径 1.5~2cm，花瓣黄色。聚合瘦果倒卵球形，瘦果顶端钩刺有褐色毛状附属物。花果期 6~9 月。

广布于中国南北各地。生于林缘草地、沟谷。山西各山区均有分布，本区见于人祖山、紫金山。全草入药

12. 蛇莓属 *Duchesnea* J. E. Sm.

多年生草本。茎纤细匍匐，有柔毛。三出复叶互生，有长柄，小叶边缘有锯齿，托叶宿存，与叶柄贴生。花单生于叶腋，萼裂片 5，宿存，副萼叶状，较萼裂片大，先端 3~5 齿，花瓣 5，黄色，雄蕊多数，心皮多数，离生于半球形的花托上。瘦果聚生于膨大的肉质花托上。

约 6 种。中国 2 种。山西及晋西黄土高原 1 种。

1. 蛇莓 *Duchesnea indica*（Andr.）Foeke in Engl. et POranbtl. dNfat. Pfflanzenfam. 3d（2），1888；中国高等植物图鉴 2：287，图 2303，1972；中国植物志 37：358，图版 56：1-3，

1985；山西植物志 2：316，图版 192，1998.—*Fragaria indica* Andr.—*Potentilla indica*（Andr.）Wolf.

茎匍匐，长约 1m，节处生根。小叶倒卵形至菱状卵形，长 1.5~3.5cm，宽 1~3cm，先端圆钝，基部宽楔形，边缘有钝锯齿，两面散生毛，叶柄长 1~5cm。花单生叶腋，花梗长 3~6cm。聚合果近球形，红色，肉质，直径约 1cm。花期 6~8 月，果期 10 月。

全国广布。生于沟谷草地。山西各山地均有分布，本区见于人祖山。全草入药。

13. 委陵菜属 *Potentilla* L.

多年生草本，少数为一二年生或灌木。茎直立或匍匐。叶互生，奇数羽状复叶或掌状复叶，托叶与叶柄多少连合。花单生或呈聚伞花序，两性，辐射对称；萼片 5 裂，裂片间有副萼；花瓣 5，黄色、白色，少红色；雄蕊多数；心皮多数，1 室，1 胚珠。瘦果，聚生于干燥的花托上。

约 200 种。中国约 90 种。山西 20 种 8 变种，晋西黄土高原 9 种。

分种检索表

1. 小叶为掌状复叶，茎匍匐 ···2
1. 小叶为羽状复叶，茎直立或匍匐 ···3
  2. 小叶 3，两侧小叶不分裂，花直径 1cm ············**1. 等齿委陵菜 *P. simulatrix***
  2. 小叶 3，两侧小叶分裂，花直径 1.5cm ···
                    2. 绢毛匍匐委陵菜 *P. repens* var. *sericophylla*
    3. 花单生 ···4
    3. 花集成聚伞花序 ···5
      4. 有匍匐茎，叶下面有白色丝状贴生毛 ··········**3. 鹅绒委陵菜 *P. anserina***
      4. 无匍匐茎，直立或平卧，叶下面绿色，有柔毛 ······**4. 朝天委陵菜 *P. supina***
      5. 叶下面密生白色茸毛 ···6
      5. 叶下面有柔毛，绿色 ···7
        6. 小叶 15~31，小叶裂片三角形，较浅 ·········**5. 委陵菜 *P. chinensia***
        6. 小叶 3~15，小叶羽状深裂，裂片条形 ········**6. 多枝委陵菜 *P. multidaulis***
          7. 羽状复叶顶端小叶 2 裂 ···························**7. 二裂委陵菜 *P. bifurca***
          7. 顶端小叶不分裂 ··8
            8. 小叶在 7 个以下，花萼外有柔毛，无腺点 ·················
                      8. 莓叶委陵菜 *P. fragarioides*
            8. 小叶 9~15 枚，花萼外有柔毛和腺点 ······**9. 菊叶委陵菜 *tanacetifolia***

    1. 等齿委陵菜 *Potentilla simulatrix* Wolf in Bibo. Bot. 71：663，1908；中国高等植物图鉴 2：299，图 2328，1972；中国植物志 37：330，1985；山西植物志 2：309，图版 186，1998.

多年生匍匐草本。茎长达 10~30cm，被柔毛，节上生根。基生叶为三出掌状复叶，小叶菱状倒卵形或椭圆形，先端钝，基部楔形，中上部边缘具粗牙齿，近基部全缘，两面有伏生毛，下面叶脉上较密，托叶膜质，总叶柄长 3~10cm，茎生叶与基生叶相似，但较小。

花单生叶腋，花梗长 2～5cm，花直径 7～10cm，花瓣黄色。瘦果褐色。花期 6～7 月，果期 8～9 月。

分布于河北、内蒙古、陕西、甘肃、青海、四川。生于山坡草地。林缘、沟谷。山西各山地均有分布，本区见于人祖山、离石。

2. 绢毛匍匐委陵菜 _Potentilla repens_ L. var. _sericophylla_ Franch. in Pl. David. 1：113，1884；中国植物志 37：330，1985；山西植物志 2：307，图版 185，1998. —_P. reptans_ L. var. _incise_ Franch. —_Fragaria filipendula_ Hemsl.

多年生匍匐草本。茎长达 20～34cm，微被柔毛，节上生根。基生叶为三出掌状复叶，小叶伏生柔毛，顶生小叶较侧生小叶大，侧生小叶常 2 深裂至全裂，小叶倒卵形或椭圆形，长 1～3cm，宽 0.7～1.5cm，先端钝，基部楔形，中上部边缘具钝锯齿，上面疏生毛，下面密被绢状毛，托叶膜质，总叶柄长 1～5cm，茎生叶与基生叶相似，但较小。花单生叶腋，花梗长 3～7cm，花直径约 2cm，花瓣黄色，先端微凹。瘦果卵圆形，有皱纹。花期 5～6 月，果期 7～9 月。

分布于河北、内蒙古、陕西、甘肃、河南、山东、江苏、浙江、四川。生于沟谷草地。山西各山地均有分布，本区见于人祖山、紫金山。

3. 鹅绒委陵菜（蕨麻）_Potentilla anserina_ L. Sp. Pl. 495；1753；中国高等植物图鉴 2：300，图 2330，1972；中国植物志 37：2775，1985；山西植物志 2：292，图版 177，1998.

多年生草本。根肉质，纺锤形。茎匍匐细长，节上生根，微具长柔毛。基生叶为羽状复叶丛生，有小叶 7～25，卵状矩圆形或椭圆形，长 1～3cm，宽 0.6～1.5cm，先端圆钝，基部楔形，边缘有缺刻状锯齿，表面绿色，成熟时无毛，下面密被紧贴的白色绢毛，小叶间可见少数极小叶片，托叶膜质，总叶柄长 4～6cm；茎生叶较小。花黄色，单生叶腋，直径 1～2cm，花梗细长，长 6～10cm，有长柔毛。瘦果椭圆形，褐色，有皱纹。花期 5～8 月，果期 6～9 月。

分布于东北，河北、内蒙古、陕西、宁夏、青海、甘肃、西藏。生于田边湿地、沼泽旁以及河滩沙地上。山西及本区广布。根可食用。

4. 朝天委陵菜 _Potentilla supina_ L. in Bibl. Bot. 71：389，1908；中国高等植物图鉴 2：295，图 2320，972；中国植物志 37：316，1985；山西植物志 2：302，图版 180：1-2，1998. —dPd. Paradoxa Nutt. ex Torr. et Gray.

一二年生草本。株高 15～50cm。茎叉状分枝，丛生，疏生柔毛后脱落。基生叶羽状复叶，连同叶柄长 10cm，小叶 5～11，顶生三小叶基部下延与叶轴连合，小叶长圆形，长 0.8～2.5cm，宽 0.5～1.5cm，先端圆钝或急尖，基部宽楔形，边缘有缺刻状锯齿；茎生叶与基生叶相似，叶柄较短或近无柄，托叶草质。花单生茎顶或叶腋，常排成伞房状聚伞花序，花直径 5～8mm；花梗长 0.8～1.5cm，被柔毛，花瓣黄色。瘦果长圆形，有皱纹。花果期 6～10 月。

分布于河北、河南、陕西、甘肃、山东、山西、黑龙江、吉林、内蒙古、新疆、四川。生于田边、道旁、荒地上，甚常见。山西及本区广布。

5. 委陵菜 _Potentilla chinensia_ Ser. in DC. dProdr. 2：581，1825；中国高等植物图鉴 2：292，图 2314，1972；中国植物志 37：288，1985；山西植物志 2：295，图版 180，1998.

多年生草本。根粗壮。花茎丛生，高50~60cm，密被白色茸毛。羽状复叶；基生叶丛生，连叶柄长5~25cm，叶轴与叶柄被柔毛和绢毛，小叶11~31，上部小叶较大，向下渐变小，长圆状倒卵形或长圆形，长2~5cm，宽0.8~1.5cm，羽状深裂，裂片披针形、三角形，边缘向下翻卷，上面有短柔毛或无毛，下面密生白色绵毛，托叶草质，披针形或椭圆状披针形，基部与叶柄连生；茎生叶与基生叶相似，但较小。伞房花序，多花密集；花梗长0.5~11cm，被柔毛；花黄色，直径0.8~1.cm。瘦果卵形，有皱纹。花期5~9月，果期6~10月。

分布于东北、华北、西北、西南。蒙古、朝鲜、日本也有分布。生于山坡草地。山西各山地均有分布，本区见于人祖山。全草入药。

6. 多枝委陵菜 Potentilla multidaulis Bge. in Mem. Acad. Sci. St. Petersb. 2：99，1833；中国高等植物图鉴2：291，图2311，1972；中国植物志37：282，1985；山西植物志2：292，图版187，1998. —*P. sericea* L. var. *multicaulis* Lehn.

多年生草本。茎多分枝，暗红色，平卧或斜升，高10~35cm，全株被茸毛。羽状复叶；基生叶连同叶柄长4~10cm，小叶9~13，长圆形，长1~2.5cm，宽0.8~1.1cm，先端钝，基部楔形，羽状深裂至全裂，小裂片线形，边缘外卷，先端圆钝，上面暗绿色，下面密生白色茸毛，托叶草质，卵圆形，不分裂或2裂；茎生叶叶柄短或近无柄，小叶数目减少。聚伞花序，顶生，疏花；花梗长1~1.5cm；花直径0.8~1cm，花瓣黄色。瘦果包于宿存花被内。花期5~7月，果期6~9月。

分布于全国。生于山坡、路旁，为常见杂草。山西及本区广布。

7. 二裂委陵菜 Potentilla bifurca L. Sp. Pl. L497，1753；中国高等植物图鉴2：288，图2306，1972；中国植物志37：251，图版37：1-2，1985；山西植物志2：289，图版175，1998.

多年生草本。株高10~30cm，根茎木质化。茎直立或斜升，自基部分枝，枝上密被伏生长柔毛。羽状复叶；基生叶连同叶柄长5~10cm，小叶11~17，椭圆形或倒卵状椭圆形，长1~3cm，宽5~7mm，全缘，顶端常2裂，裂片先端钝，小叶基部楔形，两面无毛或疏生伏毛，托叶膜质，披针形或条形，基部与叶柄连生；茎生叶与基生叶相似，上部叶较小。聚伞花序具少数花，花直径0.8~1cm，花瓣黄色。瘦果光滑。花期5~7月，果期8~10月。

分布于河北、吉林、内蒙古、山西、陕西、甘肃、青海、新疆、四川。生于山坡草地、路旁。山西各山地均有分布，本区见于紫金山、房山峪口。

8. 莓叶委陵菜 Potentilla fragarioides L. Sp. Pl. 496，1753；中国高等植物图鉴2：298，图23259，1972；中国植物志37：327，1985；山西植物志2：305，图版184，1998.

多年生草本。株高5~25cm，茎直立或斜升，自基部分枝，被长柔毛。羽状复叶；基生叶连同叶柄长20cm，小叶5~7，顶生三小叶较大，椭圆卵形或倒卵形，长1~3.5cm，宽0.5~1.5cm，先端圆钝，基部楔形，边缘缺刻状锯齿，两面散生长柔毛，托叶膜质；茎生叶有小叶1~3，叶柄较短。伞房状聚伞花序具多数花，花梗长1~2cm，花梗与萼片均有长柔毛，花直径1~1.5cm，花瓣黄色。瘦果肾形，有皱纹。花期5~6月，果期7~8月。

分布于东北、华北、华中、华东、西南，陕西、甘肃。生于山坡草地、沟边。山西五台山、吕梁山、太岳山有分布，本区见于人祖山。

9. 菊叶委陵菜 _Potentilla tanacetifolia_ Willd. ex Schleht. in Mag. Ges. Natul. Fr. Berl. 7：286，1816；中国高等植物图鉴 2：294，图 2317，1972；中国植物志 37：310，1985；山西植物志 2：302，图版 187：3，1998. —_P. acervata_ Sojak.

多年生草本。株高 15～50cm，根茎木质化。茎直立，全株有柔毛和黏腺毛。羽状复叶；基生叶连同叶柄长 5～20cm，有小叶 9～15，小叶倒披针形，长 1.5～5cm，宽约 1.5cm，边缘浅裂，上面近无毛或疏生短柔毛，下面密生短柔毛，叶柄长，托叶膜质，披针形或条形，基部与叶柄连生；茎生叶与基生叶相似，有小叶 3～7，叶柄短，托叶阔卵形，先端渐尖。伞房状聚伞花序，花多数，开展，花直径 0.8～1.5cm，花瓣黄色。瘦果圆卵形，有皱纹。花期 6～7 月，果期 8～10 月。

分布于东北、华北、陕西、甘肃、山东。生于山坡草地。山西太行山、吕梁山有分布，本区见于紫金山。

14. 地蔷薇属 _Chamaerhodos_ Bge.

一年生、多年生草本或半灌木。茎直立或平卧。叶互生，一至多回羽状分裂，裂片条形，托叶膜质，与叶柄合生。聚伞花序、伞房花序、圆锥花序，花多数，花小；萼筒钟形、倒圆锥形，裂片 5，宿存，无副萼；花瓣 5，雄蕊 5，与花瓣对生；花盘边缘刺毛状，心皮 4～10 或更多，1 室、1 胚珠，花柱基生，脱落。瘦果多个包藏于宿存花萼内。

约 8 种。中国 5 种。山西 2 种，晋西黄土高原 1 种。

1. 直立地蔷薇 _Chamaerhodos erecta_ (L.) Bge. in Ldb. Fl. Alt. 1：430，1829；中国高等植物图鉴 2：302，图 2334，1972；中国植物志 37：346，图版 54：1-4，1983；山西植物志 2：311，图版 188，1998.

二年生草本。株高 10～50cm。茎直立，全株被长柔毛和短腺毛。基生叶有长叶柄，叶片 3 深裂，每裂片又 3～5 深裂成小裂片，小裂片再次分裂成线形细裂片；茎生叶羽状深裂，具短柄或近无柄，托叶 3 深裂。圆锥花序，多花，花直径 0.3～0.5cm；萼筒倒圆锥形或梨形，长 0.3～0.4cm，内面密被灰白色长柔毛；花瓣粉红色或白色；雄蕊 5，短于萼片；雌蕊心皮 10～15，无毛。瘦果，卵球形，黑色，光滑。花期 5～8 月，果期 7～9 月。

分布于河北、山西、内蒙古、陕西、甘肃、宁夏、青海、新疆。生于山坡和砂石地，较常见。山西各山地均有分布，本区见于紫金山、人祖山。

15. 栒子属 _Cotoneaster_ B. Medic

落叶或常绿灌木。单叶互生，全缘，托叶早落。花白色或粉红色，单生，或数朵于侧枝顶端呈聚伞花序，萼管与子房合生，萼裂片 5，宿存，花瓣 5，雄蕊多数，子房下位，2～5 室，每室 2 胚珠，花柱 2～5。梨果，具骨质果核 2～5 颗，常含 1 粒种子。

约 90 种。中国 50 种。山西及晋西黄土高原 5 种。

分种检索表

1. 花白色，花瓣平展，果实红色 ···2
1. 花粉红色，花瓣直立，果实红色或黑色 ···3
　　2. 叶下面无毛，花梗、萼筒均无毛 ····················**1. 水栒子 _C. multiflorus_**
　　2. 叶下面有短毛，花梗与萼筒被疏毛 ··········**2. 毛叶水栒子 _C. submultiflorus_**

    3. 叶幼时疏被毛，后无毛，果实黑色 ·····················**3. 灰栒子 *C. acutifolius***

  3. 叶背密生茸毛 ···**4**

    4. 果黑色，萼筒外无毛 ······························**4. 黑果栒子 *C. melanocarpus***

    4. 果红色，萼筒外密被茸毛 ····························**5. 西北栒子 *C. zabelii***

1. 水栒子(多花栒子) *Cotoneaster multiflorus* Bge. in Ledeb. Fl. Alt. 2：220, 1830；中国高等植物图鉴 2：191, 图 2112, 1972；中国植物志 36：116, 1970；山西植物志 2：219, 图版 131, 1998.

    落叶灌木。株高 2~4m。叶卵形或宽卵形，长 2~4cm，宽 1.5~3cm，先端急尖或圆钝，基部楔形或宽楔形，叶柄长 3~8mm，具短柔毛。花 5~20 朵，呈聚伞花序，花直径 1~1.2cm，花白色，花柱 2，离生。果实倒卵形或近球形，直径约 8mm，成熟时红色，内有小核 2 颗。花期 5~6 月，果期 8~9 月。

    分布于东北、华北、西北、西南。生于杂木林、灌丛中。山西各山地均有分布，本区见于人祖山、紫金山。

    2. 毛叶水栒子 *Cotoneaster submultiflorus* Popov. in Bull. Soc. Nat. Moscou. n. ser. 44：126, 1935；中国高等植物图鉴 2：192, 图 2113, 1972；中国植物志 36：117, 1970；山西植物志 2：221, 图版 132, 1998.

    落叶灌木。株高 2~4m。叶椭圆形至卵形，长 1.2~2cm，宽 1~3cm，先端圆钝，有时具突尖基部宽楔形，叶柄长 10mm。花白色，雄蕊 15~20，花柱 2，离生。果实近球形，直径 6~7mm，成熟时红色。花期 5~6 月，果期 8~9 月。

    分布于西北，内蒙古。生于山地石缝、灌丛中。山西五台山、中条山、吕梁山、太行山、太岳山有分布，本区见于人祖山。

    3. 灰栒子 *Cotoneaster acutifolius* Turcz. in Bull. Soc. Nat. Moscou. 5, 1832；中国高等植物图鉴 2：196, 图 2121, 1972；中国植物志 36：144, 1970；山西植物志 2：225, 图版 135, 1998.

    落叶灌木。株高 2~4m。叶长卵形，长 2.5~6cm，宽 1.2~2cm，先端渐尖或圆钝，基部楔形或宽楔形，叶柄长 2~5mm，具短柔毛。花 2~5 朵，呈聚伞花序，总花梗及花梗被长毛，花直径 7~8mm，花瓣白色。花期 5~6 月，果期 9~10 月。

    分布于华北，陕西、河南、甘肃、青海。生于山谷或草坡丛林中。山西及本区广布。

    4. 黑果栒子 *Cotoneaster melanocarpus* Lodd. in Bot. Cab. 16：t. 1531, 1828；中国高等植物图鉴 2：198, 图 2126, 1972；中国植物志 36：138, 1970；山西植物志 2：221, 图版 134, 1998.

    落叶灌木。株高 1~2m。叶宽卵形或椭圆形，长 2~4cm，宽 1~3cm，先端钝或微尖，基部圆形或宽楔形，全缘，上下两面老时无毛，下面有白色茸毛；叶柄长 2~5mm，具茸毛。花 3~15 朵，呈聚伞花序，总花梗及花梗被柔毛，下垂，花直径约 7mm。花瓣粉红色，直立；雄蕊 20；花柱 2~3，离生。果实近球形，直径 6~7mm，蓝黑色，内有小核 2~3。花期 5~6 月，果期 8~9 月。

    分布于东北、华北，甘肃、新疆。生于山地杂木林中。山西分布于五台山、太岳山，本区分布于紫金山，为该种在山西地理分布的新记录。

5. 西北栒子 *Cotoneaster zabelii* Schneid. in Ⅲ. Handb. Laubh. 1：479.（f-h）.422：i-k.1906；中国高等植物图鉴 2：197，图 2124，1972；中国植物志 36：132，1970；山西植物志 2：221，图版 133，1998.

落叶灌木。株高 1~2m。叶宽卵形或椭圆形，长 2~4cm，宽 1~3cm，先端圆钝或突尖，有时微凹，基部圆形或宽楔形，上面光滑，下面密生白色茸毛；叶柄长 1~2mm，有毛。花 3~10 朵，呈下垂的聚伞花序，总梗及花梗被柔毛；花瓣直立，浅红色；雄蕊 18~20；花柱 2。果实倒卵形，长 4~5mm，鲜红色，微具柔毛，常有 2 小核。花期 5~6 月，果期 8~9 月。

分布于华北，河南、陕西、甘肃、宁夏、青海、湖北、湖南。生于山坡灌丛。山西恒山、太行山、吕梁山有分布，本区广布。

16. 山楂属 *Crataegus* L.

落叶灌木或小乔木。有枝刺。单叶互生，有锯齿，多羽状浅裂至深裂，有托叶。伞房花序或聚伞花序，萼筒钟状，裂片 5，宿存，花瓣 5，白色，雄蕊 5~25，子房下位，1~5 室，中轴胎座，每室有 2 胚珠仅 1 枚发育。梨果，具 1~5 果核。

约 1000 种。中国 17 种。山西 12 种，晋西黄土高原 4 种。

分种检索表

1. 叶片羽状深裂，侧脉伸至裂片分裂处 ·· **1. 山楂 *C. pinatifida***
1. 叶片浅裂或不裂，侧脉不达裂片分裂处 ··· **2**
  2. 叶片宽卵形，基部楔形，顶端常 3 裂，下面有疏毛，花梗有柔毛 ····················
  ·· **2. 野山楂 *C. cuneata***
  2. 叶片卵形，叶基部圆形或平截 ·· **3**
    3. 花梗无毛，叶下面仅脉腋有簇毛 ··············· **3. 甘肃山楂 *C. kansuensis***
    3. 花梗有毛，叶两面均被柔毛 ·················· **4. 橘红山楂 *C. aurantia***

1. 山楂 *Crataegus pinatifida* Bge. in Mem. Div. Sav. Acad. Sci. St. Pletersb. 2：100，1835；中国高等植物图鉴 2：204，图 2137，1972；中国植物志 36：189，1974；山西植物志 2：225，图版 136：5，1998.

乔木，高 6m。叶宽卵形或菱状卵形，长 3~9cm，宽 3.5~6.5cm，托叶有锯齿。伞房花序具多花，花直径约 1.5cm。梨果近球形，直径 1~1.5cm，深红色。花期 5~6 月，果期 9~10 月。

分布于东北、华北，河南、陕西、江苏。生于山坡林缘、灌丛。山西各地均有分布，本区人祖山有生长。果实可食用，干后入药。

2. 野山楂 *Crataegus cuneata* Sieb. et Zucc. in Abh. Akad. Wiss. Munch 4（2）：130，1845；中国高等植物图鉴 2：205，图 2139，1972；中国植物志 36：194，图版 25：6-10，1974.

小乔木，高 3~5m。叶宽倒卵形，长 2~6cm，宽 1~4cm，先端短渐尖，基部楔形，边缘有重锯齿，顶端长 3 裂，叶柄长 0.4~1.5cm。伞房花序，花直径约 1.5cm。梨果球形或扁球形，直径 1~1.2cm，红色或黄色。花期 5~6 月，果期 9~11 月。

分布于中国中部和南部。生于山地灌丛。山西五台山、太行山、太岳山有分布，本区人祖山有生长。果实可食用。该种为《山西植物志》增补种，为该种在山西地理分布新记录。

**3. 甘肃山楂 *Crataegus kansuensis* Wils. in Journ. Arn. Arb. 9：58，1928；中国植物志 36：180，图版 25：1-4，1974；山西植物志 2：223，图版 140，998.—*C. wattiana* auct. non Hemsl. et Lace.

乔木，高 2~8m。叶宽卵形，长 3~6cm，宽 3~4cm，先端急尖，基部截形或宽楔形，两侧具 5~7 对羽状深裂，下面脉腋有髯毛，叶柄长 1.5~2.5cm，托叶有腺齿。伞房花序，花直径约 0.8~1cm。梨果近球形，直径 0.8~1cm，红色或橘黄色。花期 5 月，果期 9~10 月。

分布于西南、华北，陕西、甘肃。生于山地杂木林、沟谷。山西各山地均有分布，本区见于人祖山。果实可食用。

**4. 橘红山楂 *Crataegus aurantia* Plarcz. in Not. Syst. Herb. Inst. Bot. Kom. Acad. Sci. URss 13：82. f. s. 1950；中国植物志 36：198，1974.

小乔木，高 5m。叶宽卵形，长 4~7，宽 3~7cm，先端急尖，基部圆形、截形或宽楔形，两侧具 2~3 对浅裂片，下面有柔毛，叶柄长 1.5~2cm。伞房花序具多花，总花梗及花梗被毛，花直径 1.5~2cm。梨果近球形，直径 1cm，橘红色。花期 5~6 月，果期 8~9 月。

分布于山西、陕西、河北、甘肃。生于山地杂木林。山西中条山、太岳山、太行山有分布，本区人祖山有生长。果实可食用。该种为《山西植物志》增补种，为该种在山西地理分布的新记录。

17. 花楸属 *Sorbus* L.

落叶乔木或灌木。叶互生，奇数羽状复叶或单叶，有托叶。顶生伞房花序，花白色或粉红色，两性，萼片 5，花瓣 5；雄蕊多数；子房下位或半下位，心皮 2~5 室，每室 2 胚珠。梨果。

约 80 种。中国 50 种。山西 5 种，晋西黄土高原 1 种。

**1. 北京花楸 *Sorbus discolor*（Maxim.）Maxim. in Bull. Acad. Sci. St. Petersb. 19：173，1873；中国高等植物图鉴 2：226，图 2182，1972；中国植物志 36：300，1974；山西植物志 2：235，图版 143，1998.

树高 10m，冬芽卵圆形，无毛。奇数羽状复叶，连同叶柄长 10~20cm，小叶 7~15 枚，长椭圆形或长圆状披针形，长 2~5cm，宽 1~1.5cm，先端渐尖，基部圆形，偏斜，边缘有细锐锯齿，近基部全缘，两面无毛，托叶有粗锯齿。复伞房花序，具多数花，总花梗于花梗均被毛，花梗长 2~3mm，花白色，直径 5~7mm。梨果卵形，直径 6~8mm，白色，萼片宿存。

分布于东北、华北，山东、甘肃。生于山地杂木林、沟谷。山西吕梁山、横山有分布，本区见于人祖山，为该种在山西地理分布新记录。

18. 梨属 *Pyrus* L.

落叶乔木或灌木。单叶互生，全缘或有锯齿，托叶小。伞形总状花序，萼管壶形，裂片 5，花瓣 5，白色；雄蕊多数，花药紫色；子房下位，2~5 室，花柱 2~5，离生。梨果含石细胞，果梗处凹陷不明显，子房壁革质。

约 25 种。中国 4 种。山西 6 种 1 变种，晋西黄土高原 2 种。

分种检索表

1. 叶缘为粗锯齿，齿尖无芒··**1. 杜梨 *P. betulaefolia***
1. 叶缘为具芒的紧贴锐锯齿，栽培································**2. 白梨 *P. bretschneideri***

1. 杜梨 *Pyrus betulaefolia* Bge. in Mem. Div. Sav. Acad. Sci. St. Petersb. 2：101，1835；中国高等植物图鉴 2：233，图 2195，1972；中国植物志 36：333，图版 47：1-4，1974；山西植物志 2：248，图版 151，1998.

乔木，株高 10m。枝常具刺。叶菱状卵形至长圆形，长 4~8cm，宽 2.5~3.5cm，先端渐尖，基部宽楔形，稀有近圆形，边缘有粗锯齿，无芒，下面微被柔毛，叶柄长 2~3cm，有白色茸毛。伞形总状花序，有花 10~15 朵；总梗及花梗均被白色茸毛；花直径 1.5~2，花柱 2~3。果实近球形，直径 5~10mm，褐色，萼片脱落。花期 4 月，果期 8~9 月。

分布于华北、辽宁、河南、山东、陕西、甘肃、湖北、江苏、安徽、江西。生于平原或山坡向阳处。山西及本区广布。通常作各种栽培梨的砧木。

2. 白梨 *Pyrus bretschneideri* Rehd. in Proc. Am. Acad. Arts. Sci. 50：231，1915；中国高等植物图鉴 2：232，图 2193，1972；中国植物志 36：331，1974；山西植物志 2：248，图版 150：5，1998.

乔木，株高 6~10m。叶卵形或椭圆状卵形，长 5~12cm，宽 3.5~8cm，先端短渐尖或具长尾尖，基部圆形，边缘有针芒状锯齿，齿尖微向内侧靠拢，叶上下两面皆无毛；叶柄长 2.5~7cm。伞形总状花序，有花 7~10 朵，花白色，直径 2~3cm，花柱 5 或 4。果期 9 月。

为华北主要栽培果树之一。山西及本区广泛栽培。

19. 苹果属 *Malus* Mill.

落叶小乔木。单叶互生，有锯齿或羽状分裂，有托叶。伞形总状花序；萼管壶形，裂片 5；花瓣 5，白色，粉红色或红色；雄蕊多数，花药黄色色；子房下位，2~5 室，花柱 2~5，基部合生。梨果果梗处凹陷明显，子房壁薄革质，萼片宿存或脱落。

约 35 种。中国 20 余种。山西 10 种，晋西黄土高原 4 种。

分种检索表

1. 叶片边缘有 3~6 羽状浅裂·····································**1. 河南海棠 *M. honanensis***
1. 叶片边缘不分裂··**2**
  2. 果实成熟时萼片脱落，果实直径小于 2cm·················**2. 山荆子 *M. baccata***
  2. 果熟时萼片宿存，果实直径大于 2cm，栽培··**3**
    3. 果实直径大于 5cm，叶缘为钝锯齿·····················**3. 苹果 *M. pumila***
    3. 果实直径约 2cm，叶缘为锐锯齿·····················**4. 花红 *M. asiatica***

1. 河南海棠 *Malus honanensis* Rehd. in Journ. Arn. Arb. 2：51，1920；中国高等植物图鉴 2：240，图 2209.1972；中国植物志 36：362，1974；山西植物志 2：253，图版 153，1998.

株高 6~7m。叶长椭圆形或宽卵形，长 4~7cm，宽 3.5~6cm，先端急尖，基部圆形、心形或截形，边缘具锐重锯齿，两侧 3~6 浅裂，两面疏被毛，叶柄长 1.5~2.5cm，被柔毛。伞形花序，有花 5~10 朵；花梗细，花梗直径 3~3.5cm，无毛；花直径约 1.5cm，花瓣白色、粉红色；雄蕊 15~20；花柱 3~4。果实近球形，直径约 8mm，黄红色，萼片宿存。花期 5 月，果期 8~9 月。

分布于河北、河南、陕西、甘肃。生于山地林缘。山西分布于太行山、太岳山、中条山，本区见于人祖山，为该种在山西地理分布新记录。

2. 山荆子（山丁子） *Malus baccata* Borkh. in Theor. -Prakt. Handb. Porst. 2dD：d 1280，1803；中国高等植物图鉴 2：234，图 2198，1972；中国植物志 36：342，1974；山西植物志 2：253，图版 154：1998.

株高达 10m。叶椭圆形或卵形，长 3~8cm，宽 2~3.5cm，先端渐尖，基部楔形或近圆形，边缘具细锯齿，叶柄长 2~5cm，无毛。花 4~6 朵于小枝顶端集生成伞形花序，无总梗；花梗长 1.5~4cm，无毛；花直径 3~3.5cm，花瓣白色，花柱 5，基部有长毛。果实近球形，直径 8~10mm，红色或黄色。萼洼微凹，萼片脱落；果梗长 3~4cm。花期 4~5 月，果期 8~9 月。

分布于东北、华北、西北。生于山坡杂木林中及山谷灌丛中。山西及本区广布。果实含淀粉较多，可酿酒。苗圃种植作苹果和花红的砧木。

3. 苹果 *Malus pumila* Mill. in Gard. Dict. Ed. 8. M. no 3.1768；中国高等植物图鉴 2：236，图 2201，1972；中国植物志 36：348，1974；山西植物志 2：260，图版 159，1998.

株高 3~8m。幼枝及叶背面密被茸毛。叶椭圆形、卵形至宽椭圆形，长 4.5~10cm，宽 3~3.5cm，先端急尖，基部宽楔形或圆形，边缘具圆锯齿，叶柄长 1.5~3cm，被短柔毛。伞房花序具花 3~7 朵，集生于小枝顶端；花梗长 1~2.5cm，被短茸毛；花白色，直径 3~4cm；花蕾时带粉红色，花柱 5，下面密被白色茸毛。果实扁球形，形状大小随品种不同而差异甚大，先端常有隆起；萼片宿存。花期 5 月，果期 7~10 月。

原产欧洲。中国都有栽培，为最普遍的水果。本区各地均有栽培。

4. 花红（沙果） *Malus asiatica* Nakai in Matsumura Ic. Pl. Koisik. 3：t. 155，1915；中国高等植物图鉴 2：236，图 2202，1972；中国植物志 36：350，1974；山西植物志 2：260，图版 160，1998. —*M. pumil* L. var. *rinki* Koidz. —*Pyrus matsumurae* Card.

株高 4~6m。嫩枝及叶下面密被茸毛。叶卵形或椭圆形，长 5~11cm，宽 4~5.5cm，先端急尖或渐尖，基部圆形或近无毛，叶柄长 1~1.5cm，具短柔毛。伞房花序，具花 4~7 朵，花集生于小枝顶端；花梗长 1.5~2cm，密被茸毛；花直径 3~4cm，花瓣淡粉红色。果实卵形或球形，直径 3~5cm，黄色或淡红色，先端不具隆起；萼片宿存。花期 4~5 月，果期 8~9 月。

分布于华北、西北。山西及本区普遍栽培。可供食用，加工制成果干或果脯，并可用于酿酒。

33. 豆科 Leguminosae

乔木、灌木、亚灌木或草本，直立或攀缘。常有能固氮的根瘤。叶常绿或落叶，通常互生，一回或二回羽状复叶，或3小叶，少数为掌状复叶或单叶；托叶有或无。花序多为总状、圆锥状，少有穗状，偶有单生；花两性，稀单性，辐射对称或两侧对称；花被2轮，覆瓦状排列；通常萼片及花瓣均为5；雄蕊通常10枚，有时5枚或多数(含羞草亚科)；雌蕊通常由单心皮所组成，荚果成熟时有宿存的雄蕊管及花瓣紧贴荚果，子房上位，1室，基部常有柄或无，胚珠2至多颗，花柱和柱头单一，顶生。荚果，成熟后延缝线开裂或不裂，或断裂成含单粒种子的荚节；种子通常具有革质或有时膜质的种皮。

约690属17600余种。中国约150属1120余种。山西42属129种，晋西黄土高原22属48种1变种。

分属检索表

1. 乔木，二回羽状复叶，头状花序，花冠辐射对称，合生，雄蕊多数，花丝粉红色，长出花冠多倍 ·· **1. 合欢属 Albizia**
1. 一回羽状复叶或3小叶，花冠两侧对称，雄蕊与花冠近等长 ························· **2**
  2. 乔木，有分叉的枝刺，羽状复叶，假蝶形花冠(向上覆瓦状排列)，雄蕊6~8 ·······
    ·· **2. 皂荚属 Gleditsia**
  2. 蝶形花冠(向下覆瓦状排列)，雄蕊10 ··· **3**
    3. 叶为3小叶 ·· **4**
    3. 叶为羽状复叶 ·· **12**
      4. 灌木，荚果1节，扁平 ·· **5**
      4. 草本 ··· **6**
        5. 每苞片腋部有2朵花，花梗无关节 ············· **3. 胡枝子属 Lespedeza**
        5. 每苞片腋部仅1朵花，花梗有关节 ··········· **4. 莸子梢属 Campylotropis**
          6. 缠绕草本，小叶全缘，荚果密生毛 ··········· **5. 大豆属 Glycine**
          6. 直立草本 ··· **7**
            7. 小叶全缘 ·· **8**
            7. 小叶有锯齿，托叶不为叶状 ····················· **10**
              8. 植株高20~40cm，全株被平伏柔毛，小叶长3~8cm，托叶叶状，花冠黄色，长3cm，荚果条形，长3~9cm ········· **6. 黄华属 Thermopsis**
              8. 植株高10~30cm，植株无毛，或幼枝被疏毛，小叶长1~2cm，花冠长不及1cm ··· **9**
                9. 植株直立，小叶披针形，侧脉不明显，托叶叶状，花黄色，荚果圆柱形，种子多数 ······················· **7. 百脉根属 Lotus**
                9. 植株匍匐或斜生，小叶倒卵形，先端微凹，侧脉平行，托叶膜质，宿存，花冠上部暗紫色，荚果卵形，种子1粒 ·····················
                ·· **8. 鸡眼草属 Kummerowia**

10. 荚果螺旋状或马蹄状弯曲 ···················· **9. 苜蓿属** *Medicago*

10. 荚果不弯曲 ·· **11**

  11. 小叶倒卵形，花花色，有紫色条纹，荚果有横纹 ········· **10. 花苜蓿属** *Trigonella*

  11. 小叶椭圆形，花黄色或白色，无紫色条纹，荚果有网纹 ······ **11. 草木樨属** *Melilotus*

    12. 叶为奇数羽状复叶 ································· **13**

    12. 叶为偶数羽状状复叶 ······························· **20**

      13. 灌木，蝶形花冠仅有旗瓣，荚果不开裂，1 粒种子 ··········

                                        12. 紫穗槐属 *Amorpha*

      13. 蝶形花冠有旗瓣、翼瓣、龙骨瓣 ················· **14**

        14. 全株被刺毛状腺体，小叶 7~17，荚果条形弯曲，被刺毛状腺体，根状茎粗大 ·········· **13. 甘草属** *Glycirrhiza*

        14. 植株无刺毛状腺体 ······························· **15**

          15. 叶全部基生，花莛无叶，伞形花序生于花莛顶端 ··········

                                14. 米口袋属 *Gueldenstaedtia*

          15. 有地上茎，具茎生叶 ······························· **16**

            16. 草本 ··· **17**

            16. 木本 ··· **18**

              17. 茎较短，花莛状，稍长于叶，茎生叶生于地上茎的下部，龙骨瓣先端有尖锐喙 ········· **15. 棘豆属** *Oxytropis*

              17. 茎较长，总状花序腋生，龙骨瓣先端无喙 ··············

                               16. 黄芪属 *Astragalus*

              18. 灌木，有"丁"字毛，荚果圆筒形 ··················

                               17. 木蓝属 *Indigofera*

              18. 乔木或灌木，无"丁"字毛 ························· **19**

                19. 荚果种间缢缩成念珠状，雄蕊 10，离生或仅基部合生 ········· **18. 槐属** *Sophora*

                19. 荚果扁平，雄蕊为 9+1 二组（二体雄蕊）··········

                               19. 刺槐属 *Robinia*

              20. 灌木，有叶轴刺与托叶刺。花黄色 ··············

                               20. 锦鸡儿属 *Caragana*

              20. 草本，叶轴顶端成卷须状或小刺尖 ········· **21**

                21. 花柱为圆柱形，上端周围被毛 ··············

                               21. 野豌豆属 *Vicia*

                21. 花柱扁平，上端里面有画笔状毛 ··············

                               22. 山黧豆属 *Lathyrus*

1. 合欢属 *Albizia* Durazz.

落叶，乔木或灌木。二回羽状复叶，互生。花小，辐射对称，集成头状花序或圆锥状的穗状花序，复再排成圆锥状；花萼漏斗状，裂片 5，花冠 5 裂，中部以下合生为管状；雄蕊多数，伸出花冠外，花丝长为花冠数倍。荚果不开裂。

约 100 种。中国 10 种。山西 2 种，晋西黄土高原 1 种。

1. 合欢 Albizia julibrisin Durazz. in Mag. Tosc. 3：11，1792；中国高等植物图鉴 2：323，图 2376，1972；中国植物志 39：65，图版 23：1 - 4，1988；山西植物志 374，225，1998.

乔木，高可达 16m。树皮光滑，有浅裂纹，树冠为平顶式开展。二回羽状复叶，羽片 4~12 对，小叶 10~30 对，小叶矩圆状条形，长 6~12mm，宽 1~4mm，先端锐尖，基部圆楔形，全缘，中脉边生，下面稍有柔毛，总叶柄长 3~3.5cm；托叶早落。头状花序多数于新枝顶端排成伞房状；花萼长约 3mm，花冠淡黄色，长为花萼 2~3 倍；雄蕊多数，长 2~2.5cm，花丝粉红色，基部连合。荚果扁平带状，长 8~10cm，宽 1.2~2cm，有种子 8~14 粒。花期 6~7 月，果期 8~10 月。

分布于黄河流域以南。山西各地栽培，本区见于人祖山。观赏树木；树皮及花入药。

2. 皂荚属 Gleditsia L.

落叶乔木或灌木。多有分叉或不分叉的枝刺。一回或二回羽状复叶，小叶对生或近对生，有锯齿；托叶早落。花杂性或单性异株，侧生的总状或穗状花序；假蝶形花冠，萼片与花瓣 3~6，雄蕊 6~10，伸出花冠外。荚果较大，扁平，直伸或扭曲，不开裂，有种子 1 至数颗。

约 16 种。中国 6 种 2 变种。山西 3 种，晋西黄土高原 1 种。

1. 皂荚 Gleditsia sinensis Lam. Encycl. 2：465，1786；中国高等植物图鉴 2：346，图 2433，1972；山西植物志 2：379，图版 228，1998.

乔木，高达 15m。枝刺粗张，分叉圆柱形。偶数羽状复叶簇生，小叶 6~14，卵形至卵状披针形，长 3~8cm，宽 1.5~2.5cm，先端钝或渐尖，基部圆形或楔形，稍偏斜，边缘有细锯齿。总状花序腋生；花杂性，黄白色，萼片及花瓣 4，雄蕊 6~8，子房沿缝线有柔毛。荚果条形，直伸，长 12~30cm，宽 2~4cm，黑棕色，有白粉，种子多数。花期 5~6 月，果期 10 月。

分布于东北、华北、华东、华南、四川、贵州。生于向阳山坡及村落。山西中部、南部、东南部有分布，本区人祖山有栽培。木材坚硬，可用于制家具、车辆；荚果用于洗涤；花瓣、种子入药。

3. 胡枝子属 Lespedeza Michx

落叶灌木或小灌木。3 小叶；托叶宿存。腋生总状花序，每苞片内 2 朵花，花梗无关节；花具二型，有花冠者结实或不结实，无花冠者结实，花萼钟形，5 裂；花冠蝶形，紫红色、黄色或白色，花瓣有爪；雄蕊为 9+1 的二体雄蕊；子房具 1 胚珠，花柱内弯，柱头顶生。荚果不开裂。

90 余种。中国 26 种。山西 12 种，晋西黄土高原 5 种。

分种检索表

1. 小灌木，高 1m 以下 ···**2**
1. 灌木，高 1~2m，小叶长 3~6cm，总状花序长于叶，花红紫色·······**1. 胡枝子 L. bicolor**

　2. 小叶倒卵形, 先端微凹, 长 1~2cm, 花红紫色 ··············**2. 多花胡枝子 L. foribunda**

　2. 小叶矩圆形或披针状长圆形, 先端圆钝, 不凹陷, 花黄白色、白色·················3

　　3. 小枝无毛, 小叶披针状长圆形, 长 1~3m, 宽 2~8mm, 花冠白色, 旗瓣下部有紫斑
　　·······································**3. 尖叶铁扫帚 L. hedysaroides**

　　3. 小枝有棱脊及柔毛, 小叶矩圆形, 花黄白色 ·······························4

　　　4. 花序短于叶·····················**4. 达乎里胡枝子 L. daurica**

　　　4. 花序长于叶, 总花梗细·················**5. 牛枝子 L. potaninii**

　1. 胡枝子 Lespedeza bicolor Turcz. in Bull. Soc. Nat. Mose. 13：69，1840；中国高等植物图鉴 2：458, 图 2646, 1972；山西植物志 2：518, 图版 314：1-6，1998.

　灌木, 高 1~2m。3 小叶, 卵状椭圆形, 顶生小叶长 3~6cm, 宽 1.54cm, 先端圆钝, 有小尖头, 基部圆形, 上面疏生贴伏毛, 下面毛较密；侧生小叶小总叶梗长 3~7cm。总状花序长于叶片, 花冠紫红色, 长约 1cm。荚果斜倒卵形, 长 1cm, 有网纹, 被短柔毛。花期 7~9 月, 果期 9~10 月。

　分布于东北、华北、西北、华中。生于山地灌丛与杂木林中。山西各山地均有分布, 本区见于人祖山、紫金山。耐旱。可作绿肥与饲料；根入药。

　2. 多花胡枝子 Lespedeza floribunda Bge. Pl. Mongh. Chin. 1：13，1835；中国高等植物图鉴 2：462, 图 2653.1972；山西植物志 2：523, 图版 318. —L. floribunda Bunge var. alopecuroides Franch.

　小灌木, 高 30~60(~100)cm。枝被灰白色茸毛。3 小叶, 顶生小叶, 倒卵形, 宽倒卵形或长圆形, 长 1~1.5cm, 宽 6~9mm, 先端微凹、钝圆或近截形, 具小刺尖, 基部楔形, 上面被疏伏毛, 下面毛较密；侧生小叶较小；托叶线形, 长 4~5mm, 先端刺芒状。总状花序腋生；总花梗细长, 显著超出叶；花多数；花萼长 4~5mm, 被柔毛, 5 裂；花冠紫色、紫红色或蓝紫色, 长约 8mm。荚果宽卵形, 长约 7mm, 超出宿存萼, 密被柔毛, 有网状脉。花期 6~9 月, 果期 9~10 月。

　分布于辽宁(西部及南部)、河北、山西、陕西、宁夏、甘肃、青海、山东、江苏、安徽、江西、福建、河南、湖北、广东、四川等地。生于海拔 1300m 以下的石质山坡。山西及本区广布。可作绿肥与饲料。

　3. 尖叶铁扫帚 Lespedeza hedysaroides（Pall.）Kitag. in Lineam. Fl. Mansh. 289，1939；山西植物志 2：527, 图版 320：1-8，1998. — Lespedeza juncea（Linn. f.）Pers. —L. hedysaroides（Pall.）Kitag. var. subsericea（Kom.）Kitag.

　小灌木, 高 0.5~1m。全株被伏毛。羽状 3 小叶, 小叶倒披针形、线状长圆形或狭长圆形, 长 1.5~3.5cm, 宽 2~7mm, 先端稍尖或钝圆, 有小刺尖, 基部渐狭, 边缘稍反卷, 上面近无毛, 下面密被伏毛, 总叶柄长 0.5~1cm；托叶线形, 长约 2mm。总状花序腋生, 稍超出叶, 有 3~7 朵排列较密集的花, 近似伞形花序；花萼狭钟状, 长 3~4mm, 5 深裂, 外面被白色状毛；花冠白色或淡黄色, 旗瓣基部带紫斑, 龙骨瓣先端带紫色；闭锁花簇生于叶腋, 近无梗。荚果宽卵形, 两面被白色伏毛, 稍超出宿存萼。花期 7~9 月, 果期 9~10 月。

分布于黑龙江、吉林、辽宁、内蒙古、河北、山西、甘肃及山东等地。生于海拔1500m 以下的山坡灌丛间。山西及本区广布。

4. 达乎里胡枝子(兴安胡枝子) *Lespedeza daurica* (Laxm.) Schindl. in Fedde, Repert. Sp. Nov. 22：274，1926；中国高等植物图鉴 2：461，图 2651，1972；山西植物志 2：521，图版 314：7 - 10，1998. —*Lespedeza trichocarpum* (Stephan) Pers. —*L. medicaginoides* Bunge—*L. gerardiana* auct. non Grah

小灌木，高 0.5~1m。茎通常稍斜升，有细棱，被白色短柔毛。3 小叶，小叶长圆形或狭长圆形，长 2~5cm，宽 5~16mm，先端圆形或微凹，有小刺尖，基部圆形，上面无毛，下面被贴伏的短柔毛；顶生小叶较大，总叶柄长 1~2cm；托叶线形，长 2~4mm。总状花序腋生，较叶短或与叶等长；总花梗密生短柔毛；小苞片披针状线形，有毛；花萼 5 深裂，中央稍带紫色；闭锁花生于叶腋，结实。荚果小，倒卵形或长倒卵形，长 3~4mm，宽 2~3mm，先端有刺尖，两面突起，有毛，包于宿存花萼内。花期 7~8 月，果期 9~10 月。

分布于东北、华北经秦岭淮河以北至西南各地。生于山坡、草地、路旁及沙质地上。山西及本区广布。为优良的饲用植物，亦可做绿肥。

5. 牛枝子(牛筋子) *Lespedeza potaninii* Vass. in Not. Syst. Herb. Inst. Bot. Acad. Sci. USSR 9：202，1946；山西植物志 2：527，1998. —*L. davurica* (Laxm.) Schindl. var. *prostrata* Wang et Fu l. *daurica* (Laxm.) Schindl. f. *prostrata* (Wang et Fu) Kitagawa—*L. daurica* auct. non Schindl. Schischk. et Bob.

半灌木，高 20~60cm。茎斜升或平卧，有细棱，被粗硬毛。3 小叶，小叶狭长圆形，稀椭圆形至宽椭圆形，长 8~15(22)mm，宽 3~5(7)mm，先端钝圆或微凹，具小刺尖，基部稍偏斜，上面苍白绿色，无毛，下面被灰白色粗硬毛；托叶刺毛状，长 2~4mm，总状花序腋生；总花梗长，明显超出叶；花疏生；小苞片锥形，长 1~2mm；花萼长 5~8mm，密被长柔毛，5 深裂，裂片先端长渐尖，呈刺芒状；花冠黄白色，稍超出萼裂片，旗瓣中央及龙骨瓣先端带紫色；闭锁花腋生，无梗或近无梗。荚果倒卵形，长 3~4mm，双凸镜状，密被粗硬毛，包于宿存萼内。花期 7~9 月，果期 9~10 月。

分布于辽宁(西部)、内蒙古、河北、山西、陕西、宁夏、甘肃、青海、山东、江苏、河南、四川、云南、西藏等地。生于荒漠草原、草原带的沙质地、砾石地、丘陵地、石质山坡及山麓。本区广布，该种为山西植物种的新记录。

4. 菗子梢属 *Campylotropis* Bge.

落叶灌木。3 小叶；托叶宿存。腋生总状花序，有时再组成圆锥状，每苞片内有 1 朵花，花梗有关节；花萼钟形，5 裂；花冠蝶形，紫红色，花瓣有爪；旗瓣先端急尖，龙骨瓣有尖喙，雄蕊为 9+1 的二体雄蕊；子房有短柄，具 1 胚珠，花柱内弯，柱头顶生。荚果不开裂，有网纹。

60 余种。中国 50 种。山西及晋西黄土高原 1 种。

1. 菗子梢 *Campylotropis macrocarpa* (Bge.) Rehd. in Sargent. Pol. Wils. 2：113，1914；中国高等植物图鉴 2：467，图 2663，1972；山西植物志 2：529，图版 322，1998.

灌木，高达 2.5m。幼枝密生白色柔毛。3 小叶，矩圆状椭圆形，顶生小叶长 3~

6.5cm，宽 1.5~4cm，先端圆钝或微。总状花序稍长于叶片，花梗长约 1cm，花冠紫红色或近粉红色，长约 1cm。荚果斜倒卵形，长 1.2cm，具短尖头，有网纹，边缘有纤毛。花期 8~9 月，果期 9~10 月。

分布于辽宁、华北、华东、陕西、甘肃、四川。生于林缘灌丛。山西各地均有分布，本区见于人祖山、紫金山。可作饲料与绿肥。

5. 大豆属 *Glycine* Willd.

缠绕或直立草本。3 小叶，有托叶。腋生总状花序；萼 5 裂，上部 2 裂齿长合生；花冠白色或蓝紫色，伸出萼外；单体雄蕊；子房有数枚胚珠。荚果长圆形，种间微缢缩。

约 10 种。中国 7 种。山西 2 种，本区野生 1 种。

**1. 野大豆 *Glycine soja* Sieb. et Zucc. in Abh. Akad. Wiss. Muenchen 4（2）：119，1843；中国高等植物图鉴 2：492，图 2714，1972；山西植物志 2：409，图版 248，1998.— *G. ussuriensis* Regel et Maack — *Rhynchosia argyi* Levl. — *G. soja* Sieb. et Zucc. var. *ovata* Skv. — *G. formosana* Hosokawa — *G. ussuriensis* Regl et Maack var. *brevifolia* Kom. et Alis.

一年生缠绕草本，长 1~4m。全株疏被褐色长硬毛。3 小叶，长可达 14cm；顶生小叶卵圆形或卵状披针形，长 3.5~6cm，宽 1.5~2.5cm，先端锐尖至钝圆，基部近圆形，全缘，两面均被绢状的糙伏毛；侧生小叶斜卵状披针形；托叶卵状披针形。总状花序腋生；花小，长约 5mm；花梗密生黄色长硬毛；苞片披针形；花萼钟状，裂片 5，三角状披针形；花冠淡红紫色或白色。荚果长圆形，稍弯，两侧稍扁，长 17~23mm，宽 4~5mm，密被长硬毛，种子间稍缢缩，干时开裂；种子 2~4 颗。花期 7~8 月，果期 8~10 月。

除新疆、青海和海南外，遍布全国。生于潮湿环境。山西五台山、吕梁山有分布，本区见于房山峪口。可栽作牧草、绿肥。茎皮纤维可织麻袋。种子榨油可供食用。全草还可药用。

6. 黄华属 *Thermopsis* R. Br.

多年生草本。3 小叶，托叶叶状。总状花序生于茎顶，或侧枝顶端；苞片较大，叶状；萼齿 5，上方 2 齿常愈合；花冠黄色；雄蕊 10，分离；荚果条形，扁平或膨胀，有种子多颗。

约 30 种。中国 7 种。山西 2 种，晋西黄土高原 1 种。

**1. 披针叶黄华 *Thermopsis lanceolata* R. Br. in All. Hort. Kew. Ed. 2. Lll. 3，1811；中国高等植物图鉴 2：365，图 2459，1972；山西植物志 2：391，图版 237，1998.— *Sophora lupinoides* Pall.

茎高 10~40cm，密生长柔毛。掌状 3 复叶，小叶倒卵状披针形，长 2.5~8.5cm，宽 0.7~2cm，先端急尖，基部楔形，下面密生平伏的短柔毛；托叶 2，基部微连合。花序长 10~15cm，苞片 3 枚轮生，基部连合；花常 3 朵轮生；萼筒形，长 1.6cm，密生毛；蝶形花冠黄色，有紫色条纹，长 2~2.2cm。荚果长 5~7cm，宽 1cm，顶端有宿存花柱变成的细长喙；种子 6~14 颗，黑褐色，有光泽。花期 5~7 月，果期 7~9 月。

分布于东北、华北、西北、四川。生于河岸草地、沙丘。山西北部、中部有分布，本区见于紫金山。

7. 百脉根属 *Lotus* L.

多年生草本或小灌木。小叶 5，其中 3 片聚生于叶柄先端，另外 2 片生于叶柄基部，酷似托叶。伞形花序；萼 5 裂；蝶形花冠黄色、红色或白色；雄蕊为 9+1 的二体雄蕊；子房有多数胚珠，花柱向上屈折，宿存。荚果圆柱形，开裂

约 60 种。中国 5 种。晋西黄土高原 1 种。百脉根属为《山西植物志》增补属。

1. 细叶百脉根 *Lotus tenuis* Kitag. in Enum. Pl. Hort. Bot. Reg. Berol. 2：797，1809；中国高等植物图鉴 2：382，图 2494，1972. —*L. corniculatus* Linn. β. *tenuifolius* Linn. —*L. tenuifolius* (Linn.) C. Presl.

多年生草本，高 10~30cm。羽状复叶，小叶 5 枚，小叶线形至长圆状线形，长 1.2~2.5cm，宽 2~4mm，有短尖头，基部 2 枚小叶明显小于叶柄顶端的小叶，小叶柄短。伞形花序顶生；有花 1~3(~5) 朵；苞片 1~3 枚，叶状；萼钟形，长 5~6mm；蝶形花冠长 8~13mm，黄色带细红脉纹；雄蕊二体；子房线形，胚珠多数，花柱直角上折。荚果长 2~4cm，径 2mm；种子球形，橄榄绿色，平滑。花期 5~8 月，果期 7~9 月。

产西北各省份。生于潮湿的沼泽地边缘或湖旁草地。本区见于房山峪口，为《山西植物志》增补种。

8. 鸡眼草属 *Kummerowia* Schind.

一年生草本。茎多分枝，常平铺生长。3 小叶，边缘有缘毛，侧脉平行，多而密集；托叶较大，宿存。花 1~3 朵簇生于叶腋，花梗下有 2 枚苞片，有正常花与闭锁花之分；萼钟形，5 齿裂；花冠与雄蕊管在荚果成熟后与花托分离，进而脱落。荚果不开裂，种子 1 颗。

2 种。中国皆产。山西 2 种，晋西黄土高原 1 种。

1. 长萼鸡眼草 *Kummerowia stipulacea*（Maxim.）Makino in Bot. Mag. Tokyo 28：107，1914；中国高等植物图鉴 2：468，图 2665，1972；山西植物志 2：529，图版 322，1998. —*Lespedeza stipulacea* Maxim. —*L. striata* Hook. et Arn var. *stipulacea* Debeaux，—*Kummerowia striata*（Thunb.）Schindl. —*Microlespedeza stipulacea* Makino

茎长 7~15cm，平伏，上升或直立，被疏生向上的白毛，有时仅节处有毛。三出羽状复叶；小叶纸质，倒卵形、宽倒卵形或倒卵状楔形，长 5~18mm，宽 3~12mm，先端微凹或近截形，基部楔形，全缘；下面中脉及边缘有毛；托叶卵形，长 3~8mm。花常 1~2 朵腋生，花梗有毛；萼下有 4 枚小苞片，花萼膜质，阔钟形，5 裂，有缘毛；花冠长 5.5~7mm，上部暗紫色；雄蕊二体(9+1)。荚果椭圆形或卵形，稍侧偏，长约 3mm。花期 7~8 月，果期 8~10 月。

分布于东北、华北、西北、中南。生于路旁、草地、山坡、固定或半固定沙丘等处，山西及本区广布。全草入药。

9. 苜蓿属 *Medicago* L.

草本。3 小叶，小叶边缘有锯齿，叶脉达齿端；托叶与叶柄合生。腋生总状花序或头状花序；花小，萼齿 5，等大；花冠黄色或紫色；二体雄蕊(9+1)；子房有胚珠 1 至多数。荚果不开裂，马蹄形弯曲或螺旋状扭转。

约 65 种。中国 10 种。山西 5 种，晋西黄土高原 2 种。

分种检索表

1. 花黄色，荚果马蹄形弯曲·····································**1. 天蓝苜蓿 *M. lupulina***
1. 花紫色，荚果螺旋状···**2. 苜蓿 *M. sativa***

1. 天蓝苜蓿 *Medicago lupulina* Linn. Sp. Pl. 779，1753；中国高等植物图鉴 2：376，图 2481，1972；山西植物志 2：404，图版 242：7-11，1998. —*M. parviflora* Gilib.

一年生或二年生草本，高 15~60cm。全株被柔毛或有腺毛。茎伏卧或斜上。羽状三出复叶；小叶倒卵形、阔倒卵形或倒心形，长 5~20mm，宽 4~16mm，两面有伏毛；托叶卵状披针形，长可达 1cm。头状花序有花 10~20 余朵，花小，密生于总花梗上端；萼钟状，被密毛，齿 5；花冠黄色，长 1.7~2mm；花柱弯曲稍呈钩状。荚果肾形，成熟时近黑色，长 1.8~2.8mm，宽 1.3~1.9mm，表面具纵纹，有多细胞腺毛，1 粒种子。花期 7~9 月，果期 8~10 月。

产中国南北各地。常见河岸、路边、田野及林缘。山西及本区广布。可制牧草及绿肥；全草入药。

2. 紫苜蓿（苜蓿）*Medicago sativa* Linn. Sp. Pl. 778. 1753；DC. Prodr. 2：173，1825；中国高等植物图鉴 2：373，图 2476，1972；山西植物志 2：401，图版 242：1-6，1998. —*M. asiatica* Sinsk. subps. *sinensis* Sinsk. —*M. beipinensis* Vass. —*M. tibetana*（Alef.）Vass. —*M. afghanica*（Bord.）Vass.

多年生草本，高 30~100cm。茎丛生，直立或平卧。羽状三出复叶；小叶长卵形、倒长卵形至线状卵形，长（5）10~25（~40）mm，宽 3~10mm，先端钝圆，具小尖头，基部楔形，边缘 1/3 以上具锯齿，下面被贴伏柔毛，侧脉 8~10 对，在近叶边处略有分叉；托叶大，卵状披针形。花序总状或头状，长 1~2.5cm，具花 5~30 朵；花梗长约 2mm；苞片线状锥形；萼钟形，长 3~5mm，萼齿线状锥形；花冠长 6~12mm，淡黄色、深蓝色至暗紫色；子房线形，具柔毛，胚珠多数。荚果螺旋状紧卷 2~4（~6）圈，有种子 10~20 粒；种子卵形，长 1~2.5mm，平滑，黄色或棕色。花期 5~7 月，果期 6~8 月。

全国各地都有栽培或呈半野生状态。生于田边、路旁、旷野、草原、河岸及沟谷等地。山西及本区广泛种植为饲料与牧草。

10. 花苜蓿属 *Trigonella* L.

一年生或多年生草本。3 小叶，有锯齿，叶脉达齿端；托叶与叶柄合生。花较小，单生，或组成头状、总状花序；萼齿等大；花冠黄色、蓝色或白色；二体雄蕊（9+1）；子房有胚珠多数。荚果不开裂。

约 70 种。中国 2 种。山西 2 种，晋西黄土高原 1 种。

1. 花苜蓿 *Trigonella ruthenica* L. Sp. Pl. 776，1753；中国高等植物图鉴 2：424，图 2474，1973. —*Medicago ruthenica*（Linn.）Trautv—*Pocockia ruthenica*（Linn.）Boiss. —*Melilotoides ruthenica*（Linn.）Sojak —*Trigonella korshinskii* Grossh.

多年生草本。高 20~70cm，宽（1.5）3~7（~12）mm，先端截平、钝圆或微凹，中央具细尖，基部楔形、阔楔形至钝圆，边缘在基部 1/4 处以上具尖齿，下面被贴伏柔毛，侧脉两面隆起，8~18 对；托叶披针形，基耳状，具 1~3 枚浅齿。伞形花序腋生，通常比叶长，具花（4）6~9（~15）朵；总花梗，苞片刺毛状；萼钟形，萼齿披针状锥尖；花冠长（5）6~9mm，黄褐色，中央深红色至紫色条纹；子房线形，胚珠4~8。荚果长圆形或卵状长圆形，扁平，具短喙，有种子2~6粒。花期6~9月，果期8~10月。

分布于人祖山。该种为山西植物新记录种。可作饲料。

11. 草木樨属 *Melilotus* Adans.

草本。3小叶，小叶边缘有锯齿，侧脉达齿端；托叶与叶柄合生。花小，组成腋生的总状花序；萼具5短齿；蝶形花冠黄色或白色；二体雄蕊（9+1）；花柱上部向内弯曲。荚果与宿存萼筒等长，具1粒种子，不开裂。

约20种。中国8种。山西4种，晋西黄土高原2种。

分种检索表

1. 花白色，旗瓣长于翼瓣，荚果无毛 ···················· **1. 白香草木樨 *M. album***
1. 花黄色，旗瓣短于翼瓣，荚果有毛 ············· **2. 黄香草木樨 *M. officinalis***

1. 白香草木樨（白花草木樨）*Melilotus album* Desr. in Lam. Encycl. Meth. 4：63，1967；中国高等植物图鉴 2：376，图2482，1972；山西植物志 2：395，图版238，1998.

二年生草本。高70~200cm。羽状三出复叶；小叶长圆形或倒披针状长圆形，长15~30cm，宽（4）6~12mm，先端钝圆，基部楔形，边缘疏生浅锯齿，上下面被细柔毛；托叶尖刺状锥形，全缘。总状花序长8~20cm，具多数花，排列疏松；苞片线形；萼钟形，微被柔毛；花冠白色，长4~5mm，子房卵状披针形。种子卵形，棕色，表面具细瘤点。花期5~7月，果期7~9月。

分布于东北、华北、西北及西南各地。生于田边、路旁荒地及湿润的砂地。山西及本区黄土高原广布。是优良的饲料植物与绿肥。

2. 黄香草木樨 *Melilotus officinalis* (Linn.) Pall. Reise 3：537，1776；中国高等植物图鉴 2：377，图2483，1972；山西植物志 2：397，图版239，1998.

二年生草本。高40~100（~250）cm，茎微被柔毛。羽状三出复叶，叶柄细长，小叶倒卵形、阔卵形、倒披针形至线形，长15~25（~30）mm，宽5~15mm，先端钝圆或截形，基部阔楔形，边缘具不整齐疏浅齿，下面散生短柔毛；托叶镰状线形。总状花序6~15（~20）cm，具多数花，花序轴在花期中显著伸展；苞片刺毛状；萼钟形，有脉纹5条，萼齿稍不等长；花冠黄色，长3.5~7mm；雄蕊筒在花后常宿存包于果外；子房卵状披针形，花柱长于子房。荚果卵形，长3~5mm，宽约2mm，先端具宿存花柱，表面具凹凸不平的横向细网纹，有种子1~2粒。花期5~9月，果期6~10月。

分布于东北、华南、西南各地。生于山坡、河岸、路旁。山西及本区广布，可作牧草、绿肥。

12. 紫穗槐属 *Amorpha* L.

落叶灌木。奇数羽状复叶互生，小叶多数，全缘。穗状花序顶生，花多数，密集；花萼钟形，5齿裂；花瓣退化，仅存旗瓣；雄蕊10，单体，下部合生成鞘，上部分裂，包于旗瓣之中，伸出花冠外；子房有2胚珠。荚果不开裂，表面有突起的疣状腺点。

约25种，产南北美洲。中国引种1种，山西及晋西黄土高原有栽培。

1. 紫穗槐 *Amorpha fruticosa* Linn. Sp. Pl, 713, 1753；中国高等植物图鉴 2：391，图 2511，1972；山西植物志 2：448，图版 271，1998.

株高 1~4m，嫩枝密被短柔毛。奇数羽状复叶，长 10~15cm，有小叶 11~25 枚，小叶卵形或椭圆形，长 1~4cm，宽 0.6~2.0cm，先端圆形、锐尖或微凹，有尖刺，基部宽楔形或圆形，上面无毛或被疏毛，下面有白色短柔毛，具黑色腺点；托叶线形。穗状花序长 7~15cm，密被短柔毛；苞片长 3~4mm；花萼被疏毛或几无毛；旗瓣紫色。荚果下垂，长 6~10mm，微弯曲，顶端具小尖。花果期 5~10 月。

原产美国。中国各地广为栽植。山西各地均有种植，本区见于房山峪口。系优良绿肥，蜜源植物。耐瘠、耐水湿和轻度盐碱土，可作为水保树种推广。

13. 甘草属 *Glycirrhiza* L.

多年生草本或灌木。茎有刺毛及腺体。奇数羽状复叶互生，小叶全缘，稀有锯齿。总状花序腋生；花萼 5 齿裂，外面有刺毛或腺体；花冠旗瓣直伸；二体雄蕊(9+1)；子房无柄，有胚珠 2 至多数，花柱先端内弯。荚果长圆形或线形，扁平或肿胀，有刺毛或腺点。

约 30 种。中国 6 种。山西 2 种，晋西黄土高原 1 种。

1. 甘草 *Glycirrhiza uralensis* Fisch. ex DC. in DC. Prodr. 2：248，1825；中国高等植物图鉴 2：434，图 2598，1972；山西植物志 2：501，图版 303，1998.

多年生草本。根与根状茎粗壮，直径 1~3cm，外皮褐色，里面淡黄色，具甜味。茎高 30~120cm，密被鳞片状腺点、刺毛状腺体及白色或褐色茸毛。叶长 5~20cm；叶柄密被褐色腺点和短柔毛；小叶 5~17 枚，卵形、长卵形或近圆形，长 1.5~5cm，宽 0.8~3cm，顶端钝，具短尖，基部圆，边缘全缘或微呈波状，多少反卷，两面均密被黄褐色腺点及短柔毛；托叶三角状披针形。总状花序腋生，具多数花，总花梗短于叶，密生褐色的鳞片状腺体和短柔毛；花萼钟状，密被黄色腺体点及短柔毛，基部偏斜并膨大成囊状，萼齿 5，上部 2 齿大部分合生；花冠紫色、白色或黄色，长 10~24mm；子房密被刺毛状腺体。荚果弯曲呈镰刀状或呈环状，密集成球，密生瘤状突起和刺毛状腺体，种子 3~11。花期 6~8 月，果期 7~10 月。

分布于东北、华北、西北各地及山东。常生于干旱沙地、河岸沙质地、山坡草地及盐渍化土壤中。山西恒山、五台山、太行山有分布，本区广布。根入药。

14. 米口袋属 *Gueldenstaedtia* Fisch.

多年生草本。由于茎缩短，奇数羽状复叶呈基生莲座状，以致花莛上无叶，小叶全缘。伞形花序；萼齿 5，不等大，上部 2 齿稍大；花冠红色、蓝色、黄色，龙骨瓣短小；二体雄蕊(9+1)；子房无柄。荚果圆柱形，开裂，含种子多数。

约 16 种。中国 11 种。山西 3 种，晋西黄土高原 2 种。

分种检索表

1. 小叶卵状长圆形，长 0.5~2cm，宽 2~19mm，花 4~8 朵，花冠长 1cm··················
·· **1. 米口袋 *G. multiflora***
1. 小叶线状披针形，长 0.2~3.6cm，宽 1~6mm，花 2~3 朵，花冠长 6~8mm··········
·· **2. 狭叶米口袋 *G. stenophylla***

1. 米口袋 *Gueldenstaedtia multiflora* Bge. in Mem. Acad. Sci. Petresp. Sav. Etrang. 2：98，1833；中国高等植物图鉴 2：414，1972；山西植物志 2：484，图版 203，1998.—*Amblytropis multiflora*（Bge.）Kitag.—*Gueldenstaedtia harmsii* Ulbr.

多年生草本。主根圆锥状。早春叶片长仅 2~5cm，夏秋间可长达 15cm 以上，初被长柔毛，后渐稀疏至无毛；小叶 7~21 片，椭圆形到长圆形，顶端小叶有时为倒卵形，长（4.5）10~14（~25）mm，宽（1.5）5~8（~10）mm，基部圆，先端具细尖、急尖、钝、微缺或下凹成弧形。托叶宿存。伞形花序有 2~6 朵花，苞片三角状线形；花萼钟状，被贴伏长柔毛；花冠紫堇色；子房椭圆状，密被贴伏长柔毛，花柱无毛，内卷，顶端膨大呈圆形柱头。荚果圆筒状，长 17~22mm，直径 3~4mm，被长柔毛。花期 4 月，果期 5~6 月。

分布于东北、华北、华东，陕西（中南部）、甘肃（东部）等地区。生于山坡、路旁、田边等。山西吕梁山、太岳山、太行山、中条山有分布，本区广布。全草入药。

2. 狭叶米口袋 *Gueldenstaedtia stenophylla* Bge. in Mem. Acad. Sci. St. Petersb. Sav. Etrang. 2：98，1833；中国高等植物图鉴 2：415，1972；山西植物志 2：484，图版 293，1998.—*Amblytropis stenophylla*（Bunge）Kitagawa—*G. paucifora* auct. non Fisch.

多年生草本。主根细长。叶长 1.5~15cm，小叶 7~19 片，早春生的小叶卵形，夏秋的线形，长 0.2~3.5cm，宽 1~6mm，先端急尖、钝头或截形，顶端具细尖，两面被疏柔毛；托叶宿存。伞形花序具少数花，苞片及小苞片披针形，密被长柔毛；萼筒钟状；花冠粉红色。荚果长 14~18mm，被疏柔毛。花期 4 月，果期 5~6 月。

分布于内蒙古、河北、山西、陕西、甘肃、浙江、河南及江西北部。生于向阳的山坡、草地等处。山西吕梁山、太岳山、中条山有分布，本区广布。全草入药。

15. 棘豆属 *Oxytropis* DC.

草本或小灌木。有时叶柄变为刺状，茎极度缩短。奇数羽状复叶，小叶全缘，对生或轮生。花序为总状、穗状或头状；花萼管状，萼齿 5；花冠紫红色、黄色或白色，龙骨瓣较小，短于翼瓣，先端有较尖的喙；二体雄蕊(9+1)；子房具多数胚珠。荚果长圆形，或卵球形，膨胀，常因缝线深入成隔膜，成为假 2 室。

100 余种。中国 30 余种。山西 8 种 1 变种，晋西黄土高原 2 种。

分种检索表

1. 全株被柔毛，羽状复叶小叶 4 枚轮生，总状花序稍疏松············**1. 二色棘豆 *O. bicolor***
1. 全株被硬毛，羽状复叶小叶对生，总状花序紧密······················**2. 硬毛棘豆 *O. hirta***

1. 二色棘豆（地角儿苗）*Oxytropis bicolor* Bge. in Mem. Acad. Sci. St. Petersb. 2：91，1833；中国高等植物图鉴 2：431，图 2591，1972；山西植物志 2：488，图版 296，1998.—*O. uratensis* Franch.—*O. angustifolia* Ulbr.

多年生草本。高 5~20cm，全株密被开展白色绢状长柔毛，茎缩短，簇生。轮生羽状复叶长 4~20cm；小叶 7~17 轮（对），对生或 4 片轮生，线状披针形，长 3~23mm，宽 1.5~6.5mm，先端急尖，基部圆形，边缘常反卷，两面密被绢状长柔毛；托叶膜质，与叶柄贴生。花组成或疏或密的总状花序，苞片披针形；花长约 20mm；花萼筒状，萼齿线状披针形；花冠紫红色、蓝紫色，子房有胚珠多数。荚果卵状长圆形，膨胀，长 17~22mm，先端具长喙。

分布于内蒙古、河北、山西、陕西、宁夏、甘肃、青海及河南等地。生于山坡、沙地、路旁及荒地上。山西及本区广布。

2. 硬毛棘豆 _Oxytropis hirta_ Bge. Mem. Acad. Sci. St. Petersb. 2：91，1833；中国高等植物图鉴 2：432，图 2593，1972；山西植物志 2：495，图版 300，1998. —_O. komarowii_ Vass.

多年生草本。全株密被白色长硬毛，茎极缩短。奇数羽状复叶长 8~25cm；小叶 5~23，对生，披针形或椭圆形，长 1.2~5.2cm，宽 0.6~1.6cm，先端急尖，基部圆形，边缘疏生长硬毛；托叶披针形与叶柄贴生。总状花序圆筒形，长 3~10cm，花多而密，苞片披针形；花萼筒状，萼齿线条形；花冠蓝紫色，子房无柄。荚果矩圆形，有短喙。花果期 4~9 月。

分布于东北、华北，山东、甘肃。生于山坡草地。山西各地均有分布，本区见于紫金山。

16. 黄芪属 _Astragalus_ L.

草本或亚灌木。茎直立或铺散，有丁字毛或柔毛。奇数羽状复叶，稀 3 小叶或单叶，小叶全缘。总状花序或密集的伞形花序；花萼管状，萼齿近等大；花冠紫色、黄色或白色，龙骨瓣先端钝，与翼瓣近等长；二体雄蕊(9+1)；子房具多数胚珠。荚果因背线压入成假 2 室，开裂。

约 3000 种。中国约 250 种。山西 3 种，晋西黄土高原 7 种 1 变种。

分种检索表

1. 糙叶黄芪 _Astragalus scaberrimus_ Bge. in Mem. Acad. Sci. St. Petersb. Sav. Etrang. 2：91，

1833；中国高等植物图鉴 2：417，图 2563，1972；山西植物志 2：70，图版 284，1998.——*A. giraldianus* Ulbr. in Bot. Jahrb. 36(Beibl. 82)：64. 1905.——*A. harmsii* Ulbr. op. cit. 63. 1905.

多年生草本。茎矮小，蔓生，全株密被白色"丁"字毛。羽状复叶长 5~17cm，有 7~15 片小叶，小叶椭圆形或近圆形，长 7~20mm，宽 3~8mm，先端锐尖或渐尖，有时稍钝，基部宽楔形或近圆形；托叶下部与叶柄贴生。总状花序腋生，有 3~5 花，苞片披针形，较花梗长；花萼管状，萼齿线状披针形；花冠淡黄色或白色；子房有短毛。荚果披针状长圆形，微弯，长 8~13mm，宽 2~4mm，具短喙。花期 4~8 月，果期 5~9 月。

分布于东北、华北、西北各地。生于山坡石砾质草地、草原、沙丘及沿河流两岸的沙地。山西及本区广布。牛羊喜食，可作牧草及保持水土植物。

2. 鸡峰黄芪 *Astragalus kifonsanicus* Ulbr. in Bot. Jahrb. 36(Beibl. 82)：84，1905；中国高等植物图鉴 2：417，图 2563，1972；山西植物志 2：472，1998.

多年生草本。茎长 20~40cm，蔓生，全株密被白色"丁"字毛。羽状复叶有 3~9 片小叶，小叶披针形，长 1~3cm，宽 0.3~1cm，先端尖，基部圆楔形；托叶膜质。总状花序腋生；花萼管状，萼齿披针形；花冠淡红色或白色；子房有短柄。荚果圆柱形，长 3~5cm。花果期 4~6 月。

分布于山西、河南、陕西、甘肃。生于山坡灌丛。山西太岳山、中条山有分布，本区见于人祖山，为该种在山西地理分布的新记录。

3. 直立黄芪(沙打旺) *Astragalus adsurgens* Pall. Sp. Astrag. 40. t. 31，1800；中国高等植物图鉴 2：418，图 2566，1972；山西植物志 2：472，图版 286，1988.——*A. longispicatus* Ulbr.——*A. ostachys* Pet. -Stib. op. cit. 64. 1937——*A. laxmanni* Jacq. var. *adsurgens*（Pall.）Kitag.——*A. inopinatus* Boriss.

多年生草本，高 20~100cm。羽状复叶有 9~25 片小叶，小叶长椭圆形、长 10~25(35)mm，宽 2~8mm，基部圆形或近圆形，上面疏被"丁"字毛，下面较密，托叶三角形。总状花序长圆柱状，具多数花，排列密集；苞片狭披针形至三角形；花萼管状，被黑白混生毛；花冠近蓝色或红紫色；子房被密毛，有极短的柄。荚果长圆形，长 7~18mm，两侧稍扁，被黑色、褐色或白色混生毛。花期 6~8 月，果期 8~10 月。

分布于东北、华北、西北、西南地区。生于向阳山坡灌丛及林缘地带。山西及本区广布。种子入药，又为优良牧草和保土植物。

4. 灰叶黄芪 *Astragalus discolor* Bge. ex Maxim. in Bull. Acad. Sci. St. Petersb. 24：33，1878；山西植物志 2：472，图版 285，1998.——*A. ulaschanensis* Franch.——*A. biondianus* Ulbr.

多年生草本。高 30~50cm，全株被丁字毛，呈灰绿色。羽状复叶有 13~25 片小叶，小叶条状矩圆形，长 4~13mm，宽 1~4mm，先端钝或微凹，基部宽楔形，两面被白色"丁"字毛，下面较密；托叶三角形。总状花序顶生或腋生；苞片小，卵圆形，较花梗稍长；花萼管状钟形，白色或黑色伏贴毛，萼齿三角形；花冠蓝紫色，子房有柄，被伏贴毛。荚果扁平，线状长圆形，长 17~30mm，被黑白色混生的伏贴毛。花期 7~8 月，果期 8~9 月。

分布于内蒙古、河北、山西、陕西北部、宁夏。生于山坡、荒漠草原地带沙质土上。山西分布于吕梁山区，本区见于紫金山、房山峪口。

4a. 长梗灰叶黄芪 *Astragalus discolor* var. *longipedicel* D. Z. Lu et H. Qu，北京林业大学学报 29（5）：106，2007.

该变种与原变种的区别在于花梗长于苞片，为苞片长的 3 倍。模式标本采自房山峪口，紫金山也有分布。

5. 扁茎黄芪（沙苑子）*Astragalus complanatus* Bge. in Mem. Acad. Sci. St. Petersb. VII. 11（16）：4. 1868 et 15（1）：1，1869；中国高等植物图鉴 2：419，图 2567，1972；山西植物志 2：481，图版 290，1998. —*A. pratensis* Ulbr. —*Phyllolobium chinense* Fisch.

多年生草本。茎平卧，长 20~100cm，稍扁，有棱，疏被毛。羽状复叶具 9~25 片小叶；小叶椭圆形或倒卵状长圆形，长 5~18mm，宽 3~7mm，先端钝或微缺，基部圆形，上面无毛，下面疏被毛；托叶离生。总状花序生 3~7 花，苞片钻形；花萼钟状，被短毛，萼齿披针形；花冠乳白色或带紫红色，子房有柄，密被白色粗伏毛，柱头被簇毛。荚果略膨胀，狭长圆形，长达 35mm，背腹压扁。花期 7~9 月，果期 8~10 月。

分布于东北、华北，河南、陕西、宁夏、甘肃、江苏、四川。生于沟岸、草坡。山西及本区广布。种子入药。

6. 达呼里黄芪 *Astragalus dahuricus*（Pall.）DC. Prodr. 2：285，1825；中国高等植物图鉴 2：422，图 2573，1972；山西植物志 2：476，图版 289，1998.

一二年生草本。高达 80cm，被开展的白色柔毛。羽状复叶有 11~19（23）片小叶；小叶长圆形、倒卵状长圆形，长 5~20mm，宽 2~6mm，先端圆或略尖，基部钝或近楔形；托叶狭披针形；总状花序长 3.5~10cm，有花 10~20 朵，苞片线形；花萼斜钟状，萼齿线形，上边 2 齿较萼部短，下边 3 齿较长；花冠紫色；子房有柄，被毛，胚珠多数。荚果线形，长 1.5~2.5cm，直立，内弯。花期 7~9 月，果期 8~10 月。

分布于东北、华北、西北，山东、河南、四川北部。生于山坡和河滩草地。山西及本区广布。可作饲料。

7. 草木樨状黄芪 *Astragalus melilotoides* Pall. It. III. App. 748. t. d（1-2），1776；中国高等植物图鉴 2：420，图 2569，1972；山西植物志 2：476，图版 287，1998.

多年生草本。高 1~1.5m，被白色短柔毛或近无毛。羽状复叶有 5~7 片小叶，小叶长圆状楔形或线状长圆形，长 7~20mm，宽 1.5~3mm，先端截形或微凹，基部渐狭，两面均被白色细伏贴柔毛；托叶三角状披针形。总状花序生多数花，稀疏，苞片小，披针形；花萼短钟状，被白色短伏贴柔毛，萼齿三角形；花冠白色或带粉红色；子房近无柄，无毛。荚果宽倒卵状球形或椭圆形，种子 4~5 颗。花期 7~8 月，果期 8~9 月。

分布于长江以北各地。生于向阳山坡、路旁草地或草甸草地。山西及本区广布。优良饲草、水土保持植物。

17. 木蓝属 *Indigofera* L.

灌木或草本。全株有"丁"字毛。奇数羽状复叶，稀单叶与掌状复叶，小叶全缘，对生或互生。总状或穗状花序腋生；花萼钟形，5 齿裂，下部裂片较长；花冠多紫红色；二体雄蕊(9+1)；子房无柄，具多数胚珠。荚果线状长圆形，开裂。

400 余种。中国约 120 种。山西 5 种，晋西黄土高原 2 种。

分种检索表

1. 小叶长 1.5cm 以上，7~11 枚，花冠长 1.5cm，荚果长 5~7cm……**1. 花木蓝 I. kirilowii**

1. 小叶长 1.5cm 以下，7~9 枚，花冠长 5mm，荚果长 2.5~3.5cm…………
…………………………………………………………………**2. 本氏木蓝 I. bungeana**

1. 花木蓝（吉氏木蓝）Indigofera kirilowii Maxim. ex Palibin. In Act. Hort. Pettrop. 14：114，1895；中国高等植物图鉴 2：385，图 2500，1972；山西植物志 2：442，图版 267，1998.

小灌木。高 30~100cm，茎丁字毛。羽状复叶有小叶 7~11，对生，椭圆形，稍倒阔卵形，长 1.5~3cm，宽 1~2cm，先端圆，有短尖，基部宽楔形，两面被"丁"字毛和柔毛。总状花序腋生；花萼钟形，疏被毛，萼齿不等长；花冠淡红色，长 1.8cm。荚果褐色，线状圆柱形，长 3.5~7cm。花期 5~6 月，果期 7~10 月。

分布于东北、华北、山东、河南、浙江。生于山坡林缘草地。山西太岳山有分布，本区见于人祖山，为该种在山西地理分布的新记录。常作观赏花木栽培。

2. 本氏木蓝（铁扫帚）Indigofera bungeana Walp. in Linnaea 13：525，1839；中国高等植物图鉴 2：389，图版 2507，1972；山西植物志 2：440，图版 260，1998.

直立灌木。高 40~100cm，全株被"丁"字毛。羽状复叶长 2.5~5cm，小叶 7~9，对生，椭圆形或倒卵形，长 5~1.5mm，宽 3~10mm，先端钝，有小尖头，基部圆形，两面被"丁"字毛；有小托叶或不明显，托叶早落。总状花序腋生，长 4~6(~8)cm；苞片线形；花梗长约 1mm；花萼钟形，萼齿三角状披针；花冠紫色或紫红色。荚果线状圆柱形，长约 2.5cm。花期 5~6 月，果期 8~10 月。

分布于华北、华中、华东、西南、西北，辽宁。生于山坡草地。山西五台山、太岳山、吕梁山有分布，本区见于房山峪口、人祖山。全草入药。

18. 槐属 Sophora L.

乔木、灌木或半灌木。奇数羽状复叶，小叶对生，全缘。顶生总状或圆锥花序；花萼 5 齿裂；花冠白色、黄色或蓝紫色；雄蕊 10，分离，或基部合生；子房有短柄，胚珠多数。荚果在种子尖缢缩呈念珠状，不开裂或迟开裂。

80 种。中国 23 种。山西 4 种 1 变种，晋西黄土高原 3 种。

分种检索表

1. 半灌木，常表现为多年生草本状，小叶线状披针形，先端白色……**1. 苦参 S. flavescens**

1. 乔木或灌木………………………………………………………………………………2

　2. 乔木，小叶卵圆形，先端渐尖，花黄绿色…………………………**2. 槐 S. japonica**

　2. 灌木，托叶针刺状，小叶椭圆形，先端圆，具小尖头，花蓝紫色…………
…………………………………………………………………………**3. 狼牙刺 S. vicrifolia**

1. 苦参 Sophora flavescens Ait. in Hort. Kew. Ed. 1. 2：43，1789；中国高等植物图鉴 2：357，图版 2444，1972；山西植物志 2：388，图版 234，1998.

半灌木或多年生草本。株高 60~120cm，幼枝被黄色细毛。奇数羽状复叶，小叶 15~25，线状披针形，长 2~4mm，宽 1~2cm，先端渐尖，基部圆形，下面有贴生毛。总状花序长 10~20cm；花萼钟状，5 短齿；花冠黄白色；花丝基部合生。荚果圆柱形，不明显念珠状，有长喙。花期 6~7 月，果期 8~9 月。

中国南北广布。山西各地均有分布，本区见于人祖山。根入药。

2. 槐 (国槐) Sophora japonica L. Mant. 1：68. 1767；DC. Prodr. 2：95，1825；中国高等植物图鉴 2：356，图 2441，1972；山西植物志 2：385，1998. —*Styphnolobium japonicum* Schott—*S. sinensis* Forrest—*S. mairei* Levl.

乔木。高达 25m，树皮具纵浅裂纹，当年生枝绿色。羽状复叶长达 25cm，叶柄基部膨大，具柄下芽，小叶 7~15，对生或近互生，卵状披针形或卵状长圆形，长 2.5~6cm，宽 1.5~3cm，先端渐尖，具小尖头，基部宽楔形或近圆形，稍偏斜；有小托叶；托叶形状多变，早落。圆锥花序顶生，常呈金字塔形，长达 30cm；花萼浅钟状，萼齿 5，近等大；花冠白色或淡黄色；雄蕊近分离，宿存。荚果串珠状，长 2.5~5cm，具肉质果皮，成熟后不开裂。花期 7~8 月，果期 8~10 月。

原产中国，现南北各地广泛栽培，华北和黄土高原地区尤为多见。山西及本区广布。树冠优美，花芳香，是行道树和优良的蜜源植物；花和荚果入药，木材供建筑用。

3. 白刺花 (狼牙刺) Sophora vicrifolia Hance. in Journ. Bot. 19：209；1881；中国高等植物图鉴 2：358，图 2445，1972；山西植物志 2：385，1998. —*S. moorcroftiana* var. *davidii* Franch. —*S. davidii* (Franch.) Kom. ex Pav.

灌木。高达 1~2.5m，枝条具锐刺。羽状复叶长 4~6cm，小叶 11~21，椭圆形或长卵形，长 5~8mm，宽 4~5mm，先端圆，具小尖头，基部宽楔形；托叶细小。总状花序顶生，具 6~12 朵花；花萼钟状，蓝紫色；花冠白色或蓝白色。荚果串珠状，长 2.5~6cm，密生毛。花果期 5~9 月。

分布于华北、西北、华中、西南等地。生于干旱山坡。山西太行山、太岳山、中条山有分布，本区见于人祖山，该种为山西地理分布的新记录。水土保持树种。

19. 刺槐属 Robinia L.

落叶乔木或灌木。奇数羽状复叶互生，小叶全缘；总状花序腋生、下垂；花萼钟形，二唇形；花冠白色或红色，旗瓣外翻；二体雄蕊(9+1)；子房有柄，胚珠多数。花柱先端有毛。荚果扁平条形，沿缝线有窄翅。

约 20 种。中国引种 2 种。山西及晋西黄土高原均有栽培。

分种检索表

1. 小枝上密生红棕色长硬毛，花红紫色，无托叶刺，荚果被毛⋯⋯⋯⋯**1. 毛洋槐 R. hispida**
1. 小枝被细毛或无毛，花白色，具托叶刺，荚果⋯⋯⋯⋯⋯⋯⋯**2. 刺槐 R. pseudoacacia**

1. 毛洋槐 (毛刺槐) Robina hispida L. in Mant. 101，1767；山西植物志 2：454，图版 273，1998. —*R. fertilis* Ashe. —*R. grandiflora* Ashe，—*R. longiloba* Ashe，—*R. pallida* Ashe，—*R. speciosa* Ashe.

落叶灌木。高 1~3m，栽培中常与刺槐嫁接，而呈小乔木状。小枝与叶轴密被紫红色硬腺毛及白色曲柔毛。羽状复叶长 15~30cm，小叶 12~15，椭圆形、卵形，长 1.8~5cm，宽 1.5~3.5cm，通常叶轴下部 1 对小叶最小，两端圆，先端芒尖，下面中脉疏被毛；小托叶芒状，宿存。总状花序腋生，除花冠外，均被紫红色腺毛及白色细柔毛，花 3~8 朵；苞片卵状披针形，早落；花萼紫红色，斜钟形，萼齿卵状三角形，先端尾尖至钻状；花冠红色至玫瑰红色；子房近圆柱形，长约 1.5cm，密布腺状突起，沿缝线微被柔毛。荚果长 5~8cm，扁平，密被腺刚毛。花期 5~6 月，果期 7~10 月。

原产北美，中国部分城市有少量引种。山西中部栽培，本区人祖山、房山峪口有种植。观赏树种。

2. 刺槐(洋槐) *Robinia pseudoacacia* L. Sp. Pl. 722，1753；中国高等植物图鉴 2：400，图 2529，1972；山西植物志 2：451，图版 274，1998.

乔木。高 10~25m，树皮深纵裂，具托叶刺。羽状复叶长 10~25cm；小叶 2~12 对，常对生，椭圆形、长椭圆形或卵形，长 2~5cm，宽 1.5~2.2cm，先端圆，微凹，具小尖头，基部圆至阔楔形，全缘；小托叶针芒状。总状花序长 10~20cm，花多数，芳香；苞片早落；花萼斜钟状，萼齿 5，三角形至卵状三角形；花冠白色，旗瓣反折，内有黄斑，翼瓣基部一侧具圆耳，龙骨瓣，前缘合生；子房线形，无毛。荚果线状长圆形，长 5~12cm。花期 4~6 月，果期 8~9 月。

原产美国东部，中国于 18 世纪末从欧洲引入，现全国各地广泛栽植。山西及本区习见。城乡绿化树种，又是速生用材和蜜源树种。

20. 锦鸡儿属 *Caragana* Lam.

落叶灌木。有些种类具有宿存的叶轴刺和托叶刺。偶数羽状复叶，互生或簇生，叶轴先端有刺尖，有时在仅有 2 对小叶的情况下，由于 2 对小叶间叶轴极短，而呈假掌状复叶；花单生，或 1~3 朵呈小伞形花序；萼筒背部稍肿胀，萼齿近等大，或上方 3 枚较小；花冠黄色，有时带红晕；旗瓣直伸；二体雄蕊(9+1)；子房有柄或无柄。荚果圆柱形，开裂。

80 余种。中国约 50 种。山西 12 种，晋西黄土高原 5 种。

分种检索表

1. 偶数羽状复叶具 2 对小叶，近生，似掌状复叶·····2
1. 偶数羽状复叶具 2 对以上小叶·····3
2. 花萼筒状钟形，基部偏斜，不呈囊状，花冠黄色，凋谢时变红色，荚果长 5cm·····**1. 红花锦鸡儿 C. rosea**
2. 花萼狭筒形，基部膨大呈囊状，花冠黄色，不变红，荚果长 2~2.5cm·····**2. 甘蒙锦鸡儿 C. opulens**
3. 子房及荚果扁平，有子房柄，柄长 2.5~3mm，荚果狭椭圆形，两端渐尖·····**3. 秦晋锦鸡儿 C. purdomii**
3. 子房及荚果稍膨胀，子房无柄·····4
4. 小叶两面密生绢状毛，花梗长 1.5~2.5cm，子房密生短柔毛，荚果长 2~3cm，先端急尖·····**4. 柠条锦鸡儿 C. korshinskii**
4. 小叶初被丝状柔毛，后脱落，花梗长 1cm，子房无毛，荚果长 4~5cm，先端渐尖·····**5. 小叶锦鸡儿 C. microphylla**

1. 红花锦鸡儿（金雀花）Caragana rosea Turcz. ex Maxim. in Prim. Fl. Amur. 470，1859；中国高等植物图鉴 2：403，图 2536，1972；山西植物志 2：459，图版 280：3-4，1998.—C. frutescens Harms.—C. frutex Chung.—C. wenhsienensis C. W. Chang var. inermis C. W. Chang

灌木，高 0.4~1m。小枝细长，具条棱，托叶脱落或宿存成针刺；假掌状复叶；小叶楔状倒卵形，长 1~2.5cm，宽 4~12mm，先端圆钝或微凹，具刺尖，基部楔形，近革质。花梗单生，长 8~18mm，关节在中部以上；花萼管状，常紫红色，萼齿三角形；花冠黄色，常带红晕，长 20~22mm。子房无毛。荚果圆筒形，长 3~6cm，具渐尖头。花期 4~6 月，果期 6~7 月。

分布于东北、华北、华东，河南、甘肃（南部）。生于山坡及沟谷。山西及本区广布。

2. 甘蒙锦鸡儿 Caragana opulens Kom. in Acta Hort. Petrop. 29：209，1909；中国高等植物图鉴 2：406，图 2541，1972；山西植物志 2：461，图版 278：1-2，1998.

小灌木，高 40~60cm。有宿存的托叶刺。假掌状复叶；小叶倒卵状披针形，长 3~12mm，宽 1~4mm，先端圆形或截平，有短刺尖。花梗单生，长 7~25mm，关节在顶部或中部以上；花萼钟状管形，长 8~10mm，宽约 6mm，无毛或稍被疏毛，基部显著具囊状突起；萼齿三角状，边缘有短柔毛；花冠黄色，有时略带红色，长 20~25mm；子房无毛或被疏柔毛。荚果圆筒状，长 2.5~4cm，花期 5~6 月，果期 6~7 月。

分布于华北、西北，四川北部、西藏昌都地区。生于干山坡、沟谷、丘陵。山西恒山、吕梁山有分布，本区见于房山峪口。

3. 秦晋锦鸡儿（刺毛锦鸡儿）Caragana purdomii Rehd. in Act. Hort. Petrop. 29：179.-380. t. 1-20.（gen. Crag. Monog.）1909；山西植物志 2：463，图版 279：1-4，1998.

灌木，高 1~2m。羽状复叶；小叶 5~8 对，倒卵状椭圆形，长 4~10mm，宽 3~6mm，先端圆形或钝，有短刺尖，基部截平，托叶刺硬化。花梗单生，长 1.5~2cm，关节在顶部或中部以上；花萼钟状管形，长 8~10mm，萼齿三角状，边缘有密柔毛；花冠黄色，长 30mm；子房具柄。荚果扁，狭长椭圆形。花期 5~5 月，果期 6~8 月。

分布于山西、陕西。生于干山坡、沟谷。山西中条山、吕梁山有分布，本区见于房山峪口。

4. 柠条锦鸡儿 Caragana korshinskii Kom. in Acta Hort. Petrop. 29：351. t. 13，1909；中国高等植物图 2：412，图 2554，1972；山西植物志 2：469，1998.

灌木，有时小乔状，高 1~4m。老枝金黄色，有光泽，具宿存的托叶刺。羽状复叶有 6~8 对小叶；小叶披针形或狭长圆形，长 7~8mm，宽 2~7mm，先端锐尖或稍钝，有刺尖，基部宽楔形，灰绿色，两面密被白色伏贴柔毛。花梗长 6~15mm，密被柔毛，关节在中上部；花萼管状钟形，密被伏贴短柔毛，披针状三角形；花冠黄色，长 20~23mm；子房披针形。荚果扁，披针形，长 2~2.5cm。花期 5 月，果期 6 月。

分布于内蒙古、宁夏、甘肃（河西走廊）。生于半固定和固定沙地。常为优势种。山西分布于西北地区，本区房山峪口栽培。优良固沙植物和水土保持植物。

5. 小叶锦鸡儿 Caragana microphylla Lam. Encycl 1：615，1783；中国高等植物图鉴 2：412，图 2553，1972；山西植物志 2：466，图版 283，1998.—C. altagana Poir.—

Robinia microphylla Pall. —*Aspalatus microphylla* Kuntze.

灌木，高 1~2(3)m。老枝深灰色或黑绿色。羽状复叶有 5~10 对小叶；小叶倒卵形或倒卵状长圆形，长 3~10mm，宽 2~8mm，先端圆或钝，具短刺尖；托叶脱落。花梗长约 1cm，近中部具关节，被柔毛；花萼管状钟形，萼齿宽三角形；花冠黄色，长约 25mm；子房无毛。荚果圆筒形，稍扁，长 4~5cm，具锐尖头。花期 5~6 月，果期 7~8 月。

分布于东北、华北，山东、陕西、甘肃。生于固定、半固定沙地。山西吕梁山、太行山、中条山有分布，本区见于房山峪口、人祖山。枝条可作绿肥；嫩枝叶可作饲草。固沙和水土保持植物。

21. 野豌豆属 *Vicia* L.

一年生或多年生草本。茎直立或蔓生。偶数羽状复叶，叶轴顶端有分叉的卷须或呈针刺状，小叶互生或对生；托叶半箭头形。花单生或为腋生总状花序；花萼钟形，基部偏斜，萼齿 5，通常下部 3 齿长；花冠蓝色、紫色或黄色；二体雄蕊(9+1)；子房有柄，胚珠多数，花柱圆形，顶部有髯毛。荚果开裂。

约 200 种。中国 30 种。山西 9 种，晋西黄土高原 5 种。

分种检索表

1. 偶数羽状复叶仅具 1 对小叶，叶轴先端针刺状 ··············**1. 歪头菜 *V. nuijuga***
1. 偶数羽状复叶具多对小叶，叶轴先端有卷须 ······································2
　2. 灌木状草本，茎直立，花长不及 1cm ···················**2. 大野豌豆 *V. gigantea***
　2. 蔓性草本 ··3
　　3. 一二年生草本，茎长 20~50cm，小叶倒卵形，先端凹陷，荚果条形，扁平，长 2.5~4.5cm ··**3. 大巢菜 *V. sativa***
　　3. 多年生草本，茎长 1~2m，荚果矩圆形，膨胀 ····································4
　　　4. 小叶矩圆形，先端平截，托叶半边箭头形，有大牙齿，荚果长 2cm ················**4. 山野豌豆 *V. amoena***
　　　4. 小叶卵状椭圆形，先端渐尖，托叶披针形，无牙齿，荚果长 1~2cm ················**5. 广布野豌豆 *V. cracca***

1. 歪头菜 *Vicia nuijuga* A. Br. in Ind. Sem. Hort. Berol.（App.）12，1853；中国高等植物图鉴 2：477，图 2683，1972；山西植物志 2：435，图版 257，1998.——*Orobus lathyroides* L.

多年生草本，高 60~100cm。茎直立，幼枝被疏柔毛。偶数羽状复叶仅 2 小叶，叶轴顶端为针刺状；小叶菱状卵形，长 3~10cm，先端急尖，基部斜楔形；托叶戟形，较大。总状花序腋生；花萼斜钟形，萼齿 5，三角形；花冠紫色或紫红色，长约 15mm；子房柄短，花柱上半部周围有短柔毛。荚果矩圆形，微扁，长 3~4cm。花期 7~8 月，果期 9~10 月。

分布于东北、华北、西北、西南、华东、华中各地。生于林缘草地。山西各地均有分布，本区见于紫金山。

2. 大野豌豆 *Vicia gigantea* Bge. in Mem. Acad. Sci. St. Petersb. Sav. Etrang. 2：93，1835；中国高等植物图鉴 2：483，图 2695，1972；山西植物志 2：3，图版 262：1-5，1998.

多年生灌木状草本，高 40~100cm。茎被疏柔毛。偶数羽状复叶，叶轴顶端有卷须，有叶 2~10，互生，卵状椭圆形，长 1.5~3.5cm，宽 0.7~1.7cm，先端钝，基部圆形，两面有毛，下面有粉霜；托叶小。总状花序腋生；花萼斜钟形，萼齿 5，披针形；花冠白色或淡青色，长不及 1cm；子房柄长，花柱顶端有短柔毛。荚果斜矩形，长 1~2cm。花期 6~7 月，果期 7~9 月。

分布于东北、华北、西北。生于山坡草地。山西各地均有分布，本区见于人祖山。

3. 大巢菜(救荒野豌豆) Vicia sativa L. Sp. Pl. 736，1753；中国高等植物图鉴 2：478，图 2686，1972；山西植物志 2：425，图版 258，1998.

一二年生草本，高 20~70cm。茎斜升或攀缘，被微柔毛。偶数羽状复，叶轴顶端具卷须有 2~3 分枝，小叶 2~7 对，对生，长椭圆形或倒卵形，长 0.8~2cm，宽 0.3~1cm，先端平截微凹，有细尖，基部楔形，两面疏生黄色柔毛；托叶半边箭形，有牙齿。花 1~2 (~4)腋生，近无梗；萼钟状，萼齿披针形；花冠紫红色或红色；子房微被柔毛，具短柄，花柱上部被淡黄色髯毛。荚果线形，长 3~6cm。花期 5~7 月，果期 7~9 月。

全国各地均产。生于田边草丛。山西中南部有分布，本区见于房山峪口。绿肥及优良牧草；全草药用。

4. 山野豌豆 Vicia amoena Fisch. ex DC. Prodr. 2：355，825；中国高等植物图鉴 2：482，图 2693，1972；山西植物志 2：428，图版 260：1-5，1998.

多年生草本，高 30~100cm。植株被疏柔毛。茎具棱，多分枝，细软，斜升或攀缘。偶数羽状复叶，顶端卷须 2~3 分枝；小叶 4~7 对，互生或近对生，椭圆形至卵披针形，长 1.3~4cm，宽 0.5~1.8cm，先端圆，微凹，基部近圆形，上面被贴伏长柔毛，下面粉白色；托叶半箭头形，长 0.8~2cm，边缘有 3~4 裂齿。总状花序有花 10~20(~30) 密集着生于花序轴上部；花萼斜钟状，萼齿近三角形；花冠红紫色、蓝紫色或蓝色花期颜色多变；子房无毛，花柱上部四周被毛。荚果长圆形，长 1.8~2.8cm。花期 4~6 月，果期 7~10 月。

分布于东北，华北、陕西、甘肃、宁夏、河南、湖北、山东、江苏、安徽等地。生于山坡草甸、灌丛中。山西分布及本区广布。优良牧草及绿肥；早春蜜源植物。

5. 广布野豌豆 Vicia cracca L. Sp. Pl. 127，1753；中国高等植物图鉴 2：481，图 2692，1972；山西植物志 2：428，图版 259：1-5，1998.

多年生草本。高 40~150cm，茎多分枝。攀缘或蔓生，有棱，被柔毛。偶数羽状复叶，叶轴顶端卷须有 2~3 分枝；小叶 5~12 对，互生或近对生，线形、长圆形或披针状线形，长 1.1~3cm，宽 0.2~0.4cm，先端尖锐或圆形，具短尖头，基部近圆形或近楔形，全缘；托叶披针形。总状花序有多数花，密集，一面向着生于总花序轴上部；花萼钟状，萼齿三角状披针形；花冠紫色、蓝紫色或紫红色，长约 0.8~1.5cm；旗瓣中部缢缩呈提琴形；花柱上部四周被毛。荚果长圆形或长圆菱形，长 2~2.5cm。花果期 5~9 月。

广布于中国各地。生于草甸、林缘、山坡、河滩草地及灌丛。山西及本区广布。饲料、绿肥；早春为蜜源植物。

22. 山黧豆属(香豌豆属) Lathyrus L.

一年生或多年生，直立草本或藤本。茎有棱或翅。偶数羽状复叶，叶轴先端常见卷须或刺毛；托叶有齿。花单生或为腋生的总状花序；花萼筒基部偏斜，背部凸起；子房具多数胚珠，花柱扁平，内侧有画笔状毛。荚果开裂。

约130种。中国30种。山西4种，晋西黄土高原1种。

1. 五脉香豌豆（五脉山黧豆）Lathyrus quinquenervius（Miq.）Litv. ex Kom. et Alis. in Abr. Man. Ident. Far. East. Pl. 280, 1925；中国高等植物图鉴2：486，图2702，1972；山西植物志 2：437，图版264：1，1998.—*Vicia quinquenervia* Miq.—*Lathyrus palustris* Linn. var. *linearifolius* auct. non Ser. Maxim

多年生草本。茎通直，高20~50cm，具棱及翅，有毛，后渐脱落。偶数羽状复叶，叶轴末端具不分枝的卷须，小叶1~2（~3）对，椭圆状披针形或线状披针形，长35~80mm，宽5~8mm，先端渐尖，具细尖，基部楔形，两面被短柔毛，老时毛渐脱落，具5条平行脉，两面明显凸出；托叶披针形到线形。总状花序腋生，具5~8朵花；萼钟状，被短柔毛；花紫蓝色或紫色，长（12）15~20mm；子房密被柔毛。荚果线形，长3~5cm。花期5~7月，果期7~9月。

分布于东北、华北，陕西、甘肃（南部）、青海（东部）。生于山坡、路旁。山西太岳山、太行山有分布，本区广布，为该种在山西地理分布新记录。

34. 牻牛儿苗科 Geraniacea

草本，稀为亚灌木或灌木。叶互生或对生，叶片通常掌状或羽状分裂，具托叶。伞形或聚伞花序腋生或顶生，稀花单生；花两性，辐射或两侧对称；萼片4~5，基部分离或合生；花瓣4~5；雄蕊5，或为花瓣2~3倍，2轮；蜜腺通常5，与花瓣互生；子房上位，心皮2~3~5，通常3~5室，每室1~3胚珠。果实为蒴果，通常由中轴延伸成喙，稀无喙，室间开裂或不开裂，种子具微小胚乳或无胚乳。

11属约850种。中国有4属约67种。山西3属9种，晋西黄土高原2属3种。

分属检索表

1. 叶羽状分裂，伞形花序2~5花，萼片先端有长芒，雄蕊10，5枚有花药，果熟时喙部螺旋状卷曲，果瓣内面有毛⋯⋯⋯⋯⋯⋯⋯⋯⋯⋯⋯**1. 牻牛儿苗属 Erodium**
1. 叶掌状分裂，聚伞花序具2花，萼片先端无芒，雄蕊10，全部具有花药，果熟时喙部不螺旋状卷曲，果瓣内面无毛⋯⋯⋯⋯⋯⋯⋯⋯⋯⋯⋯**2. 老鹳草属 Geranium**

1. 牻牛儿苗属 Erodium L.

一年生或多年生草本。茎直立、斜生或平铺。叶对生，一至多回羽状深裂。伞形花序腋生；花辐射对称，萼片5，先端有芒；花瓣5，蓝紫色或红紫色；雄蕊10，5枚有花药；子房长纺锤形。蒴果5瓣裂，果喙旋转。

约60种。中国原产3种。山西及晋西黄土高原1种。

1. 牻牛儿苗（太阳花）Erodium stephanianum Willd. Sp. Pl. 3：625，1800；中国高等植物图鉴2：530.1972；山西植物志2：547，图版332，1998.

多年生草本。通常高15~50cm，茎被柔毛，仰卧或蔓生。基生叶和茎下部叶具长柄；叶片轮廓卵形或三角状卵形，长5~10cm，宽3~5cm，二回羽状深裂，羽片2~3对，裂片条形；托叶三角状披针形。伞形花序腋生，2~3 花；萼片 5，矩圆状卵形；花瓣 5，蓝紫色，雌蕊被糙毛，花柱紫红色。蒴果长约 4cm，密被短糙毛。花期 4~5 月，果期 5~8 月。

分布于华北、东北、西北，四川(西北)和西藏。生于山坡、农田边、沙质河滩和草原凹地等。山西及本区广布。全草入药。

2. 老鹳草属 *Geranium* L.

一年生或多年生草本。叶片轮廓圆形，掌状分裂。聚伞花序通常有 2 朵花，花辐射对称，5 基生；雄蕊 10 枚，全部具花药；蜜腺 5，与花瓣互生；子房略肿胀，5 室，花柱 5；果熟时果瓣向上翻卷。

约 300 种。中国 65 种。山西 5 种，晋西黄土高原 2 种。

分种检索表

1. 叶掌状 5~7 裂，裂片几达基部，各裂片羽状深裂，蒴果长 3cm···**1. 草原老鹳草 *G. pratanse***
1. 叶掌状 3~5 裂，裂片达中部，各裂片羽状浅裂，蒴果长 2cm···**2. 鼠掌老鹳草 *G. sibiricum***

1. 草原老鹳草 *Geranium pratanse* L. Sp. Pl. 681. 1753；中国高等植物图鉴 2：524，图 2784，1972；山西植物志 2：540，图版 328，1998.

多年生草本。茎直立，高 40~50cm，疏被柔毛。叶对生；基生叶与下部叶有长柄，叶片轮廓肾状圆形，基部宽心形，直径 2.5~6cm，掌状 7 裂，裂片几达基部，各裂片羽状深裂，托叶披针形。花序具 2 花；萼片狭卵形，密被短毛和腺毛；花瓣蓝紫色。蒴果长 2~3cm。花期 6~7 月，果期 8~9 月。

分布于东北、华北，湖北、西北、四川。生于草原林缘。山西五台山、吕梁山有分布，本区见于人祖山。

2. 鼠掌老鹳草 *Geranium sibiricum* L. Sp. Pl. 683，1753；中国高等植物图鉴 2：530，图 2784，1972；山西植物志 2：543，图版 331，1998.

一年生或多年生草本。茎纤细，仰卧或近直立，高 30~70cm，被倒向疏柔毛。叶对生；基生叶和茎下部叶具长柄；下部叶片肾状五角形，基部宽心形，长 3~6cm，宽 4~8cm；掌状 3~5 裂，裂片达中部，各裂片羽状浅裂，上部叶片具短柄；托叶披针形。花序具 1 花或偶具 2 花；萼片卵状椭圆形或卵状披针形，背面沿脉被疏柔毛；花瓣倒卵形，淡紫色或白色。蒴果长 1~2cm，被疏柔毛，果梗下垂。花期 6~7 月，果期 8~9 月。

分布于东北、华北，湖北、西北、西南。生于林缘、疏灌丛、河谷草甸或为杂草。山西及本区广布。

35. 亚麻科 Linaceae

草本或灌木。单叶，全缘，互生或对生，有托叶或缺。花序为聚伞花序、二歧聚伞花序或蝎尾状聚伞花序；花整齐，两性；萼片分离，覆瓦状排列，宿存；花瓣常具柄，辐射对称或螺旋状，常早落，分离或基部合生；雄蕊与花被同数或为其 2~4 倍，排成 1 轮或有时具 1 轮退化雄蕊，花丝基部扩展，合生成筒或环；子房上位，2~5 室(心皮常由中脉处延伸成假隔膜，而呈假 4~10 室，但隔膜不与中柱胎座连合)，每室具 1~2 胚珠；中轴胎座，花柱与心皮同数。果实为室背开裂的蒴果或为含 1 粒种子的核果。

约 14 属 160 余种。中国 5 属 12 种。山西 1 属 3 种，晋西黄土高原 1 属 2 种。

1. 亚麻属 *Linum* L.

一年生或多年生草本。叶互生，狭窄条形，全缘，无柄。花单生叶腋，排成总状或聚伞花序；萼片 5；花瓣 5，易凋落，蓝色、白色或红色；雄蕊 5；子房 5 室，或假 10 室，每室胚珠 2，花柱 5。蒴果开裂或不开裂。

230 种。中国 6 种。晋西黄土高原 2 种。

分种检索表

1. 多年生，花直径 1.5cm ·················· **1. 宿根亚麻 *L. perrenne***
1. 一年生，花直径 1cm ·················· **2. 野亚麻 *L. stelleroides***

1. 宿根亚麻 *Linum perrenne* L.

多年生，株高 30~50cm。茎光滑，疏丛生。叶披针状条形，长 1.5~2cm。疏聚伞花序，蕾期下垂，花直径 1.5cm，淡蓝紫色。

原产欧洲。在本区为逸生种，见于人祖山、紫金山，为山西植物种的新记录。

2. 野亚麻 *Linus stelleroides* Planch. in Lond. Journ. Bot. 5：178，1838；中国高等植物图鉴 2：535，图 2800，1972；山西植物志 3：3，图版 2：3-4，2000.

一二年生，高 20~90cm。不分枝或自中部以上多分枝，无毛。叶互生，线形或狭倒披针叶，长 1~3cm，宽 1~2.5mm，顶尖锐或渐尖，基部渐狭，两面无毛。单花或多花组成聚伞花序；花直径约 1cm；萼片 5，宿存，绿色，边缘稍为膜质并有易脱落的黑色头状带柄的腺点；花瓣 5，倒卵形，顶端啮蚀状，淡红色、淡紫色或蓝紫色；子房 5 室。蒴果球形或扁球形，直径 3~5mm，有纵沟 5 条，室间开裂。花期 6~9 月，果期 8~10 月。

分布于东北、华北、西北、华东、华中等地。生于山坡、路旁和荒山地。山西五台山、吕梁山有分布，本区见于房山峪口、紫金山。茎皮纤维可供制人造棉；种子可供榨油、入药。

36. 蒺藜科 Zygophyllaceae

草本至矮小灌木。小叶对生或互生，单叶，2 小叶，或羽状复叶，常肉质；托叶小，常宿存。花两性，辐射对称，稀两侧对称，单生或 2 朵并生于叶腋，有时总状花序，或为圆锥、伞形花序；萼片 4~5，花瓣 4~5，覆瓦状或镊合状排列；雄蕊与花瓣同数，或比花瓣多 1~3 倍，生于花盘下，花丝有腺体；子房上位，有角或刺，通常 5 室，稀 2~12 室，每室胚珠 2 至多数。果为室间开裂的蒴果，果瓣有刺，稀为浆果状核果。

约 28 属 290 种。中国有 6 属 31 种 2 亚种 4 变种。山西 3 属 3 种，本区 1 属 1 种。

1. 蒺藜属 *Tribulus* L.

草本。偶数羽状复叶对生。花 5 基数，单生于叶腋；花瓣黄色；花盘环状，10 裂；雄蕊 10 枚，外轮 5 枚长，与花瓣对生，内轮 5 枚短，基部有腺体；子房 4~5 室，每室 1~5 胚珠。果由数个不开裂的分果瓣组成，各瓣具短棘刺 1 对。

约 20 种。中国 2 种。山西及晋西黄土高原 1 种。

1. 蒺藜 *Tribulus terrestrer* L. Sp. Pl. 387，1753；中国高等植物图鉴 2：538，图 2806，

1972；山西植物志 3：7，图版 4，2000.

一年生草本。茎平卧，枝长 20~100cm，全株被柔毛。偶数羽状复叶，长 1.5~5cm；小叶对生，3~8 对，矩圆形或斜短圆形，长 5~10mm，宽 2~5mm，先端锐尖或钝，基部稍偏斜，全缘。花腋生，黄色；雄蕊 10，生于花盘基部，基部有鳞片状腺体；子房 5 棱，柱头 5 裂，每室 3~4 胚珠。果有分果瓣 5，硬，长 4~6mm，中部边缘有锐刺 2 枚，下部常有小锐刺 2 枚，其余部位常有小瘤体。花期 5~8 月，果期 6~9 月。

全国各地有分布。生于沙地、荒地、山坡、路旁。山西及本区广布。果入药。

37. 芸香科 Rutaceae

常绿或落叶乔木、灌木或草本，有刺或无。叶互生或对生，单叶或复叶，通常有油点，无托叶。花两性或单性，辐射对称；聚伞花序，稀总状或穗状花序；萼片 4 或 5，常合生；花瓣 4 或 5，离生，有时无花萼与花瓣之分；雄蕊 4 或 5，或为花瓣数的倍数，着生于花盘基部，花丝分离或部分连生多束或呈环状，花药纵裂，药隔顶端常有油点；雌蕊通常由 2~5 个合生或分离心皮组成。肉质浆果、或核果、菁葖果、蒴果，稀翅。

约 180 属 1700 种。中国连同引进栽培共 29 属约 150 种。山西 9 属 14 种 1 变种，晋西黄土高原 3 属 3 种。

分属检索表

1. 灌木，有皮刺，整个叶面布满油腺点 ·······················**1. 花椒属 Zanthoxylum**
1. 乔木，无皮刺，油腺点分布于叶缘处 ·····································**2**
  2. 树皮木栓层较厚，有弹性，柄下芽，核果 ···············**2. 黄檗属 Phekkidedrum**
  2. 树皮木栓层不发达，裸芽，核果 ·······················**3. 吴茱萸属 Euodia**

1. 花椒属 Zanthoxylum L.

灌木或小乔木。有皮刺。奇数羽状复叶互生，小叶对生，全缘或有锯齿，具透明油腺点。花小，单性异株或杂性，圆锥花序；萼片、花瓣、雄蕊均 4~5，雄花有退化雌蕊；雌蕊由 2~5 离生心皮组成，每心皮 2 胚珠，花柱侧生。菁葖果，种子 1 粒，光亮。

约 250 种。中国 45 种。山西 2 种，晋西黄土高原 1 种。

1. 花椒 Zanthoxylum bungeanum Maxim. in Bull. Acad. Svi. St. Peters 16：212，1871；中国高等植物图鉴 2：539，图 2808，1972；山西植物志 3：10，图版 5，2000.

落叶灌木或小乔木。高可达 7m，茎枝有基部扩大的皮刺，节处有 2 枚扁平托叶状刺。奇数羽状复叶有小叶 5~11，叶轴有狭翅，背面有小皮刺，小叶卵形或卵状长圆形，长 1.5~4cm，宽 1~2cm，先端急尖，基部圆形，有钝锯齿，叶面布满透明油腺点。聚伞圆锥花序，长 2~6cm，顶生；花被 3~8，1 轮；雌花有 2~5(~7)离生心皮。菁葖果 1~3 集生，红色，果皮有油腺。花期 5 月，果期 8~10 月。

原产中国北部及中部，各地均有栽培。山西各地均有分布，本区见于人祖山。果实为著名的调味品，可入药；嫩芽可食；木材可制手杖。

2. 黄檗属 Phekkidedrum Rupr.

落叶乔木。木栓层发达，内皮黄色，具柄下芽。奇数羽状复叶对生，小叶有锯齿，齿间有油腺。单性异株，花小，淡绿色，排成顶生伞房状圆锥花序或聚伞花序；萼片与花瓣 5~8；雄蕊 5~8，长于花瓣；子房 5 室，每室 2 胚珠。浆果状核果，黑色，有胶黏质，味苦。

约 10 种。中国 6 种。山西及晋西黄土高原 1 种。

1. 黄檗 *Phekkidedrum amurense* Rupr. in Bull. dMath. Acad. Sci. st. Pffetersb. 15：353，1856；中国高等植物图鉴 2：551，图 2832，1972；山西植物志 3：15，图版 8，2000.

树高可达 15m。羽状复叶有小叶 5~13，卵状披针形，长 5~11cm，宽 2~4cm，先端渐尖，基部宽楔形，叶缘有钝细齿及缘毛，齿间有黄色油腺点，背面中脉基部有长柔毛。聚伞圆锥花序，花 5 数，直径 5~6mm；萼深裂，裂片三角形；花瓣内弯；雄蕊 5，与花瓣互生，雄花退化雌蕊不明显；雌花有 5 枚退化雄蕊，子房有短柄。果实直径约 1cm，有香味，种子 2~5。花期 5~6 月，果期 9~10 月。

分布于东北、华北、宁夏、河南。生于山地杂木林。山西南部有栽培，本区见于人祖山。优良用材树种、蜜源树种；内皮入药；可作园林观赏树种。

3. 吴茱萸属 *Euodia* Forst

常绿或落叶乔灌木。具裸芽。叶对生，单叶、3 小叶、或羽状复叶，小叶全缘，有油腺点。花小，单性异株，排成腋生或顶生的伞房状聚伞圆锥花序；萼片 4~5 裂；花瓣 4~5；雄蕊 4~5，生于花盘基部；雌蕊 4~5，心皮离生或合生，每室 2 胚珠。聚合或分果状蓇葖果，果皮革质；种子黑色，有光泽。

约 150 种。中国 25 种。山西及晋西黄土高原 1 种。

1. 臭檀（吴茱萸）*Euodia danielli* Hemsl. in Journ. Linn. soc. Bot. 23：104，1886；中国高等植物图鉴 2：549，图 2827，1972.

树高可达 15m，芽密被黄色短毛。羽状复叶有小叶 5~11，矩圆状卵针形，长 5~3cm，宽 3~5cm，先端渐尖，基部宽楔形，叶缘有钝细齿，齿间有黄色油腺点，背面脉腋有簇生长柔毛。聚伞圆锥花序顶生，花 5 数，直径 4~5mm；萼深裂，裂片三角形；花瓣白色；花丝下部有疏毛。蓇葖果红色，直径 6~7mm，果瓣 4~5，先端有喙。花期 5~7 月，果期 9~10 月。

分布于东北南部、华北，陕西、西南。生于低山杂木林。山西南部、东南部有分布，本区见于人祖山。木材制家具；果实入药；种子可制工业用油；可作园林观赏树种。

38. 苦木科 Simaroubaceae

乔木或灌木。叶互生，稀对生，羽状复叶；托叶缺或早落。花小，辐射对称，单性、杂性或两性；总状、圆锥状或聚伞花序；萼 3~5 裂；花瓣 3~5，或缺；花盘环状或杯状；雄蕊与花瓣同数或为花瓣的 2 倍；子房上位，通常 2~5 室，中轴胎座，或者心皮分离，花柱 2~5。翅果、核果或蒴果。

约 32 属 200 种。中国 4 属 12 种。山西 2 属 2 种，晋西黄土高原 1 属 1 种。

1. 臭椿属 *Ailanthus* Desf.

落叶乔木。羽状复叶，稀单叶，揉之有特殊气味。花小，杂性或单性异株，排成顶生圆锥花序；花 5 数，花盘 10 裂，雄蕊 10 枚，子房 2~5 深裂。果为长圆形的翅果，种子位于翅的中央。

约 10 种。中国 5 种。晋西黄土高原 1 种。

1. 臭椿 Ailanthus altissima（Mill）Swingle in Journ. Wash. Acad. Sci. 6：459，1916；中国高等植物图鉴 2：561，图 2852，1972；山西植物志 2：32，图版 18，2000，—*Tacicolen-dendro altissomum* Mill.

树高可达 20m，树皮平滑而有直纹。奇数羽状复叶，长 40~60cm，叶柄长 7~13cm，有小叶 13~27；小叶卵状披针形，长 7~13cm，宽 2.5~4cm，先端长渐尖，基部偏斜，截形或稍圆，两侧各具 1 或 2 个粗锯齿，齿背有 1 个揉碎后具臭味的腺体。圆锥花序长 10~30cm；花淡绿色，心皮 5。翅果长椭圆形，长 3~4.5cm，宽 1~1.2cm；种子位于翅中间，扁圆形。花期 4~5 月，果期 8~10 月。

中国几乎各地均有分布。山西及本区广布。耐干旱、盐碱，萌蘖能力强，可作水保树种；木材可供制器具；根入药；叶可饲椿蚕。

39. 楝科 Meliaceae

乔木或灌木。羽状复叶互生，稀单生，无托叶。花两性或杂性异株，辐射对称，圆锥花序；萼 4~5 裂，花瓣与萼裂片同数，分离或合生；雄蕊 8~10，花丝合成管状；具花盘；子房上位，4~5 室，每室胚珠 1 至多数。蒴果、浆果或核果。

约 47 属 800 种。中国 15 属 50 种。山西 3 属 3 种，晋西黄土高原 1 属 1 种。

1. 香椿属 Tonna Roem.

落叶乔木。羽状复叶互生，小叶全缘或有疏锯齿。圆锥花序顶生或腋生；花萼管状，5 齿裂，花瓣 5，远长于花萼；能育雄蕊 5 枚，生于花盘上，另有退化雄蕊 5 枚，与花瓣对生；子房有柄，5 室，每室胚珠 8~12。蒴果革质或木质，种子一端或两端有翅。

约 10 种。中国 4 种。山西及晋西黄土高原栽培 1 种。

1. 香椿 Tonna sinensis（A. Juss.）Roem. Fam. Nat. Reg. Veg. Syn. 1：139，1846；中国高等植物图鉴 2：561，图 2852，1972；山西植物志 2：34，图版 20，2000. —*Cedrela sin-nensis* A. Juss.

树高可达 25m，树皮条状剥落。偶数羽状复叶(偶见奇数者，但顶端小叶发育不好)，长 25~50m，有特殊气味；小叶 10~22，对生，小叶披针状长圆形或卵状披针形，长 6~15cm，宽 2.5~4cm，两面无毛或背面脉腋有髯毛。圆锥花序顶生，花小，白色，芳香。蒴果木质，椭圆形，长 1.5~3mm，种子一端有翅。

原产中国，江南有野生，各地现多为栽培。山西中南部有分布，本区见于人祖山。优质用材树种；嫩芽可食；树皮及果入药。

40. 远志科 Polygalaceae

一年生或多年生草本，灌木或乔木，罕为寄生小草本。单叶互生、稀对生或轮生，具柄或无柄，全缘，具羽状脉，稀退化为鳞片状。花两性，两侧对称，白色、黄色或紫红色，排成总状花序、圆锥花序或穗状花序，腋生或顶生，基部具苞片或小苞片；萼片 5，外面 3 枚小，里面 2 枚大，常呈花瓣状；花瓣 5，通常仅 3 枚发育，基部通常合生，中间 1 枚呈龙骨瓣状，顶端背面常具 1 流苏状或蝶结状附属物，稀无；雄蕊 4~8，花丝通常合生成向后开放的鞘(管)，花药顶孔开裂；子房上位，通常 2 室，每室具 1 胚珠，花柱 1，直立或弯曲，柱头 2，头状。蒴果，2 室，或为翅果、坚果；种子多被毛，通常种阜、胚乳有或无。

约 16 属近 1000 种。中国 4 属约 50 种。山西 1 属 3 种，晋西黄土高原 1 属 2 种 1 变型。

1. 远志属 *Polygala* L.

草本，稀亚冠木。单叶互生，稀轮生，全缘，有时退化为鳞片状或缺。穗状、总状、或圆锥花序；萼片 5，内面 2 枚较大，花瓣状；花瓣 3，下面 1 枚龙骨状，有冠状附属物；雄蕊 8，下部合生；子房 2 室，每室 1 胚珠。蒴果，种子有毛。

约 500 种。中国 40 种。山西 3 种，晋西黄土高原 2 种 1 变种。

分种检索表

1. 叶长圆形至椭圆状披针形 ·······················**1. 西伯利亚远志 P. sibirica**
1. 叶线状披针形 ··2
　2. 花蓝紫色 ···**2. 远志 P. tenuifolia**
　2. 花白色 ·······················**2a. 白花远志 P. tenuifolia f. alba**

1. 西伯利亚远志 *Polygala sibirica* L. Sp. Pl. ed 2：702，1753；中国高等植物图鉴 2：578，图 2885，1972；山西植物志 2：39，图版 23，2000.

多年生草本，高 10~30cm，茎被短柔毛。下部叶较小，卵形，长约 6mm，宽约 4mm，先端钝，上部叶大，披针形或椭圆状披针形，长 1~2cm，宽 3~6mm，先端钝，具骨质短尖头，基部楔形，全缘，略反卷，两面被短柔毛，主脉上面凹陷，背面隆起，侧脉不明显，具短柄。总状花序腋生或假顶生；花长 6~10mm，具 3 枚小苞片；萼片宿存，具缘毛，外面 3 枚披针形，里面 2 枚花瓣状，近镰刀形，先端具突尖，基部具爪；花瓣 3，蓝紫色，侧瓣倒卵形，2/5 以下与龙骨瓣合生，龙骨瓣较侧瓣长，背面被柔毛，具流苏状鸡冠状附属物；雄蕊 8，2/3 以下合生成鞘，且具缘毛；子房倒卵形，花柱顶端弯曲。蒴果近倒心形，径约 5mm，顶端微缺，具狭翅及短缘毛；种子密被白色柔毛，具白色种阜。花期 4~7 月，果期 5~8 月。

产全国各地。生于山地灌丛、林缘或草地。山西各地均有分布，本区见于紫金山。根皮入药。

2. 远志(细叶远志) *Polygala tenuifolia* Willd. Sp. Pl. 3：879，1800；中国高等植物图鉴 2：578，图 2886，1972；山西植物志 2：39，图版 22，2000. —P. sibirica Linn. var. angustifolia Ledeb. —P. sibirica Linn. var. tenuifolia (Willd.) Backer et Moore

多年生草本。高 15~50cm，主根粗壮。叶线形至线状披针形，长 1~3cm，宽 0.5~1(~3)mm，先端渐尖，基部楔形，全缘，反卷，无毛或极疏被微柔毛，近无柄。总状花序生于小枝顶端，细弱，长 5~7cm，通常略俯垂；花稀疏；苞片 3，披针形，早落；萼片宿存，外面 3 枚线状披针形，里面 2 枚花瓣状，倒卵形或长圆形，先端圆形，具短尖头，沿中脉绿色，周围膜质，带紫堇色，基部具爪；花瓣 3，紫色，侧瓣基部与龙骨瓣合生，基部内侧具柔毛，龙骨瓣较侧瓣长，具流苏状附属物；雄蕊 8，花丝 3/4 以下合生成鞘，具缘毛；子房扁圆形，顶端微缺，花柱弯曲，顶端呈喇叭形，柱头内藏。蒴果圆形，径约 4mm，顶端微凹，具狭翅；种子卵形，密被白色柔毛，种阜发达。花果期 5~9 月。

分布于东北、华北、西北、华中，四川。生于草原、山坡草地。山西及本区广布。根皮入药。

2a. 白花远志 *P. tenuifolia* f. *alba* D. Z. Lu，Journ. Beijing Forest. Univ. 25(2)：41，2003.

该变型与远志的区别在于花为白色。本区房山峪口、紫金山可见。

41. 大戟科 Euphorbiaceae

乔木、灌木或草本，稀为藤本。有些属具白色乳汁。叶多互生，少有对生或轮生，单叶，稀为复叶，或叶退化呈鳞片状，边缘全缘或有锯齿，稀为掌状深裂；有时基部或顶端具有 1~2 枚腺体；托叶早落或宿存。花单性，雌雄同株或异株，单生或组成各式花序，通常为聚伞或总状花序；萼片分离或在基部合生；花瓣有或无；花盘环状或分裂成为腺体状，稀无花盘；雄蕊 1 枚至多数，花丝分离或合生成柱状，雄花常有退化雌蕊；子房上位，3 室，稀 2 或 4 室或更多或更少，每室有 1~2 颗胚珠着生于中轴胎座上，花柱与子房室同数，分离或基部连合。蒴果，常从宿存的中央轴柱分离成分果瓣，或为浆果状或核果状；种子常有显著种阜，胚乳丰富、肉质或油质。

约 300 属 8000 种。中国 61 属约 400 种。山西 9 属 23 种，晋西黄土高原 6 属 9 种。

分属检索表

1. 植物体有乳汁，花序为杯状聚伞花序 ································· **1. 大戟属 Euphorbia**
1. 植物体无乳汁，花序不为杯状聚伞花序 ·· 2
  2. 灌木，子房每室 2 胚珠 ·· 3
  2. 草本，子房每室 1 胚珠 ·· 4
    3. 叶卵形，叶基圆形，花瓣黄色，花梗较长 ············· **2. 雀舌木属 Leptopus**
    3. 叶倒卵形，叶基楔形，无花瓣，花梗较短 ············ **3. 白饭树属 Flueggea**
      4. 高大草本，叶盾形，掌状浅裂，蒴果表面有刺毛 ········· **4. 蓖麻属 Ricinus**
      4. 植株较低矮，叶非盾形，蒴果外无刺毛 ·· 5
        5. 叶具基出三主脉，花序腋生，雄花无花瓣，雄蕊 8 ······ **5. 铁苋菜属 Acalypha**
        5. 叶脉为羽状脉，花序顶生，雄花有花瓣，雄蕊 10~15 ································
            ·· **6. 地构叶属 Speranskia**

1. 大戟属 Euphorbia L.

草本或亚灌木，具白色乳汁。叶互生、对生或轮生，全缘或有锯齿。花小，无花被，杯状聚伞花序单生，头状聚生，或再排成多歧聚伞状，小伞梗与总梗基部有对生或轮生的苞叶，花序的总苞杯状，边缘 4~5 裂，裂片弯曲处常有大而明显的腺体，并有花瓣状的附片；雄花由单一雄蕊构成，多数，生于总苞内雌花的周围；雌花单生于总苞中央，具长的子房柄伸出总苞外，3 室，每室 1 胚珠，花柱 3，离生或合生。蒴果，成熟时开裂为 3 个 2 瓣裂的分果瓣。

约 2000 种。中国 60 余种。山西 13 种，晋西黄土高原 4 种。

分种检索表

1. 地锦 Euphorbia humifusa Willd. ex Schlecht. Enum. Pl. Hort. Berol. suppl. 27，1814；中国高等植物图鉴 2：621，图 2971，1972；山西植物志 2：50，图版 28，2000. —*E. pseudochamaesyce* Fisch. —*E. tashimi* Hayata，—*Chamaesyce tashiroi* Hara

一年生草本。茎匍匐，自基部以上多分枝，长达 20~30cm，被柔毛或疏柔毛。叶对生，矩圆形或椭圆形，长 5~10mm，宽 3~6mm，先端钝圆，基部偏斜，略渐狭，边缘常于中部以上具细锯齿。花序单生于叶腋，总苞边缘 4 裂，腺体 4，矩圆形，边缘具白色或淡红色附属物；子房三棱状卵形，光滑无毛。蒴果三棱状卵球形。花果期 5~10 月。

除海南外，全国均有分布。生于原野荒地、路旁、田间。山西及本区广布。全草入药。

2. 大戟 (京大戟) Euphorbia pekinensis Rupr. in Maxim. Prim. Fl. Anur. 239，1859；中国高等植物图鉴 2：624，图 2974，1972；山西植物志 2：50，图版 29，2000. —*Galarheus pekinensis*（Rupr.）Hara

多年生草本，高达 30~80cm。茎被白色短柔毛。叶矩圆状披针形，长 3~8cm，宽 5~13mm，全缘，背面有白粉。总花序伞幅 5~9，每伞梗又 2 歧 4 分枝，基部总苞片卵状披针形；总苞边缘 4 裂，腺体椭圆形，无花瓣状附属物。蒴果三棱状球形，表面具疣状突起。花果期 5~10 月。

几遍全国。生于山坡、河岸草地。山西各地均有分布，本区见于人祖山。根入药。

3. 乳浆大戟 Euphorbia esula Linn. Sp. Pl. 461，1753；中国高等植物图鉴 2：622，图 2974，1972；山西植物志 2：56，图版 33，2000. —*E. esula* Linn. var. *cyparioides* Boiss.

多年生草本，高 15~40cm。茎有条纹，下部紫色，基部有不育枝。叶线形至卵形，长 2~7cm，宽 4~7mm，先端尖或钝尖，基部楔形至平截，在不育枝上叶常为松针状，长 2~3cm，直径约 1mm。总苞叶 3~5 枚，与茎生叶同形；伞幅 3~5，苞叶 2 枚，常为肾形，长 4~12mm，宽 4~10mm，先端渐尖或近圆，基部近平截。花序单生于二歧分枝的顶端，总苞边缘 5 裂，边缘及内侧被毛；腺体 4，新月形，两端具角；子房光滑无毛，花柱 3，分离。蒴果三棱状球形，直径 5~6mm，具 3 个纵沟，花柱宿存。花果期 4~10 月。

各地均有分布。本区见于人祖山。全草入药，具拔毒止痒之效。

4. 猫眼草 Euphorbia lunulata Bge. 中国高等植物图鉴 2：622，图 2974，1972.

多年生草本，高达 40cm。叶狭条形，长 2.5~5cm，宽 2~3mm。总花序伞幅 5~6，每伞梗又 3~4 分枝，苞叶扇状半月形至三角状肾形；总苞边缘 4~5 裂，腺体 4，新月形，两端具角，无花瓣状附属物。蒴果扁球形。花果期 5~10 月。

分布于东北、华北，山东。生于山坡、河岸草地。山西及本区广布。全草入药

2. 雀舌木属（雀儿舌头属）Leptopus Decne.

落叶灌木或亚灌木，稀多年生草本。单叶互生，全缘，有小托叶。花小，单性同株；雄花数朵，簇生于叶腋，萼片 5~6，花瓣 5~6，花盘 5 裂；雄蕊 5~6，与花瓣互生，退化雌蕊小；雌花单生，萼片较雄花大，花瓣小，不明显，子房 3 室，每室 2 胚珠，花柱 3，各 2 裂。蒴果裂为 3 个 2 裂的分果瓣；种子弯曲，光滑或有斑点。

20 余种。中国 9 种。山西及晋西黄土高原 1 种。

1. 雀儿舌头（黑构叶）Leptopus chinensis（Bge.）Pojark. in Nor. Syst. Herb. Inst. Botr. Aacad. Sci. URSS. 20：274，1960；中国高等植物图鉴 2：589，图 2908，1972；山西植物志 2：59，图版 34，2000. —Andrachne chinensis Bge.

小灌木，高可达 3m。叶卵形或披针形，长 1~4.5cm，宽 0.4~2cm，先端渐尖，基部圆形或宽楔形，稍不对称。雄花 5 基数，白色；雌花花盘 2 裂。蒴果扁球形，直径约 5mm。花期 4~6 月，果期 7~9 月。

分布于华东、华中，吉林、辽宁、河北、山西、陕西、云南、四川、广西。生于林缘灌丛、草地。山西各地均有分布，本区见于人祖山。

3. 白饭树属 Flueggea Willd.

落叶灌木。叶全缘，在小枝上 2 列互生，在主枝上螺旋状排列，有托叶。花小，无花瓣，单性同株或异株；雄花簇生，萼片 5 裂，雄蕊 5，长于萼片，花盘 5 裂，有退化雌蕊；雌花单生，子房 3 室，每室胚珠 2，花柱 3，基部合生，柱头 2 裂。蒴果近球形，萼片宿存。

约 10 种。中国 2 种。山西及晋西黄土高原 1 种。

1. 一叶荻（叶底珠）Flueggea sufffruticosa（Pall.）Baill. in Etud. Gen.. Euphorb. 502，1858；中国高等植物图鉴 2：587，图 2903，1972；中国植物志 44（1）：69，图版 19：4-9，1984；山西植物志 2：59，图版 35，2000. —Securinega suffruicosa（Pall.）Rehd.

灌木，高 1~3m。小枝具棱，上半部弓曲下垂。叶椭圆形、卵状矩圆形，长 1.5~6cm，宽 1~2.5cm，先端钝或尖，基部宽楔形，全缘或有波状钝齿。雌雄异株，花小，黄绿色；雄花 3~12 多簇生于叶腋，雌花单生，花盘不裂。蒴果三棱状扁球形，直径 5mm。

山西分布于恒山、五台山、吕梁山、太行山，本区见于人祖山。嫩枝、叶、花入药；可用于园林绿化。

4. 蓖麻属 Ricinus L.

一年生草本或草质灌木。叶互生，掌状 5~11 裂，叶柄盾状着生，有腺体。花单性，无花瓣、无花盘，密伞花序再排成圆锥状，雌花在花序上部，雄花在下部；雄花花萼 3~5 裂，雄蕊多数，花丝分枝；雌花萼片 5，早落，子房 3 室，每室 1 胚珠，花柱 3，红色，各 2 裂。蒴果球形，有软刺，裂为 3 个 2 裂的分果瓣；种子矩圆形，光滑，有斑纹。

仅 1 种，产于热带。中国许多地方均有栽培。

1. 蓖麻 *Ricinus communis* L. Sp. Pl. 1007，1753；中国高等植物图鉴 2：606，图 2942，1972；山西植物志 2：66，图版 38，2000.

在北方栽培多为株高 1~2m 的一年生草本。在南方可成为多年生灌木，枝具白粉。叶片轮廓圆形，掌状 5~11 裂，直径 15~60cm。裂片边缘有锯齿，叶柄长，盾状着生。圆锥花序与叶对生，长 10~30cm。蒴果直径 1~2cm。

原产非洲。中国普遍栽培。山西及本区习见。重要工业用油原料植物。可入药。

5. 铁苋菜属 *Acalypha* L.

草本、灌木或乔木。叶互生，有锯齿。花小，生于叶状苞片内，无花瓣；单性同株或异株，穗状或圆锥花序；雄花萼片 4，雄蕊 8；雌花 1~3 多簇生，萼片 3~4，子房 3 室，每室 1 胚珠，花柱 3，柱头羽状分裂。蒴果为 3 个 2 裂的分果瓣。

约 450 种。中国 15 种。山西 2 种，晋西黄土高原 1 种。

1. 铁苋菜 *Acalypha australis* L. Sp. Pl. 2：1004，1753；中国高等植物图鉴 2：605，图 2939，1972；山西植物志 2：68，图版 39，2000.

一年生草本，高 30~50cm。叶椭圆状披针形、卵状菱形，长 2.5~8cm，宽 1.5~3.5cm，基出三主脉。花单性同序，雄花生于穗状花序上端，雌花生于下端叶状苞片内，苞片三角状肾形，闭合时形如蚌壳，边缘有锯齿。蒴果钝三棱状，直径 3~4mm。花果期 7~10 月。

全国多数地区均有分布。生于路边草地。山西各地均有分布，本区见于人祖山。全草入药。

6. 地构叶属 *Speranskia* Baill.

多年生草本。茎直立，少分枝。叶互生，披针形，无柄，有锯齿。花单性同株，顶生穗状花序；雄花生于花序上部，每苞片内 3 朵，萼片膜质，花瓣 4~5，鳞片状，雄蕊 10~15；雌花萼片狭窄，子房 3 室，每室 1 胚珠，花柱 2 裂。蒴果三棱状球形，种子球形。

中国特有属，3 种。山西及晋西黄土高原 1 种。

1. 地构叶 *Speranskia tuberculata* Baill. in Etude Gen. Euphorb. 389，1858；中国高等植物图鉴 2：595，图 2919，1972；山西植物志 2：64，图版 37，2000.

株高 29~50cm，全株密被柔毛，茎基部木质。叶长圆形至披针形，长 3~5cm，宽 0.5~1.3cm，有疏锯齿。雄花萼片 5，花瓣 5，花盘腺体 5；雌花花瓣小，花盘壶状，子房被白色柔毛与疣状突起。蒴果扁球状三角形，有疣状突起。花果期 6~9 月。

分布于山东、江苏、河南、华北、西北。生于山坡草地。山西多地均有分布，本区见于人祖山。全草入药。

42. 漆树科 Anacardiaceae

乔木或灌木，稀藤本及草本。树皮有树脂道。叶互生，稀对生，单叶，掌状三小叶或奇数羽状复叶，无托叶或托叶不显。花小，辐射对称，两性、单性或杂性，排列成顶生或腋生的圆锥花序；花萼多少合生，3~5 裂；花瓣 3~5，分离或基部合生；雄蕊与花瓣同数或为其 2 倍极稀更多；花盘环状或坛状或杯状，全缘或 5~10 浅裂或呈柄状突起；子房上位，1~5 室，每室有胚珠 1 颗。果多为核果；种子无胚乳或有少量薄的胚乳。

约60属600余种。中国有16属57种。山西4属5种2变种，晋西黄土高原3属3种。

分属检索表

1. 灌木，单叶，花序中有不孕花，仅存羽毛状花梗……………………………………**1. 黄栌属 Cotinus**
1. 乔木，羽状复叶……………………………………………………………………………………2
  2. 圆锥花序生于枝顶，外果皮有腺毛，与中果皮合生，中果皮蜡质…**2. 青肤杨属 Rhus**
  2. 圆锥花序生于叶腋，外果皮光滑无毛，中果皮蜡质，分离……**3. 漆树属 Toxicodendro**

1. 黄栌属 Cotinus Mill.

落叶灌木或小乔木。单叶互生，全缘。花小，淡绿色，排成顶生圆锥花序，花序中不孕花的花梗长而被毛；花5基数，子房上位，1室，胚珠1，花柱侧生。核果压扁。

5种。中国3种。山西2变种，晋西黄土高原1变种。

1. 毛黄栌 Cotinus coggygria Scop. var. pubescens Engler. in Bot. Jahrb. 1：403，1881；中国高等植物图鉴2：640，图3009，1972；中国植物志45（1）：97，1980；山西植物2：82，图版46，2000.

落叶灌木，高2~4m。树汁具强烈气味，小枝有短柔毛。叶多为阔椭圆形，稀圆形，长5~7cm，宽4~6cm，先端圆形，基部圆形或阔楔形，全缘，沿叶脉密被灰白色绢状短柔毛。圆锥花序被柔毛，花杂性，径约3mm；花萼5裂，花瓣5，雄蕊5，花盘5裂，紫褐色；子房近球形，花柱3，分离，不等长。核果肾形，无毛。

分布于山西、山东、河南等。生于向阳山坡。山西吕梁山、太岳山、中条山、太行山有分布，本区见于人祖山。园林观赏树种，叶秋季变红；枝叶入药。

2. 青肤杨属 Rhus L.

乔木或灌木，有乳状汁液。奇数羽状复叶，或3小叶，叶轴有时有翅，小叶有锯齿或全缘。圆锥花序生于枝顶。花杂性或单性异株；花萼5（4~6），花瓣5（4~6），雄蕊5（4~6），生于花盘基部；子房上位，1室，胚珠1，花柱3。核果小，有腺毛及单毛，外果皮与中果皮合生，中果皮非蜡质。

约250种。中国6种。山西3种，晋西黄土高原1种。

1. 青肤杨 Rhus potaninii Maxim. in Act. Hort. Petrop. 11：110，1889；中国高等植物图鉴2：633，图2996，1972；山西植物2：75，图版43，2000. —*R. henry* Diels.

乔木，高达10m。冬芽半球形，被毛。羽状复叶叶轴无翅，或上端具窄翼，小叶7~9，卵状长圆形，长5~10mm，宽2~4mm，先端渐尖，基部近圆形，不对称，全缘，但幼树叶有明显锯齿。圆锥花序长10~18cm，花白色。核果直径3~4mm，稍压扁，红色，有腺毛。花期5~6月，果期8~9月。

分布于华北、华东、华中、西南。生于山坡疏林。山西分布于中条山、太岳山，本区见于人祖山，为该种在山西地理分布的新记录。枝上基生的五倍子虫瘿可供提取栲胶，亦可与叶、根入药。种子可供榨工业用油；木材用于细木工。

3. 漆树属 Toxicodendro（Toura.）Mill.

乔木或灌木。植物体有白色乳汁，具特殊气味。奇数羽状复叶互生，或三小叶，小叶全缘。圆锥花序腋生。花 5（4~6）数，雄蕊生于花盘基部，子房上位，下部埋于花盘中，1 室，胚珠 1，花柱上半部 3 裂。果序下垂，核果光滑无毛，外果皮与中果皮离生，中果皮蜡质。

约 40 种。中国 18 种。山西及晋西黄土高原 1 种。

1. 漆树 *Toxicodendro vernicifluum*（Stokes）F. A. Barkl. in Ann. Midl. Nat. 24：680，1940；中国高等植物图鉴 2：634，图 2998，1972；山西植物志 2：73，图版 41，2000. — *Rhus verniciflus* Stokes

落叶乔木，高达 20m。小枝粗壮，被棕色柔毛。羽状复叶叶轴无翅，或上端具窄翼，小叶 9~15，卵状长圆形，长 7~15cm，宽 2~6cm，先端渐尖，基部近圆形，不对称，全缘，两面脉上有短茸毛。圆锥花序长 12~25cm，花小而密集，直径 1mm，黄绿色。核果直径 6~8mm，稍压扁，光滑，中果皮蜡质。花期 5~6 月，果期 8~10 月。

除新疆外各地均有分布。生于山地阳坡。山西太岳山、中条山有分布，本区见于人祖山，为该种在山西地理分布新纪录。树皮可割取生漆，果皮可取蜡，种子可榨工业用油。木材用于细木工。花、果入药。

43. 卫矛科 Celastraceae

常绿或落叶乔木、灌木或木质藤本。单叶对生或互生；托叶细小，早落或无。花两性，单性或杂性同株；聚伞花序 1 至多次分枝，具有较小的苞片；花萼 4~5 裂，花瓣 4~5，离生，少为基部贴合；常具明显肥厚花盘；雄蕊与花瓣同数且互生，着生花盘之内；心皮合生，2~5 室，子房与花盘合生或分离，通常每室 1~2（6）胚珠。多为蒴果、翅果，少有核果、浆果；种子多少被肉质具色假种皮包围，稀无假种皮。

约 60 属 850 种。中国 12 属 201 种。山西 2 属 11 种 2 变种，晋西黄土高原 1 属 5 种。

1. 卫矛属 *Euonymus* L.

常绿或落叶乔木、灌木，亦有以气根攀附的藤本。小枝方形。单叶对生，稀轮生，叶缘有锯齿。聚伞花序腋生，花两性，淡绿色或紫色，4~5 基数，花盘扁平肥厚；子房 3~5 室，每室 1~2 胚珠。蒴果，具浅裂或深裂，有时棱脊上具翅，种子有红色假种皮。

约 200 种。中国约 120 种。山西 9 种 1 变种，晋西黄土高原 5 种。

分种检索表

1. 常绿灌木，叶革质，栽培 ································· **1. 冬青卫矛 E. japonica**
1. 落叶乔灌木 ·· **2**
  2. 小灌木，叶条形至条状披针形，长 1~3cm，宽 2~5mm ········ **2. 矮卫矛 E. nanus**
  2. 叶不为条形，较宽 ··· **3**
    3. 落叶小乔木，叶柄细长 ······················· **3. 明开夜合 E. bungenus**
    3. 灌木，枝具木栓翅，叶柄短于 2cm ····························· **4**
      4. 叶倒卵形，叶柄极短 ······························· **4. 卫矛 E. alatus**
      4. 叶卵状披针形，叶柄长 1~1.5cm ··········· **5. 栓翅卫矛 E. phellomanus**

1. 冬青卫矛（大叶黄杨）*Euonymus japonica* L. in Nov. psal. 3：208，1780；中国高等植物图鉴 2：665，图 3059，1972.

常绿灌木或小乔木。叶革质，有光泽，倒卵形或椭圆形，长 3~6cm，宽 2~3cm，叶柄长近 1cm，先端圆钝或急尖，基部阔楔形，边缘浅锯齿。一至二回二歧聚伞花序腋生，花白绿色，直径 6~7mm，4 基数；花盘肥厚。蒴果红色，直径约 8mm，具 4 浅沟，种子有红色假种皮。花期 5~6 月，果期 9~10 月。

原产日本。全国各地均有栽培，用于园林绿化。本区南北各县(市、区)均有栽培，该种为《山西植物志》增补种。

2. 矮卫矛 Euonymus nanus Bieb. in Fl. Taur. Cauc. 3：160，1819；中国高等植物图鉴 2：676，图 3081，1972；山西植物志 2：95，图版 55，2000. —*E. ternifolius* Hand. -Mazz.

落叶小灌木，直立或有时匍匐，高约 1m。枝条绿色，具多数纵棱。叶互生或 3 叶轮生，条形或条状披针形，长 1.5~3.5cm，宽 2.5~6mm，先端钝，具短刺尖，基部钝或渐窄，边缘具稀疏短刺齿，常反卷，近无柄。聚伞花序 1~3 花；花紫绿色，直径 7~8mm，4 数，子房每室 2~6 胚珠。蒴果粉红色，扁圆，4 浅裂，直径约 9mm；种子稍扁球状，假种皮橙红色，包被种子一半。花期 5~7 月，果期 8~9 月。

分布于内蒙古、山西、陕西、宁夏、甘肃、青海、西藏。生于干旱山坡。山西吕梁山有分布，本区见于房山峪口、紫金山。

3. 明开夜合(白杜、丝绵木) Euonymus bungeanus Maxim. in Prim. Fl. Amur. 470，1859；山西植物志 2：95，图版 54，2000.

落叶小乔木，高达 8m。叶对生，卵状椭圆形或近圆形，长 4~8cm，宽 2~5cm，先端长渐尖，基部阔楔形或近圆形，边缘具细锯齿，叶柄通常细长，常为叶片的 1/4~1/3。聚伞花序 3 至多花；花 4 数，淡白绿色或黄绿色，直径约 8mm。蒴果倒圆心状，4 浅裂，直径约 1cm，成熟后果皮粉红色；种子长椭圆状，长 5~6mm，假种皮橙红色，全包种子，成熟后顶端常有小口。花期 5~6 月，果期 9 月。

除西南、华南外，各地有野生。生于山坡林缘。山西及本区广布。树皮与根入药，木材供细木工用。

4. 卫矛 Euonymus alatus (Thunb.) Sieb. in Verch. Batve. Genoot. Runst. Wetenseh. 12：49，1830；中国高等植物图鉴 2：677，图 3083，1972；山西植物志 2：92，图版 52，2000.

落叶灌木，高 13m。枝条常具 4 条较宽的木栓翅。叶倒卵状椭圆形，长 3cm，宽 1.5~3.5cm，先端渐尖或突尖，基部楔形，边缘细锯齿，叶柄极短。二歧聚伞花序腋生，花淡绿色，4 基数，直径 5~7mm。蒴果紫色，4 深裂，有时仅 1~2 心皮发育。花期 4~5 月，果期 9~10 月。

除新疆、青海、西藏外，全国均产。生于山地杂木林。山西分布于中条山、太岳山、吕梁山，本区广布。木栓供药用。种子可榨取工业用油。

5. 栓翅卫矛 Euonymus phellomanus Loes. in Bot. Jahrb. 29：444，900；中国高等植物图鉴 2：671，图 3071，1972；山西植物志 2：92，图版 53，2000.

落叶灌木或小乔木，高达 5m。枝上长有长条状厚木栓翅。叶长椭圆状披针形，长 6~12cm，宽 2~4cm，先端渐尖，基部楔形，边缘细密锐锯齿，叶柄长 1~1.5cm。花白色，4 基数，直径 1cm。蒴果粉红色，倒心形，4 浅裂；假种皮橘黄色。花期 6~7 月，果期 9 月。

分布于东北、华北、华中、西北等地。生于林缘、谷地。山西中条山、五台山有分布，本区见于人祖山，为该种在山西地理分布新记录。

44. 槭树科 Aceraceae

落叶乔木或灌木，稀常绿。叶对生，具叶柄，无托叶，单叶稀羽状或掌状复叶，不裂或掌状分裂。花序伞房状、穗状或聚伞状；花小，绿色或黄绿色，稀紫色或红色，整齐，两性、杂性或单性，雄花与两性花同株或异株；萼片 5 或 4，覆瓦状排列；花瓣 5 或 4；花盘环状、褥状或现裂纹；雄蕊 4~12，通常 8；子房上位，2 室，花柱 2 裂仅基部连合，柱头常反卷，子房每室具 2 胚珠，每室仅 1 枚发育。果实系小坚果常有翅又称翅果；种子无胚乳，子叶扁平，折叠或卷折。

2 属约 200 种。中国 2 属 140 余种。山西 1 属 12 种 1 变种，晋西黄土高原 1 属 6 种。

1. 槭树属 Acer L.

落叶乔木或灌木，稀常绿。叶对生，不分裂或掌状分裂，稀羽状复叶及掌状复叶。花序顶生，伞房状、穗状或聚伞状；花小，多为绿色或黄绿色，整齐，两性、杂性或单性，萼片、花瓣 5 或 4；花盘环状或缺；雄蕊 8(4~12)；子房上位，2 心皮 2 室，花柱 2 裂。小坚果具翅，又称双翅果。

约 200 种。中国 140 种。山西 12 种 1 变种，晋西黄土高原 6 种。

分种检索表

1. 花序为总状花序 ·· 2
1. 花序为伞房花序或圆锥状 ··· 3
　2. 叶片长卵形，不分裂，基部圆形或浅心形 ················· **1. 青榨槭 A. davidii**
　2. 叶片广卵形，3~5 掌状浅裂，基部心形 ············· **2. 青楷槭 A. tegmentosum**
　　3. 花序为圆锥花序，叶片长卵形，3~5 浅裂，双翅果锐角张开 ···················
　　　·· **3. 茶条槭 A. ginnata**
　　3. 花序为伞房花序 ··· 4
　　　4. 叶掌状 3 深裂达叶片 4/5，双翅果直角张开 ········· **4. 细裂槭 A. stenolubus**
　　　4. 叶掌状 5 裂达中部，双翅果钝角张开 ·· 5
　　　　5. 叶基多心形，果翅长为果核的 2 倍 ··············· **5. 色木槭 A. mono**
　　　　5. 叶基多平截，果翅常与果核等长 ············· **6. 元宝枫 A. truncatum**

1. 青榨槭 Acer davidii Franch. in Nouv. Alrch. Mus. Paris. 2(8) 212, 1886；中国高等植物图鉴 2：709，图 3148，1972；中国植物志 46：220，图版 65：1-2，1981；山西植物志 2：109，图版 63，2000.

落叶乔木，高 10~15m。树皮蛇皮状纵裂。叶卵形至长卵形，长 6~14cm，宽 4~9cm，先端锐尖或渐尖，基部心形或圆形，边缘不整齐锯齿；羽状脉 11~12 对，叶柄长 2~5cm。总状花序；杂性同株，花黄色，萼片 5，花瓣 5，雄蕊 8。小坚果连同翅长 2.5~3cm，张开成钝角或平角。花期 4~5 月，果期 9~10 月。

分布于华北、华东、中南、西南。山西太岳山、中条山有分布，本区见于人祖山，为该种在山西地理分布新记录。木材可供制家具。

2. 青楷槭 Acer tegmentosum Maxim. in Bull. Phys. -Math. Acad. Sei. Sci. St. Peersb. 15：125.（in Met. Biol. 2：415）1856；中国高等植物图鉴 补编2：287，1983.

落叶乔木，高 10~15m。叶广卵形，掌状 3~5 浅裂，长 10~16cm，宽 7~14cm，基部心脏形；裂片三角卵形，先端短尖头，边缘有锐尖重锯齿，掌状脉 5 条，背部脉腋间有黄色簇毛，叶柄长 3~8cm。总状花序；杂性同株，萼片 5，花瓣 5，雄蕊 8。小坚果连同翅长 2.5~3cm，长为果核 2 倍，张开成钝角或平角。花期 4~5 月，果期 9~10 月。

主要分布于东北、华北地区。本区见于人祖山，该种为山西植物新记录种。木材可供制家具。

3. 茶条槭 Acer ginnata Maxim. in Bull. Phys. Math. Acad. Sci. St. Petersb. 15：125，1856；中国高等植物图鉴2：704，图 3137，1972；中国植物志46：204，图版36：1，1981；山西植物志2：106，图版61：2，2000.

落叶灌木或小乔木，高 6m。叶长椭圆形，3~5 浅裂或不裂，长 6~10cm，宽 4~6cm，先端渐尖，基部圆形或浅心形，边缘不规则重锯齿，叶柄长 4~5cm。伞房花序；花白色，杂性同株，萼片 5，花瓣 5，雄蕊 8，着生于花盘的内缘，子房被长柔毛。小坚果连同翅长 2.5~3cm，张开成锐角，近平行。花期 4~5 月，果期 7~8 月。

分布于东北、华北。山西吕梁山、太岳山有分布，本区见于人祖山、紫金山。

4. 细裂槭 Acer stenolobus Rehd. in Journ. Arn. Arb. 3：216，1922；中国高等植物图鉴 补编2：278，1983；中国植物志46：176，1981；山西植物志2：109，图版62，2000.——*A. pilosum* var. *stenolobus*（Rehd.）Fang

落叶乔木，高 5m。叶长椭圆形，长 4~5cm，宽 3~6cm，先端渐尖，基部圆形或浅心形，3 深裂，裂达叶片 4/5，裂片卵状披针形，全缘或上部有少数细锯齿，侧裂片开展，叶柄长 4~5cm。圆锥状伞房花序；花淡绿色，杂性同株，萼片 5，花瓣 5，雄蕊 8，着生于花盘的内缘，子房被长柔毛。小坚果连同翅长 2.3~2.5cm，张开成直角。花期 4~5 月，果期 8~9 月。

分布于内蒙古、山西、陕西、甘肃。山西西部有分布，本区见于人祖山。

5. 色木 Acer mono Maxim. in Bull. Phys. Math. Acad. Sci. St. Petersb. 15：126，1856；中国高等植物图鉴2：665，图 3059，1972；中国植物志46：94，1981；山西植物志2：104，图版59：2，2000.

落叶乔木，高 8~10m。叶掌状 5(7) 裂，长 5~10cm，宽 8~12cm，裂片卵形，裂至叶片中部，先端渐尖或尾尖，全缘，基部心形；掌状脉 5 条，叶柄长 4~5cm。伞房花序；花黄绿色，杂性同株，萼片 5，花瓣 5，雄蕊 8，着生于花盘的内缘，子房无毛。双翅果长 2cm，翅长为小坚果 2 倍以上，张开成钝角。花期 4~5 月，果期 9~10 月。

自东北到长江流域广泛分布。山西五台山、太岳山、中条山、吕梁山有分布，本区见于人祖山。用于园林绿化，木材可供制家具。

6. 元宝枫 Acer truncatum Bge. in Mem. Acad. Sc. St. Petersb. Sav. Etr. 2：84（Enum. Pl. Chin. Bor. 10. 1833.）1835；中国高等植物图鉴2：699，图 3127，1972；中国植物志46：93，图版18：2，1981；山西植物志2：104，图版59：1，2000.

落叶乔木，高 20m。叶掌状 5 裂，宽长圆形，长 5~8cm，宽 9~12cm，基部截形稀近于心脏形；裂片三角卵形或披针形，先端锐尖或尾状锐尖，边缘全缘，裂至叶片中部。掌状脉 5 条，叶柄长 3~5cm。伞房花序；花黄绿色，杂性同株，萼片 5，花瓣 5，雄蕊 8，着生于花盘的内缘，子房嫩时有黏性。双翅果成熟时淡黄色或淡褐色，常成下垂的伞房果序；小坚果压扁状，长 1.3~1.8cm，宽 1~1.2cm；翅长圆形，与小坚果等长，张开成锐角或钝角。花期 4 月，果期 8 月。

产东北、华北、华东、华中、甘肃、陕西。生于疏林中。山西恒山、五台山、吕梁山、太行山有分布，本区房山峪口有栽培。优秀的园林绿化树种；木材供细木工用。

45. 无患子科 Sapindaceae

乔木或灌木，稀为草质藤本。叶互生，羽状复叶或掌状复叶，很少单叶，通常无托叶。圆锥花序或总状花序；花通常小，单性或两性，辐射对称或两侧对称；萼片 4~5，花瓣 4~5，有时缺；花盘肉质，显著；雄蕊 5~10，通常 8，2 轮，着生在花盘内或花盘上，雌蕊由 2~4 心皮组成，子房上位，2~4 室，通常多为 3 室，每室 1~2 胚珠，中轴胎座或侧膜胎座，花柱顶生或着生在子房裂片间，柱头单一或 2~4 裂。果为室背开裂的蒴果，或不开裂而浆果状或核果状，全缘或深裂为分果瓣；种子每室 1 颗，假种皮有或无。

约 143 属 2000 余种。中国 2 属 40 余种。山西 3 属 3 种，晋西黄土高原 2 属 2 种。

分属检索表

1. 叶一至二回羽状复叶，花冠两侧对称，硕果膜质囊状 ……………………**1. 栾树属 *Koelreutria***
1. 叶一回羽状复叶，花冠辐射对称，蒴果木质，球形 …………………**2. 文冠果属 *Xanthoceras***

1. 栾树属 *Koelreutria* Laxm.

落叶乔木或灌木。一至二回奇数羽状复叶，小叶有锯齿或全缘。顶生圆锥花序；花黄色，杂性，两侧对称，花萼 5 裂，不等大；花瓣 4，花盘偏于一侧，雄蕊 8，子房 3 室，每室 2 胚珠，花柱 3。蒴果囊状。

约 6 种。中国均产。山西及晋西黄土高原 1 种。

1. 栾树 *Koelreutria paniculata* Laxm. in Nov. Comm. Acad. Sci. Petrop. 16：561，1772；中国高等植物图鉴 2：723，图 3175，1972；山西植物志 2：121，图版 69，2000.

落叶乔木，高达 15m。小枝有柔毛。奇数羽状复叶，有时为二回羽状复叶；叶片长 20~40cm，小叶 7~15，卵状披针形，长 3.5~7.5cm，宽 2.5~3.5cm，先端渐尖，基部楔形，边缘有锯齿或不规则分裂，两面有毛。圆锥花序开展，长 25~40cm，密被柔毛；萼 5 裂，有缘毛；花瓣 4，条形，黄色，向上反曲，喉部有红色斑点；雄蕊 8，花盘偏斜；子房三棱形。蒴果三棱锥形囊状，长 4~6cm；种子球形，黑色。花期 5~8 月，果期 9~10 月。

分布于东北、华北、西北、华东、西南。山西及本区广布。耐寒、耐旱、耐瘠薄，可作为水土保持树种。广泛用于园林绿化；嫩芽(称为木兰芽)可食。

2. 文冠果属 *Xanthoceras* Laxm.

仅 1 种。产中国西北部至东北部。

1. 文冠果 (木瓜) *Xanthoceras sorbifolia* Bge. in Enum. Pl. China Bor. Coll. 11, 1831；中国高等植物图鉴 2：725，图 3179，1972；山西植物志 2：121，图版 70，2000.

落叶灌木或小乔木，高 2~5m。奇数羽状复叶，长 15~30cm；小叶 9~19 枚，披针形或近卵形，两侧稍不对称，长 2.5~6cm，宽 1.2~2cm，顶端渐尖，基部楔形，边缘有锐锯齿，顶生小叶通常 3 深裂，深绿色，无毛或腹面中脉上有疏毛。总状花序，两性花的花序顶生，雄花序腋生，萼片 5，两面被灰色茸毛；花瓣 5，白色，基部紫红色或黄色，有清晰的脉纹，长约 2cm，宽 7~10mm，抓之两侧有须毛；花盘裂片有角状附属体；子房被灰色茸毛。蒴果球形，木质，长达 6cm；种子长达 1.8cm，黑色而有光泽。花期 4~5 月，果期 7~8 月。

分布于中国北部和东北部。野生于丘陵山坡等处，各地也常栽培。山西及本区广布。种仁可鲜食，种仁油营养价值很高，是中国北方很有发展前途的木本油料植物。花美丽，可用于园林绿化，又是蜜源树种。

46. 凤仙花科 Balsaminaceae

一年生或多年生草本，茎通常肉质。单叶，螺旋状互生、对生或轮生，具柄或无柄，无托叶。花两侧对称，排成腋生或近顶生总状或假伞形花序；萼片 3，稀 5 枚，侧生萼片离生或合生，下面 1 枚萼片（亦称唇瓣）较大，花瓣状，基部渐狭或急收缩成具蜜腺的距；稀无距；花瓣 5 枚，分离，位于背面的 1 枚花瓣（即旗瓣）离生，背面常有鸡冠状突起，下面的侧生花瓣成对合生成 2 裂的翼瓣；雄蕊 5 枚，与花瓣互生，在雌蕊上部合生，环绕子房和柱头，花药 2 室，缝裂或孔裂；雌蕊由 4 或 5 心皮组成；子房上位，4 或 5 室，每室具 2 至多数倒生胚珠；中轴胎座。果实为肉质蒴果，弹裂为 4~5 瓣，将种子弹出，稀为假浆果；种子无胚乳，种皮光滑或具小瘤状突起。

2 属 900 余种。中国 2 属 200 余种。山西 1 属 3 种，晋西黄土高原栽培 1 属 1 种。

1. 凤仙花属 Impatiens L.

肉质草本。单叶互生、对生或轮生，无托叶，叶柄具腺体。花两性，左右对称，单生或簇生于叶腋，萼片 3，两侧较小，绿色，下面 1 枚较大，花瓣状，基部延伸为距；花瓣 5，不等大，因两侧成对愈合而成 3 片；雄蕊 5，与花瓣互生，花药围绕花柱连合，子房上位，5 室，每室 3 至多数胚珠。蒴果，成熟开裂，种子弹射传播。

约 500 种。中国 180 种。山西 3 种，晋西黄土高原栽培 1 种。

1. 凤仙花 (指甲花) *Impatiens balsamina* L. Sp. Pl. 938，1753；中国高等植物图鉴 2：735，图 3200，1972；山西植物志 2：128，图版 73，2000.

一年生草本，高 60~100cm。茎粗壮，肉质。叶互生，最下部叶有时对生，叶片披针形、椭圆形或倒披针形，长 4~12cm，宽 1.5~3cm，先端尖或渐尖，基部楔形，边缘有锐锯齿，基部常有数对无柄的黑色腺体，叶柄长 1~3cm，两侧具数对具柄的腺体。花单生或 2~3 朵簇生于叶腋，白色、粉红色或紫色，单瓣或重瓣；下面 1 枚萼片长 1.3~2cm，基部急尖成长 1~2.5cm 内弯的距；背面 1 枚花瓣兜状，先端微凹，两侧花瓣合生，2 裂，外缘近基部具小耳；雄蕊 5；子房纺锤形，密被柔毛。蒴果宽纺锤形，长 10~20mm；种子多数，圆球形。花果期 7~10 月。

中国各地庭园广泛栽培，为习见的观赏花卉。本区见于人祖山。民间常用其花及叶染指甲；茎及种子入药。

47. 鼠李科 Rhamnaceae

灌木、乔木，或藤状灌木，稀草本，通常具刺。单叶互生或近对生，全缘或具齿，具羽状脉，或三至五基出脉；托叶小，早落或宿存，或有时变为刺。花小，辐射对称，两性或单性，稀杂性；雌雄异株，常排成聚伞花序、穗状圆锥花序、聚伞总状花序、聚伞圆锥花序，有时数个簇生；萼钟状或筒状，4~5 裂；花瓣 4~5，通常较萼片小，有时无花瓣；雄蕊 4~5，与花瓣对生；花盘明显发育；子房无柄，上位，或部分埋于花盘内，2~4 室，每室有 1 基生的倒生胚珠，花柱不分裂或上部 2~4 裂。核果或蒴果。

约 58 属 900 余种。中国 14 属约 133 种。山西 6 属 17 种 5 变种，晋西黄土高原 3 属 8 种。

分属检索表

1. 托叶刺状，叶具 3 主脉 ·· **1. 枣属 Ziziphus**
1. 托叶不呈针刺状，有枝刺，叶为羽状脉 ·· 2
  2. 花有花梗，腋生聚伞花序 ·· **2. 鼠李属 Rhamnus**
  2. 花无花梗，总状花序 ·· **3. 雀梅藤属 Sageretia**

1. 枣属 *Ziziphus* Mill.

乔木或灌木。单叶互生，全缘或有锯齿，基出 3~5 脉。托叶常成刺。聚伞花序腋生，花小，两性；萼片 5，内面有凸起的中肋；花瓣 5；雄蕊 5；花盘肉质，5~10 裂；子房上位，下部埋于花盘内，2 室，每室 1 胚珠，花柱 2 裂，肉质核果。

约 100 种。中国 12 种 3 变种。山西 2 种 2 变种，晋西黄土高原 2 种。

分种检索表

1. 果长圆形，果肉肥厚，核两端尖，栽培 ·· **1. 枣 Z. jujuba**
1. 果圆形，果肉薄，核两端钝 ·· **2. 酸枣 Z. acidojujuba**

1. 枣 *Ziziphus jujuba* Mill. Gard. Diet. ed. 8，no. 1，1768；中国高等植物图鉴 2：754，1972，图 3237；中国植物志 48（1）：133，1984；山西植物志 2：156，图版 89：1，2000. —*Z. jujube* var. *inermis*（Bge.）Rehd.

落叶小乔木。高达 10 余米；枝条分为长枝、短枝（枣股）与脱落性当年生小枝（枣吊），长枝呈"之"字形曲折，具 2 个托叶刺，长刺粗直，短刺下弯，短枝距状，自老枝发出；当年生小枝绿色，下垂，单生或 2~7 个簇生于短枝上。叶卵形、卵状椭圆形，或卵状矩圆形，长 3~7cm，宽 1.5~4cm，顶端钝或尖，基部稍不对称，近圆形，边缘具钝锯齿，基生三出脉；叶柄长 2~7cm。花黄绿色，单生或 2~8 个密集成腋生聚伞花序；花梗长 2~3mm；花盘厚，5 裂。核果矩圆形或长卵圆形，长 2~3.5cm，直径 1.5~2cm，成熟时红色，后变红紫色，中果皮肉质，厚，味甜，核两端尖。花期 5~7 月，果期 8~9 月。

原产中国，各地均有栽培。枣的果实味甜，富含多种维生素，除供鲜食外，可加工成蜜饯、枣酒、饮料等多种食品，又可入药，并为良好的蜜源植物。在山西及本区作为重要的经济树种广为栽培。本区的柳林滩枣品质尤佳。

2. 酸枣 Ziziphus acidojujuba C. Y. Cheng et M. J. Liu in Journ. Hebei Agric. Univ. 17（3）：3，1994；—*Ziziphus jujube* Mill. var. *spinosa*（Bunge）Hu ex H. F. Chow. 中国高等植物图鉴2：753，图3236，1972；中国植物志48（1）：135，1984；山西植物志2：158，图版89，2000.—*Ziziphus jujube* Mill

落叶灌木或小乔木。长枝"之"字形弯曲，有一直一弯的托叶刺，短枝不及枣树明显，脱落性小枝单生。叶较小，椭圆形至卵状披针形，长2~4.5cm，宽0.6~1.2cm，先端渐尖，基部宽楔形，三出脉，叶缘有锯齿。花小，2~3朵簇生于叶腋。核果小，近球形或短矩圆形，直径0.7~1.2cm，中果皮薄，味酸，核两端钝。花期6~7月，果期8~9月。

分布于东北南部、华北、西北、华中。生于向阳、干燥山坡，丘陵、岗地或平原。山西及本区广布。种仁入药；果实含有丰富的维生素，可供制饮料；花芳香多蜜腺，为华北地区的重要蜜源植物之一。

2. 鼠李属 Rhamnus L.

落叶或常绿灌木、小乔木，多有枝刺。单叶，在长枝互生或近对生，在短枝上簇生，羽状脉，叶缘有锯齿，稀全缘；托叶早落。花小，黄绿色，单性异株，或两性，多簇生或为腋生的聚伞花序，4~5基数；子房上位，4~5室，每室1胚珠，花柱2~4裂。浆果状核果，有宿存花萼，种子背面有纵沟。

约200种。中国57种14变种。山西11种3变种，晋西黄土高原4种1变种。

分种检索表

1. 叶互生 ……………………………………………………………………2
1. 叶对生 ……………………………………………………………………3
　2. 叶条状披针形，长3~8cm，宽3~10mm…………**1. 柳叶鼠李 R. erythoxylon**
　2. 叶椭圆状、菱状卵形，长2.5~8cm，宽2~4cm……………………………
　　……………………………………**2. 东北鼠李 R. shneideri var. manshurica**
　　3. 叶卵形，边缘有尖锐锯齿 ……………………**3. 锐齿鼠李 R. arguta**
　　3. 叶缘为钝锯齿 ……………………………………………………4
　　　4. 叶近圆形，长2~6cm，叶基圆形…………**4. 圆叶鼠李 R. globosa**
　　　4. 叶菱状倒卵形，长1~4cm，叶基楔形………**5. 小叶鼠李 R. parvifolia**

1. 柳叶鼠李 Rhamnus erythroxylon Pall. Reise Russ. Reich. 3，Append. 722，1776；中国高等植物图鉴2：763，图3255，1972；中国植物志48（1）：69，1984；山西植物志2：147，图版84，2000.

落叶灌木，高可达2m。小枝互生，顶端具针刺。叶互生或在短枝上簇生，条形或条状披针形，长3~8cm，宽3~10mm，顶端锐尖或钝，基部楔形，边缘有疏细锯齿，侧脉每边4~6条，不明显，托叶钻状，早落。雌雄异株，花黄绿色，数个至20余个簇生于短枝端，4基数，有花瓣；雄花萼片三角形，与萼筒近等长，雌花萼片狭披针形，长约为萼筒的 2 倍；有退化雄蕊；子房 2~3 室，每室有 1 胚珠，花柱长，2 浅裂或近半裂，稀 3 浅裂。核果球形，直径 5~6mm，成熟时黑色，通常有 2，稀 3 个分核；种子背面有长为种子 4/5 上宽下窄的纵沟。花期 5 月，果期 6~7 月。

分布于内蒙古、河北、山西、陕西北部、甘肃和青海。生于干旱沙丘、荒坡或乱石中或山坡灌丛中。山西恒山、五台山、吕梁山有分布，本区见于房山峪口。

2. 东北鼠李 Rhamnus schneideri Levl. et van. **var.** *manshurica* Nakai in Bot. Mag. Tokyo. 31：274，1917；中国植物志 48（1）：88，1982；山西植物志 2：150，2000. —*Rh. glabra* Nakai var. *mandshurica* Nakai

落叶灌木，高 2~3m。小枝互生，顶端具针刺。叶互生或在短枝上簇生，椭圆形或倒卵形，长 2.5~8cm，宽 2~4cm，顶端渐尖、突尖或钝，基部楔形，边缘有钝锯齿，侧脉每边 4~6 条；托叶条状，早落。雌雄异株，花黄绿色，数个至 20 余个簇生于短枝或叶腋处，4 基数，有花瓣；萼片披针形，反折；子房倒卵形，花柱 2 裂。核果球形，直径 4~5mm，成熟时黑色，有 2 分核；种子背面有长为种子 1/5 的短沟。花期 5~6 月，果期 7~10 月。

分布于东北，河北、山西。生于山地灌丛。山西太岳山有分布，本区见于人祖山，为该变种在山西地理分布新记录。

3. 锐齿鼠李 Rhamnus arguta Maxim. in Mem. Acad. Sci. St. Ptersb. Ser. 7，10：11，1866；中国高等植物图鉴 2：762，图 3254，1972；中国植物志 48（1）：58，1984；山西植物志 2：138，图版 79，2000.

落叶灌木，高 1~3m。小枝对生近对生，顶端具针刺。叶对生或在短枝顶端丛生，卵圆形或圆形，长 4~6cm，宽 1~cm，顶端突尖或钝，基部圆形，边缘有芒状锐锯齿，侧脉每边 3~6 条。花单性，黄绿色，通常雄花 10 余朵，雌花数朵簇生于短枝顶端或长枝下部叶腋处，4 基数；子房球形，花柱 3~4 裂。核果球形，直径 5~7mm，成熟时黑色，有 3~4 分核，种子背面有长为种子 4/5 的纵沟。花期 5~6 月，果期 6~9 月。

分布于东北，河北、山西、山东、陕西。生于山坡灌丛。山西五台山、吕梁山、太行山、太岳山有分布，本区见于人祖山。

4. 圆叶鼠李 Rhamnus globosa Bge. in Mem. Sav. Etr. Acad. Sci. St. Petersb. 2：88，1833；中国高等植物图鉴 2：760，图 3250，1972；中国植物志 48（1）：59，1984；山西植物志 2：41，图版 80，2000. —*Rh. Chlorophora* Decnhe. —*Rh. tinctoria* Herms.

落叶灌木，高达 2m。小枝对生或近对生，顶端具针刺。叶对生或在短枝顶端簇生，倒卵圆形或近圆形，长 2~4cm，宽 1.5~3.5cm，顶端突，基部宽楔形，边缘有钝锯齿，侧脉每边 3~4 条；托叶钻形。花单性，黄绿色，通常 10 余朵簇生于短枝顶端或长枝下部叶腋处，4 基数；花柱 3~4 裂。核果球形，直径 5~7mm，成熟时黑色，有 2~3 分核，种子背面有长为种子 3/5 的纵沟。花期 4~5 月，果期 6~10 月。

分布于华中、华东、辽宁、河北、山西、陕西、甘肃。生于山坡灌丛。山西五台山、吕梁山、太岳山、太行山有分布，本区广布。

5. 小叶鼠李 Rhamnus parvifolia Bunge，Enum. Pl. China Bor. 14，1831；中国高等植物图鉴 2：761，图 3252，1972；中国植物志 48（1）：57，1984；山西植物志 2：138，图版

78，2000.

灌木，高 1.5~2m。小枝对生或近对生，枝端及分叉处有针刺。叶对生或近对生，稀互生，或在短枝上簇生，菱状倒卵形或菱状椭圆形，长 1.2~4cm，宽 0.8~2(3)cm，顶端钝尖或钝，基部楔形或近圆形，边缘具细钝锯齿，下面脉腋窝孔内有疏微毛，侧脉每边 2~4 条；托叶钻状。花单性，黄绿色，4 基数；有花瓣，通常数个簇生于短枝上，花柱 2 裂。核果倒卵状球形，成熟时黑色，具 2 分核，种子背侧有长为种子 4/5 的纵沟。花期 4~5 月，果期 6~9 月。

产东北、华北，山东、河南、陕西。常生于向阳山坡灌丛中。山西及本区广布。

3. 雀梅藤属（对结刺属）Sageretia Brongn.

灌木，常有枝刺。叶近对生。总状花序腋生，花小，5 基数，雄蕊与花瓣等长，花盘肥厚，子房 2~3 室，藏于花盘内。果实球形，果皮革质。

约 34 种。中国 16 种。山西及晋西黄土高原 1 种。

1. 少脉雀梅藤（对节木）Sageretia paucicostata Maxim. in Act Hort. Petrop. 11：101，1890；中国高等植物图鉴 2：748，图 3226，1972；中国植物志 48(1)：57，1984；山西植物志 2：132，图版 75，2000. —S. pycnophylla auct. non Schneid.

直立灌木，高 0.5~2m。小枝对生，顶端刺状。叶近对生，倒卵状椭圆形，长 2.5~4.5cm，宽 1.5~2.5cm，先端钝圆，基部宽楔形，边缘具细锯齿，侧脉弧形，2~4 对，叶柄长 4~5mm。花小，黄绿色，无花梗，排成腋生的总状花序；花瓣短于萼片，子房 3 室，扁球形，包于花盘内，柱头 3 浅裂。核果球形，长 5~8mm，具 3 核。花期 5~6 月，果期 7~10 月。

分布于山西、河北、河南、陕西、甘肃、四川、云南、西藏。生于山坡灌丛。山西五台山、太岳山、吕梁山、太行山、中条山有分布，本区见于人祖山。

48. 葡萄科 Vitaceae

攀缘木质藤本，稀灌木或草本，有卷须。单叶、羽状或掌状复叶，互生；托叶通常小而脱落。花小，整齐，两性或杂性同株或异株，排列成伞房状多歧聚伞花序、复二歧聚伞花序或圆锥状多歧聚伞花序，4~5 基数；萼呈碟形或浅杯状；花瓣分离或呈帽状黏合；雄蕊与花瓣对生；花盘呈环状或分裂；子房上位，通常 2 室，每室有 2 颗胚珠，或多室而每室有 1 颗胚珠。浆果，有种子 1 至数颗。

约 12 属 700 余种。中国 8 属 110 余种。山西 3 属 10 种 2 变种，晋西黄土高原 2 属 4 种 2 变种。

分属检索表

1. 树皮不剥落，髓心白色，聚伞花序，花瓣开展 ………………………………**1. 白蔹属 Ampelopsis**
1. 树皮条状剥落，髓心褐色，圆锥花序，花瓣顶端合生 ………………………**2. 葡萄属 Vitis**

1. 白蔹属 Ampelopsis Michx.

木质或草质藤本，卷须分叉。树皮不剥落，髓心白色。单叶或复叶，互生。二歧聚伞花序，与叶对生或顶生；花 5（4）基数，萼片不明显；花瓣开展分离；雄蕊短；花盘隆起，与子房合生；子房 2 室，花柱柔弱。浆果，有种子 1~4 颗。

约 25 种。中国 15 种。山西 2 种 1 变种，晋西黄土高原 1 种 1 变种。

分种检索表

1. 掌状复叶，裂片 5，各裂片有羽状分裂直达叶轴…………**1. 乌头叶蛇葡萄 A. aconitifolia**
1. 单叶，3 深裂几达基部………………………**1a. 掌裂草葡萄 A. aconitifolia var. glabora**

1. 乌头叶蛇葡萄 Ampelopsis aconitifolia Bge. in Mem. Acad. Sci. St. Peteresp. Sav. Etrang 2：86（Enum. Pl. Chin. Bor. 12. 1833）1835；中国高等植物图鉴 2：780，图 3289，1972；山西植物志 2：171，图版 98，2000.

木质藤本，卷须 2~3 叉分枝。掌状复叶，长 4~7cm，小叶 4~5，羽状分裂达中脉，先端锐尖，基部楔形，无毛；雄蕊 5，花药卵圆形，长宽近相等；花盘发达，边缘呈波状；子房下部与花盘合生，花柱钻形。果实近球形，直径 0.6~0.8cm，有种子 2~3 颗。花期 5~8 月，果期 7~9 月。

分布于华北、甘肃、陕西、河南。生于沟谷山坡灌丛或草地。山西及本区广布。

1a. 掌裂草葡萄 Ampelopsis aconitifolia var. glabora Diels in Bot Jahrb. 29：465，1900；中国高等植物图鉴 2：779，图 3288，1972；山西植物志 2：171，图版 99，2000.

该变种与原变种的区别在于叶宽卵形，直径 6~10cm，掌状 3~5 裂，以 3 裂者居多，中间裂片菱形，两侧裂片斜卵形，边缘有不规则粗锯齿。

分布同原种。

2. 葡萄属 Vitis L.

木质藤本，卷须分叉。树皮条状剥落，髓心褐色。单叶，多少掌状分裂，稀掌状复叶。杂性异株，圆锥花序，与叶对生；萼小；花瓣顶端黏合，帽状脱落，花盘下位；子房 2 室，每室 2 胚珠。浆果。

约 60 种。中国 30 种。山西 6 种 2 变种，晋西黄土高原 3 种 1 变种。

分种检索表

1. 三出复叶，有时茎上部为单叶……………………………**1. 复叶葡萄 V. piasezhii**
1. 单叶，3~5 浅裂至深中裂……………………………………………………………**2**
  2. 叶基部深心形，凹缺闭锁，叶缘有粗牙齿，栽培……………**2. 葡萄 V. vinifera**
  2. 叶基心形，凹缺打开，牙齿较小……………………………………………………**3**
    3. 叶浅裂至中裂……………………………………………**3. 山葡萄 V. amurensis**
    3. 叶深裂………………………………**3a. 深裂山葡萄 V. amurensis var. dissecta**

1. 复叶葡萄 Vitis piasezhii Maxim. in Bull. Acad. Sci. St. Petersp-. 27：561，1881；中国高等植物图鉴 2：775，图 3276，1972；山西植物志 2：165，图版 95，2000.

木质藤本。幼枝与叶柄有褐色柔毛。叶片轮廓卵圆形，长 4~9cm，顶端渐尖，基部宽心形，掌状 3~5 全裂，中央小叶菱形，两侧小叶斜卵形，边缘有不整齐粗锯齿，叶柄长

4~9cm。圆锥花序长 5~10cm，花序轴有毛。果实球形，直径 1cm，黑褐色。花期 5~6 月，果期 8~9 月。

分布于陕西、甘肃、河南、湖北、河北、山西。生于山坡沟谷疏林。山西吕梁山、太岳山、中条山有分布，本区见于人祖山。果实可酿酒。

**2. 葡萄 *Vitis vinifera* L. Fl. Sp. 293，1753；中国高等植物图鉴 2：769，图 3268，1972；山西植物志 2：165，图版 95，2000.

木质藤本。叶卵圆形，长 7~18cm，宽 6~16cm，3~5 浅裂或中裂，边缘有不整齐粗锯齿，中裂片顶端急尖，裂片常靠合，叶基部深心形，凹缺常靠合，基生五出脉，叶柄长 4~9cm，几无毛；托叶早落。圆锥花序长 10~20cm，密集或疏散，多花，子房卵圆形，花柱短，柱头扩大。果实球形或椭圆形，直径 1.5~2cm，种子倒卵椭圆形。花期 4~5 月，果期 8~9 月。

原产亚洲西部，现世界各地栽培。为著名水果，本区各地均见有栽培。

**3. 山葡萄 *Vitis amurensis* Rupr. in Bull. Phys，Nath. Acad. Sci. St. Peters. 15：266，1857；中国高等植物图鉴 2：770，图 3269，1972；山西植物志 2：162，图版 93，2000.

木质藤本，长达 15m。叶宽卵形，长 4~17cm，宽 3.5~18cm，顶端锐尖，基部宽心形，凹缺打开，3~5 浅裂或不裂，边缘有粗锯齿，背面脉上有柔毛，叶柄长 4~12cm，有疏毛。单性异株。果实球形直径 1cm，蓝黑色。花期 4~5 月，果期 8~9 月。

分布于东北，河北、华东、陕西、甘肃东部。生于山坡林缘、沟谷。山西各地均有分布，本区见于人祖山。果实可酿酒。

3a. 深裂山葡萄 *Vitis amurensis* var. *dissecta* Skvorts

该变种与原变种的区别在于叶裂片达 1/2 以上。本区见于人祖山，为山西新记录变种。

49. 椴树科 Tiliaceae

乔木、灌木，稀草本。单叶互生，托叶小。花两性或单性，整齐，聚伞花序或圆锥花序；萼片 5(3~4)，分离或合生；花瓣与萼片同数或缺，基部常有腺体；雄蕊多数，互生分离或成束；子房上位，2~10 室，每室多数胚珠。蒴果、核果或浆果。

约 52 属 500 种。中国 13 属 85 种。山西 3 属 5 种 1 变种。晋西黄土高原 1 属 3 种。

1. 椴树属 *Tilia* L.

落叶乔木。茎韧皮纤维发达。叶互生，叶基平截或心形，常偏斜，叶缘有锯齿，掌状脉，叶柄较长。聚伞花序下垂，花序柄与舌状苞片合生，果熟时整个果序连同苞片一起脱落；萼片 5；花瓣 5；雄蕊多数，花丝离生或束生，有些具花瓣状退化雄蕊，与花瓣对生；子房 5 室，每室 2 胚珠。核果。

约 80 种。中国 32 种。山西 5 种，晋西黄土高原 3 种。

分种检索表

1. 叶背面密被厚茸毛，叶缘有针芒状锯齿 ·········**1. 糠椴 *T. mandshurica***
1. 叶背无毛，或仅脉腋有簇毛，叶缘非针芒状锯齿 ·········**2**

2. 叶顶端 3 浅裂，叶背脉腋有簇毛 ·························· **2. 蒙椴 *T. mongolica***

2. 叶顶端不裂，叶背无毛 ····································· **3. 少脉椴 *T. paucicostata***

1. 糠椴（大叶椴）*Tilia mandshurica* Rupr. et Maxim. in Bull. Phys. -Matj. Acad. Sci. St. Ptersb. 15：124，1856；中国高等植物图鉴 2：793，图 3315，1972.

乔木，高达 20m。叶宽卵圆形，直径 4~20cm，先端突尖，基部截形或宽心形，叶缘锯齿有针芒，叶背密被星状茸毛，叶柄长 2~9cm。花序苞片长 5~15cm，下面被星状毛，几无柄；萼片两面被毛；花瓣黄色；有退化雄蕊。核果球形，直径不到 1cm，被星状毛。花期 6~7 月，果期 8~9 月。

分布于东北、华北、华东、华中。生于山地杂木林。本区见于人祖山，该种为山西植物新记录种。木材可供制胶合板；花入药，果实供榨油。

2. 蒙椴（小叶椴）*Tilia mongolica* Maxim. in Bull. Phys. -Matj. Acad. Sci. St. Ptersb. 26：433，1880；中国高等植物图鉴 2：792，图 3313，1972；中国植物志 49(1)：62，1989；山西植物志 2：177，图版 102，2000.

小乔木，高达 10m。叶三角状卵形，长 2~10cm，宽 2~8cm，先端尾尖，基部截形或宽心形，叶缘粗锯齿，先端 2 个锯齿突出，呈 3 裂状，叶背脉腋有簇毛，叶柄长 1~4.5cm。花序苞片长 2~5cm，具柄；萼片里面被毛；花瓣黄色；有退化雄蕊。核果 5~7mm，被毛。花期 7 月，果期 8~9 月。

分布于东北、华北、陕西、甘肃、河南、四川。生于山地杂木林。山西各地均有分布，本区见于人祖山、紫金山。木材供建筑用；花入药，可供提取芳香油。

3. 少脉椴 *Tilia paucicostata* Maxim. in Acta. Hort. Perrop. 11：82，1890；中国高等植物图鉴 2：793，1972；中国植物志 49(1)：72，图版 18：1-6，1989；山西植物志 179，图版 103，2000.

乔木，高达 15m。叶卵圆形，长 6~10cm，宽 5~6cm，先端渐尖，基部截形或心形，叶缘具细锯齿，叶背脉腋有簇毛，叶柄长 2~5cm。花序苞片长 5~15cm，具柄；萼片无毛；花瓣黄色；有退化雄蕊。核果 6~7mm，被毛。花期 6~7 月，果期 8~9 月。

分布于山西、陕西、甘肃、河南、四川。生于山地杂木林。山西太岳山、吕梁山、中条山有分布，本区见于人祖山、紫金山。用途同蒙椴。

50. 锦葵科 Malvaceae

草本、灌木至乔木。叶互生，单叶或分裂，叶脉通常掌状，具托叶。花两性，辐射对称；单生或呈聚伞花序；萼片 3~5 片，分离或合生；其下面附有总苞状的小苞片（又称副萼）3；花瓣 5；雄蕊多数，连合成一管，称雄蕊柱，基部与花瓣合生；子房上位，5 室（2 至多数），每室被胚珠 1 枚或多枚，花柱与心皮同数或为其 2 倍。蒴果，常几枚果瓣分裂，稀浆果状；种子有胚乳。

约 50 属 1000 种。中国 16 属 81 种 36 变种或变型。山西 7 属 16 种 2 变种，晋西黄土高原 4 属 6 种。

分属检索表

1. 蒴果 5 瓣裂 ……………………………………………**1. 木槿属 Hibiscus**
1. 分果，成熟时自中轴脱落 ……………………………………………2
　2. 花黄色，无副萼片，子房每室有多数胚珠 ……………**2. 苘麻属 Abutilon**
　2. 有副萼片，子房每室 1 胚珠 ……………………………………………3
　　3. 副萼 1~3 片，离生 ……………………………………**3. 锦葵属 Malva**
　　3. 副萼 6~9 片，合生 ……………………………………**4. 蜀葵属 Althaea**

1. 木槿属 Hibiscus L.

草本、灌木或小乔木。叶掌状分裂或不裂；花单生或呈总状花序，5 基数，萼浅裂或深裂，花瓣基部与雄蕊柱合生；花药多数，生于柱顶；子房 5 室，每室 3 至多数胚珠，花柱 5。蒴果，种子肾形。

约 200 种。中国 24 种 16 变种。山西 6 种 4 变种，晋西黄土高原 2 种。

分种检索表

1. 小乔木，叶掌状 3 浅裂至中裂，栽培 ……………………**1. 木槿 H. syriacus**
1. 一年生草本，叶掌状 3~5 全裂，各裂片再羽状分裂 …………**2. 野西瓜苗 H. trionum**

1. 木槿 Hibiscus syriacus L. Sp. Pl. 695, 1753；中国高等植物图鉴 2：817；图 3364, 1972；中国植物志 49（2）：75，图版 19：1-3, 1984；山西植物志 2：199，图版 116, 2000.

小乔木，高 3~4m。幼枝、花萼、副萼、果实有星状毛。叶菱状卵形，长 3~10cm，宽 2~4cm，长 3 裂，先端渐尖，基部楔形，边缘具不整齐齿缺，托叶条形。花大，单生叶腋，直径 5~6cm；副萼条形，6~7；花萼钟形，5 裂；花瓣 5，紫色、白色、红色。蒴果卵形，长 2~3cm，密被星状毛。花果期 7~10 月。

观赏花木，各地广为栽培。本区见于人祖山。

2. 野西瓜苗 Hibiscus trionum L. i. Sp. Pl. 697, 1753；中国高等植物图鉴 2：818，图 3365, 1972；中国植物志 49(2)：86, 1984；山西植物志 2：196，图版 113, 2000.

一年生草本，高 25~70cm。全株被星状粗毛。下部叶圆形不分裂，上部叶掌状 3~5 深裂，直径 3~6cm，中裂片较长，两侧裂片较短，通常羽状全裂，叶柄长 2~4cm，托叶线形。花直径 2~3cm，单生于叶腋；小苞片 12，线形，基部合生；花萼钟形，裂片 5，具纵向紫色条纹；花瓣 5，淡黄色，内面基部紫色，外面疏被极细柔毛；雄蕊柱长约 5mm；雌蕊花柱 5，无毛。蒴果长圆状球形，直径约 1cm，被粗硬毛，果瓣 5；种子肾形，黑色，具腺状突起。花果期 7~10 月。

产全国各地。山西各地均有分布，本区见于房山峪口、人祖山。全草和果实、种子入药。

2. 苘麻属 Abutilon Mill.

草本或灌木。叶心形，有时分裂。花单生于叶腋，或呈总状花序；无副萼；萼 5 裂；

花瓣 5，多黄色、亦有白色、红色者；花药生雄蕊管顶端；心皮 5 至多数，先端有芒或无，成熟时裂成分果瓣从中轴脱落，每果瓣内有 1 至数颗种子，种子被星状毛及乳头张突起。

约 150 种。我国 9 种。山西及晋西黄土高原本区 1 种。

1. 苘麻 Abutilon theophrasti Medicus Malv. 28，1787；中国高等植物图鉴 2：811，图 3352，1972；中国植物志 49（2）：36，1984；山西植物志 2：186，图版 107，2000. — *A. avicennae* var. *chinensis* Skvort.

一年生草本，高达 1~2m。茎枝被柔毛。叶圆心形，长 5~10cm，先端长渐尖，基部心形，边缘具细圆锯齿，两面均密被星状柔毛；叶柄长 3~12cm；托叶早落。花单生于叶腋，花梗近顶端具节；花萼杯状，裂片 5；花瓣黄色，长约 1cm；雄蕊柱平滑无毛；心皮 15~20，排列成轮状，密被软毛，具芒。蒴果直径约 2cm，果瓣被粗毛；种子肾形，褐色，被星状柔毛。花果期 7~8 月。

中国除青藏高原外，其他各地均产。常见于路旁、荒地和田野间。山西各地均有分布，本区见于房山峪口。茎皮纤维可供编织；种子含油供工业用；种子入药。

3. 锦葵属 *Malva* L.

一年生或多年生草本。叶掌状浅裂。花单生或簇生于叶腋；副萼 1~3，分离；萼 5 裂；花瓣 5，先端有凹缺；花药生于雄蕊柱顶端；心皮多数；果熟时各果瓣分离，从中轴脱落。

约 30 种。中国 6 种。山西 4 种，晋西黄土高原 2 种。

分种检索表

1. 植株有粗毛，花大，直径 3~4cm，红紫色，副萼长圆形，先端圆形·······················
···**1. 锦葵 *M. sinensis***
1. 植株有星状柔毛，花小，直径不足 1cm，浅蓝紫色，副萼线状披针形，先端锐·······
···**2. 野葵 *M. verticillata***

1. 锦葵 *Malva sinensis* Cavan. Diss. 2：77，t. 25，f. 4，1786；中国高等植物图鉴补编 2：587，1983；中国高等植物图鉴 2：806，图 3342（误定为 *Malva sylvestris* L.）1972；中国植物志 49(2)：3，1984；山西植物志 2：188，图版 108，2000. —*M. silvestris* auct non. L.

二年生或多年生草本。高 50~90cm，疏被粗毛。叶圆心形或肾形，具 5~7 圆齿状钝裂片，直径 5~12cm，先端钝尖，基部近心形至圆形，边缘具圆锯齿，叶柄长 4~8cm，托叶偏斜。花 3~11 朵簇生，副萼 3，先端圆形，疏被柔毛；萼 5，两面均被星状疏柔毛；花紫红色或白色，直径 3.5~4cm，花瓣 5，爪具髯毛；雄蕊柱长 8~10mm，雌蕊花柱分枝 9~11，被微细毛。果扁圆形，径约 5~7mm，分果瓣 9~11，肾形。

各地均有分布，本区习见。供园林观赏；花入药。

2. 野葵（冬葵、冬寒菜）*Malva verticillata* L. in Sp. Pl. 689，1753；中国高等植物图鉴 2：807，图 3343，972；中国植物志 49(2)：4，1984；山西植物志 2：190，图版 110，2000.

一年生草本。高 0.5~1m，不分枝，茎被星状柔毛。叶肾形至圆形，常 5~7 裂或角裂，径约 5~8cm，先端钝，基部心形，两面疏被毛，叶柄长 2~8cm。花小，淡蓝紫色，簇生于叶腋，副萼 3；萼浅杯状，5 齿裂，花瓣 5。果扁球形，分果瓣 10~11。花期 6~

9 月。

全国广布。山西及本区广布。全草入药；嫩叶可食用。

4. 蜀葵属 *Althaea* L.

一年生或多年生草本。全株被毛。叶掌状深裂，花大，单生于叶腋，在茎顶排成总状花序状；副萼 6~9，合生；子房多室，每室 1 胚珠。果熟时分果瓣从中轴脱落。

约 40 种。中国 3 种。山西及晋西黄土高原 1 种。

1. 蜀葵 *Althaea rosea* (L.) Cavan. Diss. 2：91，1790；中国高等植物图鉴 2：80，图 3345，1972；中国植物志 49(2)：11，1984；山西植物志 2：193，图版 111，2000.

二年生草本，高达 2m。叶近圆心形，直径 6~16cm，掌状 5~7 浅裂或波状棱角，叶柄长 5~15cm，托叶卵形。花大，直径 6~9cm，红、紫、白、黄、黑紫、淡绿各色，副萼 6~9，合生；萼钟状，直径 2~3cm，5 齿裂，裂片卵状三角形，长 1.2~1.5cm，密被星状粗硬毛；花大，直径 6~10cm，萼钟状，5 齿裂；花瓣有红、紫、白、粉红、黄和黑紫等色，单瓣或重瓣；雄蕊柱长约 2cm；雌蕊花柱分枝多数。果盘状，蒴果直径约 2cm，分果瓣近圆形，多数。花期 7~8 月。

原产中国西南地区，各地广泛栽培。山西及本区习见。花卉植物；全草入药。

51. 藤黄科 Guttiferae

乔木、灌木或草本。单叶对生，稀轮生，全缘，具腺点，无托叶。花两性或单性，整齐，单生或呈聚伞花序；萼片 4~5；花瓣 4~5；雄蕊多数，分离或成束合生，子房上位，1~12 室，胚珠多数，中轴胎座，花柱离生或合生，柱头与心皮同数。蒴果、浆果或核果。种子无胚乳。

约 40 属 1000 余种。中国 8 属 87 种。山西 1 属 3 种，晋西黄土高原 1 属 2 种。

1. 金丝桃属 *Hypericum* L.

草本或灌木。叶对生，有时轮生。无柄或柄极短，有腺点。花两性，黄色，单生或呈聚伞花序；萼片 5；花瓣 5，在花芽中螺旋状排列；雄蕊多数，离生或 3~5 束合生；子房上位，3~5 室，侧膜胎座，或 1 室，中轴胎座，柱头分离或合生。蒴果，种子无翅。

约 400 种。中国 55 种 8 变种。山西 3 种，晋西黄土高原 2 种。

分种检索表

1. 花大，直径 5cm，雄蕊 5 束，柱头 5，心皮 5，花萼与花瓣无黑色腺点 ……………………
……………………………………………………………………………**1. 黄海棠 *H. ascyron***
1. 花较小，直径 2cm，雄蕊 3 束，柱头 3，心皮 3，花萼与花瓣具黑色腺点 ……………………
………………………………………………………………………**2. 赶山鞭 *H. attenuatum***

1. 黄海棠(红旱莲) *Hypericum ascyron* L. in Sp. Pl. 758，1753；中国高等植物图鉴 2：875，图 3479，1972；中国植物志 50(2)：43，图版 8：1-3，1990；山西植物志 2：217，图版 126，2000.

多年生草本，高 80~100cm。茎 4 棱。叶对生，椭圆状披针形，长 5~9cm，宽 1~

3cm，先端渐尖，基部抱茎，无柄。顶生聚伞花序；花黄色，直径 3~5cm，花瓣多少逆时针弯转；雄蕊 5 束；子房上位，5 室，花柱在中部以上离生。蒴果锥形，长 2cm。花期 7 月，果期 9 月。

分布于东北，黄河与长江流域。生于山坡草地。山西各地均有分布，本区见于人祖山。全草入药。

2. 赶山鞭（野金丝桃）*Hypericum attenuatum* Cheisy 中国高等植物图鉴 2：875，图 3480，1972；中国植物志 50（2）：69，图版 15：5-8，1990；山西植物志 2：219，图版 127，2000.

多年生草本，高 50~60cm。茎上常有 2 条纵肋并散生黑色腺点。叶对生，卵状矩圆形，长 1.5~3.5cm，宽 0.5~1cm，先端，基部渐狭，无柄，散生黑色腺点。聚伞花序；花黄色，直径 1.5~2cm，萼片与花瓣表面及边缘有黑色腺点；雄蕊 3 束；子房上位，3 室，花柱 3，离生。花期 7 月，果期 8~10 月。

分布于华北、中南。生于草地。山西各地均有分布，本区见于紫金山。

52. 柽柳科 Tamaricaceae

灌木、半灌木或乔木。叶小，多呈鳞片状，互生，无托叶。花两性，整齐，常集成总状花序或圆锥花序，稀单生；花萼 4~5 深裂；花瓣 4~5，分离，下位花盘常肥厚，蜜腺状；雄蕊 4~5 或多数，分离或合生，着生在花盘上；子房上位，1 室，胚珠多数，生于基生的侧膜胎座，花柱 3~5，分离，有时结合。蒴果；种子多数，全面被毛或在顶端具被毛的芒柱。

约 3 属 110 种。中国 3 属 32 种。山西 2 属 5 种，晋西黄土高原 2 属 2 种。

分属检索表

1. 雄蕊 4~5，花丝分离，雌蕊具短花柱 ………………………………… **1. 柽柳属 Tamarix**
1. 雄蕊 10，5 长 5 短，花丝基部合生成筒状，雌蕊无花柱 ………… **2. 水柏枝属 Myricaria**

1. 柽柳属 Tamarix L.

落叶灌木或小乔木。叶鳞片状，叶基抱茎。总状花序或穗状花序，花小，白色或淡红色，花梗短，花萼 5，花瓣 5，稀 4；雄蕊 4~10，离生；花盘发达，围绕子房；子房 1 室，花柱 2~5，胚珠多数。蒴果 3~5 裂；种子微小，多数，顶端有束毛。

约 90 种。中国 18 种 1 变种。山西 3 种，晋西黄土高原 1 种。

1. 柽柳 *Tamarix chinensis* Lour. Fi. Cochinch. 1：228，1790；中国高等植物图鉴 2：895，图 3519，1972；中国植物志 50（2）：157，图版 43：1-7，1990；山西植物志 2：223，图版 129，2000. —*T. juniperina* Bge.

灌木或小乔木，高达 5m。叶钻形或卵状披针形，长 1~3mm，先端急尖或略钝，背部有隆起的脊。总状花序组成大型圆锥花序，花小，粉红色，较密，5 基数，花盘 5 裂，柱头 3，棍棒状。蒴果长 3.5mm。

分布于华北至长江中下游地。生于河滩盐碱地。山西吕梁山、太行山有分布，本区见于人祖山。供编织；嫩枝入药。

2. 水柏枝属 *Myricaria* Cesv.

落叶灌木。叶小，密集排列。花粉红色，总状花序，萼 5 裂，花瓣 5；雄蕊 10，合生；雌蕊无花柱，柱头 3。蒴果 3 裂，种子具有柄的束毛。

约 13 种。中国 10 种 1 变种。山西 2 种，晋西黄土高原 1 种。

1. 宽苞水柏枝（河柏）*Myricaria bracteata* Royle, Illustr. Bot. Himal. 214，1838；中国高等植物图鉴 2：896，图 3521，1972；中国植物志 50（2）：174，图版 47：10-13，1984；山西植物志 2：226，图版 131，2000. —*M. alopecuroides* Schrenk. —*M. germahnica*（L. D）Desv. var. *alopecuroidesw*（Schrenk.）Maxim.

灌木，高 0.5~2m。叶卵形、卵状披针形，长 3~7mm，宽 0.5~2mm，先端钝或锐尖，基部略扩展或不扩展，常具狭膜质狭边。总状花序顶生于当年生枝条上，密集呈穗状；苞片宽卵形或椭圆形，长 7~8mm，宽 4~5mm，先端渐尖，边缘为膜质，后膜质边缘脱落，露出中脉而呈凸尖头或尾状长尖。花小，直径 8~6mm；萼片 5，披针形，常内弯，具宽膜质边；花瓣 5，粉红色、淡红色或淡紫色，具脉纹，常内曲，果时宿存；雄蕊略短于花瓣，花丝 1/2 或 2/3 部分合生；子房圆锥形，柱头 3，头状。蒴果狭圆锥形，长 8~10mm；种子狭长圆形或狭倒卵形，长 1~1.5mm，顶端芒柱一半以上被白色长柔毛。花期 6~7 月，果期 8~9 月。

分布于西北、华北，西藏。生于河谷砂砾质河滩、湖边沙地以及山前冲积扇砂砾质戈壁上。山西恒山、五台山、吕梁山有分布，本区见于房山峪口。

53. 堇菜科 Violaceae

多年生草本、灌木，稀为乔木。单叶互生、基生，稀对生，有托叶。花两性或单性，少有杂性，辐射对称或两侧对称，单生或组成圆锥状花序，有 2 枚小苞片，有时有闭花受精花；萼片 5，下位，同形或异形宿存；花瓣 5，异形，下面 1 枚通常较大，基部囊状或有距；雄蕊 5，分离或靠合，药隔延伸于药室顶端呈膜质附属物，下方 2 枚雄蕊基部有距状蜜腺；子房上位，完全被雄蕊覆盖，1 室，胚珠多数，侧膜胎座。花柱单一，稀分裂，柱头形状多变化，胚珠 1 至多数，倒生。蒴果或浆果状。

约 22 属 900 多种。中国 4 属约 130 种。山西 1 属 15 种。晋西黄土高原 1 属 8 种。

1. 堇菜属 *Viola* L.

多年生草本。无茎或有茎。叶互生或莲座状基生，叶缘有锯齿或分裂，托叶宿存。花两性，两侧对称，单生于叶腋或花莛上，春花有花瓣，秋花无花瓣（闭锁花），结实；萼片 5，不等大，基部延伸；花瓣 5，下方 1 枚较大，基部有距；雄蕊 5，下面 2 枚有蜜腺，深入距内，花丝极短，花药围绕子房靠合，药隔延伸成附属物；子房上位，1 室，侧膜胎座 3，胚珠多数。蒴果 3 瓣裂，果瓣舟状。

约 500 种。中国约 111 种。山西 15 种，晋西黄土高原 8 种。

分种检索表

1. 植株有地上茎，叶圆肾形，花黄色 ················ **1. 双花堇菜 *V. biflora***
1. 植株无地上茎，花蓝紫色或白色 ···2
  2. 叶羽状分裂 ··3

1. 双花堇菜 Viola biflora L. Sp. Pl. ed. 1.936. 1753；中国高等植物图鉴 2：915，图 3559，1972；中国植物志 51：117，图版 22：14-17，1991；山西植物志 2：231，图版 134，2000. —*V. nudicauris*（W. Beck.）S. DY. Chen.

多年生草本。有直立的地上茎，高 10~25cm。叶片肾形、宽卵形或近圆形，长 1~3cm，宽 1~4.5cm，先端钝圆，基部深心形或心形，边缘具钝齿，有时两面被柔毛；托叶与叶柄离生，全缘或疏生细齿。花黄色或淡黄色。蒴果长圆状卵形，长 4~7mm，无毛。花果期 5~9 月。

分布于东北、华北、西北、西南、山东、台湾、河南。生于高山及亚高山地带草甸、灌丛或林缘。山西吕梁山、中条山有分布，本区见于房山峪口。全草民间药用，能治跌打损伤。

2. 羽裂堇菜 Viola forrestiana W. Beck. in Fedde，Repert. Sp. Nov. 19：234，1923；中国高等植物图鉴补编 2：516，1983；中国植物志 51：79，1984；山西植物志 2：256，图版 137，2000.

多年生草本。无地上茎，高 5~12cm。基生叶多数；叶片三角状卵形或狭卵形，长 3~5.5cm，宽 2~3.5cm，先端尖，基部浅心形或有时近截形，边缘具不整齐的缺刻状圆齿及裂片上面被短柔毛，下面无毛；叶柄长 2~7cm，无毛，托叶大部分与叶柄合生。花紫色或淡紫色。蒴果圆球形。

产华北、西南。生于山坡草地。山西五台山有分布，本区见于房山峪口，为该种在山西地理分布新记录。

3. 裂叶堇菜 Viola dissecta Ledeb. Fl. Alt. 1：255，1829；中国高等植物图鉴补编 2：516，图版 19，1983；中国植物志 51：80，图版 17：11-16，1984；山西植物志 2：234，2000. —*V. pinnata* L.

多年生草本。无地上茎，花期高 3~17cm，果期高 4~34cm。基生叶叶片轮廓呈圆形、肾形或宽卵形，长 1.2~9cm，宽 1.5~10cm，通常 3，稀 5 全裂，各裂片再行分裂，最终裂片线形，边缘全缘或疏生不整齐缺刻状钝齿，下面叶脉明显隆起并被短柔毛或无毛；叶柄长度变化较大，长1.5~24cm；托叶约2/3以上与叶柄合生，边缘疏生细齿。花较大，淡紫色至紫堇色。蒴果长圆形或椭圆形，长7~18mm，无毛。花期4~9月，果期5~10月。

分布于东北、华北、西北，山东、浙江、四川、西藏。生于山坡草地、杂木林缘。山西五台山、太岳山、吕梁山有分布，本区见于房山峪口、人祖山。

4. 南山堇菜 Viola chaerophylloides（Regel）W. Beck. in Bull. Herb. Boiss. ser. 2（2）：856，1902；中国高等植物图鉴2：911，图3552，1972；中国植物志51：83，1984.

多年生草本。无地上茎，花期较矮小，高4~20cm，果期高可达30cm。叶2~6枚，具长柄；叶片3全裂，裂片具明显的短柄，侧裂片2深裂，中央裂片2~3深裂，最终裂片卵状披针形、披针形，边缘具不整齐的缺刻状齿或浅裂，两面无毛，沿叶脉有短柔毛；叶柄在花期长3~9cm，果期伸长，长可达20cm；托叶膜质，1/2以上与叶柄合生。花较大，花径2~2.5cm，白色、乳白色或淡紫色。蒴果大，长椭圆状，长1~1.6cm，无毛，先端尖；种子多数，卵状，长约2.2mm，直径约1.5mm。花果期4~9月。

分布于东北、华北、西北、华东、华中，四川北部。生于山地阔叶林下或林缘及草坡。本区见于房山峪口、人祖山，该种为山西植物新记录种。

5. 紫花地丁 Viola philippica Cav. Icons et Descr. Pl. Hisp. 6：19，1801；中国高等植物图鉴2：913，图3555，1972；中国植物志51：63，1984.

多年生草本。高4~14cm，果期高可达20cm。叶多数，基生，莲座状；叶片下部者通常较小，呈三角状卵形或狭卵形，上部者较长，呈长圆形、狭卵状披针形或长圆状卵形，长1.5~4cm，宽0.5~1cm，先端圆钝，基部截形或楔形，稀微心形，边缘具较平的圆齿，两面无毛或被细短毛，果期叶片增大，长可达10cm，宽可达4cm；叶柄在花期通常长于叶片1~2倍，上部具极狭的翅，果期长可达10cm，上部具较宽之翅，无毛或被细短毛；托叶膜质，2/3~4/5与叶柄合生，边缘疏生具腺体的流苏状细齿或近全缘。花中等大，紫堇色或淡紫色，喉部色较淡并带有紫色条纹。蒴果长圆形，长5~12mm，无毛。花果期4月中下旬至9月。

全国多数地区均有分布。山西及本区广布。全草供药用；嫩叶可作野菜。可作早春观赏花卉。

6. 斑叶堇菜 Viola variegata Fisch ex Link，Enum. Hort. Berol. 1：240，1821；中国高等植物图鉴2：913，图3556，1972；中国植物志51：45，图版8：13-17，1984；山西植物志2：241，图版139，2000. —V. variegate W. Beck. ex Link var. tipica Regel.

多年生草本。无地上茎，高3~12cm。基生叶呈莲座状，叶片圆形或卵圆形，长1.2~5cm，宽1~4.5cm，先端圆形或钝，基部明显呈心形，边缘具平而圆的钝齿，上面沿叶脉有明显的白色斑纹，下面通常稍带紫红色，两面通常密被短粗毛，叶柄长1~7cm，上部有极狭的翅或无翅；托叶，2/3与叶柄合生，边缘疏生流苏状腺齿。花红紫色或暗紫色。蒴果椭圆形，长约7mm。花期4~8月，果期6~9月。

产东北、华北，陕西、甘肃、安徽。生于山坡草地、林下。山西五台山、太岳山、吕梁山有分布，本区广布。

7. 球果堇菜 *Viola collina* Bess. in Hort. Cremen. 151，1816；中国高等植物图鉴 2：910，图 3550，1972；中国植物志 51：79，1984；山西植物志 2：236，图版 138，2000.—*V. hirta* auct. non L.

多年生草本。无地上茎，高 3~12cm。基生叶呈莲座状，叶片圆心形，长 2.5cm，先端圆形或钝，基部明显呈心形，边缘具浅钝齿，两面被毛，叶柄长 2~5cm，果期伸长，托叶边缘疏生睫毛。花淡红色，距白色。蒴果球形，长约 8mm，熟时果柄下弯接近地面。花果期 5~8 月。

分布于长江流域以北各地，贵州、湖南、江苏也有分布。生于林缘草地。山西太岳山有分布，本区见于紫金山，为该种在山西地理分布新记录。

8. 深山堇菜 *Viola selkirkii* Pursh ex Gold in Edinb. Phil. Journ. 6：324，1822；中国高等植物图鉴 2：908，图 3545，1972；中国植物志 51：41，图版 11：1-6，1984；山西植物志 2：241，2000.—*V. kamtschatica* Ging.

多年生草本。无地上茎，高 5~16cm。基生叶呈莲座状，心形或卵状心形，长 1.5~5cm，宽 1.3~3.5cm，果期长约 6cm，宽约 4cm，先端稍急尖或圆钝，基部狭深心形，边缘具钝齿，两面疏生白色短毛；叶柄长 2~7cm，果期长可达 13cm，有狭翅；托叶 1/2 与叶柄合生，边缘疏生具腺体的细齿。花淡紫色。蒴果椭圆形，长 6~8mm。花果期 5~7 月。

分布于东北、华北、陕西、甘肃、江苏、安徽、浙江、江西、四川。生于林缘草地。山西吕梁山、中条山有分布，本区广布。

54. 瑞香科 Thymelaeaceae

落叶或常绿灌木或小乔木，稀草本。茎通常具韧皮纤维。单叶互生或对生，全缘，具短叶柄，无托叶。花辐射对称，两性或单性，雌雄同株或异株，头状、穗状、总状、圆锥或伞形花序，稀单生；花萼花冠状白色、黄色或淡绿色，连合成萼筒，外面被毛或无毛，裂片 4~5；花瓣缺，或鳞片状，与萼裂片同数；雄蕊通常为萼裂片的 2 倍或同数，稀退化为 2，多与裂片对生，花丝分离或无；花盘环状、杯状或鳞片状，稀不存；子房上位，心皮 2~5 个合生，稀 1 个，1 室，稀 2 室，每室有悬垂胚珠 1 颗。浆果、核果或坚果，稀为 2 瓣开裂的蒴果。

约 50 属 500 种。中国 9 属 94 种。山西 5 属 6 种，晋西黄土高原 2 属 2 种。

分属检索表

1. 灌木，花黄色，雄蕊 8，核果不为残存花被所包 ⋯⋯⋯⋯⋯⋯⋯⋯**1. 荛花属 *Wikstroemia***
1. 一年生草本，花小，上端暗红色，下端绿色，雄蕊 4，果为断裂残存的花被包围 ⋯⋯⋯⋯
⋯⋯⋯⋯⋯⋯⋯⋯⋯⋯⋯⋯⋯⋯⋯⋯⋯⋯⋯⋯⋯⋯**2. 粟麻属 *Diarthiron***

1. 荛花属 *Wikstroemia* Endl.

灌木或小乔木。叶对生，稀互生。花两性，顶生或腋生的总状花序、穗状花序；萼筒黄色，4~5 裂，雄蕊为萼裂片的 2 倍，2 轮排列于萼筒管顶部，无花丝；子房 1 室，1 胚珠。核果。

约 70 种。中国 40 种。山西 2 种，晋西黄土高原 1 种。

1. 河朔荛花 _Wikstroemia chamaedaphne_ Meissn. in DC. Prodr. 14：5437，1857；中国高等植物图鉴 2：954，图 3638，1972；山西植物志 2：264，图版 148，2000.

灌木，高 1m，多分枝。叶对生，革质，条状披针形，长 2~6cm，宽 3~8mm，先端渐尖，基部渐狭，侧脉不明显。穗状圆锥花序；萼筒长 8~10mm，被毛，4 裂；雄蕊 8；子房被毛。核果卵形，长 5mm，熟时红色。花期 5~7 月，果期 9~10 月。

分布于河北、山西、陕西、河南、甘肃、四川、湖北等地。生于山地阳坡。山西中条山有分布，本区见于临县、吉县黄河岸边山坡上。茎皮入药；纤维可供制人造棉。

2. 粟麻属 _Diarthiron_ Turcz.

一年生草本。叶线形，散生。两性花小，顶生穗状花序，花序疏松；萼筒 4 裂，于子房之上收缩，果熟时环状开裂脱落；雄蕊 4，花丝短；无花盘；子房具柄。核果，为残存的萼筒包被。

2 种。中国均产。山西及晋西黄土高原 1 种。

1. 草瑞香（粟麻）_Diarthiron linifolium_ Turca. in Bull. Soc. Nat. Mcsc. 5：224，1832；中国高等植物图鉴 2：953，图 3636，1972；山西植物志 2：272，图版 153，2000.

一年生草本，高 10~40cm，多分枝。叶互生，稀近对生，线形至线状披针形或狭披针形，长 7~15mm，宽 1~3mm，先端钝圆形，基部楔形或钝形，边缘全缘，微反卷，叶柄极短或无。花绿色，顶生总状花序；花萼筒细小，长 2.2~3mm。果实卵形或圆锥状，黑色，长约 2mm，果皮膜质。花期 5~7 月，果期 6~8 月。

产吉林、河北、山西、陕西、甘肃、新疆、江苏（铜山）。生于荒地。山西五台山、吕梁山有分布，本区见于紫金山。

55. 胡颓子科 Elaeagnaceae

灌木或乔木，有刺或无刺，全体被银白色或褐色至锈盾形鳞片或星状茸毛。单叶互生，稀对生或轮生，全缘，无托叶。花两性或单性，稀杂性。单生或数花组成叶腋生的伞形总状花序，通常整齐，白色或黄褐色，花萼常连合成筒，顶端 4 裂，稀 2 裂，在子房上面通常明显收缩；无花瓣；雄蕊着生于萼筒喉部或上部，与裂片互生，或着生于基部，与裂片同数或为其倍数，花丝分离，短或几无；子房上位，包被于花萼管内，1 心皮，1 室，1 胚珠，花柱单一；花盘通常不明显。瘦果或坚果，为增厚的萼管所包围，核果状。

3 属 80 余种。中国 2 属约 60 种。山西 2 属 3 种 1 变种。晋西黄土高原 2 属 1 种 1 亚种。

分属检索表

1. 花两性或杂性，萼片 4，叶卵形……………………………………………**1. 胡颓子属 _Elaeagnus_**
1. 花单性，雌雄异株，萼片 2，叶披针形……………………………………**2. 沙棘属 _Hippophae_**

1. 胡颓子属 _Elaeagnus_ L.

茎直立或攀缘，具刺。单叶互生，具叶柄。花两性，伞形总状花序，花盘不发达。

坚果。

1. 牛奶子(伞花胡颓子) *Elaeagnus umbellata* Thunb. Fl. Jap. 66，1784；中国高等植物图鉴 2：970，图 3670，1972；中国植物志 52(2)：51，1983；山西植物志 2：279，图版 157，2000. —*E. crispa* Thunb. —*E. paevifolia* Wall. ex Royle.

落叶灌木，高 3~4m，具刺。叶椭圆形或倒卵状披针形，长 3~8cm，宽 1.5~3cm，先端钝或短尖，基部圆形或宽楔形，边缘卷缩，上面幼时具银白色鳞片及星状毛，成熟后脱落，下面密被银白色和少数褐色鳞片，叶柄银白色，长 5~7mm。花黄白色，2~7 朵丛生于小基部；萼筒漏斗状圆筒形，长 5~7mm，4 裂；雄蕊 4；花柱直立。果实球形，直径 5mm，被银白色鳞片，成熟时红色。花期 5~6 月，果期 9~10 月。

分布于华北、长江流域。生于山坡灌丛。山西太原以南各县(市、区)有分布，本区广布。果实可食、酿酒，并入药。

2. 沙棘属 *Hippophae* L.

落叶灌木或乔木。棘刺较多，粗壮。嫩枝褐绿色，密被银白色而带褐色鳞片或有时具白色星状柔毛。叶互生或对生。花单性异株，腋生短总状花序；萼筒 2 裂；雄蕊 4；子房花柱丝状。坚果为肉质花萼管包围。

4 种。中国 4 种 5 亚种。山西及晋西黄土高原 1 亚种。

1. 中国沙棘(醋柳) *Hippophae rhamnoides* L. ssp. *sinensis* Rousi in Ann. Bot. Fennici 8：12. fig. 22，1971；中国高等植物图鉴 2：970，图 3670，1972(学名用 *H. rhamnoides* L.)；中国植物志 52(2)：64，1983；山西植物志 2：274，图版 154，2000. — *H. rhamnoides* auct. non Linn. Rehd. — *H. rhamnoides* L. var. *procera* Rehd.

植株高 1~5m。叶对生，条状披针形，长 2~6cm，宽 0.5~1cm，两端钝尖，下面被银白色鳞片。花先叶开放，黄色。果实圆球形，直径 4~6mm，橙黄色或橘红色；种子黑色或紫黑色，具光泽。花期 4~5 月，果期 9~10 月。

产华北，陕西、甘肃、青海、四川(西部)。生于山地阳坡、谷地、干涸河床。山西及本区广布。水土保持树种；种子油及果汁用于医药、食品保健、化妆品等各个方面。

56. 石榴科 Punicaceae

落叶乔木或灌木，有枝刺。单叶，通常对生或簇生，无托叶。花两性，辐射对称，单生或几朵簇生或组成聚伞花序；萼革质，萼管近钟形，裂片 5~9，宿存；花瓣 5~9，多皱褶；雄蕊多数，生萼筒内壁上部；子房下位或半下位，心皮多数，两层排列，下面具中轴胎座，上面具侧膜胎座，胚珠多数。浆果球形，顶端有宿存花萼裂片；种子多数，种皮外层肉质，内层骨质。

1 属 2 种。中国引入栽培 1 种 7 变种。山西及晋西黄土高原栽培 1 种。

1. 安石榴属 *Punica* L.

属特征同科。

1. 石榴 *Punica granatum* L. Sp. Pl. 472，1753；中国高等植物图鉴 2：979，图 3687，1972；中国植物志 52(2)：120，1983；山西植物志 2：285，图版 160，2000.

植株高 3~5m，枝顶常成尖锐长刺，幼枝具棱角。叶对生，矩圆状披针形，长 2~

9cm，顶端短尖、钝尖或微凹，基部短尖至稍钝形，叶柄短。花大，1~5 朵生枝顶；萼筒长 2~3cm，通常红色或淡黄色，裂片略外展；花瓣通常大，红色、黄色或白色，长 1.5~3cm，宽 1~2cm，顶端圆形；花丝无毛；花柱长超过雄蕊。浆果近球形，直径 5~12cm，果皮较厚，种子多数。花期 5~7 月，果期 9~10 月。

各地均有栽培。花美丽，供观赏。肉质的外种皮供食用；果皮、根、花入药。

57. 柳叶菜科 Oenotheraceae

草本，稀灌木。叶对生或互生。花两性，整齐或两侧对称；单生、穗状或总状花序；花托延伸于子房之上呈萼管状；萼片 2~6；花瓣 4；雄蕊 2、4 或 8；子房下位，2~6 室，胚珠 1 至多数。蒴果、核果、坚果或浆果。

约 42 属 500 种。中国 8 属 70 种。山西 4 属 10 种，晋西黄土高原 1 属 3 种。

1. 柳叶菜属 Epilobium L.

草本或亚灌木。叶对生或互生。花整齐，萼片 4，花瓣 4；雄蕊 8，不等长，2 轮，直立；子房 4 室，柱头 4 裂或不裂。蒴果狭长，种子多数，顶端有簇毛。

约 200 种。中国 43 种。山西 5 种，晋西黄土高原 3 种。

分种检索表

1. 柱头不裂，花小，长 4~7mm，叶全缘 ·· **1. 沼生柳叶菜 E. palustre**
1. 柱头 4 裂，叶缘细锯齿 ··· 2
  2. 花长 1.2cm，全株被开展的长柔毛及腺毛 ···················· **2. 柳叶菜 E. hirsutum**
  2. 花长 5~7mm，全株被卷曲的柔毛 ·················· **3. 小花柳叶菜 E. parviflorum**

    1. 沼生柳叶菜 Epilobium palustre L. in Sp. Pl. 348，1753；中国高等植物图鉴 2：1019，图 3767，1972；山西植物志 2：297，图版 167，2000.

多年生草本，高 20~50cm。茎上被卷曲毛。叶在下部对生，上部互生，椭圆状披针形，长 2~4cm，宽 4~10mm，全缘，无柄。花粉红色，直径约 6~8mm，单生上部叶腋，柱头不裂，短棍棒状。蒴果长 4~6cm，被卷曲毛。

分布于东北、华北、西北。生于湿草地。山西各地均有分布，本区见于人祖山、紫金山。全草入药。

    2. 柳叶菜 Epilobium hirsutum L. in Sp. DPl. 347，1753；中国高等植物图鉴 2：1020，图 3770，1972；山西植物志 2：299，图版 169，2000.

多年生草本，高约 100cm。茎上被开展长毛及短腺毛。叶在下部对生，上部互生，长圆状披针形，长 4~9cm，宽 7~17mm，有细锯齿，基部无柄，抱茎。花紫红色，直径约 1.5cm，单生于上部叶腋；萼筒外面被毛；花瓣先端凹缺；柱头 4 裂，头状。蒴果长 4~6cm，被短腺毛。

分布于东北，河北、山西、陕西、新疆、贵州、四川、云南。生于湿地。山西各地均有分布，本区见于人祖山、紫金山。

    3. 小花柳叶菜 Epilobium parviflorum Schreb. in Spic. dLips. 146，1771；中国高等植物图鉴 2：1019，图 3768，1972；山西植物志 2：299，图版 170，2000.

多年生草本，高 50~100cm。茎上被卷曲毛。叶在下部对生，上部互生，椭圆状披针形，长 3~8cm，宽 1~1.8cm，有细锯齿，两面被卷曲毛，无柄。花粉红色，直径 6~8mm，单生上部叶腋，柱头 4 裂。蒴果长 4~6cm，被卷曲毛。

分布于河北、山西、河南、陕西、甘肃、新疆、湖南、湖北。生于湿地。山西各地均有分布，本区见于人祖山。

58. 五加科 Araliaceae

草本、灌木或乔木。叶互生，单叶、掌状复叶或羽状复叶。花小，辐射对称，两性或杂性，伞形花序或头状花序；萼筒与子房合生，顶端有小齿或波状；花瓣 5~10，分离，有时合成帽状；雄蕊与花瓣同数互生，或为花瓣的 2 倍，或多数；有花盘；子房下位，2~15 室，每室 1 胚珠，花柱与心皮同数，分离或合生。浆果或核果。

约 80 属 900 余种。中国 22 属 160 种。山西 6 属 8 种 3 变种，晋西黄土高原 2 属 2 种。

分属检索表

1. 叶为二至三回羽状复叶，皮刺细 ··1. 楤木属 Aralia
1. 单叶，掌状分裂，皮刺粗大 ··1. 刺楸属 Kalopanax

1. 楤木属 Aralia L.

落叶小乔木或草本，茎有刺。一至三回大型羽状复叶，互生。花杂性同株，伞形花序，再组成大型圆锥花序状，萼 5 裂，花瓣 5；雄蕊 5；子房下位，2~5 室。核果浆果状。

约 40 种。我国 30 种。山西及晋西黄土高原 1 种。

1. 楤木 Aralia chinensis L. in Sp. Pl. 273. 1753；中国高等植物图鉴 2：1042，图 3813，1972；中国植物志 54：159，图版 19：5－8，1978；山西植物志 2：316，图版 177，2000. —A. spinosae auct. non Linn.

灌木或小乔木，高 2~4m。小枝疏生刺。叶长 40~100cm，二至三回羽状复叶，叶轴与羽轴有刺，羽片有小叶 5~11 片，在叶轴上最下一对羽片着生处，另有 2 片小叶，小叶卵状椭圆形，长 4~12cm，宽 3~8cm，先端渐尖，基部圆形，边缘有疏锯齿。花白色，子房 5 室。果球形，成熟黑色，具 5 棱。

分布于东北、河北、山西。生于混交林种。山西中条山、太岳山有分布，本区见于人祖山，为该种在山西地理分布新记录。种子油可供制皂；树皮入药；嫩芽可食。

2. 刺楸属 Kalopanax Miq.

本属仅 1 种，属特征同种。

1. 刺楸 Kalopanax septemlobus（Thunb.）Koidz. in Bot. Mag. Tokyo. 39：306，1925；中国高等植物图鉴 2：1034，图 3798，1972；中国植物志 54：76，图版 137：11-14，1978；山西植物志 2：307，图版 174，2000. —Acer septemlobum Thunb. —Kalopanaxs pictum Nakai.

落叶乔木。茎上有粗刺。叶互生或簇生，直径 9~25cm，掌状 5~7 浅裂至中裂，裂片三角状卵形，先端渐尖，边缘有锯齿，叶柄长 5~15cm。花白色，伞形花序，聚生成顶生圆锥花序状，萼齿 5，花瓣 5；雄蕊 5，花丝长于花瓣 1 倍以上；心皮 2 室，花柱合生。核果浆果状，直径 5mm，蓝黑色。

分布于东北、华北、华中、华南、西南。生于山地疏林。山西太岳山、中条山有分布，本区见于人祖山，为该种在山西地理分布新记录。种子油可供制皂；根皮入药；嫩叶可食。

59. 伞形科 Umbelliferae

一年生至多年生草本。茎直立或匍匐上升，稍有棱和槽。叶互生，一回掌状分裂或一至四回羽状分裂；叶柄的基部有叶鞘，无托叶。花小，两性或杂性，由顶生或腋生的伞形花序聚成复伞形花序；伞形花序的基部有总苞片，小伞形花序的基部有小总苞片；花萼与子房贴生，萼齿 5 或无；花瓣 5，基部窄狭，顶端钝圆或有内折的小舌片；雄蕊 5，与花瓣互生；子房下位，2 室，每室 1 胚珠，顶部有盘状或短圆锥状的花柱基；花柱 2，直立或外曲，柱头头状。果实通常裂成 2 个分生果，有 1 纤细的果柄相连，又称双悬果；外果皮表面平滑或有毛，具皮刺、瘤状突起，并有 5 条主棱，棱和棱之间有沟槽，中果皮层内的棱槽内和合生面通常有纵向的油管 1 至多数。

约 300 属 2500 种。中国 90 余属 500 多种。山西 27 属 40 种 3 变种，晋西黄土高原野生 10 属 13 种。

分属检索表

1. 子房与双悬果具钩状刺毛 …………………………………………………………………… 2
1. 子房与双悬果不具钩状刺毛 ………………………………………………………………… 3
　　2. 总苞片与小苞片羽状分裂，裂片条状披针形 ………………… **1. 胡萝卜属 Daucus**
　　2. 总苞片与小苞片不分裂，较小，线形 ……………………………… **2. 窃衣属 Torilis**
　　　3. 双悬果横断面圆形或两侧压扁，果棱无翅 ……………………………………… 4
　　　3. 双悬果背腹压扁，全部或部分果棱有翅 ………………………………………… 8
　　　　4. 单叶，全缘，羽状脉，花黄色，双悬果纵棱明显 ………… **3. 柴胡属 Bupleurum**
　　　　4. 叶为羽状分裂，花多白色或淡紫色 …………………………………………… 5
　　　　　5. 双悬果卵状球形，伞形花序无总苞片 ………………………………… 6
　　　　　5. 双悬果矩圆形 …………………………………………………………… 7
　　　　　　6. 水生、沼生植物，叶一至二回羽状全裂，小叶长圆状卵形，边缘有锯齿，小总苞片线状锥形，萼齿明显 ……………………………… **4. 水芹 Oenanthe**
　　　　　　6. 林下草本，叶二回羽状分裂，裂片披针形，有羽状缺刻，小总苞片缺，萼齿不明显 ………………………………………………… **5. 茴芹属 Pimpinella**
　　　　　　7. 叶二至三回羽状全裂，末回裂片条形，双悬果主棱发达，次棱不明显 ……………………………………………………… **6. 葛缕子属 Carum**
　　　　　　7. 叶二至三回羽状全裂，末回裂片披针形，双悬果主棱次棱均发达，棱上有海绵质泡状小瘤 …………………… **7. 防风属 Ledebouriella**
　　　　　　8. 双悬果背部略扁平，果棱具狭翅 ……………… **8. 藁本属 Ligusticum**
　　　　　　8. 双悬果背部极扁平，背棱无翅，侧棱翅发达 ……………………… 9
　　　　　　　9. 双悬果成熟后易从结合部分开，侧棱翅宽而薄 **9. 山芹属 Ostericum**
　　　　　　　9. 双悬果成熟后不易从结合部分开，侧棱翅窄而厚 ………………… ……………………………………………………… **10. 前胡属 Peucedanum**

1. 胡萝卜属 *Daucus* L.

一二年生草本。根肉质。叶二至三回羽状分裂,末回裂片狭小。花小,疏松的复伞形花序,总苞苞片羽状分裂,小总苞片 3 裂或不裂;萼齿小;花瓣白色或淡红色,外围花瓣有增大的花瓣(辐射瓣)。果实两侧压扁,棱上有刚毛与刺毛,棱内油管 1 条。

约 60 种。中国野生 1 种。山西及晋西黄土高原野生 1 种。

1. 野胡萝卜 *Daucus carota* L. in Sp. Pl. 1:242, 1753;中国高等植物图鉴 2:1099,图 3927, 1972;中国植物志 55(3):223,图版 98. 1992;山西植物志 2:330,图版 183, 2000.

二年生草本,高 20~120cm。全株被硬毛,根小圆锥形。基生叶轮廓矩圆形,二至三回羽状分裂,末回裂片条状披针形,长 2~15mm,宽 0.5~2mm。伞形花序具多数花,总苞片多数,羽状分裂,裂片条形,反折;小总苞片 5~7,条形,分裂或不裂。双悬果矩圆形,长 3~4mm,次棱上有翅,翅上有短勾刺。花果期 5~8 月。

分布于华中、华东、西南。山西五台山、太岳山有分布,本区见于人祖山,为该种在山西地理分布新记录。果实入药。

2. 窃衣属 *Torilis* Adans.

草本。叶一至二回羽状分裂。复伞形花序,总苞片有或无,小苞片条形,均不分裂。果卵圆形,有刺,刺基部呈小瘤状。

约 20 种。中国 2 种。山西及晋西黄土高原 1 种。

1. 小窃衣(窃衣)*Torilis japonica* (Houtt.) DC. in Prodr. 4:219, 1830;中国高等植物图鉴 2:1056,图 3842, 1972;中国植物志 55(1):83,图版 37, 1972;山西植物志 2:328,图版 182, 2000. —*Caudalis japonica* Houtt. —*Torilis antriscus* var. *japonica* de Boiss. —*Tordylium anthriscus* L.

一二年生,高 30~70cm。全体被短硬毛。叶片轮廓卵形,一至二回羽状分裂,小叶矩圆状披针形,长 0.5~6cm,宽 0.2~1.5cm,边缘具缺刻状裂片,叶柄长 2cm。总苞片 4~10,条形,伞幅 4~10,小总苞片钻形,花梗 4~12 条,花白色。双悬果卵形,长 2~4mm,具内弯的刺。花期 7~8 月,果期 8~9 月。

全国广布。生于路边、荒地。山西各地均有分布,本区见于紫金山。果实及根入药。

3. 柴胡属 *Bupleurum* L.

草本。单叶,全缘,弧形脉,茎生叶基部渐狭,抱茎。复伞形花序,总苞片与小苞片或叶状,宿存,或狭窄而少数;萼齿缺;花瓣背部中脉凸起;子房五角形,花柱短,花柱基平坦。双悬果两侧压扁,主棱明显,棱槽内油管 1~3 条,合生面油管 2~4 条。

约 100 种。中国 36 种 17 变种。山西 5 种 2 变种,晋西黄土高原 1 种。

1. 北柴胡(柴胡)*Bupleurum chinensis* DC. Prodr. 4:128, 1930;中国高等植物图鉴 2:1063,图 3856, 1972;中国植物志 55(1):290,图版 157, 1979;山西植物志 2:346,图版 192, 2000. —*B. falcatum* Shan

多年生草本,高 50~85cm。主根较粗大,棕褐色。茎微作"之"字形曲折。基生叶倒披针形或狭椭圆形,早枯落;茎中部叶倒披针形或广线状披针形,长 4~12cm,宽 6~18mm,顶端渐尖或急尖,有短芒尖头,基部收缩成叶鞘抱茎,茎顶部叶同形,但更小。

复伞形花序多数，形成疏松的圆锥状；总苞片 2~3，甚小，狭披针形，伞幅 3~8，不等长，小总苞片 5，披针形，小伞直径 4~6mm。双悬果广椭圆形，棱狭翼状，每棱槽油管 3 条，很少 4 条，合生面油管 4 条。花果期 7~9 月。

分布于东北、华北、西北、华东和华中各地。生长于向阳山坡地。山西及本区广布。根入药。

4. 水芹属 *Oenanthe* L.

湿生草本。叶一至三回羽状分裂。总苞片 1，或缺，花白色，小伞外缘花瓣增大成辐射瓣，花柱基圆锥状。双悬果长圆状卵形，光滑，两侧压扁，果棱钝圆，侧棱发达，棱槽中油管 1 条，合生面油管 2 条。

1. 水芹 *Oenanthe javanica* (Bl.) DC. Prodr. 4：138，1830；中国高等植物图鉴 2：1081，图 3891，1972；中国植物志 55(2)：202，图版 81：1-4，1985；山西植物志 2：358，图版 198，2000. —*Phellandrium stoloniferum* Roxb. —*Sium kavanicum* Blume—*Oenanthe decumbens* K. Pol.

多年生草本，高 15~80cm。基生叶有柄，柄长达 10cm，基部有叶鞘；叶片轮廓三角形，一至二回羽状分裂，末回裂片卵形至菱状披针形，长 2~5cm，宽 1~2cm，边缘有牙齿或圆齿状锯齿；茎上部叶无柄，裂片较小。复伞形花序；无总苞；伞幅 6~16，不等长；小总苞片 2~8，线形，长 2~4mm；小伞有花 20 余朵；萼齿线状披针形，花瓣白色；花柱基圆锥形，花柱直立或两侧分开。果实近于四角状椭圆形或筒状长圆形，长 2.5~3mm。花期 6~7 月，果期 8~9 月。

产中国各地。多生于池沼、水沟旁。山西各地均有分布，本区见于房山峪口、人祖山。茎叶可作蔬菜食用。

5. 茴芹属 *Pimpinella* L.

多年生草本。叶一至二回羽状分裂或三出分裂。复伞形花序无总苞片；花白色或红色。双悬果卵球形，两侧压扁，横断面五角形。

1. 羊红膻（东北茴芹）*Pimpinella thellungiana* Wolff. in Engl. Pflanzenr. 90 (IV. 228)：304，1927；中国高等植物图鉴 2：1074，图 3877，1972；中国植物志 55(2)：94，图版 35：1-3，1979；山西植物志 2：360，图版 199，2000.

植株高 70~100cm，被硬毛和柔毛。基生叶矩圆状卵形，长 6~12cm，一回羽状分裂，小叶片 5~6，披针形，长 2~7cm，边缘有粗锯齿及缺刻；茎生叶向上渐小，简化成三出叶或单叶，有叶鞘。复伞形花序无总苞，伞幅 6~25，小伞无小苞片，有花 10 余朵，花白色。双悬果卵状矩圆形，长 2~3mm，果棱丝状。花果期 6~9 月。

分布于东北、华北、广东、台湾。生于山地林缘草地。山西吕梁山、太岳山有分布，本区见于交口南山。全草入药。

6. 葛缕子属 *Carum* L.

多年生草本。叶二至四回羽状分裂，叶鞘边缘膜质。总苞片少数或缺，花白色或红色。双悬果卵形，两侧压扁，横断面五角形，棱槽内油管 1 条，合生面油管 2~4 条。

约 30 种。中国 4 种 2 变种。山西 2 种 1 变种，晋西黄土高原 2 种。

分种检索表

1. 茎生叶的叶鞘边缘为狭膜质，花白色，双悬果矩圆形…………**1. 田葛缕子 C. buriaticum**
1. 茎生叶的叶鞘边缘为宽膜质，花粉红色，双悬果卵状矩圆形…………**2. 葛缕子 C. carvi**

1. 田葛缕子 Carum buriaticum Turcz. in Bull. Soc. Nat. Mosc. 17：713，1844；中国高等植物图鉴 2：1070，图 3869，1972；中国植物志 55（2）：26，图版 8：1-6，1985；山西植物志 2：366，图版 202，2000. —*Bunium burianticum* Drude—*Carum furcatum* Wolff.

多年生草本。植株高 50~80cm，茎基部有纤维质残留物。基生叶及茎下部叶有柄，长 6~10cm，叶片轮廓长圆状卵形或披针形，长 8~15cm，宽 5~10cm，三至四回羽状分裂，末回裂片线形，长 2~5mm，宽 0.5~1mm；茎上部叶通常二回羽状分裂，末回裂片细线形，叶鞘边缘狭膜质。总苞片 2~4，线形或线状披针形；伞幅 10~15；小总苞片 5~8，披针形；小伞形花序有花 10~30，无萼齿；花瓣白色。果实长卵形，长 3~4mm，每棱槽内油管 1 条，合生面油管 2 条。花果期 5~9 月。

分布于东北、华北、西北，西藏和四川（西部）。生于田边、路旁、山地草丛中。山西及本区广布。

2. 葛缕子 Carum carvi L. in Sp. Pl. ed. 1. 263，1753；中国高等植物图鉴 2：1070，图 3870，1972；中国植物志 55（2）：25，图版 8：7-8，1985；山西植物志 2：364，图版 201，2000.

一年生或多年生草本。植株高 30~80cm，茎基部有纤维质残留物。叶柄长 5~8cm，叶片轮廓矩圆形或宽椭圆形，长 6~15cm，宽 1~3cm，二至三回羽状分裂，末回裂片条状披针形，长 2~3mm，宽 1~3mm，叶鞘边缘宽膜质。总苞片无或 1~3，伞幅 8~16；小总苞片无，或少数，总苞片与小苞片均为线形；小伞形花序有花 15 朵，花瓣白色或红色。果实矩圆状卵形，长 3~4mm，每棱槽内油管 1 条，合生面油管 2 条。花果期 5~9 月。

分布于东北、华北、西北，西藏和四川。生于田边、路旁、山地草丛中。山西恒山、五台山、太岳山、吕梁山有分布，本区见于人祖山。果实供提取芳香油药用。

7. 防风属 Ledebouriella Wolff.

多年生草本。茎二歧分枝。叶二至三回羽状全裂。花杂性，萼齿三角形，花柱基短，圆锥形。双悬果椭圆形，背部有疱状小瘤，果棱、果槽内均有油管 1 条，合生面 2 条油管。

仅 1 种，山西及晋西黄土高原亦产。

1. 防风 Ledebouriella divaricata（Turcz.）Hiroe in Komarov, Fl. URSS. 17：54，1951；中国高等植物图鉴 2：1075，图 3880，1972；中国植物志 55（3）：222，图版 97，1972；山西植物志 2：325，图版 181，2000. —*Saopshnikovia divaricdata*（Turca.）Schischk.

植株高 20~80cm，茎基部有纤维状叶柄残存。基生叶长 7~20cm，一至二回羽状全裂，裂片条状披针形，长 5~40mm，宽 1~8mm，叶柄长 2~7cm，有叶鞘。向上叶片渐小，柄简化。复伞形花序无总苞片，或 1 片，伞幅 5~9，小伞有苞片 4~5，条形，花黄色，4~9 朵。果矩圆状宽卵形，长 3~5mm，扁平。花果期 7~10 月。

分布于东北、华北、陕西、甘肃。生于山坡草地。山西五台山、吕梁山有分布，本区见于人祖山。全草入药。

8. 藁本属 *Ligusticum* L.

多年生草本。叶一至四回羽状全裂，末回裂片卵形、长圆形、线形。复伞形花序，总苞片缺或少数，小伞苞片多数，花白色或紫色，萼齿显著。双悬果背腹压扁，横断面五角形，主棱凸起，翅状，棱槽油管1~4条，合生面油管6~8条。

约60种。中国30种。山西及晋西黄土高原2种。

分种检索表

1. 萼齿不发达，总苞片缺，叶二至三回羽状全裂，末回裂片卵形···**1. 辽藁本 *L. jeholense***
1. 萼齿发达，总苞片2~7，条形，叶三回羽状全裂，末回裂片丝状条形····················
·······················**2. 岩茴香 *L. tachiroei***

1. 辽藁本 *Ligusticum jeholense* Nakai et Kitag. in Rep. First. Sci. Expet. Manch. Sedt. 4：36. 1936；中国高等植物图鉴2：1084，图3898，1972；中国植物志55（2）：256，图版105：7-8，1985；山西植物志2：350，图版194，2000. —*Cnidium jeholense* Nakai et Kitag.

植株高15~65cm。茎生叶宽三角形，长7~14cm，二回三出羽状全裂，终裂片斜卵形，长2~3.5cm，宽1~2.5cm，边缘有缺刻状牙齿，沿脉有乳头状突起，叶柄长4~12cm。总苞片0~1，早落，伞房6~9，小伞苞片10，钻形；花20余朵，白色。双悬果椭圆形，长3mm，果棱有窄翅。花果期8~10月。

分布于吉林、河北、山西、山东。生于山地阔叶林。山西恒山、五台山、吕梁山有分布，本区见于人祖山。根入药。

2. 岩茴香（细叶藁本）*Ligusticum tachiroei* （Fr. et Sav.）Hiroe et Constance in Umbell. Jap. 74. fig. 38，1958；中国高等植物图鉴2：1086，图3902，1972；中国植物志55（2）：242，图版99：1-5，1985；山西植物志2：3，图版193，2000. —*Tilingia tachiroei* （Fr. et Sav.）Kitag. —*Cnidium tachiroei* （Fr. et Sav.）Mfakino

植株高15~30cm。基生叶与茎下部叶宽三角形，长3~10cm，多回三出式羽状全裂，终裂片丝状条形，长5~15mm，宽0.5~1mm，叶柄长5~12cm，上部叶简化成叶鞘。总苞片2~7，有缘毛，伞幅5~10，小伞苞片数个，丝形；花白色或淡红色，10余朵。双悬果卵状长圆形，长3mm。花果期7~9月。

分布于东北，河北、山西、河南、安徽、浙江。生于高山林下。山西恒山、五台山、吕梁山有分布，本区见于人祖山。根茎入药

9. 山芹属 *Ostericum* Hoffm.

二年生或多年生草本。叶二至三回羽状分裂。花白色，复伞形花序，萼齿明显，宿存。双悬果背腹压扁，长圆形，背棱隆起，侧棱有宽翅，果皮光滑，具颗粒状突起。

约10种。中国6种5变种。山西及晋西黄土高原2种。

分种检索表

1. 茎上部叶缩小，简化为3深裂至浅裂片，叶末回裂片有缺刻和缢缩，伞幅在10以上···
·······················**1. 大齿山芹 *O. grosseserratum***
1. 茎上部叶简化成叶鞘，叶末回裂片有内曲的圆锯齿，伞幅在10以下···**2. 山芹 *O. siebordi***

1. 大齿山芹（大齿当归）Ostericum grosseserratum（Maxim.）Kitag. in Journ. Bot. 12：233，1936；中国高等植物图鉴 2：1090，图 3910，1972；中国植物志 55（3）：72，图版 31，1992；山西植物志 2：377，图版 208，2000. —Angerica grosseserrathum Maxim.

植株高达 1m。基生叶与茎下部叶宽三角形，二至三回三出式分裂，终裂片菱状卵形，长 2~5cm，宽 1.5~3cm。边缘有钝齿及小缺刻，脉上有毛，叶柄长 4~18cm；茎上部叶 3 深裂。总苞片 4~5 条，伞幅 6~14，小伞苞片钻形，花白色。双悬果近圆形，扁平，长 4~5mm。花果期 7~9 月。

分布于东北、华东、华中，河北、山西、陕西、四川。生于林缘草地。山西五台山、太岳山、中条山有分布，本区见于人祖山、紫金山，为该种在山西地理分布新记录。

2. 山芹 Ostericum siebordi（Miq.）Nakai in Journ. Jap. Bot. 18：219，1942；中国高等植物图鉴 2：1091，图 3911，1972；中国植物志 55（3）：69，图版 30：1-5，1992；山西植物志 2：379，2000. —Angerica miquelian Maxim.

植株高 0.6~2m。基生叶与茎下部叶三角形，长 20~40cm，一至二回羽状分裂，终裂片卵形，长 5~10cm，宽 3~6cm，边缘有锐锯齿，脉上有毛，叶柄长 20~30cm，茎上部叶简化成叶鞘。总苞片背棱有翅。花果期 7~10 月。

分布于东北，河北、山西、安徽、江苏。生于林缘草地。山西五台山、太岳山有分布，本区见于人祖山，为该种在山西地理分布新记录。

10. 前胡属 Peucedanum L.

多年生草本。叶一至三回羽状分裂，或三出式分裂。复伞形花序，伞幅多数，总苞片多数，或无，小伞苞片多数；花杂性，萼齿不显，花柱基圆锥形，柱头头状。双悬果背腹压扁，侧棱具宽翅。

120 余种。中国 30 种。山西及晋西黄土高原 2 种。

分种检索表

1. 无总苞片，小总苞片 6~10，花白色，叶末回裂片菱状倒卵形………………………………
………………………………………………**1. 华北前胡 P. harry-smithii**
1. 总苞片数条，小总苞片 4~12，花白色或粉红色，叶末回裂片披针形…………………………
………………………………………………**2. 石防风 P. terebinthaceum**

1. 华北前胡（毛白花前胡）Peucedanum harry-smithii Fedde ex Wolff in Fedde. Repert. Sp. Nov. 33：247，1933；中国植物志 55（3）：162，图版 72：1992；山西植物志 2：378，图版 209，2000.

植株高 60~100cm，根颈存留有叶鞘纤维，茎具纵条纹。基生叶有长柄，叶片轮廓为三角状卵形，长 10~25cm，宽 5~15cm，二回羽状全裂，第一回羽片有柄，末回裂片菱状倒卵形，边缘浅裂或具 1~3 锯齿；茎生叶向上渐简化，无叶柄，叶鞘宽阔抱茎，边缘膜质。复伞形花序直径 8cm，伞幅 8~20，总苞片无或 1 至多个，小总苞片 6~10，花瓣白色，具淡黄色中脉，萼齿三角形形；花柱基圆锥形，花柱向下弯曲，比花柱基长。分生果椭圆形或卵状椭圆形，背部扁压，长 3.5~4mm，背棱和中棱线形凸起，侧棱翅状，每棱槽内有油管 1 条，合生面油管 2 条。花果期 8~10 月。

分布于华北、西北，河南、四川。生长于山坡草地、林下及林缘。山西五台山、太岳山、吕梁山有分布，本区广布。

2. 石防风 _Peucedanum terebinthaceum_ （Fisch.）Fisch. ex Turcz. in Bull. Soc. Nat. Mosc. 17(4)：743，1844；中国高等植物图鉴 2：1095，图 3920，1972.

植株高 30~120cm。根颈存留有叶鞘纤维，茎具纵条纹。基生叶有长柄，叶柄长 8~20cm，叶片轮廓为椭圆形至三角状卵形，长 6~18cm，宽 5~15cm，二回羽状全裂，第一回羽片 3~5 对，末回裂片卵状披针形，边缘浅裂或具 2~3 锯齿，长 0.8~3cm，宽 0.5~1.2cm；茎生叶与基生叶同形，但较小，无叶柄，仅有宽阔叶鞘抱茎，边缘膜质。复伞形花序直径 3~10cm，伞幅 8~20，总苞片无或 1~2，小总苞片 6~10；花瓣白色或淡红色，具淡黄色中脉，萼齿细长锥形；花柱基圆锥形，花柱向下弯曲，比花柱基长。分生果椭圆形或卵状椭圆形，背部扁压，长 3.5~4mm，背棱和中棱线形凸起，侧棱翅状每棱槽内有油管 1 条，合生面油管 2 条。花果期 7~10 月。

分布于东北、华北。生于山坡草地、林下及林缘。本区广布，为该种在山西地理分布新记录。根入药。

60. 山茱萸科 Cornaceae

乔木、灌木，或多年生草本。单叶，对生，稀互生或轮生。花两性或单性，呈顶生聚伞花序、圆锥花序，或头状花序，或生于叶面的中脉基部，花萼 4~5，花瓣 4~5；雄蕊 4~5；有花盘；子房下位，1~4 室，每室 1 胚珠，花柱 1，核果或浆果。

约 15 属 119 种。中国 9 属 60 种。山西 3 属 7 种 2 变种，晋西黄土高原 1 属 2 种。

1. 梾木属 _Swida_ Opiz.

落叶灌木或乔木。单叶对生。顶生的伞房状聚伞花序；花 4 基数，花盘垫状，子房下位，2 室，花柱短，柱头头状。核果。

约 42 种。中国 20 种 20 变种。山西 6 种 1 变种，晋西黄土高原 2 种。

分种检索表

1. 灌木，果实白色，小枝红色 ···**1. 红瑞木 _S. alba_**
1. 乔木，果实黑色，小枝红黄色，树皮灰黑色 ·······················**2. 毛梾 _S. walteri_**

1. 红瑞木 _Swida alba_ Opiz. in Seznam. 94，1852；中国高等植物图鉴 2：1100，图 3930，1972；中国植物志 56：43，图版 15：1-6，1990；山西植物志 2：387，2000.

灌木，高 3m。枝条血红色，幼时有白粉。叶椭圆形，长 5~8.5cm，宽 2~2.5cm，先端突尖，基部宽楔形，边缘全缘，波状起伏，两面有毛，侧脉 4~5 对，叶柄长 1~2cm。伞房状聚伞花序，花小，黄白色，直径 6~8mm，子房倒卵形，疏被贴生毛。核果成熟白色，花柱宿存。花期 6~7 月，果期 8~10 月。

分布于东北、华北、华东，陕西。生于山地杂木林及沟谷溪水边。山西恒山、五台山、吕梁山有分布，本区见于人祖山。园林观赏；种子油供工业用。

2. 毛梾（车梁木）_Swida walteri_ （Wanger.）Sojak in Novit. Bot. & Del. Sem. Hort. Bot. Univ. Carol. Prag. 11，1910；中国高等植物图鉴 2：1101，图 3931，1972；中国植物志

56：78，1990；山西植物志 2：390，图版 218，2000. —*Cornus walteri* Wanger.

乔木，高 6~14m。树皮条状纵裂。叶椭圆形，长 4~12cm，宽 2~8cm，先端渐尖，基部楔形，边缘全缘，波状起伏，两面有毛，侧脉 4~5 对，叶柄长 1~3.5cm。伞房状聚伞花序，花白色，直径 1mm。核果成熟黑色，球形，直径 6~8mm。花期 5~6 月，果期 8~10 月。

分布于华东、华中、辽宁、河北、山西、陕西、甘肃、西南。生于向阳山地。山西各地均有分布，本区见于人祖山。木材供制车辆、家具；种子油供工业用。

61. 报春花科 Primulaceae

一年生或多年生草本，稀为亚灌木。茎直立或匍匐。单叶或分裂，互生、对生或轮生，或全部为基生，无托叶。花两性，辐射对称，单生或组成总状、圆锥、伞形或穗状花序；花萼通常 5 裂，宿存；合瓣花通常 5 裂，花冠下部合生成短或长筒，稀无花冠；雄蕊与花冠裂片同数而对生，有时具退化雄蕊；子房上位，稀半下位，1 室；花柱单一；胚珠通常多数，生于特立中央胎座上。蒴果通常 5 齿裂或瓣裂，稀盖裂。

约 22 属近 1000 种。中国 13 属近 500 种。山西 7 属 22 种，晋西黄土高原 2 属 3 种。

分属检索表

1. 小草本，高 10~20cm，叶肉质，花单生叶腋，无花冠，花萼红色或白色，生于湿地……
…………………………………………………………………**1. 海乳草属 Glaux**
1. 植株高 30~60cm，叶互生，草质，总状花序，雄蕊生于花冠管上，分布于山坡草地……
…………………………………………………………………**2. 珍珠菜属 Lysimachia**

1. 海乳草属 Glaux L.

仅 1 种。属特征同种。山西及本区有分布。

1. 海乳草 Glaux maritima L. in Sp. Pl. 207，1753；中国高等植物图鉴 3：286，图 4525，1974；中国植物志 59（1）：134，图版 35：5–6，1989；山西植物志 2：416，图版 227，2000.

多年生草本，高 3~25cm，直立或斜生，通常有分枝。叶肉质，近于无柄，交互对生或有时互生，较密集，线形、线状长圆形或近匙形，长 4~15mm，宽 1.5~3.5(5)mm，先端钝或稍锐尖，基部楔形，全缘。花小，单生于茎中上部叶腋；花梗长 1~2mm；花萼钟形，白色或粉红色，花冠状，长约 4mm，分裂达中部，裂片倒卵状长圆形，宽 1.5~2mm，先端圆形；无花冠；雄蕊 5，稍短于花萼；子房卵珠形，上半部密被小腺点，花柱与雄蕊等长或稍短。蒴果卵状球形，长 2.5~3mm，先端稍尖，略呈喙状。花期 6 月，果期 7~8 月。

产于黑龙江、辽宁、华北、山东、西北、四川（西部）、西藏等地。生于海边及内陆河漫滩盐碱地和沼泽草甸中。山西五台山、吕梁山、太原等地有分布，本区见于房山峪口。

2. 珍珠菜属 Lysimachia L.

多年生或一年生草本。茎直立或匍匐。叶互生、对生或轮生，全缘，多具腺点；花单生于叶腋，或呈总状、圆锥、伞形、头状花序，花 5(6) 数，雄蕊着生于花冠管上；子房 1

室，球形，蒴果卵球形。

约 180 种。中国 132 种 1 亚种 17 变种。山西 4 种，晋西黄土高原 2 种。

分种检索表

1. 茎与叶均被毛，叶广披针形，花白色……………………………**1. 狼尾珍珠菜 L. barystachys**
1. 茎与叶均无毛，叶线状披针形，叶背有锈色斑点，花白色或带粉红色…………………
……………………………………………………………**2. 狭叶珍珠菜 L. pentapetala**

1. 狼尾珍珠菜（狼尾花）Lysimachia barystachys Bge. in Mem. Acad. Sc. St. Petersb. 2：127，1835；中国高等植物图鉴 3：282，图 4517，1974；中国植物志 59（1）：103，1989；山西植物志 2：410，图版 225，2000.

多年生草本。有地下根茎，茎直立，高 40~100cm，全株被毛。叶互生或对生，矩圆状披针形或倒披针形，长 5~10cm，宽 0.6~1.8cm，先端钝或锐尖，基部渐狭，近无柄。总状花序顶生，密集，常向一侧低垂，长 4~6cm，果期伸长，花梗长 4~6mm；花冠白色，长近 1cm。蒴果球形，直径 2.5mm。花期 6~7 月，果期 8~9 月。

分布于东北、华北、西北，山东、江苏、湖北、四川、云南。生于山坡草地。山西各地均有分布，本区见于人祖山、紫金山。全草入药。

2. 狭叶珍珠菜 Lysimachia pentapetala Bge. in Mem. Acad. Sc. St. Petersb. 2：127，1835；中国高等植物图鉴 3：282，图 4518，1974；中国植物志 59（1）：107，1989；山西植物志 2：版 226，2000. —L. unguiculata Diels—Apochoris petapentala Duby

一年生草本。茎直立，多分枝，高 30~60cm。叶互生，条状披针形或倒披针形，长 2~7cm，宽 2~6mm，花梗长 5~10mm；花冠白色，深裂至基部。蒴果球形，直径 2.5mm。花期 7~8 月，果期 9 月。

分布于东北、华北，陕西、山东、江苏、湖北、四川。生于山坡草地。山西各地均有分布，本区见于人祖山。

62. 白花丹科(蓝雪科) Plumbaginaceae

小灌木、半灌木或多年生(罕一年生)草本。茎直立，有时上端蔓状而攀缘。单叶，互生或基生，全缘，偶为羽状浅裂或羽状缺刻，通常无托叶。花两性，整齐，穗状花序、头状花序、圆锥花序。萼基部有苞片，漏斗状、倒圆锥状或管状，有时上部扩大成外展或狭钟状的萼檐；多少为膜质或干膜质，稀全为草质，花萼裂片 5，萼筒具 5~15 棱，结果时萼略变硬，包于果实之外，通常连同果实迟落；合瓣花冠较萼长，花冠裂片在芽中旋转状，花后扭曲而萎缩于萼筒内；雄蕊 5，与花冠裂片对生，下位，或着生于花冠基部；雌蕊 1，由 5 心皮结合而成；子房上位，1 室，胚珠 1 枚，花柱顶生，5 枚，分离或合生。果实包藏于萼筒内，开裂或不裂。

约 10 属 350 种。中国 7 属 37 种。山西 3 属 4 种，晋西黄土高原 1 属 1 种。

1. 补血草属 Limonium Mill.

多年生草本。叶基生，在亚灌木种类中则互生于茎上，全缘或羽状分裂。聚伞花序、穗状花序或圆锥花序；花有苞片，花萼管状，有色彩，干膜质，萼筒有 10 棱；合瓣基部合生，雄蕊5，着生于花瓣基部；子房上位，1室，花柱5，分离，柱头线形。果包藏于萼内，开裂或不开裂。

1. 二色补血草 Limonium bicolor (Bge.) Ktze. in Rev. Gen. Pl. 2：395，1891；中国高等植物图鉴3：289，图4532，1974；山西植物志2：446，图版247，2000.

多年生草本，高20~50cm。叶基生，匙形至长圆状匙形，长3~15cm，宽0.5~3cm，先端通常圆或钝，基部渐狭成平扁的柄。花序为密集的聚伞花序组成圆锥状；花序轴通常有3~4棱角，自中部以上作数回分枝，末级小枝二棱形；苞片紫红色，萼长6~7mm，漏斗状，萼筒倒圆锥状，径约1mm，全部或下半部沿脉密被长毛，萼檐初时淡紫红色或粉红色，后来变白；花冠黄色，顶部深裂；子房矩圆状倒卵形。果实具5棱。花果期5~7月。

山西各地均有分布，本区见于房山峪口。全草药用。

63. 柿树科 Ebenaceae

乔木或灌木。单叶互生，全缘，无托叶。雌雄异株或杂性；花辐射对称，单生或排成聚伞花序；花萼3~7裂，宿存，果期增大；花冠3~7裂；雄蕊着生于花冠管基部，与花冠裂片同属且互生，或为花冠裂片的2~4倍，花丝分离或两两连生。子房上位，2~16室，每室1~2胚珠，中轴胎座，花柱2~8，分离或基部连合。浆果。

6属约450种。中国1属50余种。山西1属2种，晋西黄土高原区1属1种。

1. 柿属 Diospyros L.

落叶或常绿乔木、灌木。单叶互生，全缘，无托叶。雌雄异株或杂性；花辐射对称，单生或排成聚伞花序；花萼3~5裂，宿存，果期增大；花冠3~5裂；雄蕊通常16枚，雌花中有退化雄蕊，子房上位，2~16室，每室1~2胚珠。浆果，种子两侧压扁。

500种。中国56种。山西2种，晋西黄土高原1种。

1. 柿树 Diospyros kaki L. f. in Suppl. Pl. Syst. Veg. 439，1781；中国高等植物图鉴3：301，图4556.1974；山西植物志2：449，图版248，2000.

乔木，高达15m。树皮鳞片状开裂，树干基部可见嫁接痕迹。一二年生枝节处可见明显芽鳞痕。叶革质，长椭圆形或矩圆状卵形，长6~12cm，宽3~9cm，柄长1~1.5cm，先端尖，基部楔形或圆形，背部有毛。雌雄异株或同株，雄花排成聚伞花序，雌花单生叶腋；花萼4裂；花冠白色，钟状，4裂，有毛；雄花有雄蕊16~24；雌花有退化雄蕊8枚；子房上位，8室。浆果卵圆形或扁球形。

各地广泛栽培。本区见于人祖山。果实可食用，供制柿饼；柿霜、柿蒂可入药；叶可代茶。

64. 木樨科 Oleaceae

乔木，直立或藤木。叶对生，稀互生或轮生，单叶或羽状复叶，全缘或具齿；无托叶。花辐射对称，两性，稀单性，雌雄同株或杂性异株，通常聚伞花序、圆锥花序，或为总状、伞状、头状花序，簇生，稀单生；花萼4(12)裂，稀无花萼；花冠4(12)裂，稀无花冠；雄蕊2枚，稀4枚，着生于花冠管上或花冠裂片基部；子房上位，由2心皮组成2室，每室具胚珠2枚，有时1或多枚。翅果、蒴果、核果、浆果或浆果状核果。

约27属400余种。中国12属178种。本区3属5种2变种。

分属检索表

1. 果实为翅果，羽状复叶，乔木…………………………………………**1. 白蜡树属 Fraxinus**
1. 果实为蒴果…………………………………………………………………………………………2
　2. 花黄色，枝中空，单叶或三出复叶……………………………………**2. 连翘属 Forsythia**
　2. 花紫色或白色，枝条不中空，单叶……………………………………**3. 丁香属 Syringa**

1. 白蜡树属(梣属)Fraxinus L.

乔木，奇数羽状复叶，对生，小叶有锯齿，叶轴有沟槽。花单性或杂性，雌雄异株；圆锥、总状花序，或簇生；花萼小，4裂，或缺；无花冠，或有花冠，2~4深裂；雄蕊2；子房上位，2室，每室2胚珠，柱头2裂。翅果，翅在顶端延伸；种子扁平，长圆形。

70种。中国20种。本区1种。

1. 白蜡树 Fraxinus chinensis Roxb. Fl. Ind. 1：150，1820；中国高等植物图鉴3：345，图4644，1974；中国植物志61：30，图版8：7-8，1992；山西植物志2：458，2000.

落叶乔木，高10~12m。树皮灰褐色，纵裂。芽阔卵形或圆锥形，被棕色柔毛或腺毛。羽状复叶长15~25cm；叶柄长4~6cm，小叶5~7枚，卵形、倒卵状长圆形至披针形，长3~10cm，宽2~4cm，顶生小叶与侧生小叶近等大或稍大，先端锐尖至渐尖，基部钝圆或楔形，叶缘具整齐锯齿，上面无毛，下面沿中脉两侧被白色柔毛。花单性，雌雄异株；圆锥花序顶生或腋生枝梢；雄花密集，花萼钟状，长约1mm，无花冠，花药与花丝近等长；雌花疏离，花萼筒状，长2~3mm，4浅裂，花柱细长，柱头2裂。翅果匙形，长3~4cm，宽4~6cm，上中部最宽，先端锐尖，基部渐狭，翅平展，下延至坚果中部。坚果圆柱形，长约1.5cm；宿存萼紧贴于坚果基部。花期4~5月，果期7~9月。

产于南北各地。多为栽培，也见于山地杂木林中。山西太岳山、中条山、太行山、吕梁山有分布，本区见于人祖山。木材供建筑、家具用，也可放养白蜡虫生产白蜡。

2. 连翘属 Forsythia Vahl.

灌木。枝髓心中空或片状，皮孔显著。叶对生，单叶或三出复叶。花两性，1~3(5)朵生于叶腋；萼4深裂；花冠黄色，4深裂；雄蕊2，着生于花冠基部；子房2室，每室2~10胚珠。蒴果卵球形，果瓣革质，种子有狭翅。

约11种。中国7种。山西及晋西黄土高原1种。

1. 连翘 Forsythia suspensa (Thunb.) Vahl. in Enum. Pl. 1：39，1804；中国高等植物图鉴3：347，图4648，1974；中国植物志61：42，图版12：1-3，1992；山西植物志2：404，图版256，2000.—*Ligustrum suspensum* Thunb.

落叶灌木。枝先端常蔓状下垂，枝髓心中空，皮孔显著。叶对生，单叶或3深裂至三出复叶，卵形、椭圆状卵形，长3~10cm，宽2~5cm，先端渐尖，基部楔形或圆形，叶缘1/4以上有锐锯齿，叶柄长1~2cm。花直径约2.5cm，单生或数朵簇生于叶腋；萼4深裂；花冠黄色，下垂，钟形，4深裂，裂片椭圆形，外展；雄蕊2，着生于花冠基部；花柱长3~4mm，柱头球形。蒴果卵球形，长1.2~2cm，先端锐尖，表面具皮孔，2瓣裂；种子扁平，有膜质翅。

分布于中国北部、中部。生于山地疏林、灌丛。山西吕梁山、太岳山、中条山有分布，本区见于人祖山。园林观赏花木；果实入药。

3. 丁香属 *Syringa* L.

落叶灌木或小乔木。叶对生，单叶或羽状深裂，全缘。花两性，圆锥花序，花萼 4 裂，宿存；花冠白色、紫色、淡红色，花冠先端 4 裂，裂片开展，花冠管长于或短于花冠裂片；雄蕊 2，着生于花冠管口部。蒴果长圆形，果瓣革质，2 裂；每室 2 种子，种子有翅。

约 30 种。中国 27 种。山西 5 种 1 亚种 3 变种，晋西黄土高原 4 种 1 变种。

分种检索表

1. 雄蕊伸出花冠之外，花白色，花冠管短 ···2
1. 雄蕊藏于花冠之内，花紫色，花冠管长 ···3
　2. 灌木，雄蕊与花冠裂片等长 ····················· **1. 北京丁香 *S. pekinensis***
　2. 乔木，雄蕊为花冠裂片的 2 倍 ········· **2. 暴马丁香 *S. reticulata* var. *amurensis***
　　3. 叶菱状卵形，长大于宽，先端渐尖，基部楔形，叶背面沿脉有柔毛···········
　　 ··· **3. 毛丁香 *S. pubescens***
　　3. 叶圆形，宽略大于长，先端急尖，基部平截 ·································4
　　　4. 叶背无毛 ······································ **4. 紫丁香 *S. oblata***
　　　4. 叶背密生柔毛 ······················· **4a. 紫萼丁香 *S. oblata* var. *giraldii***

1. 北京丁香 *Syringa pekinensis* Rupr. in Bull. Phys. Math. Acad. Sci. St. Petrsb. 15：371，1857；中国高等植物图鉴 3：352，图 4657，1974；中国植物志 61：82，图版 22：3-5，1992；山西植物志 2：406，图版 257，2000.

小灌木，高 1~3m。叶卵形或卵状披针形，长 4~10cm，宽 2~5cm，先端渐尖，基部楔形或近圆形，叶柄长 1.5~2.5cm。花白色，直径 5~6mm，圆锥花序生于枝顶；花萼 4 浅裂；花冠裂片长卵形，先端钝，花冠筒短于花冠裂片；雄蕊伸出花冠筒以外，与花冠裂片等长。蒴果矩圆形，长 1~2cm，具疣状突起。花期 4~5 月，果期 8~9 月。

分布于华北，河南、陕西、甘肃。生于山地阳坡。山西五台山、太岳山、中条山、吕梁山有分布，本区见于紫金山。

2. 暴马丁香 *Syringa reticulata* (Bl.) Hara var. *amurensis* (Rupr.) Pringle in Phytologia 52(5)：285，1983；中国高等植物图鉴 3：352，图 4658，1974；中国植物志 61：81，图版 22：1-2，1992；山西植物志 2：406，图版 258，2000. —*S. amuremsis* Rupr. —*Syringa reticulata* var. *mandshurica* Hara

小乔木，高可达 15m。小枝皮孔显著。叶卵形至宽卵形，长 5~12cm，宽 3~7cm，先端渐尖、突尖或钝，基部楔形或近圆形，叶柄长 1~3.5cm。花白色，直径 4~5mm，圆锥花序生于枝顶，花萼 4 浅裂；花冠筒短于花冠裂片；雄蕊伸出花冠筒以外，长为花冠裂片的 2 倍。蒴果矩圆形，长 1~2cm，微具疣突。花期 5~6 月，果期 8~9 月。

山西中条山、太岳山、吕梁山、太行山有分布，本区见于紫金山、人祖山。木材供制家具。

3. 毛丁香(巧玲花) Syringa pubescens Turcz. in Bull. Soc. NDat. Oscou 13：73. 1840；中国高等植物图鉴 3：350，图 4654，1974；山西植物志 2：469，图版 260，2000.

落叶小灌木，高 1~3m。叶卵形或菱状卵形，长 3~8cm，宽 1.5~4.5cm，先端短渐尖或钝，基部宽楔形或近圆形，叶背沿脉有柔毛，叶柄长 0.5~1.5cm。圆锥花序发于侧芽；花萼钟形，4 浅裂，淡紫色；花冠紫色或淡紫色，直径约 8mm，花冠筒细，长 1~1.5cm；雄蕊生于花冠筒中部，不伸出花冠筒以外。蒴果条状长椭圆形，长 8~14mm，具疣状突起。花期 5~6 月，果期 8~9 月。

分布于辽宁、河北、山西、山东、河南、陕西、甘肃。生于山坡灌丛。山西各地有分布，本区见于人祖山。观赏花木；花入药。

4. 紫丁香 Syringa oblata Lindl. in Gard. Chron. 1859：868，1859；中国高等植物图鉴 3：351，图 4655，1974；中国植物志 61：66，图版 18：4-7，1992；山西植物志 2：472，2000.——*S. vulgaris* Linn. var. *oblata* Franch.——*S. chinensis* auct. non Schmidt ex Willd. 1796；——*S. vulgaris* auct. non L. 1753.

灌木或小乔木，高可达 5m。小枝较粗，疏生皮孔。叶片卵圆形至肾形，宽常大于长，长 2~14cm，宽 2~15cm，先端短突尖至长渐尖或锐尖，基部心形、截形至近圆形，或宽楔形，叶柄长 1~3cm。圆锥花序由侧芽抽生，长 4~16(~20)cm，宽 3~7(~10)cm；花萼 4 裂，萼齿渐尖、锐尖或钝；花冠紫色，有香味，长 1.1~2cm，花冠管圆柱形，长 0.8~1.7cm，花冠裂片呈直角开展，卵圆形、椭圆形至倒卵圆形，先端内弯略呈兜状或不内弯；雄蕊生于花冠管喉部。蒴果倒卵状椭圆形至长椭圆形，长 1~1.5(-2)cm，先端长渐尖，光滑。花期 4~5 月，果期 6~10 月。

产于东北、华北、西北(除新疆)以至西南达四川西北部。生于山坡丛林、山沟溪边。山西中条山、吕梁山有分布，本区见于房山峪口、人祖山。观赏花木。

4a. 紫萼丁香 Syringa oblata var. giraldii (Lemoine) Rehd. in Journ. Arn. Arb. 7：34，1926；中国高等植物图鉴 3：351，1974.

与原变种区别在于本变种的小枝、花序和花梗除具腺毛外，被微柔毛或短柔毛，或无毛；叶片基部通常为宽楔形、近圆形至截形，或近心形，上面除有腺毛外，被短柔毛或无毛，下面被短柔毛或柔毛，有时老时脱落；叶柄被短柔毛、柔毛或无毛。花期 5 月，果期 7~9 月。

产于东北，山西、甘肃、陕西、湖北。生于山坡林下或灌丛中。山西中条山、吕梁山有分布，本区见于人祖山、房山峪口，为《山西植物志》增补变种。

65. 马钱科 Loganiaceae

草本、灌木或乔木。单叶，对生或轮生，全缘或有齿裂。花两性，辐射对称，聚伞、圆锥、总状、穗状花序；花萼 4~5 裂；管状花冠，檐部 4~5 裂；雄蕊着生于花冠管上，与花冠裂片同数且互生；子房上位，2 室，每室 2 胚珠。蒴果、浆果或核果。

约 28 属 550 种。中国 8 属 54 种 5 变种。山西 1 属 2 种，晋西黄土高原 1 属 1 种。

1. 醉鱼草属 Buddleja L.

灌木，常被毛。叶对生，稀互生，托叶极度退化。花簇生，或为聚伞、总状、圆锥花序；花萼 4 裂，花冠管状或漏斗状，4 裂；雄蕊 4；子房 2 室，每室胚珠数枚。蒴果。

约 100 种。中国 29 种 4 变种。山西 2 种，晋西黄土高原 1 种。

1. 互叶醉鱼草 Buddleja alternifolia Maxim. in Mem. Acad. Sci. St. Peterwb. Sav. Etrang. 2：118，1833；中国高等植物图鉴 3：372，图 4697，1974；中国植物志 61：269，图版 71：1-9，1992；山西植物志 2：487，图版 271，2000. —*B. legendrei* Gagnep.

落叶灌木，高达 3m。枝条细弱，先端弧状弯曲。单叶互生，披针形，长 4~8cm，宽 1~2cm，先端尖或钝，基部楔形，全缘，下面密被灰白色茸毛。圆锥花序簇于二年生枝叶腋；花蓝紫色，芳香，萼 4 裂，具 4 棱，密被毛；花冠筒细，长 7mm；雄蕊着生于花冠筒中部，无花丝；子房无毛。蒴果矩圆形，光滑，种子多数。花期 5~6 月，果期 7~10 月。

分布于华北、陕西、甘肃、宁夏。生于山坡灌丛。山西太岳山、吕梁山有分布，本区见于人祖山。可作观赏花木。

66. 龙胆科 Gentianaceae

一年生或多年生草本。叶对生，少有互生或轮生，全缘，无托叶。花两性，辐射对称，稀两侧对称，排成聚伞花序；花萼管状，檐 4~12 裂；花冠筒状、漏斗状或辐状，檐 4~5，稀 6~12 裂；雄蕊着生于冠筒上与裂片同数且互生；雌蕊由 2 个心皮组成，子房上位，1 室，侧膜胎座，胚珠多数。蒴果 2 瓣裂。

约 80 属 700 种。中国 22 属 427 种。山西 10 属 26 种 6 变种，晋西黄土高原 4 属 7 种。

分属检索表

1. 花药在花后螺旋状卷曲，花柱显著，花白色或淡粉红色，花冠管细长，茎纤细，生湿地
 ···**1. 百金花属 Centaurium**
1. 花药不卷曲，花柱短或无 ···2
 2. 花冠裂片 4，基部有锚状距 ·····························**2. 花锚属 Halenia**
 2. 花冠裂片 5 ··3
 3. 花冠裂片浅，有明显的花冠筒，花冠裂片间有褶 ·········**3. 龙胆属 Gentiana**
 3. 花冠裂片深，花冠筒不明显，裂片基部有腺窝 ·········**4. 獐牙菜属 Swertia**

1. 百金花属 Centaurium Hill.

一年生或多年生草本。茎直立，近四棱形，多分枝。叶无柄，或抱茎，全缘。花白色、黄色、紫色或淡桃红色，多数，排列成聚伞花序或穗状花序；花 4~5 数，花冠高脚碟状；雄蕊着生于冠筒喉部，花药矩圆形，成熟后螺旋状扭曲；子房上位，2 心皮 1 室，柱头 2 裂。蒴果；种子小，表面具网纹。

40~50 种。中国 2 种。山西及晋西黄土高原 1 变种。

1. 百金花 Centaurium pulchellum var. altaicum (Griseb.) Kitag. et Hara in Journ. Jap. Bot. 13：26，1937；中国高等植物图鉴 3：383，图 4720，1974；中国植物志 62：10-12，图版 2：1-5，1988；山西植物志 2：492，图版 273，2000. —*C. meyeri* (Bge.) Druce. —*Erytraea meyeri* Bge. —*E. ramosissima* var. *altaica* Gristb.

一年生草本，高 10~15cm，全株无毛。叶无柄，具三出脉；中下部叶椭圆形或卵状椭圆形，长 6~17mm，宽 3~6mm，先端钝；上部叶椭圆状披针形，长 6~13mm，宽 2~4mm，先端急尖，有小尖头。花多数，排成疏散的聚伞花序；花梗细弱，长 3~5mm；花萼 5 深裂；花冠白色或淡桃红色，漏斗形，长 13~15mm，冠筒狭长，圆柱形，喉部突然膨大，顶端 5 裂，裂片短；雄蕊 5，着生于冠筒喉部，花丝短，花药螺旋状扭曲；柱头 2 裂，片状。蒴果椭圆形；种子黑褐色，球形，表面具浅蜂窝状网。花果期 5~7 月。

产中国西北、华北、东北、华东至华南沿海等地区。生于潮湿的田野、草地、水边、沙滩地。山西五台山有分布，本区见于房山峪口、人祖山，为该种在山西地理分布新记录。

2. 花锚属 *Halenia* Borckh.

一年生或多年生草本。叶对生。腋生的聚伞花序或顶生圆锥花序；萼 4 裂；花冠钟形，4 裂达中部，裂片基部有长距，使花冠呈船锚状；雄蕊 4，着生于花冠基部；子房 1 室，花柱短。蒴果卵形，开裂达基部。

约 100 种。中国 2 种 1 变种。山西及晋西黄土高原 2 种 1 变种。

分种检索表

1. 花黄色，叶为三出脉 ·· **1. 花锚 *H. corniculata***
1. 花蓝色，叶为五出脉 ·· **2. 椭圆叶花锚 *H. eliptica***

1. 花锚 *Halenia corniculata* （L.）Cornaz in Bull. Soc. Sci. Not. Neuch. 25：171，1897；中国高等植物图 3：402，图 4758，1974；中国植物志 62：291，图版 48：1-2，1988；山西植物志 2：511，图版 283，2000.—*Swertia corniculata* L.—*Halenia sibirica* Borkn.—*H. fischeri* Grah.—*H. deltoidea* Gand.

一年生草本，高 20~70cm，茎近四棱形，具细条棱。基生叶通常早枯萎；茎生叶椭圆状披针形或卵形，长 3~8cm，宽 1~1.5cm，先端渐尖，基部宽楔形或近圆形，全缘，三出脉，在下面沿脉疏生短硬毛，无柄或具极短而宽扁的叶柄。聚伞花序顶生和腋生；花梗长 0.5~3cm；花 4 数，直径 1.1~1.4cm；花萼裂片狭三角状披针形；花冠黄色、钟形，冠筒长 4~5mm，裂片卵形或椭圆形，距长 4~6mm；雄蕊内藏；子房纺锤形，长约 6mm，无花柱，柱头 2 裂，外卷。蒴果卵圆形，淡褐色，长 11~13mm，顶端 2 瓣开裂；种子褐色，椭圆形或近圆形。花果期 7~9 月。

产华北、东北，陕西。生于山坡草地、林下及林缘。山西恒山、五台山、吕梁山、太岳山、中条山有分布，本区广布。全草入药。

2. 椭圆叶花锚 *Halenia eliptica* D. Don in London Edinb. Philos. Mag. Journ. Sci 8：77，1836；中国高等植物图鉴 3：403，图 4759，1974；中国植物志 62：291，图版 125：1-7，2000；山西植物志 2：513，图版 284，2000.—*H. vaniotii* Levl.

一年生草本，高 20~50cm。茎近四棱形，具细条棱。叶卵形至椭圆形，长 1.5~8cm，宽 0.8~3.5cm，先端渐尖，基部宽楔形或近圆形，全缘，五出脉，上部叶无柄，下部叶匙形有短柄。聚伞花序顶生和腋生；花萼 4 深裂，裂片椭圆形，顶端尖；花冠蓝色，4 深裂，裂片具尖头，距平展，长于花冠；雄蕊内藏；子房卵形，无花柱，柱头直立，2 裂。蒴果

— 176 —

卵圆形；种子小，卵圆形。花果期 7~9 月。

分布于西北、西南、湖北、山西。生于林缘草地。山西五台山、吕梁山、恒山有分布，本区见于紫金山。

3. 龙胆属 *Gentiana* L.

一年生或多年生草本。茎直立。叶对生，全缘，无柄或有短柄。花单生或簇生，多为蓝色，稀黄色或白色，花萼 5(4) 裂，萼管具龙骨状突起或翅；花冠漏斗状或钟状，裂片全缘或具睫毛状，裂片间呈三角状褶片；雄蕊与花冠裂片同数且互生，着生于花冠管上；子房有柄或无柄，花柱短或无，柱头 2 裂。蒴果果瓣膜质；种子多数，极小，具网纹。

约 400 种。中国近 250 种。山西 8 种 2 变种，晋西黄土高原 3 种。

分种检索表

1. 多年生，茎高 15~25cm，基部有残存纤维质叶鞘，叶披针形，长 5~12cm，三出脉······
······**1. 达乌里龙胆 *G. dahurica***
1. 一年生，茎高不足 10cm，叶卵形，先端翻卷······**2**
  2. 萼裂片披针形，直立······**2. 假水生龙胆 *G. pseudoaquatica***
  2. 萼裂片卵形，翻卷······**3. 鳞叶龙胆 *G. squarrosa***

1. 达乌里龙胆 *Gentiana dahurica* Fisch in Mem. Soc. Nat. Mosc. 3：63，1812；中国高等植物图鉴 3：392，图 4737，1974；中国植物志 62：64，1988；山西植物志 2：494，图版 274，2000. —*G. biflora* Regel—*G. graciries* Turill—*G. decumbens* auct. non L.

多年生草本，高 15~35cm。基部具残存叶鞘纤维。基生叶莲座状，宽披针形，长 10~20cm，宽 1~2.5cm，先端渐尖，基部呈鞘状，5 脉；茎生叶对生，条状披针形，长 2.5~5cm，宽 0.5~1cm。聚伞花序顶生或腋生，花萼筒状，萼齿不等长；花冠钟形，蓝色，褶片有齿状缺刻；雄蕊 5；子房矩圆形，花柱短。蒴果无柄。花期 7~8 月，果期 9~10 月。

分布于华北、西北，四川。山西恒山、五台山、吕梁山有分布，本区见于紫金山。

2. 假水生龙胆 *Gentiana pseudoaquatica* Kusn. in Acta Hort. Petrop. 13：63，1893 et 15：388，1904；中国高等植物图鉴 3：395，1974；中国植物志 62：221，图版 35：9-10，1988；山西植物志 2：498，图版 276，2000. —*G. burkillii* H. Smith—*G. acquatica* auct. non L. C. B. Clarke—*G. humilis* auct. non Stev. Kusnez.

一年生草本，高 3~5cm。自基部多分枝。茎生叶倒卵形或匙形，长 3~5mm，宽 2~3mm，先端钝圆或急尖，外反，边缘软骨质，具极细乳突，两面光滑，中脉软骨质，在背面突起叶柄基部连合；基生叶稍大，在花期枯萎，宿存。花多数，单生于小枝顶端；花萼筒状漏斗形裂片三角形；花冠深蓝色，漏斗形，长 9~14mm，裂片卵形，先端急尖或钝，褶卵形，全缘或边缘啮蚀形；雄蕊着生于冠筒中下部；子房狭椭圆形，柄粗而短，花柱线形，柱头 2 裂，裂片外卷。蒴果先端圆形，有宽翅，两侧边缘有狭翅，基部钝，有柄；种子褐色，椭圆形。花果期 4~8 月。

分布于东北、华北、西北，河南、西藏东部、四川。生于河滩、山坡草地、林缘灌丛。山西五台山、吕梁山有分布，本区见于紫金山。

3. 鳞叶龙胆(小龙胆) *Gentiana squarrosa* Ledeb. in Mem. Acad. Sci. St. Petersb. 5：520, 1812；中国高等植物图鉴 3：395, 图 4743, 1974；中国植物志 62：197, 图版 32：1-4, 1988；山西植物志 2：498, 图版 276, 20000. —*Ericata squarrosa* D. Don

一年生草本，高 3~8cm。茎细弱，多分枝，茎上有短腺毛。基生叶较大，卵圆形或卵状椭圆形；茎生叶匙形至倒卵形，有软骨质边缘，先端发卷，有芒尖，基部连合。花单生枝端，花萼钟形，裂片顶端有刺尖；花冠钟形，长 8~10mm，裂片卵形，褶片全缘或 2 裂；雄蕊 5；子房矩圆形；花柱短。蒴果具长柄；种子褐色，椭圆形。花果期 4~8 月。

分布于华北，陕西、江苏、浙江、四川、西藏。生于山坡草地。山西各地均有分布，本区见于紫金山。全草入药。

4. 獐牙菜属(当药属) *Swertia* L.

一年生或多年生草本。花蓝色或白色，圆锥花序或伞房花序；萼 4~5 深裂；花冠 4~5 深裂，每一裂片基部有窝孔或腺窝 1~2 个；雄蕊 4~5，着生于花冠基部；子房 1 室。蒴果。

约 170 种。中国 79 种。山西 6 种 1 变种，晋西黄土高原 1 种。

1. 华北獐牙菜 *Swertia wolfangiana* Gruring. in Fedde Rep. sp. nov. 12：309, 1913；中国高等植物图鉴 3：409, 图 4772, 1974；中国植物志 62：363, 1988；山西植物志 2：519, 图版 287, 2000. —*S. obtusipetala* Gruning. —*S. marginata* auct. non Schrenk

一年生草本，高 20~40cm。茎直立，多分枝。叶披针形，长 2~4cm，宽 0.3~1cm，无叶柄。复总状聚伞花序，花淡紫白色，直径约 1cm；萼 5 深裂，裂片披针形；花冠 5 深裂近基部，裂片矩圆状披针形，基部有 2 腺窝，腺窝边缘有流苏状毛；雄蕊 5；柱头 2 瓣裂。蒴果卵形，种子圆形。花果期 7~9 月。

山西五台山、吕梁山有分布，本区见于人祖山。

67. 夹竹桃科 Apocynaceae

草本、灌木、木质藤本或乔木，有乳汁或水液。叶对生、轮生、或互生，单叶，全缘，稀有锯齿。花两性，辐射对称，单生或聚伞花序；萼 5(4)裂，基部合生；合瓣花冠 5(4)裂，裂片旋转排列，喉部长有毛；雄蕊 5，着生于花冠上，花粉颗粒状；具花盘；子房上位或周位，2 心皮，合生，1~2 室，或分离，花柱 1。蓇葖果、浆果、核果或蒴果，种子有毛。

约 250 属 2000 余种。中国 46 属 176 种 33 变种。山西 8 属 8 种，晋西黄土高原栽培 1 属 1 种。

1. 夹竹桃属 *Nerium* L.

常绿灌木，含水液。叶革质，对生或 3~4 枚轮生，羽状脉，侧脉密而平行。花大而美丽，顶生聚伞花序或伞房花序；花萼 5 裂，裂片基部内面有腺体；花冠漏斗状，5 裂，喉部有副花冠；雄蕊内藏，花药黏合，顶部又长有附属体。心皮 2，离生，被柔毛。蓇葖果，种子顶端被毛。

4 种。中国 2 种。山西栽培 2 种 1 变种，晋西黄土高原栽培 1 种。

1. 夹竹桃 Nerium indicum Mill. in Gard. Dict. ed. 8. no. 2，1786；中国高等植物图鉴 3：441，图 4836，1974；中国植物志 63：147，图版 49，1977；山西植物志 2：545，图版 297，2000.

常绿大灌木，含水液。叶 3~4 枚轮生，枝条下部对生披针形，长 11~15cm，宽 2~2.5cm。顶生聚伞花序；花萼直立；花冠红色，喉部副花冠鳞片状，顶端分裂。蓇葖果矩圆形，长 10~23cm，种子顶端有黄色毛。花期 5~7 月，果期 8~9 月。

原产伊朗，中国南方广为种植。本区见于人祖山。观赏花木；茎叶有剧毒，人及牲畜误食会造成死亡。

68. 萝藦科 Asclepiadaceae

草本、藤本或灌木，有乳汁。叶对生或轮生，具柄，全缘，羽状脉；叶柄顶端通常具有丛生的腺体，无托叶。聚伞花序呈伞形、伞房形，腋生或顶生；花两性，整齐，5 数；花萼筒短，5 裂，内侧常有腺体；花冠合瓣，顶端 5 裂片；具副花冠；雄蕊 5，花丝单体或离生，花药合生，药隔顶端通常具有阔卵形而内弯的膜片；花粉粒连合成花粉块，亦有花粉粒与四合花粉；无花盘；雌蕊 1，子房上位，由 2 个离生心皮组成，花柱短，柱头 2，合生，顶端膨大，胚珠多数。蓇葖双生或单生；种子多数，其顶端具有丛生绢质毛。

约 180 属 2200 种。中国产 44 属 245 种 33 变种。山西 4 属 15 种，晋西黄土高原 3 属 7 种 1 变种。

分属检索表

1. 木质藤本，花冠裂片反折，副花冠裂片丝状延长 ·················**1. 杠柳属 Periploca**
1. 草本，花冠裂片直立或开展，无毛，副花冠合生 ·······································**2**
  2. 花冠裂片向左弯曲覆盖，副花冠细长 ·····················**2. 萝藦属 Metaplexis**
  2. 花冠裂片不弯曲，花柱不伸出花冠外，副花冠较低，顶端齿裂或缝状状裂·········
···**3. 鹅绒藤属 Cynanchum**

1. 杠柳属 Periploca L.

木质缠绕藤本，有乳汁。叶对生。聚伞花序顶生或腋生；花萼内有腺体；花冠辐状，副花冠生于花冠基部，环状，5~10 裂，其中 5 裂片延伸成丝状，具毛；雄蕊花药与柱头连合，背面有毛，花粉器匙形，四合花粉基部有粘盘黏于柱头上；雌蕊由 2 离生心皮组成，每心皮胚珠多数，花柱短，柱头 2 裂。蓇葖果圆柱状，种子顶部有毛。

约 12 种。中国 4 种。山西及晋西黄土高原 1 种。

1. 杠柳 Periploca sepium Bge. in Sav. Etr. Acad. Sci. St. Petersb. 2：117，1835；中国高等植物图鉴，3：465，图 4883，1974；中国植物志 63：273，图版 94：1-6，1997；山西植物志 2：559，图版 10，2000.

落叶蔓性灌木，长可达 1.5m，有乳汁。叶卵状长圆形，长 5~9cm，宽 1.5~2.5cm，顶端渐尖，基部楔形，侧脉纤细，每边 20~25 条；叶柄长约 3mm。聚伞花序腋生，着花数朵；花萼裂片卵圆形，内面基部有 10 个小腺体；花冠紫红色，辐状，张开直径 1.5cm，花冠筒短，约长 3mm，裂片长圆状披针形，反折，内面被长柔毛；副花冠环状，10 裂，其中 5 裂延伸丝状被短柔毛，顶端向内弯；雄蕊着生在副花冠内面，并与其合生，花药彼此粘连并包围着柱头，背面被长柔毛；心皮离生，无毛，每心皮有胚珠多个，柱头盘状凸起；花粉器匙形，四合花粉藏在载粉器内，粘盘黏连在柱头上。蓇葖 2，圆柱状，长 7~12cm，直径约 5mm，无毛，具有纵条纹；种子长圆形。花期 5~6 月，果期 7~9 月。

分布于华北，吉林、辽宁、山东、江苏、河南、江西、贵州、四川、陕西和甘肃等地。生于平原及低山丘陵、沟坡、沙质地。山西及晋西黄土高原广布。根皮、茎皮入药。

2. 萝藦属 *Metaplexis* R. Br.

多年生草质或亚灌木藤本，有乳汁。叶对生，心形。总状式聚伞花序腋生；萼 5 深裂，裂片狭，内面具 5 腺体；花冠 5 裂，裂片弯曲，左旋排列，内面被毛；副花冠着生于雄蕊管上，5 裂，裂片短；雄蕊与雌蕊合生，花药顶部有一内弯的膜片，花粉块每室 1 个；离生心皮 2 枚，花柱延伸成喙，超出花冠。蓇葖果有刺状突起或平滑。

约 6 种。中国 2 种。山西及晋西黄土高原 1 种。

1. 萝藦 *Metaplexis japonica* (Thunb.) Mak. in Bot. Mag. Tokyo 17：87，1903；中国高等植物图鉴 3：491，图 4935，1974；中国植物志 63：403，图版 148，1977；山西植物志 2：542，图版 300，2000.

多年生草质藤本，有乳汁。叶对生，卵状心形，长 5~12cm，宽 4~7cm，先端渐尖，基部心形，叶柄顶端有腺体。总状式聚伞花序腋生；花蕾顶端尖，萼片被柔毛；花冠白色，裂片左旋；雌蕊柱头 2 裂。蓇葖果角状，平滑。花期 6~8 月，果期 7~10 月。

分布于西南、西北、华北、东北等地。生于荒地、河边、灌丛。山西各地均有分布，本区见于人祖山。果实、茎叶入药。

3. 鹅绒藤属(白前属) *Cynanchum* L.

多年生草本，缠绕、蔓生，稀直立，有乳汁。叶对生，偶见上部互生，多心形。不规则的聚伞花序或伞形花序；花萼内面有多数小腺体，或无；花冠 5 深裂；副花冠膜质，10 裂，里面有 5~10 个附加裂片；花药顶部有膜质体，每室 1~2 个花粉块；花柱短，不伸出花冠外，柱头基部膨大，先端 2 裂。蓇葖果双生或 1 个不发育，光滑，种子有毛。

约 200 种。中国 53 种 12 变种。山西 12 种 1 变种，晋西黄土高原 5 种 1 变种。

分种检索表

1. 直立草本，叶狭条形，蓇葖果直径 2cm，长 5~6cm⋯⋯⋯⋯⋯⋯**1. 地梢瓜 *C. thesioides***
1. 蔓生或缠绕草本⋯⋯⋯⋯⋯⋯⋯⋯⋯⋯⋯⋯⋯⋯⋯⋯⋯⋯⋯⋯⋯⋯⋯⋯⋯⋯⋯⋯**2**
  2. 蔓生，茎先端有一定缠绕性，叶狭条形⋯⋯⋯**1a. 雀瓢 *C. thesioides* var. *australe***
  2. 缠绕草本，叶卵状心形⋯⋯⋯⋯⋯⋯⋯⋯⋯⋯⋯⋯⋯⋯⋯⋯⋯⋯⋯⋯⋯⋯⋯**3**
    3. 叶基戟形，花冠白色，副花冠 5 深裂⋯⋯⋯⋯⋯⋯**2. 白首乌 *C. bungei***
    3. 叶基心形⋯⋯⋯⋯⋯⋯⋯⋯⋯⋯⋯⋯⋯⋯⋯⋯⋯⋯⋯⋯⋯⋯⋯⋯⋯⋯⋯**4**
      4. 二歧聚伞花序，副花冠条形⋯⋯⋯⋯⋯⋯⋯⋯**3. 鹅绒藤 *C. chinense***
      4. 伞房花序，副花冠裂片倒卵形⋯⋯⋯⋯⋯⋯⋯⋯⋯⋯⋯⋯⋯⋯⋯⋯⋯**5**
        5. 花冠裂片反曲，副花冠裂片椭圆形，内侧有三角形附属物⋯⋯⋯⋯⋯⋯⋯⋯⋯⋯⋯⋯⋯⋯⋯⋯⋯⋯⋯⋯⋯⋯⋯**4. 牛皮消 *C. auriculatum***
        5. 花冠裂片斜伸，副花冠裂片倒卵形，无附属物⋯⋯⋯⋯**5. 隔山消 *C. wilfordii***

1. 地梢瓜 *Cynanchum thesioides* （Freyn）K. Schum. in Engl. u. Prantl，Na. Pflanzenfam. 2：252，1895；中国高等植物图鉴，3：484，图 4921，1974；中国植物志 63：367，图版 133，1997；山西植物志 2：556，2000.—*Asclepias sibirica* Linn.—*Cynanchum sibiricum* R. Br.—*Vincetoxicum sibiricum* Decne.—*V. thesioides* Freyn—*Antitoxicum sibiricum* Pobed.—*Alexitoxicon sibiricum* Pobed. in Taxon 11：174. 1962.

多年生草本。茎直立，高 30~50cm，自基部多分枝。叶对生或近对生，线形，长 3~5cm，宽 2~5mm，叶背中脉隆起。伞形聚伞花序腋生；花萼外面被柔毛；花冠绿白色；副花冠杯状，裂片先端渐尖，长于药隔的膜片。蓇葖纺锤形，先端渐尖，中部膨大，长 5~6cm，直径 2cm；种子扁平，暗褐色，被白色绢质种毛。花期 5~8 月，果期 8~10 月。

产东北、华北、西北、河南、山东和江苏等地。生于山坡、沙丘或干旱山谷、荒地。山西及本区广布。幼果可食。

1a. 雀瓢 *Cynanchum thesioides* var. *australe*（Maxim.）Tsiang et P. T. Li in Acta Phytotax. Sinica 12：101，1974；中国高等植物图鉴，3：484，1974.—*Vincetoxicum sibiricum* Decne. var. *australe* Maxim.—*Cynanchum sibiricum* R. Br. var. *australe* Maxim. ex Komar.—*Cynanchum sibiricum*（L.）R. Br. var. *latifolium* Kitagawa

该变种与地梢瓜的区别在于茎柔弱，分枝较少，茎端通常伸长而缠绕。叶线形或线状长圆形。花较小、较多。花期 3~8 月。

产华北、辽宁、河南、山东、陕西、江苏等地。生于山坡、路旁草地上。本区见于人祖山、房山、峪口，为山西植物新记录变种。幼果可食。

2. 白首乌 *Cynanchum bungei* Decne in DC. Proder. 8：549，1844；中国高等植物图鉴 3：475，图 4903，1974；中国植物志 63：322，1977；山西植物志 2：545，图版 302，2000.

多年生草质藤本或半灌木，茎缠绕，茎微被毛，具肉质块根。叶戟形，长 3~8cm，宽 1~5cm，顶端渐尖，基部心形，两面均被糙毛。伞形聚伞花序腋生，比叶短；花萼裂片披针形，内面无腺体或少数；花冠白色，裂片圆形；副花冠 5 深裂，内轮中间有舌状片；花粉块每室 1 个；花柱头不裂。蓇葖果双生，刺刀形，长 9cm，种子卵形。花期 6~7 月，果期 7~10 月。

分布于辽宁、河北、山西、河南、山东、甘肃。生于山坡灌丛、草地。山西五台山、吕梁山、中条山、太岳山有分布，本区见于人祖山、紫金山。块根入药，有滋补功效。

3. 鹅绒藤 *Cynanchum chinense* R. Br. in Mem. Wern. Soc. 1：44，1810；中国高等植物图鉴，3：472，图 4898，1974；山西植物志 2：545，2000.—*Cynanchum pubescens* Bunge—*C. deltoideum* Hance—*Vincetoxicum pubescens* O. Kuntze

多年生草质藤本。茎缠绕，全株被短柔毛。叶宽三角状心形，长 4~9cm，宽 4~7cm，顶端锐尖，基部心形，两面均被短柔毛，脉上较密。二歧伞形聚伞花序腋生，花萼外面被柔毛；花冠白色，裂片长圆状披针形；副花冠杯状，上端裂成 10 个丝状体，分为 2 轮，外轮约与花冠裂片等长，内轮略短；花粉块每室 1 个，下垂；花柱头顶端 2 裂。蓇葖双生或仅有 1 个发育，细圆柱状，向端部渐尖，长 11cm；种子长圆形，种毛白色绢质。花期 6~8 月，果期 8~10 月。

产西北，辽宁、河北、山西、河南、山东、江苏、浙江等地。生于山坡灌木丛、田边路旁。

4. 牛皮消 Cynanchum auriculatum Royle ex Wight in Contr. Bot. Ind. 58，1834；中国高等植物图鉴，3：473，图 4899，1974；中国植物志 63：318，图版 109，1977；山西植物志 2：545，图版 301：4-6，2000.

多年生草质藤本或半灌木。茎缠绕。叶心形至卵状心形，长 4~12cm，宽 3~10cm，先端渐尖，基部心形，下面微被毛。伞房状聚伞花序腋生，花萼裂片卵状矩圆形；花冠白色，裂片反折，内面被毛；副花冠浅杯状，裂片钝，内面有舌状鳞片；花粉块每室 1 个；花柱头顶端 2 裂。蓇葖双生，刺刀形，长 8cm，种子卵状椭圆形。花期 6~8 月，果期 8~10 月。

分布于华北、西北、华东、华中、中南。生于林缘灌丛及沟边湿地。山西吕梁山有分布，本区见于人祖山。

5. 隔山消 Cynanchum wilfordii（Maxim.）Hemsl. in Journ. Linn. Soc. Bot. 26：109，1889；中国高等植物图鉴 3：484，图 4922，1974；中国植物志 63：370，图版 134. 1997；山西植物志 2：556，图版 309，2000.

多年生草质藤本。茎缠绕，具肉质块根。叶卵形，长 5~6cm，宽 2~4cm，顶端短渐尖，基部耳垂状心形，两面均被微毛。伞房状聚伞花序半球形，花萼外面被柔毛；花冠淡黄色，裂片矩圆形，内面被毛；副花冠裂片近四方形；花粉块每室 1 个。蓇葖果单生，刺刀形，长 12cm，种子卵形。花期 5~9 月，果期 7~10 月。

分布于华东、华中，辽宁、山西、陕西、甘肃、四川。生于山坡灌丛、路边草地。山西吕梁山有分布，本区见于人祖山。块根入药。

69. 旋花科 Convolvulaceae

草本、亚灌木或灌木，偶为乔木或为寄生植物。有些种类地下具肉质的块根。茎缠绕或攀缘，有时平卧或匍匐，偶有直立。单叶互生，全缘，或掌状、羽状分裂，无托叶，通常有叶柄。花整齐，两性，5 数；花萼分离或仅基部连合，宿存；花冠漏斗状、钟状、高脚碟状或坛状，冠檐近全缘或 5 裂，花冠外常有 5 条明显的被毛或无毛的瓣中带；雄蕊与花冠裂片等数互生，花药 2 室，花粉粒无刺或有刺；花盘环状或杯状；子房上位，通常 2 室(1~4)室，每室有 2 枚倒生无柄胚珠。通常为蒴果，或为不开裂的肉质浆果，或果皮干燥坚硬呈坚果状。

约 56 属 1800 种。中国有 22 属约 125 种。山西 7 属 21 种，晋西黄土高原 4 属 9 种。

分属检索表

1. 无绿叶寄生植物 ·· **1. 菟丝子属 Cuscuta**
1. 绿色植物 ·· 2
  2. 柱头球形，子房 3 室 ··· **2. 牵牛属 Pharbitis**
  2. 柱头线形，2 裂，子房 2 室 ·· 3
    3. 苞片大，紧贴萼片 ·· **3. 打碗花属 Calystegia**
    3. 苞片线形，远离萼片 ··· **4. 旋花属 Convolvulus**

1. 菟丝子属 *Cuscuta* L.

缠绕寄生草本，茎上有吸盘。无叶。花小，排成总状、穗状或头状花序；花萼 4~5 裂，基部连合；花冠管状或钟状，4~5 裂，基部有流苏状鳞片；雄蕊与花冠裂片同数互生；子房上位，2 室，胚珠 4，花柱 2，分离或连合。蒴果。

约 170 种。中国 8 种。山西 5 种，晋西黄土高原 2 种。

分种检索表

1. 茎黄色，细弱，花白色 ···································· **1. 菟丝子 C. chinensis**
1. 茎有红色瘤状斑，粗壮，花绿白色 ···················· **2. 金灯藤 C. japonica**

1. 菟丝子 *Cuscuta chinensis* Lamk. in Encycl. 2：229，1786；中国高等植物图鉴 3：521，图 4996，1974；中国植物志 64(1)：145，图版 31：4-7，1979；山西植物志 2：82，图版 321：1-4，2000.

一年生缠绕草本。茎黄色，直径约 1mm。小伞形或小团伞花序侧生，无总花序梗；苞片及小苞片鳞片状；花梗稍粗壮；花萼杯状，5 裂，裂片三角状，中部以下连合；花冠白色，壶形，长为萼片 2 倍，裂片三角状卵形，向外反折，宿存；雄蕊着生花冠裂片弯缺微下处；鳞片长圆形，边缘长流苏状；子房近球形，花柱 2，等长或不等长，柱头头状。蒴果扁球形，直径约 3mm，几乎全为宿存的花冠所包围，成熟时盖裂；种子 2~4 颗，淡褐色，表面粗糙。花期 7~8 月，果期 8~9 月。

产东北、华北、西北，江苏、安徽、河南、浙江、福建、四川、云南等地。通常寄生于豆科、菊科、蒺藜科等多种植物上。山西有分布，本区广布。本种为有害杂草；种子药用。

2. 金灯藤(日本菟丝子) *Cuscuta japonica* Choisy in Zoll. Syst. Verz. Ind. Arch. Pflanz. 2：134，1854；中国高等植物图鉴 3：523，图 4999，1974；中国植物志 64(1)：147，图版 31：8-11，1979；山西植物志 2：582，图版 322：5-8，2000.—*C. astyla* auct. non Engelm. Maxim. —*C. cotorans* Maxim. —*C. japonica* Choisy var. *thyrsoidea* Engelm.

一年生缠绕草本。茎较粗壮，肉质，常带紫红色瘤状斑点。花无柄或几无柄，形成穗状花序；苞片及小苞片鳞片状；花萼碗状，5 裂几达基部，裂片卵圆形或近圆形，背面常有紫红色瘤状突起；花冠钟状，淡红色或绿白色，顶端 5 浅裂，裂片较花冠筒短，直立或稍反折；雄蕊 5，着生于花冠喉部裂片之间，鳞片 5，长圆形，伸长至冠筒中部或中部以上；子房球状，无毛，花柱合生，与子房等长或稍长，柱头 2 裂。蒴果卵圆形，近基部周裂；种子 1~2 颗，光滑。花期 8 月，果期 9 月。

分布于中国南北各地。寄生于草本或灌木上。山西及本区广布。种子药用。

2. 牵牛属 *Pharbitis* Choisy

草质藤本，茎缠绕，有毛。叶全缘或分裂。聚伞花序腋生，花较大，美丽；萼 5 裂，裂片长渐尖，背部有毛；花冠漏斗形，檐部 5 浅裂；雄蕊 5，内藏，花粉有刺；子房 3 室，6 胚珠。蒴果。

约 24 种。中国 3 种。山西 3 种，晋西黄土高原 1 种。

1. 圆叶牵牛 Pharbitis purpurea（L.）Voigt. in Hort. Suburb. Calc. 354，1845；中国高等植物图鉴 3：535，图 5024，1974；中国植物志 64（1）：104，1979；山西植物志 2：573，图版 317，2000. —Convolvulus purpureus Linn. —Ipcmoea purpurea（Linn.）Lam. —I. hispida Zucc. —Pharbitis hispida Choisy

一年生草质藤本，全株被长硬毛。叶心形，长 5~18cm，宽 3.5~16.5cm，顶端尖，基部心形，通常全缘，偶有 3 裂，叶柄长 2~12cm。花腋生，单一或 2~5 朵着生于花序梗顶端呈伞形聚伞花序；苞片线形；萼片近等长，外面 3 片长椭圆形，渐尖，内面 2 片线状披针形，外面均被开展的硬毛，基部更密；花冠漏斗状，长 4~6cm，紫红色、红色或白色，花冠管通常白色，瓣中带于内面色深，外面色淡；雄蕊与花柱内藏；雄蕊不等长，花丝基部被柔毛；子房无毛，3 室，每室 2 胚珠，柱头头状，3 裂；花盘环状。蒴果近球形，3 瓣裂；种子卵状三棱形，长黑褐色或米黄色。花果期 6~9 月。

中国大部分地区有分布。栽培或野生于田边、路旁或山谷林内。山西及本区广布。

3. 打碗花属 Calystegia R. Br.

多年生草本。茎缠绕或平卧。叶箭形或戟形，全缘或分裂。花单生或呈聚伞花序；苞片 2，较大，包被萼片，宿存；花萼 5 裂，宿存；花冠漏斗形或钟形，先端全缘；雄蕊内藏；子房 1 室或不完全 2 室，胚珠 4 枚。蒴果。

约 25 种。中国 5 种。山西及晋西黄土高原 4 种。

分种检索表

1. 茎上有毛…………………………………………………………………………………2
1. 茎上无毛…………………………………………………………………………………3
  2. 叶卵状长圆形、卵状三角形，植株被淡黄色短柔毛…………**1. 毛打碗花 C. dahurica**
  2. 叶长圆形或长圆状线形，基部圆形、戟形，植株密被灰白色或褐黄色柔毛…………
  …………………………………………………………………**2. 藤长苗 C. pellita**
   3. 叶三角状戟形，长 1.5~4.5cm，宽 2~3cm，先端钝尖，基部裂片开展，花直径
    2~2.5cm…………………………………………………**3. 打碗花 C. hederacea**
   3. 叶三角状卵形，长 4~8cm，宽 3~5cm，先端急尖，基部裂片不开展，花直径
    4~6cm…………………………………………………………**4. 旋花 C. sepium**

1. 毛打碗花 Calystegia dahurica（Herb.）Choisy in DC. Prodr. 9：433，1845；中国植物志 64（1）：50，1979. —Calystegia japonica auct. non Choisy：Liou—C. sepium（Linn.）R. Br. var. dahurica（Herb.）Hand. -Mazz.

多年生草质藤本。除萼片和花冠外植物体各部分均被柔毛。叶通常为卵状长圆形，长 4~6cm，基部戟形，基裂片不明显伸展，圆钝或 2 裂；叶柄较短，长 1~4（~5）cm；苞片顶端稍钝；花冠淡红色。花果期 7~9 月。

产东北、华北，山东、江苏、河南、陕西、甘肃、四川。生于荒地、山坡、路旁。山西吕梁地区有分布，本区见于房山峪口。

2. 藤长苗 Calystegia pellita（Ledeb.）Ledeb. in G. Don，Gen. Syst. 4：296，837；中国高等植物图鉴 3：526，图 5005，1974；中国植物志 64（1）：1979；山西植物志 2：565，

图版 312：1-3，2000. —*Convolvulus pellitus* Ledeb. —*Calystegia dahurica* Choisy var. *pellitus* Choisy—*C. dahurica* auct. non（Herb.）Choisy：Hemsl. —*C. subvolubilis* auct. non（Ledeb.）G. Don：Liou

多年生草质藤本，全株密被灰白色或黄褐色长柔毛。叶长圆形或长圆状线形，长 4~ 10cm，宽 0.5~2.5cm，顶端钝圆或锐尖，具小短尖头，基部圆形、截形或微呈戟形，全缘，两面被柔毛，通常背面沿中脉密被长柔毛，叶柄长 0.2~1.5（~2）cm。花单生叶腋，花梗短于叶，苞片卵形，长 1.5~2.2cm；萼片近相等，长 0.9~1.2cm，长圆状卵形；花冠淡红色，漏斗状，长 4~5cm，冠檐于瓣中带顶端被黄褐色短柔毛；雄蕊花丝基部扩大，被小鳞毛；子房无毛，2 室，每室 2 胚珠，柱头 2 裂，裂片长圆形，扁平。蒴果近球形。花期 6~8 月，果期 8~9 月。

产东北、华北、西北、山东、河南、湖北、安徽、江苏、四川（东北部）。生于田边、路旁、山坡草地。山西太岳山、太行山有分布，本区见于房山峪口、人祖山，为该种在山西地理分布新记录。

3. 打碗花 *Calystegia hederacea* Wall. in Cat. n. 1328，1828；中国高等植物图鉴 3：525，图 5004，1974；中国植物志 64（1）：47，1979；山西植物志 2：562，图版 311，2000. —*Convolvulus japonicus* Thunb. —*C. scammonia* Lour. —*C. loureiri* G. Don，—*C. acetosaefolius* Turcz. —*C. calystegioides* Choisy —*Convolvulus argyi* Levl. —*Calystegia japonica*（Thunb.）Koidz. —*C. hederacea* Wall. var. *elongata* Liou et Ling

多年生草质藤本。茎平卧或缠绕，长 8~40cm，常自基部分枝。基部叶椭圆形，长 2~ 3cm，宽 1~2.5cm，顶端圆，基部心形，上部叶片三角状戟形，3 裂，中裂片卵状披针形，侧裂片近三角形，全缘，叶柄长 1~5cm。花单生叶腋，花梗长于叶柄，苞片长 0.8~ 1.6cm，顶端钝或锐尖至渐尖；萼片矩圆形，具小短尖头，内萼片稍短；花冠淡紫色或淡红色，钟状，长 2~4cm，冠檐近截形或微裂；雄蕊近等长，花丝基部扩大，贴生花冠管基部，被小鳞毛；子房无毛，柱头 2 裂。蒴果卵球形，长约 1cm；种子黑褐色，表面有小疣。花果期 6~9 月。

全国各地均有。山西及本区广布。为农田、荒地、路旁常见的杂草；根入药。

4. 旋花（宽叶打碗花）*Calystegia sepium*（L.）R. Br. in；中国高等植物图鉴 3：526，图 5006，1974。

多年生草质藤本。茎缠绕或匍匐。叶三角状卵形，长 4~8cm，宽 3~5cm，先端急尖，基部戟形或箭形，两侧具浅裂片或全缘，叶柄长 3~5cm。花单生叶腋，具长梗，苞片卵状心形；萼片披针形；花冠粉红色，漏斗状，长 4~6cm；雄蕊花丝基部有细鳞毛；柱头 2 裂。蒴果球形；种子黑褐色，光滑。花期 6~8 月，果期 8~9 月。

4. 旋花属 *Convolvulus* L.

草本或灌木。叶全缘，心形或箭形，全缘。花单生，或呈聚伞、头状花序；苞片 2，较小，远离萼片；萼片 5；花冠钟状、漏斗状，檐部全缘或浅裂；子房 2 室，胚珠 4，柱头 2 裂。蒴果，种子有小疣突。

约 250 种。中国 8 种。山西 3 种，晋西黄土高原 2 种。

分种检索表

1. 直立草本，全株被银灰色丝状毛，叶披针形，花长 1~1.3cm⋯**1. 银灰旋花 C. ammanni**
1. 缠绕草本，叶为长戟形，花长 2cm⋯⋯⋯⋯⋯⋯⋯⋯⋯⋯⋯⋯**2. 田旋花 C. arvensis**

1. 银灰旋花 Convolvulus ammanni Desrouss. in Lam. Encycl. 3：549，1789；中国高等植物图鉴 3：527，图 5008，1974；中国植物志 64（1）：56；山西植物志 2：568，图版 315，2000.

多年生草本。多分枝，茎平卧或上升，全株密被银灰色绢毛。叶线形或狭披针形，长 1~2cm，宽 1~4mm，无柄。花单生枝端，具细花梗；萼片 5，长 4~7mm，尾状尖；花冠小，漏斗状，长约 1.5cm，淡玫瑰色或白色带紫色条纹，有毛，5 浅裂；雄蕊 5，较花冠短一半，基部稍扩大；子房 2 室，花柱 2 裂，柱头 2，线形。蒴果球形，2 裂；种子 2~3颗，卵圆形，光滑，淡褐红色。花期 7~8 月，果期 8~9 月。

产中国东北、华北、西北，河南及西藏东部。生于干旱山坡草地或路旁。山西太岳山、太行山、太岳山有分布，本区见于离石。

2. 田旋花 Convolvulus arvensis L. Sp. Pl. 153. 1753，et ibid. ed. 2：218，1762；中国高等植物图鉴 3：528，图 5009，1974；中国植物志 64（1）：58，1979；山西植物志 2：566，图版 314，2000.—*C. chinensis* Ker-Gawl.—*C. arvensis* Linn. var. *sagittaefolius* Turcz.—*C. arvensis* Linn. var. *crassifolius* Choisy.—*C. sagittifolius*（Fisch.）Liou et Ling

多年生草质藤本。茎平卧或缠绕。叶戟形，长 1.5~5cm，宽 1~3cm，全缘或 3 裂，侧裂片展开，微尖，中裂片卵状椭圆形，狭三角形或披针状长圆形，叶柄长 1~2cm。花序腋生，总梗长 3~8cm，有花 1~3 朵；苞片 2，线形，萼片有毛，2 个外萼片稍短，边缘膜质；花冠宽漏斗形，长 15~26mm，白色或粉红色，5 浅裂；雄蕊 5，较花冠短一半，花丝基部扩大，具小鳞毛；子房有毛，2 室，每室 2 胚珠，柱头 2，线形。蒴果卵状球形，或圆锥形；种子 4 颗，卵圆形，暗褐色或黑色。

产中国东北、华北、西北，河南、山东、江苏、四川、西藏等地。生于耕地及荒坡草地上。山西及本区广布。全草入药。

70. 紫草科 Boraginaceae

草本，稀灌木或乔木，一般被有硬毛或刚毛。单叶，互生，稀对生，全缘或有锯齿，不具托叶。聚伞花序集成总状或圆锥状，稀单生，有苞片或无苞片；花两性，辐射对称，很少左右对称；花萼 5 裂，基部至中部合生，宿存；花冠筒状、钟状、漏斗状或高脚碟状，檐部 5 裂，喉部或筒部具或不具 5 个附属物；雄蕊 5，着生花冠筒部，内藏，稀伸出花冠外；蜜腺在花冠筒内面基部环状排列，或在子房下的花盘上；子房上位，2 室，每室含 2 胚珠，或由内果皮形成隔膜而成 4 室，每室含 1 胚珠，花柱顶生，雌蕊基果期平或不同程度升高呈金字塔形至锥形。核果，或为 4（~2）个小坚果，果皮常具各种附属物。

约 100 属 2000 余种。中国 46 属约 200 种。山西 16 属 24 种 3 变种，晋西黄土高原 6 属7 种。

分属检索表

1. 琉璃草属 *Cynoglossum* L.

二年生或多年生草本。单叶，互生，全缘，基生叶具柄，茎生叶无柄。花序呈圆锥状，花偏向一侧生；萼 5 深裂，果时扩大；花冠漏斗状或高脚碟状，喉部有鳞片；雄蕊 5；子房 4 深裂。小坚果 4，满布钩刺，着生面位于果实顶部。

约 60 种。中国 10 种 21。山西及晋西黄土高原 1 种。

1. 大果琉璃草 *Cynoglossum divaricatum* Steph. ex Lehm. in Pl. Asperif. 1：161，1818；DC. Prodr. 10：154，1846；中国高等植物图鉴 3：573，图 5100，1974；中国植物志 64（2）：221，1989；山西植物志 2：604，图版 334，2000.

多年生草本，高 40~60cm。茎中空，分枝开展，被向下贴伏的柔毛。基生叶和茎下部叶长圆状披针形或披针形，长 7~15cm，宽 2~4cm，先端钝或渐尖，基部渐狭成柄，两面密生贴伏的短柔毛；茎中部及上部叶无柄，狭披针形，被灰色短柔毛。花稀疏，集为顶生及腋生的圆锥状花序；苞片狭披针形或线形；花梗长 1cm，果期可达 2~4cm；花萼长 2~3mm，外面密生短柔毛，裂片卵形或卵状披针形；花冠蓝紫色，长约 3mm，檐部直径 3~5mm，5 裂，喉部有 5 个梯形附属物；雄蕊 5，着生花冠筒中部以上；花柱肥厚，扁平。小坚果卵形，长 4.5~6mm，宽约 5mm，密生锚状刺。花期 6~7 月，果期 8 月。

产华北、东北，新疆、甘肃、陕西。生于山坡、草地。山西五台山、吕梁山有分布，本区见于人祖山、房山峪口。根入药。

2. 齿缘草属 *Ertrichium* Schrad.

一年生或多年生草本，被贴伏丝状毛。叶互生，狭窄。花小，蓝色或白色，集成总状，萼片 5；花冠管短，檐部 5 裂，裂片钝，喉部有鳞片；雄蕊 5；子房 4 裂。小坚果 4，直立，较花托长，边缘有锚状刺或细齿。

约 90 种。中国 40 种 1 亚种 2 变种。山西 2 种，晋西黄土高原 1 种。

1. 北齿缘草 *Ertrichium borealisinense* Kitag. in Journ. Jap. Bot. 38（10）：301. Pl. 1, 1963；中国植物志 64（2）：147. 图版 27：3-5, 1989；山西植物志 2：610, 图版 337：1-3, 2000. —*E. jeholense* Bar. et Skv.

多年生草本。地上茎数条丛生, 高 10~40cm。叶倒披针形, 长 3~6(8) cm, 宽 4~8mm。花序分枝 2~4 个, 长 1~2cm, 果期伸长至 2~5cm, 每分枝具数至 10 余朵花, 花小, 生苞腋外, 花梗长 2~5mm, 生白伏毛；花萼片 5, 裂片长圆状披针形至长圆状线形；花冠蓝色, 钟状辐形, 花冠管长 1.2~1.5mm, 檐部直径 6~7mm, 5 裂, 喉部附属物半月形, 伸长喉外；雄蕊 5；子房 4 裂, 柱头扁球形。小坚果 4, 陀螺形, 长 2~2.5mm, 宽 1mm, 沿棱有细齿。

分布于华北, 辽宁。生于林缘草地。山西恒山、五台山有分布, 本区见于人祖山, 为该种在山西地理分布新记录。

3. 鹤虱属 *Lappula* Moench.

一年生或多年生草本。叶互生, 狭窄。花小, 排成总状花序；萼 5 裂, 裂片狭窄；花冠管短, 喉部有鳞片, 5 裂；雄蕊 5, 花丝短, 着生于花冠管上；子房卵形, 4 裂。小坚果 4, 直立, 较花托短, 沿棱有较长的钩状刺。

约 60 种。中国 31 种 7 变种。山西 5 种, 晋西黄土高原 1 种。

1. 鹤虱 *Lappula myosotis* Moech. Pl. 17, 1776；中国高等植物图鉴 3：569, 图 5091, 1974；中国植物志 64（2）：193. 图版 36：5-8, 1989；山西植物志 2：608, 图版 236, 2000. —*L. echinata* Gilib.

一年生草本, 高 20~35cm。中部以上多分枝, 全株密被白色短糙毛。基生叶长达 7cm, 长圆状匙形, 全缘, 先端钝, 基部渐狭成长柄；茎生叶较短而狭, 披针形或线形, 无叶柄。花序顶生, 果期伸长, 长达 10~17cm；苞片线形；花萼 5 深裂, 几达基部, 裂片线形, 果期增大；花冠淡蓝色, 漏斗状至钟状, 长约 4mm, 直径 3~4mm, 喉部附属物梯形。小坚果卵状, 长 3~4mm, 有颗粒状疣突, 边缘有 2~3 行近等长的锚状刺, 刺长 1.5~2mm。花果期 6~9 月。

产华北、西北, 内蒙古等地。生于草地、山坡草地等处。山西吕梁山区有分布, 本区见于房山峪口、紫金山。

4. 紫草属 *Lithospermum* L.

草本或亚灌木。叶互生, 全缘。穗状花序或总状花序；花萼 5, 线形；花冠管状或高脚碟状, 长于萼片, 檐部 5 裂, 喉部有毛或附属物；雄蕊 5, 内藏, 药隔伸出呈短尖头；子房 4 裂。小坚果 4, 平滑或有小疣突。

约 50 种。中国 5 种。山西 2 种, 晋西黄土高原 1 种。

1. 田紫草(麦家公) *Lithospermum arvense* L. in Sp. Pl. 132, 1753；中国高等植物图鉴 3：552, 图 5058, 1974；中国植物志 54（2）：36, 1989；山西植物志 2：601, 图版 333, 2000. —*Buglossoides arvensis*（L.）Johnsdt.

一年生草本, 高 20~35cm。自基部多分枝, 全株被糙伏毛。叶条状披针形, 长 1.5~4cm, 宽 2~7mm。花序长 10cm, 萼片 5 裂至基部, 裂片条状披针形；花冠白色, 筒长 5mm, 檐部直径 3mm；雄蕊生于花冠筒中下部；子房 4 裂, 柱头球形, 微 2 裂。小坚果 4,

有瘤状突起。花期 4~6 月，果期 6~8 月。

分布于东北、华东、华中，山西、河北、陕西、甘肃。生于田边、草地。山西恒山、五台山有分布，本区见于人祖山。根入药。

5. 斑种草属 Bothriospermum Bge.

一年生或二年生草本。花小，蓝色或白色，花萼 5 深裂；花冠筒近等长于萼片，喉部为鳞片所封闭；雄蕊 5，内藏；子房 4 裂，柱头头状。小坚果 4，肾形，腹部有凹陷。

5 种。中国均产。山西 3 种，晋西黄土高原 2 种。

分种检索表

1. 叶缘波状，小坚果有网状皱纹，具横向凹陷，苞片卵形…………**1. 斑种草 B. chinensis**
1. 叶缘平直，小坚果具疣状突起，具纵向凹陷，苞片线形……**2. 狭苞斑种草 B. kusnezowii**

1. 斑种草 Bothriospermum chinensis Bge. in Mem. Acad. Sci. St. Petersb. 2：121.（Enum. Pl. Chi. Bor. 47. 1833）1835；中国高等植物图鉴 3：570，图 5094，1974；中国植物志 64（2）：215，1989；山西植物志 2：620，图版 342，2000.—*B. bicarunculatum* Fisch et Mey.

一年生或二年生草本。高 20~40cm，直立或斜生，全株被开展的硬毛及短伏毛。基生叶倒披针形或匙形，长 3.5~12cm，先端钝，基部渐狭成柄，边缘皱曲；茎生叶无柄，稍小。花序长 25cm，苞片卵形或狭卵形，长 2~3cm；花梗长 2~3mm，果期增长；花萼长 3~5mm，裂至近基部，裂片狭披针形；花冠淡蓝紫色，钟状，檐部直径约 5mm，喉部有 5 个梯形附属物；雄蕊着生花筒近基部；子房 4 裂，花柱内藏。小坚果肾形，有横向凹陷，有网状皱褶。花果期 4~6 月。

分布于甘肃、陕西、山西、河南、山东、河北、辽宁。生于山坡、草地。山西吕梁山、中条山有分布，本区见于紫金山。全草入药。

2. 狭苞斑种草 Bothriospermum kusnezowii Bge. in Del. Sem. Hort. Dorpat. 7，1840；中国高等植物图鉴 3：571，图 5096，1974；中国植物志 64（2）：216，1989；山西植物志 2：620，图版 343，2000.—*B. chinense* acut. non Bge. Fisch. et Mey.—*B. decumbens* Kitag.

一年生草本。高 15~40cm，自基部多分枝，斜生，全株被开展的硬毛。基生叶倒披针形或匙形，长 4~7cm，宽 0.5~1cm，先端钝，基部渐狭成柄，边缘有波状小齿；茎生叶无柄，稍小。花序长 5~20cm，苞片线形或线状披针形，长 1.5~3cm；花梗长 1~2.5mm，果期增长；花萼长 2~3mm，裂至近基部，裂片线状披针形或卵状披针形；花冠淡蓝紫色，钟状，檐部直径约 5mm，喉部有 5 个梯形附属物；雄蕊着生花筒近基部；花柱短，柱头头状。小坚果椭圆形，有纵向凹陷，密生疣状突起。花果期 5~7 月。

产河北、山西、内蒙古、宁夏、甘肃、陕西、青海、吉林、黑龙江。生于山坡道旁、干旱农田及山谷林缘。山西五台山、吕梁山、太岳山有分布，本区广布。

6. 附地菜属 Trigonotis Stven

一年生或多年生草本。茎被毛，纤弱，铺散。叶互生。蝎尾状聚伞花序疏散，无苞片；花萼 5 裂；花小，蓝色或白色，花冠筒短于萼片，5 裂，喉部有鳞片；雄蕊 5，内藏，子房 4 深裂。小坚果 4，四面体状。

约 57 种。中国 34 种 6 变种。山西 2 种 1 变种，晋西黄土高原 1 种。

1. 附地菜 Trigonotis peduncularis（Trev.）Voigt. in Journ. Linn. Soc. Bot. 17：384，1879；中国高等植物图鉴 3：560，图 5073，1974；中国植物志 64（2）：104，图版 15：1-5，1989；山西植物志 2：615，340，2000.

一年生草本。茎长 10~38cm，铺散，自基部分枝，被短伏毛。叶互生，卵状椭圆形，长 2cm，宽 1.5cm，下部叶有柄，中上部叶无柄。花序长达 20cm，花小，花萼 5 深裂，裂片 5 月。果期 8 月。

全国广布。山西各地均有分布，本区见于人祖山。全草入药。

71. 马鞭草科 Verbenaceae

乔木或灌木，稀草本。叶对生，单叶或复叶。合瓣花，两性，左右对称，常二唇形，排成各式花序；萼 4~5 裂；花冠 4~5 裂；雄蕊 4，2 长 2 短；有花盘；子房上位，2（4~5）心皮合生，2~5 室或 1 室，有时因假隔膜而成 4~10 室，每室胚珠 1。核果或浆果。

约 80 属 3000 余种。中国 21 属 175 种。山西 6 属 8 种 3 变种，晋西黄土高原 1 属 1 种 1 变种。

1. 牡荆属 Vitex L.

灌木或乔木。小枝四棱形。掌状复叶对生，小叶 3~5，稀单叶。聚伞圆锥花序，顶生或腋生；花萼钟形，宿存，5 裂或不裂；花冠二唇形，下唇中裂片较大；2 强雄蕊；子房 2~4 室，胚珠 4。核果卵球形，种子无胚乳。

约 250 种。中国 14 种 8 变种。本区 1 种 1 变种。

分种检索表

1. 掌状 5 小叶，小叶边缘有深达中部的裂片………**1a. 荆条 Vitex negundo var. heterophylla**
1. 小叶为二回羽状分裂，裂片有锯齿………**1b. 人祖山荆条 V. negundo var. renzushanensis**

1a. 荆条 Vitex negundo L. var. heterophylla（Franch.）Rehd. in Journ. Arn. Arb. 28：258，1947；中国高等植物图鉴 3：595，1974；中国植物志 65（1）：145，图版 73，1982；山西植物志 4：8，图版 5，2004.—V. incica Lamk. var. heterophylla Franch.—V. chinensis Mill.—V. negundo L. var. incisa（Lamk.）C. B. Clark.

灌木，高 1~2m。小枝四棱形，被毛。掌状复叶，小叶 5（3），小叶长圆状披针形，先端渐尖，基部楔形，边缘缺刻状锯齿或深裂，中间小叶长 4~14cm，宽 1~3cm，两侧渐小，中间小叶与侧中生小叶具柄，侧生小叶无柄或近无柄，小叶上面绿色，下面密被灰白色茸毛。聚伞圆锥花序长 10~27cm，花序梗、花梗、萼片、花冠外面均被白色茸毛；萼钟形，顶端 5 裂；花冠二唇形，淡紫色或白色；二强雄蕊着生于花冠筒上；柱头 2 裂。核果近球形，为宿存萼片包被。花期 4~6 月，果期 7~10 月。

分布于东北、华北。生于干旱山坡。山西各地区均有分布，本区见于人祖山。耐干旱、耐瘠薄土壤，重要的水土保持树种，又是优良的蜜源植物。根与种子入药；枝条用于编织。

1b. 人祖山荆条 Vitex negundo L. var. renzushanensis D. Z. Lu et H. Qu，var. nov. A typo recedit folium bipinntus，pinnala lobtus. Shanxi（山西）吉县（Jixian），Renzushan（人祖山），

alt. 1100m. 2009. 07. 14，D. Z. Lu et H，Qu(路端正、曲红) 0907258(Holotype in BJFC)

　　该变种与原变种的区别在于小叶为二回羽状分裂，小羽片具有小裂片；一回羽片分裂直达中脉，裂片为条状披针形；中生小叶一回裂片 4~5 对，中间 2 对裂片又各具 1~2 对深裂片；侧中生小叶与侧生小叶的一回裂片 2~3 对，边缘有 1 对小裂片。

　　模式标本采自山西吉县人祖山。北京、河北也有分布。

72. 唇形科 Lamiaceae

　　草本、半灌木或灌木，极稀乔木或藤本。常含芳香油，茎四棱形。叶对生或轮生，稀互生，叶为单叶，浅裂至深裂，稀为复叶，全缘或有锯齿。花在节上形成明显轮状的聚伞式轮伞花序，许多轮伞花序再聚合成顶生或腋生的总状、穗状、圆锥状、稀头状的复合花序；苞叶常在茎上向上逐渐过渡成苞片，每花下常又有 1 对纤小的小苞片；花两侧对称，稀近于辐射对称，两性，稀单性；花萼下位，宿存，钟状、管状或杯状，先端 5 裂，稀 4 裂，形成各式各样的二唇形；花冠合瓣，通常花冠筒伸出萼外，冠檐 5，稀 4 裂，通常为二唇形，上唇常外凸或盔状，较稀扁平，下唇中裂片常最发达，多半平展，侧裂片有时不发达，有时下唇呈舟状、囊状或各种形状；雄蕊通常 4 枚，二强，有时退化为 2 枚，花药 2 室，纵裂；下位花盘全缘或 2~4 浅裂；子房上位，2 心皮合生，早期即因收缩而分裂为假 4 室，每室 1 胚珠，花柱一般着生于子房基部，柱头 2 裂。果通常裂成 4 枚果皮干燥的小坚果，含 1 枚种子，无胚乳。

　　220 余属 3500 余种。中国 99 属 800 余种。晋西黄土高原 18 属 24 种。

分属检索表

1. 能育雄蕊 2 枚，后一对雄蕊退化为假雄蕊 ………………………………………………2
1. 能育雄蕊 4 枚 …………………………………………………………………………………4
　2. 叶 3 深裂，子房 4 浅裂 ………………………………………**1. 水棘针属 Amethystea**
　2. 叶不分裂 ……………………………………………………………………………………3
　　3. 轮伞花序具多数花，密集，花冠长 3mm，萼齿 5，等大，有膨大横走的地下根茎，叶无柄 ……………………………………………………………………**2. 地笋属 Lycopus**
　　3. 轮伞花序具少数花，疏松，呈假总状花序状，花冠较长，花丝有关节，花萼二唇形，上唇不明显 3 裂，下唇浅 2 裂，叶有长柄 ……………………**3. 鼠尾草属 Salvia**
　　　4. 花萼二唇形，果期闭锁，上侧有耳状突起，花冠上唇弓状向前弯曲 …………………………………………………………………………………………**4. 黄芩属 Scutellaria**
　　　4. 花萼上唇无耳状突起 …………………………………………………………………5
　　　　5. 花萼齿间有瘤状突起，花冠二唇形，下唇中裂片较大 ……………………………………………………………………………………………**5. 青兰属 Dracocephalum**
　　　　5. 花萼齿间无瘤状突起 ………………………………………………………………6
　　　　　6. 聚伞花序组成顶生的圆锥花序，花冠下唇呈舟形，上唇极短 …………………………………………………………………………………………**6. 香茶菜属 Rabdosia**
　　　　　6. 花序不为圆锥状，下唇不为舟形 ………………………………………………7

7. 子房 4 浅裂，唇形花冠上唇极短，直立，下唇中裂片大，轮伞花序密集成假顶生穗状花序·····························**7. 筋骨草属 *Ajuga***

7. 子房 4 深裂，花柱生于子房基部，花冠二唇形，上唇明显，或近于辐射对称···········**8**

  8. 花冠近于辐射对称，裂片近等长，上下唇分化不明显，或略分化···········**9**

  8. 花冠明显二唇形···**11**

    9. 矮小灌木，茎平卧，叶长 1cm，花萼二唇形，上萼 3 裂，裂片三角形，下唇 2 裂，裂片钻形，花冠粉红色，长 6~8mm，上下唇近等长，下唇中裂片稍长··························**8. 百里香属 *Thymus***

    9. 草本植物，茎直立···**10**

     10. 花冠筒伸出，雄蕊上升至花冠上唇之下，萼筒具 13 条脉，花红紫色···········**9. 风轮菜属 *Clinopodium***

     10. 花冠筒内藏，雄蕊展开直伸出花冠外，萼筒具 10 脉，花淡紫色··············**10. 薄荷属 *Mentha***

     11. 叶 3 深裂，花冠筒藏于花萼内，萼齿 5，三角形，有刺状尖，雄蕊与花柱均藏于花冠内，有柔毛及腺点··············**11. 夏至草属 *Lagopsis***

     11. 叶不为 3 深裂，花冠筒伸出或略伸出花萼外·····················**12**

      12. 轮伞花序组成偏向一侧的顶生假穗状花序(本区)，苞片宽卵形，有芒状尖，萼齿 5，三角形，有芒状尖，花冠上唇微凹，下唇 3 裂，中裂片半圆形··············**12. 香薷属 *Elsholtzia***

      12. 花序不偏向一侧···**13**

       13. 后对雄蕊长于前对雄蕊，2 对雄蕊在上唇下面弧状平行上升··············**13. 裂叶荆芥属 *Schizonepeta***

       13. 后对雄蕊短于前对雄蕊·································**14**

        14. 花柱裂片极不等长，花冠上唇两侧压扁，盔状，边缘多毛，苞片条形··············**14. 糙苏属 *Phlomis***

        14. 花柱裂片等长或近等长·····························**15**

         15. 花冠下唇中裂片和侧裂片交界处有 2 向上的齿状突起，药室花期横裂··············**15. 鼬瓣花属 *Galeopsis***

         15. 花冠下唇无齿状突起，药室花期平叉开·····················**16**

          16. 小坚果倒卵形，顶端圆钝，轮伞花序排成顶生的假穗状花序··············**16. 水苏属 *Stachys***

          16. 小坚果三角形，轮伞花序不排成顶生的假穗状花序··············**17**

           17. 花冠喉部前侧膨大，小坚果倒三角形，顶端平截··············**17. 野芝麻属 *Lamium***

           17. 花冠喉部前侧不膨大，小坚果顶端尖··············**18. 益母草属 *Leonurus***

1. 水棘针属 Amethystea L.

仅 1 种，属特征同种。

1. 水棘针 Amethystea caerulea L. in Sp. Pl. 21，1753；中国高等植物图鉴 3：616，图 5185，1974；中国植物志 65（2）：93，图版 17：1-6，1977；山西植物志 4：24，图版 3，2004.

一年生草本，高 20~30cm。分枝开展，微被毛。叶片轮廓三角形，3 深裂，裂片披针形，边缘有锯齿，中裂片长 2~5cm，宽 0.5~1cn。聚伞圆锥花序，较疏松，顶生或侧生；萼钟形，具 10 脉，萼齿 5，披针形，近等长；花冠蓝色，花冠筒与萼等长或稍长，内面无毛，先端二唇形，上唇 2 裂，下唇 3 裂，中裂片圆形；前对雄蕊发育，伸出花冠外，后对雄蕊退化，不显著；花盘环状，裂片等大；子房 4 裂。坚果倒卵状三棱形，背面具网纹，腹面具棱，两侧平滑，果脐长达果长 1/2 以上。花果期 8~10 月。

中国广布。山西各山地均有分布，本区见于紫金山、人祖山。生于田野、路边。

2. 地笋属 Lycopus L.

多年生草本。根茎长，肥厚。叶有齿或分裂。轮伞花序，花较密集；花萼钟形，萼齿 4~5，等大，或有 1 枚较大；花冠筒与萼近等长，稍外露或内藏，内面有毛，先端二唇形，上唇全缘或微缺，下唇 3 裂，中裂片较大；前对雄蕊能育，略伸出花冠，后对雄蕊退化；花盘较平；柱头先端 2 裂。小坚果卵状四边形，背腹扁平。

约 10 种。中国 4 种 4 变种。山西及晋西黄土高原 1 变种。

1. 硬毛地笋（地瓜儿苗）Lycopus lucidus Turcz. **var. hirtus** Regel in Men. Acad. Sci. St. Petersb. 4：125，1861；中国高等植物图鉴 3：683，1974；中国植物志 66：278，1977；山西植物志 4：89，图版 49，2004. —L. lucidus Turcz. var. formosanus Hayata— L. formosanus Sasaki

多年生草本，高 0.6~1.7m。根茎横走，先端肥大呈圆柱形。茎直立，常于节上多少带紫红色。叶具极短柄或近无柄，长圆状披针形，长 4~8cm，宽 1.2~2.5cm，先端渐尖，基部渐狭，边缘具锐尖粗牙齿状锯齿，下面具凹陷的腺点。轮伞花序无梗多花密集，小苞片卵圆形至披针形，先端刺尖；边缘具纤毛；花萼钟形，长 3mm，外面具腺点，萼齿 5，披针状三角形，具刺尖头，边缘具缘毛；花冠白色，长 5mm，外面在冠檐上具腺点，内面在喉部具白色短柔毛，冠檐不明显二唇形，上唇近圆形，下唇 3 裂，中裂片较大；雄蕊仅前对能育，超出于花冠，花药卵圆形，2 室，室略叉开，后对雄蕊退化；花柱伸出花冠，先端相等 2 浅裂，裂片线形。小坚果倒卵圆状四边形，有腺点。花期 6~9 月，果期 8~11 月。

产黑龙江、吉林、辽宁、河北、山西、陕西、四川、贵州、云南。生于沼泽地、水边、沟边等潮湿处。山西五台山、吕梁山、太岳山有分布，本区见于房山峪口。全草入药。

3. 鼠尾草属 Salvia L.

草本或灌木。单叶或羽状复叶。轮伞花序具少数花，组成总状、穗状、圆锥花序；花萼二唇形，上萼 3 裂，下唇 2 裂；花冠筒多伸出花萼外，直伸或弓曲，先端二唇形，上唇折合，下唇 3 裂，中裂片最大；前对雄蕊发育，花丝短，药隔延伸成丝状，与花丝呈"丁"

字形，有关节连接，上臂顶端着生有花粉的药室，下臂顶端无药室，或具药室，其中多无花粉，后对雄蕊退化不明显；花柱先端不等长 2 裂；花盘前方略膨大或平。小坚果平三棱形，光滑。

700 多种。中国 78 种 34 变种。山西 6 种，晋西黄土高原 1 种。

1. 荫生鼠尾 Salvia umbratica Hance in Journ. Bot. & For. 8：75，1870；中国高等植物图鉴3：668，图 5290，1974；中国植物志 66：136，图版 24：4-7，1977；山西植物志 4：74，图版 40，2004.

一年生或二年生草本。高 1~1.2m，被长柔毛和腺毛。叶三角状戟形，长 3~16cn，先端渐尖，基部心形，边缘有锯齿。轮伞花序具 2 花，间隔稍疏松，排成总状花序式；苞片叶状至披针状；花萼钟状，上唇 3 齿尖靠合，下唇 2 裂；花冠蓝紫色，长 2~2.5cm，花冠筒伸出花萼，弓曲，内面有毛，下唇中裂片宽扇形；药隔长于花丝，弧形。小坚果椭圆形。花果期 7~10 月。

分布于河北、山西、陕西、甘肃、安徽。生于沟谷、林缘。山西五台山、吕梁山有分布，本区见于人祖山、紫金山。

4. 黄芩属 Scutellaria L.

草本或亚灌木。叶具齿或全缘。花于叶腋对生，组成侧生的总状花序，有时由于远离，而不明显；花萼在果时闭锁，上唇具耳状突起，脱落，下唇宿存；花冠伸出，囊状膝曲，上唇盔状，下唇 3 裂；雄蕊 2 对，后对雄蕊花药 2 室，前对雄蕊较长，由于败育花药呈 1 室；柱头先端不等长 2 裂；花盘前方呈指状，后方柱状。小坚果卵球形，具瘤。

300 多种。中国约 102 种。山西 5 种 1 变种，晋西黄土高原 3 种。

分种检索表

1. 花单生叶腋，每两朵偏向一侧，呈并头状……………………………**1. 并头黄芩 S. scordifolia**
1. 花密集成顶生的总状花序……………………………………………………………2
　　2. 叶披针状条形，全缘，具极短柄…………………………………**2. 黄芩 S. baicalensis**
　　2. 叶卵状椭圆形，有锯齿，具长柄…………………………………**3. 京黄芩 S. pekinensis**

1. 并头黄芩 Scutellaria scordifolia Fisch. er Schrank in Denkschr. Bot. Ges. Regensb. 2：55，1822；中国高等植物图鉴3：627，图 5207，1974；中国植物志 65（2）：232，1977；山西植物志 4：31，图版 17. 1977. —*S. galericulata* Linn. δ. *scordifolia* Regel—*S. galericulata* auct. non Linn. Hance—*S. scordifolia* Fisch. ex Schrank var. *subglabra* Komarov

多年生草本，高 12~36cm。棱上疏被上曲的微柔毛，或几无毛。叶具很短的柄或近无柄，柄长 1~3mm，叶片三角状狭卵形、三角状卵形，或披针形，长 1.5~3.8cm，宽 0.4~1.4cm，先端钝，基部浅心形或截形，边缘具浅锐牙齿，下面沿中脉及侧脉疏被小柔毛，具多数凹点，有时有不具凹点。花单生于茎上部的叶腋内，偏向一侧，小苞片针状；花萼长 2~4mm，被短柔毛及缘毛，果时增大；花冠蓝紫色，长 2~2.2cm，外面被短柔毛，内面无毛；冠筒基部浅囊状膝曲，下唇中裂片卵圆形；雄蕊 4，均内藏；花柱细长，先端锐尖，微裂；花盘前方隆起，后方延伸成短子房柄；子房 4 裂，裂片等大。小坚果黑色，椭圆形，具瘤状突起。花期 6~8 月，果期 8~9 月。

产内蒙古、黑龙江、河北、山西、青海等地。生于草地或湿草甸。山西各山地均有分布，本区广布。根茎入药；叶可代茶用。

2. 黄芩 *Scutellaria baicalensis* Georgi, in Bemerk. Reise Russ. Reichs 1：223. 1775 (Itin.)，中国高等植物图鉴 3：622，图 5198，1974；中国植物志 65(2)：194，图版 42，977；山西植物志 4：26，图 14，2004. —*S. macrantha* Fisch. —*S. alanceolaria* Miq. — *S. grandiflora* auct. non Sims. Adams ex Bunge

多年生草本。根茎肥厚，肉质，径达 2cm，伸长而分枝。茎基部伏地，上升，高(15) 30~120cm，钝四棱形，近无毛或被上曲至开展的微柔毛。叶披针形至线状披针形，长 1.5~4.5cm，宽(0.3)0.5~1.2cm，顶端钝，基部圆形，全缘，下面密被下陷的腺点，叶柄长 2mm，被微柔毛。花对生，排成顶生总状花序；花冠紫红至蓝色，长 2.3~3cm，外面密被具腺短柔毛，内面在囊状膨大处被短柔毛，冠筒近基部明显膝曲，上唇盔状，先端微缺，下唇中裂片三角状卵圆形，两侧裂片向上唇靠合；雄蕊 4，稍露出，前对雄蕊较长；花柱细长，先端锐尖，微裂；花盘环状，后方延伸成极短子房柄。小坚果卵球形，褐色，具瘤。花期 7~8 月，果期 8~9 月。

产东北、华北、河北、河南、甘肃、陕西、山东、四川等地。生于向阳山坡草地。山西及本区广布。根茎为清凉性解热消炎药。

3. 京黄芩 *Scutellaria pekinensis* Maxim. 中国高等植物图鉴 3：621，图 5195，1974.

多年生草本。高 20~40cm，在棱上疏被上曲的微柔毛，或几无毛。叶柄长 0.5~2cm，叶片卵状椭圆形，长 1.5~4.5cm，宽 1~3.5cm，先端钝尖，基部平截，边缘具浅锯齿，两面被贴伏小柔毛。花对生，偏向一侧，排成 4~11cm 长的顶生总状花序；小苞片披针形；花萼长 3mm，果时明显增大；花冠蓝紫色，长 1.7~2cm，冠筒基部膝曲，下唇中裂片宽卵圆形；雄蕊 4，均内藏；花柱细长，不等长 2 裂；花盘前方隆起。小坚果卵形。花果期 6~9 月。

分布于吉林、河北、山西、山东、河南、陕西、浙江。生于山坡草地、林下。本区见于人祖山，该种为山西植物种新记录。

5. 青兰属 *Dracocephalum* L.

草本。基生叶有长柄，茎生叶具短柄至无柄。轮伞花序基生头状、穗状花序，或疏松排列；苞片具锐齿；花萼管状钟形，或二唇形，上唇 3 裂，下唇 2 裂，萼齿间有瘤状突起；花冠蓝紫色，花冠筒喉部变宽，冠檐二唇形，上唇 2 裂，微凹，下唇 3 裂；雄蕊 4，后对雄蕊较长，药室 2，平叉开；子房 3 裂，花柱先端等长 2 裂。小坚果长圆状三棱形。

约 60 种。中国 32 种 7 变种。山西 3 种，晋西黄土高原 1 种。

1. 香青兰（枝子花）*Dracosephalum moldavicum* L. Sp. Pl. 595，1753；ed. 2：830，1762；中国高等植物图鉴 3：630，图 5231，1974；中国植物志 65(2)：361，1977；山西植物志 4：45，图版 25，2004.

一年生草本。高(6~)22~40cm，在中部以下具分枝被倒向的小毛。基生叶具长柄，很快枯萎，下部茎生叶较宽，具与叶片等长之柄，向上渐变短，叶片披针形至线状披针形，先端钝，基部圆形或宽楔形，长 1.4~4cm，宽 0.4~1.2cm，两面脉上疏被毛及黄色腺点，边缘具疏锯齿，基部的齿尖常具长刺。轮伞花序具 4 花，生于茎或枝顶，长 3~

11cm，疏松；苞片长圆形，稍长或短于萼，疏被贴伏的小毛，每侧具 2~3 小齿，齿尖具针刺；花萼长 8~10mm，被金黄色腺点及短毛，裂片三角状卵形至披针形，裂片间有瘤状突起；花冠淡蓝紫色，长 1.5~2.5（~3）cm，外面被白色短柔毛，上唇短舟形，先端微凹，下唇 3 裂，中裂片扁，2 裂，具深紫色斑点，有短柄，柄上有 2 突起，侧裂片平截；雄蕊微伸出，花丝无毛；花柱无毛，先端 2 等裂。小坚果长圆形，顶平截，光滑。花果期 7~10 月。

产东北、华北，河南、陕西、甘肃、青海。生于干燥山地、山谷、河滩多石处。山西及本区广布。

6. 香茶菜属 *Rabdosia* (**Bl.**) **Hassk.**

草本或亚灌木。叶有锯齿，具柄。聚伞花序，集成疏生的圆锥状；花萼钟形，果期增大，萼齿 5，上唇 3 裂，下唇 2 裂；花冠筒伸出，略向下弯曲，基部呈囊状，上唇外翻，先端 4 圆齿，下唇全缘，舟形；雄蕊 4，下倾，花药贯通成 1 室，叉开；花柱先端 2 浅裂；花盘环状。小坚果卵球形或三棱形。

约 150 种。中国 90 种 21 变种。山西 5 种 1 变种，本区 1 变种。

1. 蓝萼香茶菜 *Rabdosia japonica* (Burm. f.) Hara **var. *glaucocalyx*** (Maxim.) Hara；中国高等植物图鉴 3：698，图 5350，1974；中国植物志 66：435，1977；山西植物志 4：101，图版 57，2004. —*Isodon glaucocalyx* (Maxim.) Kudo

多年生草本，高 1.5m。叶片宽卵形，长 6.5~13cm，宽 3~8cm，先端渐尖，基部宽楔形，边缘有锯齿，两面沿脉有毛，叶柄长 0.5~3cm。聚伞花序组成疏松开展的圆锥花序，苞片卵状披针形，微被毛；花萼筒状钟形，长 1.5mm，被短毛，不明显二唇形，上唇 3 齿，下唇 2 齿；花冠白色，长 5~6mm；雄蕊与花柱伸出花冠外。小坚果宽倒卵形。花果期 7~10 月。

分布于东北，河北、山西、山东。生于山谷、林下。山西五台山、太岳山、吕梁山有分布，本区见于紫金山。

7. 筋骨草属 *Ajuga* L.

草本。叶有锯齿。花萼钟形，10 脉，萼齿 5，等大。花冠上唇短，直立，全缘或微 2 裂，下唇 3 裂，宽大，伸长；雄蕊 4，花药 2 室贯通；子房 4 浅裂，花柱先端等长 2 浅裂。小坚果三棱形。

约 50 种。中国 18 种 12 变种。山西 3 种，晋西黄土高原 1 种。

1. 筋骨草 *Ajuga ciliate* Bge. in Mem. Acad. Sci. St. Petersb. Sav. Etrang. 2：125，1833；中国高等植物图鉴 3：613，图 5179，1974；中国植物志 65（2）：65，1977；山西植物志 4：20，图版 11，2004.

多年生草本，高 25~40cm。叶卵状椭圆形，长 4~7.5cm，宽 3~4cm，先端渐尖或钝尖，基部楔形，边缘有浅锯齿，两面被贴伏糙毛，叶柄短。轮伞花序密集成假穗状花序；苞片叶状，长 1cm；花萼漏斗状钟形；花冠紫色，有蓝色条纹，上唇直立，全缘，下唇 3 裂，中裂片倒心形；雄蕊 4，伸出；花盘小，环状，先端有腺体。小坚果矩圆状三棱形，背部具网纹。花果期 5~9 月。

分布于河北、山西、山东、河南、陕西、甘肃、四川、浙江。生于山坡林缘草地。山西太岳山、吕梁山、太行山有分布，本区见于人祖山、紫金山。全草入药。

8. 百里香属 *Thymus* L.

矮小灌木，具芳香气味。叶小，全缘或疏生齿。轮伞花序集成头状或穗状花序；花萼筒管状钟形，喉部被白色毛环，上唇3齿裂，下唇2齿裂；花冠筒内藏或微伸出，上唇直伸，先端微缺，下唇3裂，中裂片稍长；雄蕊4，前对雄蕊较长；花盘平；花柱先端等长2浅裂。小坚果卵形。

300~400种。中国11种2变种。山西2种1变种，晋西黄土高原2种。

分种检索表

1. 萼筒的上唇3浅裂，裂片三角形，长为上唇的1/3 ·················**1. 百里香 *T. mongolicus***
1. 萼筒的上唇3中裂，裂片披针形，长为上唇的1/2 ···············**2. 地椒 *T. quinquecostatus***

1. 百里香 *Thymus mongolicus* Ronn. in Act. Hort. Gothob. 9：99，1934；中国高等植物图鉴3：681，图5315，1974；中国植物志66：256，图版59：8-13，1977；山西植物志4：84，图版46，2004. —*T. serpullim* L. *monmgoliocus* Ronn.

灌木。茎斜上升或近水平伸展。花枝高2~10cm，具向下弯曲的疏柔毛。叶卵形，长4~10mm，宽3~6mm，先端钝尖，基部圆形或宽楔形，全缘，边外卷，基部具缘毛，下面有腺点；苞叶同形，边缘在下部1/2被长缘毛。花序头状；花萼筒钟形，长4~5mm，内被白色毛环；唇齿三角形，近等于全唇1/3；花冠粉红色，长6.5~8mm，冠筒比花萼短，上唇直立，微凹，下唇3裂，中裂片较长。小坚果卵圆形。花果期6~10月。

分布于山西、河北、甘肃、陕西、青海。生于山坡、溪旁。山西各山地均有分布，本区见于紫金山。全草入药。

2. 地椒 *Thymus quinquecostatus* Celak. in Osterr. Bot. Zeitschr 39：263，1889；中国高等植物图鉴3：621，图5195，1974；中国植物志66：258，图版59：1-7，1977；山西植物志4：86，图版47，2004.

灌木。茎斜上升或近水平伸展。花枝高3~15cm，具向下弯曲的疏柔毛。叶长圆状椭圆形或长圆状披针形，长7~13mm，宽1.5~3(4.5)mm，先端钝或锐尖，基部渐狭成短柄，全缘，边外卷，基部具缘毛，下面有腺点；苞叶同形，边缘在下部1/2被长缘毛。花序头状或稍伸长呈长圆状的头状；花梗长4mm，密被向下弯曲的短柔毛；花萼管状钟形，长5~6mm，下面被平展的疏柔毛，上唇的齿披针形，近等于全唇1/2长或稍短；花冠长6.5~7mm，冠筒比花萼短。花果期5~9月。

山西五台山、恒山、吕梁山均有分布，本区见于房山峪口。

9. 风轮菜属 *Clinopodium* L.

多年生草本。叶有锯齿，叶柄短或无。轮伞花序生于枝上部叶腋，具多数花，密集成头状，或排成圆锥花序状；苞片线形或针状；花萼管状，13脉，直伸或微弯，常中部缢缩或基部一侧膨大，上唇3齿较短，下唇2齿较长，齿间针芒状；花冠紫红、淡红或白色，冠筒伸出萼筒外，自基部向上渐宽，上唇直立，先端微缺，下唇开展，3裂，中裂片较大，先端微缺或全缘；雄蕊4，前对雄蕊较长，上升于上唇之下，药室平叉开；花柱先端不等长2浅裂；花盘平。小坚果球形。

约20种。中国11种5变种。山西3种，晋西黄土高原1种。

1. 麻叶风轮菜 *Clinopodium urticifolium* （Hce.） G. Y. Wu et Hsuan et H. W. Li in Act. Phylotax. 12(2)，201，1974；中国高等植物图鉴 3：679，图 5311，1974；中国植物志 66：229，1977；山西植物志 4：82，图版 45：6-7，2004.

多年生草本，高 25~80cm。叶卵状披针形，长 3~5.5cm，先端渐尖，基部宽楔形，边缘有锯齿，两面被毛，叶柄长 2~12mm。轮伞花序呈半球形，生于枝上部叶腋，总花梗长 2~3mm；苞片条形，具脉，有开展毛；花萼狭筒状，长 8mm，被毛，内面喉部被柔毛；花冠紫红色，长 1.2cm。小坚果卵形。花期 6~8 月，果期 9~10 月。

分布于东北、华北，山东、江苏、陕西、甘肃。生于河边、林下、沟谷。山西中条山有分布，本区见于人祖山、紫金山，为该种在山西地理分布新记录。

10. 薄荷属 Mentha L.

草本。叶缘有齿。轮伞花序腋生，远离或密集成头状、穗状花序；花单性或两性，雌雄同株或异株；花萼钟形、漏斗形、或管状，萼齿 5，近相等；花冠近于整齐，冠筒内藏，先端 4 裂，最上 1 片略大；雄蕊 4，伸出花冠外，药室 2，平行；花柱先端 2 浅裂；花盘平。小坚果卵形。

约 80 种。我国连同引种 12 种。山西及晋西黄土高原 1 种。

1. 薄荷 *Mentha haplocalyx* Briq. in Bull. Soc. Bot. Geneve 5：39，1889；中国高等植物图鉴 3：681，图 5316，1974；中国植物志 66：263，图版 60，1977；山西植物志 4：86，图 48，2004. —*M. arvensis* Linn. var. *haplocalyx* Briq. —*M. arvensis* Linn. ssp. *haplocalyx* Briq. —M. *arvensis* Linn. var. *canadensis* Maxim. —*M. arvensis* Linn. f. *chinensis* Debeaux—*M. pedunculata* Hu et Tsai in—*M. arvensis* auct. non Linn.

多年生草本，高 30~60cm。具水平匍匐根状茎，全株有芳香味。叶椭圆形或卵状披针形，长 3~5(7)cm，宽 0.8~3cm，先端锐尖，基部楔形至近圆形，边缘在基部以上疏生粗大的牙齿状锯齿，两面疏生柔毛，沿脉较密，叶柄长 2~10mm。轮伞花序球形，腋生，径约 18mm，具总梗或无；花萼管状钟形，长约 2.5mm，外被微柔毛及腺点，内面无毛，10脉，不明显，萼齿 5，狭三角状钻形，先端锐尖；花冠淡紫色，长 4mm，外面略被微柔毛，内面在喉部以下被微柔毛，冠檐 4 裂，上裂片先端 2 裂，较大，其余 3 裂片近等大；雄蕊 4，伸出于花冠之外，前对雄蕊较长；花柱略超出雄蕊，先端近相等 2 浅裂，裂片钻形；花盘平顶。小坚果卵珠形，黄褐色，具小腺窝。花期 7~9 月，果期 10 月。

产南北各地。生于水旁潮湿地。山西及本区广布。幼嫩茎尖可作菜食；全草又可入药。

11. 夏至草属 Lagopsis Bge.

多年生草本。叶掌状 3 裂。轮伞花序具多花；苞片真刺状；花萼管管状钟形，具 10脉，萼齿 5，锐尖，其中 2 枚较大；花冠白色，花冠筒内藏，上唇直伸，全缘或微缺，下唇 3 裂，平展；雄蕊 4，内藏，前对雄蕊较长，药室叉开；子房 4 裂，花柱先端 2 浅裂；花盘全缘。小坚果卵状三棱形。

4 种。中国 3 种。山西及晋西黄土高原 1 种。

1. 夏至草 *Lagopsis supina* （Steph.） Ik. -Gal. ex Knorr. in Fl. URSS 20：250，1954；中国高等植物图鉴 3：630，图 5213，1974；中国植物志 65(2)：256，图版 52，1977；山西

植物志 4：33，图版 18，2004—*L. supinus* Steph. ex Willd. —*Marrubium incisum* Benth. —*M. supinum*（*Willd.*）Hu ex Pei

多年生草本。植株有特殊气味，茎高 15~35cm，密被微柔毛。叶轮廓为圆形，长宽 1.5~2cm，先端圆形，基部心形，3 深裂，裂片有齿，上面被柔毛，基部具腺点，脉掌状，基生叶叶柄长 2~3cm。轮伞花序径约 1cm；小苞片刺状；花萼管状钟形，5 脉，萼齿 5；花冠白色稍伸出于萼筒，长约 7mm，外面被绵状长柔毛，上唇直伸，比下唇长，长圆形，下唇斜展，3 浅裂，中裂片扁圆形，2 侧裂片椭圆形；雄蕊 4，不伸出，后对雄蕊较短；花药卵圆形，2 室；花柱先端 2 浅裂；花盘平顶。小坚果长卵形，褐色。花期 3~4 月，果期 5~6 月。

产东北、华北、华中、华东、西北、西南。生于路旁、旷野。山西及本区广布。

12. 香薷属 *Elsholtzia* Willd.

草本或灌木。叶有锯齿。轮伞花序排成头状、穗状，圆柱状，或偏向一侧；花萼钟形、管状；萼齿 5，等长或前 2 齿较长；花冠紫红、白、淡黄色，花冠筒长于萼筒，上唇直立，先端全缘或微缺，下唇 3 裂，中裂片较大；雄蕊 4，前对雄蕊伸出花冠，花药 2 室，叉开；花盘前端膨大；花柱顶端等长或不等长 2 裂。小坚果卵球形。

40 种。中国 33 种 15 变种。山西 3 种 1 变种，晋西黄土高原 1 种。

1. 香薷 *Elsholtzia ciliata*（Thunb.）Hyland in Bot. Notiser. 1941：129，1941；中国高等植物图鉴 3：621，图 5195，1974；中国植物志 66：345，1977；山西植物志 4：95，图版 52，2004. —*E. patrinii*（Lepech.）Garche—*Peeilla polystachya* D. Don

一年生草本，高 0.3~0.5m。叶卵形或椭圆状披针形，长 3~9cm，宽 1~4cm，先端渐尖，基部楔状下延成狭翅，边缘具锯齿，两面疏被小硬毛，下面有橙色腺点，叶柄长 0.5~3cm。轮伞花序，花序长 2~7cm，花偏向一侧；苞片宽卵圆形，先端具芒状尖；花萼长 2mm，钟形，被疏柔毛及腺点，萼齿 5，前 2 齿较长，先端具针状尖头，边缘具缘毛；花冠淡紫色，约为花萼长的 3 倍，外面被柔毛，上部有稀疏腺点，冠筒自基部向上渐宽，上唇直立，先端微缺，下唇开展，3 裂，中裂片半圆形，侧裂片弧形，较中裂片短；雄蕊 4，外伸；花柱内藏，先端 2 浅裂。小坚果长圆形，棕黄色，光滑。花期 7~10 月，果期 10 月。

除新疆、青海外几产全国各地。生于路旁、山坡、荒地、林内、河岸。山西各地均有分布，本区见于人祖山。全草入药。

13. 裂叶荆芥属 *Schizonepeta* Briq.

草本。叶指状分裂或羽状深裂。轮伞花序组成顶生的穗状花序；花萼倒圆锥形，15 脉，萼齿 5，近等大；花冠蓝紫色，冠筒略伸出花萼，喉部扩大，内面无毛，上唇 2 裂，下唇 3 裂；雄蕊 4，上升至上唇之下，后对雄蕊略长；花柱先端等长 2 裂；花盘先端膨大。小坚果长圆状三角形。

3 种。中国均产。山西及晋西黄土高原 2 种。

分种检索表

1. 叶指状 3 裂，假穗状花序下部有间断，萼齿三角状披针形……**1. 裂叶荆芥 *S. tenuifolia***
1. 叶一回羽状深裂，假穗状花序连续，萼齿急尖………………**2. 多裂叶荆芥 *S. multifida***

1. 裂叶荆芥 Schizonepeta tenuifolia（Benth.）Briwg. in Engl. u. P：rantl. Pflanzenfam. 43：235，1895；中国高等植物图鉴 3：631，图 5216，1974；中国植物志 654（2）：267，图版 85：8-13，1977；山西植物志 4：35，图版 20，2004. —*Elsholtzia integrifulia* Benjth.

一年生草本，高 0.3~1m，被灰白色短毛。叶指状 3 裂，稀多裂，长 1~3.5cm，宽 1.5~2.5cm，裂片宽 1.5~4mm，两面被毛，下面有腺点，叶柄短。轮伞花序具多数花，组成 2~13cm 长的顶生穗状花序，花序下部有间断；苞片叶状，小苞片条形；花萼狭钟状，长 3mm，萼齿三角状披针形，后方者稍大；花冠蓝紫色，长 5mm，内面无毛，下唇中裂片顶端微凹；雄蕊 4，二强；花柱先端等长 2 裂；花盘先端膨大。坚果矩圆状三角形，有小点。花果期 7~10 月。

分布于东北、华北，陕西、甘肃、青海、四川、贵州。生于林缘草地。山西吕梁山、太行山有分布，本区见于人祖山。药用植物。

2. 多裂叶荆芥 Schizonepeta multifida（Ld.）Brinq.；中国高等植物图鉴 3：631，1974；中国植物志 65（2）：266，图版 55：1-7，1977；山西植物志 4：38，图版 21，2004. —*Nepeta multifida* L. —*N. lavandulacea* L. f.

一年生草本，高 0.3~0.6m，被白色长柔毛。叶为一回羽状深裂，稀浅裂至全缘，长 2~3.5cm，宽 1~2cm，两面被毛，下面有腺点，叶柄长 0.5~2cm。轮伞花序具多数花，组成顶生穗状花序，花序连续无间断；苞片叶状；花萼管状，萼齿急尖；花冠蓝紫色，下唇中裂片顶端微凹；雄蕊 4，二强，花药外露；花柱先端等长 2 裂；花盘先端膨大。坚果长圆状卵形。花果期 7~10 月

分布于华北、西北、东北。生于山坡草地。山西恒山、吕梁山有分布，本区见于人祖山。

14. 糙苏属 Phlomis L.

多年生草本。叶常具皱纹。轮伞花序具多花；花无柄；花萼管状钟形，5~10 脉，萼齿 5，等长；花冠二唇形，冠筒略伸出花萼外，内面具毛环，上唇两侧压扁，盔状，下唇 3 裂，中裂片宽大；雄蕊 4，上升至上唇之下，前对雄蕊较长，药室叉开；花柱顶端 2 裂，裂片极不等长；花盘全缘。小坚果卵状三棱形。

100 余种。中国 41 种 15 变种。山西 3 种，晋西黄土高原 2 种。

分种检索表

1. 植株具基生叶，基生叶卵状披针形，表面多皱纹……………………**1. 串铃草 P. mongolica**
1. 植株无基生叶，茎生叶近圆形………………………………………**2. 糙苏 P. umberosa**

1. 串铃草 Phlomis mongolica Turcz. in Bull. Soo. Nat. Moscou. 24（2）：406，851；中国高等植物图鉴 3：648，图 5249，1974；中国植物志 65（2）：443，1977；山西植物志 4：50，图版 27，2004. —*P. tuberosa* auct. non L.

多年生草本，高 40~70cm，疏被刚毛。叶宽卵状三角形，下部叶长 7~13cm，宽 3~6cm，先端钝尖，基部心形，边缘有锯齿，具 5~7cm 的长柄，向上渐变小呈苞叶状，叶面具明显皱纹，两面有毛。轮伞花序远离，具多花；花无柄；苞片具缘毛；花萼管状，长 1.4cm，萼齿顶端有刺尖，花冠紫色，二唇形，长 2.2cm，上唇边缘流苏状，下唇中裂片

顶端微凹；后对雄蕊基部有距状附属物。小坚果顶端被毛。

分布于华北、西北。山西吕梁山有分布，本区见于人祖山。

2. 糙苏 *Phlomis umberosa* Turcz. in Bull. Soo. Nat. Moscou. 8：76，1840；中国高等植物图鉴 3：650，图 5254，1974；中国植物志 65（2）：476，1977；山西植物志 4：53，图版 29，2004.

多年生草本，高 50~150cm。多分枝，疏被向下的硬毛。叶近圆形、卵圆形，下部叶长 5~12cm，宽 4~10cm，先端渐尖，基部心形，边缘有锯齿，具 1~2cm 的柄，向上渐变小呈苞叶状，两面疏被柔毛。轮伞花序多数；苞片条形，具缘毛；花萼管状，长 1cm，萼齿顶端有刺尖，花冠粉红色，二唇形，长 1.7cm，上唇边缘有不整齐小齿，下唇中裂片较大；雄蕊无附属物。小坚果无毛。

分布于东北、华北、山东、陕西、甘肃、四川、贵州、广东。生于林下、沟谷草地。山西各山地分布，本区见于紫金山。根入药。

15. 鼬瓣花属 *Galeopsis* L.

草本。叶有锯齿，具柄。轮伞花序具多花，远离或聚成顶生穗，花萼筒状钟形，5 齿，等大或后齿稍长，齿尖具针芒；花冠筒伸出，喉部扩大，上唇直伸，下唇平展，3 裂，中裂片较大，倒心形，两侧凹缺处有向上的齿突；雄蕊 4，上升至上唇之下，背向着药，花药 2 室，横向开裂；花柱先端等长 2 裂；花盘平。小坚果近扁平，宽倒卵形。

10 种。中国 1 种。山西及晋西黄土高原有分布。

1. 鼬瓣花 *Galeopsis bifida* Boenn. in Fl. Monast. Prodr. 178，1824；中国高等植物图鉴 3：650，图 5256，1974；中国植物志 65（2）：481，图版 94，1977；山西植物志 4：55，图版 30，2004. —*G. tetrachit* L. var. *bifida* Kudo

一年生草本，高 20~60cm，密生长刚毛。叶卵状披针形，长 3~8.5cm，宽 0.8~2cm，先端常渐尖，基部宽楔形，上面有刚毛，下面微被毛，有腺点，边缘有锯齿，叶柄长 1~2cm。轮伞花序具多花，较为密集；小苞片条形，有缘毛；花萼连同齿尖长约 1cm，萼齿三角形，齿尖具针芒；花冠长 1.4cm，白色、黄色或粉红色，有斑纹，花冠筒伸出，上唇先端有数小齿，下唇 3 裂，中裂片于两侧裂片相交处有小齿突；雄蕊 4，前对雄蕊稍长；花柱先端等长 2 裂；花盘平。小坚果倒卵状三棱形

分布于东北、华北、湖北、西南。山西五台山有分布，本区见于紫金山，为该种在山西地理分布新记录。

16. 水苏属 *Stachys* L.

草本。叶全缘或有锯齿。轮伞花序在茎顶和枝端组成假穗状花序；花萼宽钟状，5 齿，等大或后 3 齿稍大，5 或 10 脉；花冠多少伸出，上唇直立，下唇开展，3 裂，中裂片较大；雄蕊 4，前对雄蕊较长，花药 2 室，平行，后期叉开；花柱先端等长 2 浅裂；花盘平。小坚果长圆形。

约 300 种。中国 18 种 11 变种。山西 5 种 1 变种，晋西黄土高原 1 种。

1. 华水苏 *Stachys chinensis* Bge. in Ann. Mus. Bot. Lugd. Bat. 2：111，1865；中国高等植物图鉴 3：660，图 5274，1974；中国植物志 66：13，1977；山西植物志 4：68，图版 37，2004. —*S. aspera* Michx. var. *japonica*（Miq.）Maxim. —*S. baicaiensis* Fisch. ex Benth. var, *japonica* Komarov—*S. aspera* Michx. var. *chinensis*（Bunge）Maxim. f. *glabrata* Nakai—*S. japonica* Miq. f. *glabrata* Matsum. et Kudo ex Kudo —*S. riederi* Chamisso var. *japonica*（Miq.）Hara

多年生草本，高 20~80cm。在棱及节上被小刚毛。叶长圆状宽披针形，长 5~10cm，宽 1~2.3cm，先端微急尖，基部圆形至微心形，边缘为圆齿状锯齿，叶柄长 3~17mm；苞叶披针形，无柄，近于全缘。轮伞花序 6~8 花，下部者远离，上部稍密集，组成长 5~13cm 的假穗状花序；小苞片刺状；花萼钟形，长 7.5mm，外被具柔毛，不明显 10 脉，齿 5，等大，先端具刺尖头；花冠粉红或淡红紫色，长约 1.2cm，冠筒微超出于萼，下唇喉部有微柔毛，上唇直立，下唇开张，3 裂，中裂片先端微缺；雄蕊 4，上伸至上唇片之下，花药 2 室，极度叉开；花柱稍超出雄蕊，先端相等 2 浅裂；花盘平顶。小坚果卵珠状，棕褐色。花期 5~7 月，果期 7 月以后。

产华北，辽宁、河南、山东、江苏、浙江、安徽、江西、福建。生于水沟、河岸等湿地上。山西分布于太原郊区，本区见于房山峪口，为该种在山西地理分布新记录。

17. 野芝麻属 *Lamium* L.

草本。叶具柄，有钝锯齿。轮伞花序；花萼管状钟形，萼齿 5，近相等，先端芒状尖；花冠白色、黄色、粉红色，花冠筒直伸或弯曲，喉部前侧膨大，上唇直立，先端全缘或微凹，下唇 3 裂，中裂片较大，先端微凹或 2 裂，侧裂片边缘有小齿；雄蕊 4，上升至上唇之下，前对雄蕊较长，花药被毛，水平叉开；花柱先端等长 2 浅裂；花盘有钝齿。小坚果倒卵状三角形。

40 种。中国 3 种 4 变种。山西 3 种，晋西黄土高原 1 种。

1. 野芝麻 *Lamium barbatum* Sieb et Zucc. in Fl. Jap. Fam/ Nat. 4（2）：158，1846；中国高等植物图鉴 3：652，图 5258，1974；中国植物志 65（2）：490，图版 96：1-5，1977；山西植物志 4：57，图版 31，2004. —*L. album* L. var. *barbatum* Franch. & Sav.

多年生草本，高达 1m。叶卵形，长 4~11cm，宽 3~6cm，先端尾状长渐尖，基部近圆形，两面被短硬毛，边缘有锯齿，叶柄长 1~7cm。轮伞花序具 4~14 花；苞片条形，有缘毛；花萼钟形，萼齿 5，披针形，有缘毛，先端芒状尖；花冠白色或淡黄色，外面被白色长毛，冠筒直伸，喉部前侧膨大，内面有毛环，下唇中裂片基部缢缩，先端 2 裂，侧裂片顶端有针状小齿。小坚果顶端平戟。

分布于东北、华北、华东、华中、四川、贵州。生于林缘草地、沟谷。山西中条山、吕梁山有分布，本区见于人祖山。全草入药。

18. 益母草属 *Leonurus* L.

草本。叶掌状 3~5 裂，上部叶渐成苞叶，全缘或深裂。轮伞花序具多花，密集；小苞片刺状；花萼管状钟形，不明显二唇形，萼齿 5，等大；花冠筒伸出花萼，不膨大，上唇直伸，下唇扩展，3 裂；雄蕊 4，前对雄蕊较长，花药 2 室，平行；花柱先端等长 2 浅裂；花盘平。小坚果锐三棱形，顶端尖。

约 20 种。中国 12 种。山西 5 种，晋西黄土高原 2 种。

分种检索表

1. 最上部苞叶条形，不分裂，花冠上下唇几等长·····················**1. 益母草 *L. artemisia***
1. 最上部苞叶 3 全裂，花冠下唇短于上唇·····················**2. 细叶益母草 *L. sibiricus***

1. 益母草 *Leonurus artemisia*（Lom.）S. Y. Hu in Sourn. chin. Univ. Hongk. 2（2）：381，1974；中国高等植物图鉴 3：654. 图 5262.1974. —*L. sibiricus* auct. non Linn.；Benth. —*L. sibiricus* Linn. var. β. *grandiflora* auct. non Benth. Hand. -Mazz.；中国植物志 65（2）：508，图版 99：1-7，1977；山西植物志 4：61，图版 33, 2004. —*L. heterophyllus* Sweet.

一年生或二年生草本，高 30~120cm。有倒向糙伏毛。茎下部叶轮廓为卵形，基部宽楔形，掌状 3 裂，裂片呈长圆状菱形至卵圆形，通常长 2.5~6cm，宽 1.5~4cm，裂片上再分裂，两面疏毛，叶柄长 2~3cm，茎中部叶轮廓为菱形，3 裂成长圆状线形的裂片。花序最上部的苞叶近于无柄，线形或线状披针形，全缘或具稀少牙齿。轮伞花序圆球形，径 2~2.5cm；小苞片刺状；花冠筒内面有毛环，上唇直伸，内凹，边缘具纤毛，下唇略短于上唇，3 裂，中裂片倒心形，先端微缺。小坚果矩圆状三棱形。花期 6~9 月，果期 9~10 月。

产全国各地。生于山坡草地、田边路旁。山西各地均有分布，本区见于人祖山、房山峪口。全草入药。

2. 细叶益母草 *Leonurus sibiricus* L. in Sp. Pl. 584. 1753；中国高等植物图鉴 3：655. 图 5263.1974；中国植物志 65（2）：511.1977；山西植物志 4：61. 图版 33.2004. —*L. manshuricus* Yabe.

一年生或二年生草本，高 20~80cm。密被倒向糙伏毛。茎下部叶轮廓为卵形，二回掌状 3 全裂，花序苞叶均为 3 全裂，裂片宽 1~2mm。轮伞花序直径约 3cm；小苞片刺状；花萼管状钟形，长 8~9mm，5 脉，萼齿 5，前 2 齿靠合；花冠粉红至淡紫红色，长 1.8cm，花冠筒内面有毛环，下唇为上唇的 3/4，3 裂，中裂片倒心形。小坚果矩圆状三棱形。

分布于华北，陕西。山西五台山、吕梁山、太岳山、中条山有分布，本区广布。

73. 茄科 Solanaceae

草本、灌木或小乔木。直立或攀缘，有时具皮刺。单叶互生，或在开花枝段上大小不等的 2 叶双生，全缘，分裂，或为羽状复叶，无托叶。花两性或稀杂性，辐射对称或稍微两侧对称；单生，簇生或为聚伞花序；花萼通常 5 裂，稀截形而无裂片，果时宿存；合瓣花，花冠辐状、漏斗状、高脚碟状、钟状或坛状，檐部 5 浅裂；雄蕊与花冠裂片同数而互生，着生于花冠筒上；子房由 2 枚心皮合生成 2 室、有时 1 室或有不完全的假隔膜而在下部分隔成 4 室、稀 3~5（~6）室，花柱细瘦，柱头头状或 2 浅裂，中轴胎座，胚珠多数。浆果或蒴果；种子圆盘形或肾脏形，胚乳丰富。

约 80 属 3000 种。中国 24 属 105 种 35 变种。山西 15 属 26 种 5 变种，晋西黄土高原 4 属 6 种。

分属检索表

1. 浆果 ···2
1. 蒴果 ···3
　　2. 草本，花药靠合，围绕花柱成圆柱形 ································**1. 茄属 Solanum**
　　2. 灌木，花药分离，果红色（本区）··································**2. 枸杞属 Lycium**

3. 硕果盖裂，花萼在果期增大呈壶状，包被果实，先端开裂……………………………
………………………………………………………………**3. 天仙子属 Hyoscyamus**

3. 蒴果瓣裂，有刺，萼片不包被果实………………………………**4. 曼陀罗属 Datura**

1. 茄属 Solanum L.

草本、灌木，有时攀缘状。有些种类有刺，被星状毛。单叶或复叶，互生，叶基多偏斜。花两性，有时上部花雌蕊退化，排成聚伞花序；花萼5(4)裂，花后不显著增大，不包被果实；花冠辐射对称，白色、黄色、蓝色、紫色，5浅裂或不裂；雄蕊5，着生于花冠筒喉部，花药靠合呈圆锥状，顶孔开裂；子房2室，胚珠多数。浆果。

约2000种。中国近40种。山西8种1变种，晋西黄土高原野生3种。

分种检索表

1. 草质藤本，叶片卵状戟形，长3~5cm，先端渐尖，基部两侧裂片圆钝，花紫色或白色，浆果红紫色……………………………………………………………**1. 白英 S. lyratum**
1. 直立草本………………………………………………………………………………………2
　　2. 叶卵形，叶基歪斜，叶缘有不整齐的波状齿，花白色，果成熟黑色………………
　　………………………………………………………………………………**2. 龙葵 S. nigrum**
　　2. 叶长卵形，羽状深裂，裂片5~7，花蓝紫色，果熟时红色……**3. 青杞 S. septemiobum**

1. 白英 Solanum lyratum Thunb. in Fl, Japon. 92，1784；中国高等植物图鉴3：720，图5394，1974；中国植物志67(1)：56，图版23：1-3，1978；山西植物志4：125，图版71，2004. —S. dulcamaca L. var. pubescens Blume

草质藤本，长达0.5~1m。密生具节的长柔毛。叶片为卵圆状戟形，长3.5~5.5cm，宽2.5~5cm，先端渐尖，基部3~5深裂，少数全裂，侧裂片圆钝，水平或略向上开展，叶柄长1~3cm。顶生或腋外生的聚伞花序，较稀疏，花梗长8~15mm；花萼杯状，萼齿5，花梗白色或蓝紫色，直径1cm，5深裂；雄蕊5；子房卵形。浆果球形，成熟时黑红色，直径8mm。花果期7~9月。

分布于山西、陕西、甘肃、河南、山东以及江南各地。生于林缘灌丛、草地。山西太岳山、太行山有分布，本区见于人祖山，为该种在山西地理分布新记录。全草入药。

2. 龙葵 Solanum nigrum L. in Sp. Pl. 186，1753；中国高等植物图鉴3：719，图5392，1974；中国植物志67（1）：118，1978；山西植物志4：119，图版66，2004. —S. esculentum Dunal—S. melongena L. var. esculentum（Dunal）Nees—S. nekibgena L. var. serpentium Hailey

一年生草本，高0.3~1m，直立，多分枝。叶卵形，长2.5~10cm，宽1.5~5.5cm，先端渐尖，基部宽楔形，稍歪斜，全缘或有不规则蔟齿，叶柄长1~2cm。短蝎尾状聚伞花序，腋外生；有4~10朵花；花梗长5mm，花萼杯状，直径1.5~2mm；花冠白色，直径6~8mm；子房卵形，花柱中部以下有白色茸毛。浆果球形，熟时黑色，直径8mm。花果期7~9月。

广布各地。生于路边草地。山西吕梁山、中条山、太行山有分布，本区见于人祖山、紫金山。全草入药。

3. 青杞 *Solanum septemiobum* Bge. in Acad. Sci. St. Petersb. Sav. Etrang. 2：122，1833；中国高等植物图鉴 3：722，图 5398，1974；中国植物志 67（1）：78，1978；山西植物志 4：123，图版 68，2004.

多年生直立草本或半灌木。茎具棱角，被白色具节弯卷的短柔毛至近于无毛。叶卵形，长 3~7cm，宽 2~5cm，先端尖或钝，基部楔形，5~7 裂，裂片卵状长圆形至披针形，全缘或具尖齿，两面均疏被短柔毛，叶柄长约 1~2cm。二歧聚伞花序，顶生或腋外生，总花梗长约 1~2.5cm，花梗长 5~8mm，基部具关节；花萼杯状，直径约 2mm，外面被疏柔毛，萼齿三角形；花瓣蓝紫色，直径约 1cm，花冠筒隐于萼内，冠檐 5 深裂，向外反折；子房卵形，柱头头状，绿色。浆果近球状，熟时红色，直径约 8mm。花果期 7~9 月。

产东北、华北、西北、山东、河南、安徽、江苏、四川等地。喜生于山坡向阳草地。山西五台山、吕梁山、中条山、太岳山有分布，本区见于房山峪口、紫金山。药用。

2. 枸杞属 *Lycium* L.

灌木。常有枝刺。叶互生，常呈簇生状。花单生或簇生于叶腋；花萼钟状，2~5 裂，花后不明显增大；花冠漏斗状，冠筒喉部扩大，先端 5 裂，裂片基部有显著的耳片；雄蕊 5，着生于冠筒中下部，花丝基部有毛环，药室纵裂；子房 2 室，胚珠多数或少数，柱头 2 裂。浆果。

约 80 种。中国 7 种 3 变种。山西 3 种 1 变种，晋西黄土高原 1 种。

1. 枸杞 *Lycium chinensis* Mill. in. Card. Dict. ed. 8，1768；中国高等植物图鉴 3：708，图 5370，1974；中国植物志 67（1）：15，图版 3：1 − 4，1978；山西植物志 4：123，2004. —*L. barbarum* β. *chinense* Aiton，—*L. trewianum* Roerner et. Schultes，—*L. sinense* Grenier et Godron，—*L. megistocarpum* Dunal var. *ovatum* Dunal，—*L. rhombifolium* Dip. —*L. chinense* var. *ovatum* C. K. Schneid

多分枝灌木，高 0.5~1m。枝条细弱，弓状弯曲或俯垂，具棘刺长。叶纸质或肉质稍厚，单叶互生或 2~4 枚簇生，长椭圆形、卵状披针形，顶端急尖，基部楔形，长 1.5~5cm，宽 0.5~2.5cm，栽培者较大，叶柄长 0.4~1cm。花在长枝上单生或双生于叶腋，在短枝上则同叶簇生；花梗长 1~2cm；花萼长 3~4mm，通常 3 中裂或 4~5 齿裂，裂片多少有缘毛；花冠漏斗状，长 9~12mm，淡紫色，筒部向上骤然扩大，檐部 5 深裂，裂片顶端圆钝，平展或稍向外反曲，边缘有缘毛，基部耳显著；雄蕊较花冠稍短；花柱稍伸出雄蕊，柱头绿色。浆果红色，卵状。花果期 6~10 月。

分布于西南、华中、华南、华东、东北、河北、山西、陕西、甘肃南部各地。常生于山坡、荒地。山西及本区广布。果实作药用；叶作蔬菜。

3. 天仙子属 *Hyoscyamus* L.

草本，全株被毛。叶有簇齿或羽状分裂。花在叶腋簇生或呈总状花序；花萼果时明显增大，有纵肋，5 齿裂，先端刺尖；花冠漏斗状，黄白色，有紫色网纹，先端 5 裂；雄蕊 5，着生于花冠筒中部，伸出花冠外，花药纵裂；子房 2 室，柱头浅 2 裂，胚珠多数。蒴果盖裂或瓣裂。

约 6 种。中国 3 种。山西及晋西黄土高原 1 种。

1. 天仙子（莨菪） *Hyoscyamus niger* L. in Sp. Pl. 179，1753；中国高等植物图鉴 3：713，图 5380，1974；中国植物志 67（1）：31，图版 6：6-7，1978；山西植物志 4：131，图版 73，2004.

二年生草本，高 30~70cm。全株被柔毛与短腺毛。基部叶莲座状簇生，长可达 25cm，茎生叶互生，矩圆形，长 4~10cm，宽 2~6cm，先端渐尖，基部截形，微抱茎。花单生叶腋，在顶端集成聚伞状；花萼管状钟形，长 1.5cm，果期增大呈壶状，先端不等大 5 浅裂；花冠漏斗状，长 3cm，浅黄绿色，脉纹呈紫色；子房球形。蒴果卵球形，直径 1.2cm，藏于宿存萼内，顶端盖裂。

分布于中国北部和西南。山西吕梁山、太岳山、中条山有分布，本区见于紫金山。全草入药。

4. 曼陀罗属 *Datura* L.

粗壮草本。单叶，叶缘具粗大牙齿或浅裂。花大，单生叶腋，花萼长管状，先端 5 裂；花冠高脚碟状，碟缘 5 浅裂，2 裂片之间有短芒尖；雄蕊 5，花丝下部与花冠筒贴生，花药纵裂；子房 2 室，因假隔膜呈不完全 4 室，柱头头状，2 浅裂。蒴果有刺。

约 16 种。中国 4 种。山西 2 种，晋西黄土高原 1 种。

1. 曼陀罗 *Datura stramonium* L. in Sp. Pl. 179，1753；中国高等植物图鉴 3：728，图 5409，1974；中国植物志 67（1）：144，图 6b38：1-2，1978；山西植物志 4：114，图版 62，2004. —*D. inermis* Jacq. —*D. laevis* L. f. —*D. stramonium* var. *tatula* Torr.

一年生草本，高 0.5~1.5m。叶广卵形，长 8~17cm，宽 4~12cm；顶端渐尖，基部不对称楔形，边缘有不规则波状浅裂，裂片顶端急尖，有时亦有波状牙齿，叶柄长 3~5cm。花单生于叶腋，直立，有短梗；花萼筒状，长 4~5cm，筒部有 5 棱角，两棱间稍向内陷，基部稍膨大，顶端紧围花冠筒，5 浅裂，花后自近基部断裂，宿存部分随果实而增大并向外反折；花冠漏斗状，长 6~10cm，下半部带绿色，上部白色或淡紫色，檐部直径 3~5cm，5 浅裂，裂片有短尖头；雄蕊不伸出花冠；子房密生柔针毛，花柱长约 6cm。蒴果卵状，长 3~4.5cm，直径 2~4cm，表面生有坚硬针刺，成熟后规则 4 瓣裂；种子卵圆形，稍扁，长约 4mm，黑色。花期 6~10 月，果期 7~11 月。

广布于世界各大洲。中国各地都有分布。常生于住宅旁、路边或草地上。山西太原郊区、太行山、吕梁山、中条山有分布，本区见于临县碛口。有毒植物，药用。

74. 玄参科 Scrophulariaceae

草本、灌木或乔木。叶互生、对生、或轮生，无托叶。花序总状、穗状或聚伞状，常合成圆锥花序；苞片叶状，向上渐小，花萼下有 1 对小苞片或无；花萼 4~5 齿裂，宿存；合瓣花，花冠 4~5 裂，裂片多少不等或二唇形；雄蕊常 4 枚，2 长 2 短，1 枚退化，少有 2 或 5 枚；花盘常存在，环状、杯状或小而似腺；子房上位，2 室，极少仅有 1 室，胚珠多数，柱头头状或 2 裂。蒴果，少有浆果状。

约 200 属 3000 种。中国 56 属 634 种。山西 18 属 35 种 5 变种，晋西黄土高原 10 属 11 种。

分属检索表

1. 婆婆纳属 *Veronica* L.

草本或亚灌木。叶对生，稀互生和轮生。总状花序顶生或腋生；具总苞片与小苞片；花萼 4~5 裂；合瓣花，花冠管短，先端多为 4 裂，裂片平展，后一枚较宽，前一枚较窄；雄蕊 2，伸出花冠；子房上位，2 室，胚珠多数。蒴果。

约 250 种。中国 61 种。山西 5 种 1 变种，晋西黄土高原 2 种。

分种检索表

1. 花序顶生，叶条形，上部互生，下部对生 ·················· **1. 细叶婆婆纳 *V. linariifolia***
1. 花序腋生，叶对生，无柄，生于湿地 ·················· **2. 北水苦荬 *V. anagallis-aquatica***

1. 细叶婆婆纳 *Veronica linariifolia* Pall. ex Link ssp. dilatata（Nakai et Kitag.）Hong 中国植物志 67（1）：265，图版 72，1979；山西植物志 4：168，图版 93，2004. —*V. linarifolia* var. *dilatata* Nakai et Kitag. —*V. jeholensis* Nakai

多年生草本，高 30~80cm。下部叶对生，上部互生，条形，长 3~6cm，宽 3~5mm，先端钝或急尖,基部楔形,上部边缘有锯齿,具短柄或无叶柄。花序顶生,细长,单生或复出;花萼裂片长 2~3mm,有缘毛;花冠蓝色或紫色,直径 5~6mm,筒部长为花冠 1/3,喉部有毛,裂片不等宽;后一枚圆形,其余卵形。蒴果卵球形,稍扁,顶端微凹。花果期 6~9 月。

分布于东北、华北,山东、河南。生于山坡草地。山西及本区广布。

2. 北水苦荬 Veronica anagallis-aquatica L. Sp. Pl. 12,1753;中国高等植物图鉴 4:43,图 5500,1975;中国植物志 67(2):321,图版 86,1979;山西植物志 4:168,图版 94,2004.

多年生草本,高 10~100cm。叶对生,椭圆形或长卵形,长 2~10cm,宽 1~3.5cm,先端渐尖,基部圆形,上部叶稍抱茎,全缘或有疏而小的锯齿,无叶柄。花序比叶长,宽不及 1cm,具多数花;花梗与苞片近等长,与花序轴成锐角;花萼裂片长约 3mm;花冠浅蓝色、浅紫色或白色,直径 4~5mm,裂片宽卵形;雄蕊短于花冠;花柱长约 2mm。蒴果近圆形,长宽近相等,与萼几乎等长,与花序轴靠近。花果期 5~9 月。

分布于长江以北及西北、西南。生于水边、沼泽。山西及本区广布。

2. 泡桐属 Paulownia Sieb. et Zucc.

乔木。无顶芽,枝叶被毛。叶对生,全缘或 3 裂。合瓣花,较大,排成顶生的聚伞圆锥花序;花萼钟形,肥厚,5 裂,后一裂片稍大;花冠管较长,腹部 2 条纵折,上部扩大,5 裂,两侧对称,上唇 2 裂,较短,向上反卷,下唇 3 裂,直伸;雄蕊 4,二强,着生于花冠管基部,药室叉分;子房上位,2 室,中轴胎座,胚珠多数。蒴果木质,种子有翅。

7 种。中国均产。山西 2 种 1 变种,晋西黄土高原栽培 1 变种。

1. 光泡桐 Paulownia tomentosa (Thunb.) Steud. **var. tsinlingensis** (Pai) Gong Tong,植物分类学报 14(2):43,1976;中国植物志 67(2):35,1979;山西植物志 4:148,图版 82,2004. —P. fortunei var. tsinlingensis Pai—P. shensiensis Pai

落叶乔木,高可达 20m。树皮灰色,不规则纵裂,枝具明显皮孔,被黏质短腺毛。叶心形,长 20~40cm,宽 15~35cm,先端渐尖或锐尖,基部心形,全缘或 2~5 浅裂,上面疏被星状毛及腺毛,下面近光滑,老叶与叶柄被星状毛。花序圆锥状,长达 40~40cm,花序轴与花梗均被星状茸毛;花萼浅钟形,被毛;花冠长 5~7cm,直径 3~4cm,淡紫色,内面有黄色条纹与紫色斑点,基部稍弓曲,向上突膨大。蒴果卵圆形,长 3~5cm,幼时密被黏质短腺毛。花期 4~5 月,果期 8~9 月。

原产中国,各地栽培。山西吕梁、运城地区有分布,本区人祖山有种植。优质用材树种。

3. 地黄属 Rehmannia Libosch.

多年生草本。全株被长柔毛及腺毛。基生叶莲座状,茎叶互生,有锯齿。花较大,有短梗,排成顶生的总状花序;花萼钟形,5 裂,后一枚较长;花冠二唇形,花冠筒弯曲,一侧稍膨大;雄蕊 4,内藏,有时 5,1 枚较小;子房基部有环状花盘;柱头 2 浅裂。蒴果具宿存萼;种子小,有网眼。

约 6 种。中国均产。山西及晋西黄土高原 1 种。

1. 地黄 *Rehmannia glutinosa* (Gaert.) Libosch ex Fisch. et Mey. Ind. Sem. Hort. Petrop. 1：36，1835；中国高等植物图鉴 4：51，图 5515，1975；中国植物志 67（2）：214，图版 59，1979；山西植物志 4：161，图版 90，2004—*Digitalis glutinosa* Gaertn. —*R. chinensis* Libosch. ex Fisch. et Mey. —*R. glutinosa* Libosh. var. *hemsleyana* Diels

多年生草本。高 10~30cm，密被灰白色多细胞长柔毛和腺毛，根茎肉质，鲜时黄色。叶通常在茎基部集成莲座状，茎生叶向上渐缩小，终成苞片，叶片卵形至长椭圆形，长 2~13cm，宽 1~6cm，边缘具不规则锯齿，基部渐狭成柄。花下垂，单生叶腋较远离，或集成顶生总状花序；花梗长 0.5~3cm，萼长 1~1.5cm，密被多细胞长柔毛和白色长毛，具 10 脉；萼齿 5 枚；花冠长 3~4.5cm，花冠筒多少弓曲，被多细胞长柔毛，外面紫红色，内面黄紫色，花冠裂片 5，先端钝或微凹；雄蕊 4 枚，药室叉开；子房幼时 2 室，老时因隔膜撕裂而成 1 室，无毛。蒴果卵形至长卵形，长 1~1.5cm。花果期 4~7 月。

分布于华东、华中、华北、辽宁、陕西、甘肃。山西与本区广布。根入药。

4. 沟酸浆属 *Mimulus* L.

草本或灌木。叶对生，全缘或有锯齿。花单生叶腋或为顶生的总状花序；花萼管状，5 裂，有 5 棱；花冠二唇形，上唇 2 裂，下唇 3 裂，二强雄蕊，着生于花冠筒上；子房 2 室，胚珠多数，花柱与雄蕊均不伸出花冠外，柱头 2 裂。蒴果长圆形，具网纹。

150 种。中国 5 种。山西及晋西黄土高原 1 种。

1. 沟酸浆 *Mimulus tenellus* Bge. in Mem. Sov. E′trang. Acad. Sci. St. Petersb. 2：123，1833；中国高等植物图鉴 4：51，图 5440，1975；中国植物志 67（2）：168，1979；山西植物志 4：156，图版 86，2004. —*M. assamicus* Griff. —*M. formosana* Hayata

一年生披散草本。茎长可达 40cm，四棱形，有狭翅。叶三角状卵形，长 1~3cn，宽 0.6~1.5cm，先端渐尖，基部宽楔形，边缘有锯齿，叶柄与叶近等长。花单生叶腋，花萼筒状钟形，长 3mm，具 5 棱，顶端平截，具 5 细小尖齿，果期花萼呈囊状；花冠黄色，长约 5mm。蒴果椭圆形。

分布于淮河、秦岭以北、陕西以东各地。生于沟谷湿地。山西五台山区有分布，本区见于石楼东山林场后沟，为该种在山西地理分布新记录。

5. 山罗花属 *Melampyrum* L.

一年生草本，有些为半寄生植物。叶对生，全缘，基部常有裂片。花生于穗状花序一侧，较密集；苞片明显；花萼管状，4 齿裂；花冠二唇形，上唇直立，盔状，先端 2 齿裂，下唇较长，3 齿裂，下唇内面基部向上隆起；雄蕊 4，花药靠拢，伸向上唇盔下；子房 2 室，每室胚珠 2 颗。蒴果侧扁，卵形；有种子 1~4 颗，种皮平滑。

约 20 种。中国 3 种。山西及晋西黄土高原 1 种。

1. 山罗花 *Melampyrum roseum* Maxim. in Prim. Fl. Amur. 210，1859；中国高等植物图鉴 4：57，图 5527，1975；中国植物志 67（2）：365，图版 98，1979；山西植物志 4：173，2004. —*M. esquirolii* (Levl. et Fant.) Hand. -Mafzz.

一年生草本，高 20~40cm。茎四棱形，全株被鳞片状短毛。叶卵状披针形，长 2~8cm，宽 0.5~3cm，先端渐尖，基部楔形，全缘，向上较小为苞片，苞片基部常有芒状齿。穗状花序顶生；花萼管状钟形，长 4mm，4 齿裂，后方 2 枚较长，脉上有柔毛；花冠红紫色，长 12~20mm，二唇形，上唇先端 2 齿裂，裂片向上反卷，有缘毛，下唇较长，3 齿裂；雄蕊室较长，尾状尖。蒴果侧扁，卵形长渐尖，长约 1.3cm。

分布于云南、甘肃以东各地。生于林下、草地。山西各山地均有分布，本区见于人祖山、交口南山。

6. 阴行草属 *Siphonostegia* Benth.

草本，常被腺毛。叶对生，有时上部者互生，全缘或羽状分裂。顶生穗状花序，花偏向一侧，花近无柄，有小苞片；花萼管状，10 脉，萼齿 5，线形；花冠二唇形，花冠筒圆柱形，上唇直立，盔状，全缘，下唇 3 裂；二强雄蕊，伸于上唇盔下，药室平行；子房 2 室，胚珠多数。蒴果长椭圆状线形，包于宿存花萼内，种子具肉质龙骨状翅。

4 种。中国 2 种。山西 2 种，晋西黄土高原 1 种。

1. 阴行草 *Siphonostegia chinensis* Benth. in Hk. et Arn. Bot. Beech. Voy. (1835) 203：44；中国高等植物图鉴 4：96，图 5606，1975；中国植物志 68：384，图版 91：1-2，1963；山西植物志 4：202，图版 115，2004.

一年生草本。高 30~80cm，干时变为黑色，密被锈色短毛。叶对生，广卵形，长 0.8~5.5cm，宽 0.5~6cm，二回羽状全裂，裂片约 3 对，下方 1 对具 1~3 枚小裂，叶片两面皆密被短毛，叶柄长可达 1cm。花对生于茎枝上部，构成疏稀的总状花序；苞片叶状，较萼短；花梗长 1~2mm；花萼长 10~15mm，顶端稍缩紧，密被短毛，10 条主脉明显，齿 5 枚；花冠长 22~25mm，上唇红紫色，下唇黄色，外面密被长纤毛，花管伸直，顶端略膨大，稍伸出于萼管外，上唇镰状弓曲，先端圆钝，下唇顶端 3 裂，下唇在裂片后方有隆起的瓣状襞褶；二强雄蕊，前方 1 对花丝较短；子房长卵形，柱头头状。蒴果披针状长圆形，长约 15mm，顶端稍偏斜，种子黑色。花期 6~8 月。

全国各地均有分布。生于山坡草地。山西及本区广布。

7. 大黄花属 *Cymbaria* L.

多年生草本。茎蔟生，被毛。叶对生，狭条形，全缘，无叶柄。花黄色，腋生，花梗短有小苞片 2 枚；花萼管状，裂片 5，狭长；花冠二唇形，上唇直立盔状，2 裂或全缘；下唇 3 裂，较阔大；子房具 2 裂的胎座，胚珠多数。蒴果卵形；种子三棱形，有翅。

2 种。中国均产。山西 2 种，晋西黄土高原 1 种。

1. 蒙古蕊芭(光药大黄花) *Cymbaria mongolica* Maxim. in Mem. Acad. St. Petersb. Ser. 7. XXIX 66：1. f. 14-20，1881；高等植物图鉴 4：57，图 5527，1975；中国植物志 68：391，图版 93：1-4，1963；山西植物志 4：204，2004. —*C. lineariffolia* Hao

多年生草本。丛生，高 5~20cm，被短柔毛。叶对生，或上部者互生，条状披针形，长 2~3cm，宽 0.3~0.5cm，全缘，无叶柄。花少数，黄色，腋生，花梗长 0.3~1cm，有小苞片 2 枚；花萼长 1.5~3cm，裂片钻形；花冠长 2.5~3.5cm，上唇裂片向外翻卷，下唇 3 裂，开展；子房矩圆形。蒴果长卵形，种子有狭翅。花果期 4~8 月。

分布于内蒙古、山西、陕西、甘肃、青海、宁夏。生于黄土山坡。山西恒山、五台山、吕梁山区有分布，本区广布。

8. 疗齿草属 *Odontites* Pers.

一年生草本。叶对生，线状披针形，全缘或有疏齿。花紧密排列于穗状花序一侧；无小苞片；花萼管状或钟状，4 裂；花冠二唇形，上唇盔状，喙直伸，先端微凹或全缘，下唇与上唇近等长，3 裂；二强雄蕊，伸于盔瓣之下，药室略叉开，基部骤尖。蒴果长圆形；种子多数，有纵翅。

约 20 种。中国 1 种。山西及晋西黄土高原 1 种。

1. 疗齿草 Odontites serotina（Lam.）Dum. Fl. Belg. 32. 1827（non Reich. 1830-1832）；中国高等植物图鉴 4：60，图 5534，1975；中国植物志 67（2）：390，图版 43：9-12，1979；山西植物志 4：181，图版 101，2004. —*Euphrasia serotina* Lam. —*E. odontites* L. —*Odontites odontites*（L.）Wettst.

一年生草本。植株高 20~60cm，全体被贴伏而倒生的白色细硬毛。叶无柄，披针形至条状披针形，长 1~4.5cm，宽 0.3~1cm，边缘疏生锯齿。穗状花序顶生；花萼长 4~7mm，上部被细刚毛。种子椭圆形，长约 1.5mm。花果期 7~9 月。

分布于西北、华北、东北的西北部。生于水边湿草地。山西恒山、五台山、吕梁山有分布，本区见于房山峪口北川河边。

9. 松蒿属 Phtheirospermum Bge.

一年生或多年生有黏质草本。叶对生，一至三回羽状分裂。花单生叶腋，花梗短，无小苞片；花萼钟状，5 裂；花冠二唇形，花冠管较宽阔，上唇较短，直立，2 裂，裂片外翻，下唇较长，3 裂；二强雄蕊，花药基部尖；柱头匙状，2 浅裂。蒴果压扁，有喙；种子有网纹。

3 种。中国 2 种。山西及晋西黄土高原 1 种。

1. 松蒿 Phtheirospermum japoonicum（Thunb.）Jabitz. in Anthoph. Jap. 12，1878；中国高等植物图鉴 4：57，图 5528，1975；中国植物志 67(2)：370，图版 45：1-4，1979；山西植物志 4：176，图版 98，2004. —*Gerardia japonica* Thunb. —*Ph. chinensis* Bge.

一年生，高 20~80cm。叶片轮廓长卵状披针形，长 1~7cm，宽 0.5~3cm，下部羽状全裂，向上呈羽状深裂至浅裂，裂片长卵形，有锯齿。穗状花序顶生，较疏松；花萼钟状，长 0.6cm，有具毛的横皱褶；药室基部延伸成短芒。蒴果卵圆形，长 1cm。

除新疆、青海外，全国各地均有分布。生于山坡草地。山西五台山、吕梁山、太行山区有分布，本区见于临县甘川沟、人祖山。

10. 马先蒿属 Pedicularis L.

多年生草本。叶互生、对生，或数枚轮生，全缘或羽状分裂。顶生穗状或总状花序，无小苞片；花萼管状，2~5 齿裂；花冠二唇形，上唇盔状，全缘或有喙，下唇 3 裂，开展；二强雄蕊，伸于盔瓣下，药室平行，基部有刺尖；子房 2 室，胚珠多数。蒴果卵圆形。

500 余种。中国 330 种。山西 10 种 4 亚种 2 变种，晋西黄土高原 1 种。

1. 红纹马先蒿 Pedicularis striata Pall. in Teise 3：737. Pl. R. ff. 2c. 1776；中国高等植物图鉴 4：65，图 5543，1975；中国植物志 68：64，图版 8：9-12，1963；山西植物志 4：185，图版 104，2004.

高 40~100cm，茎被短卷曲毛。叶互生，长卵状披针形，长 5~10cm，宽 3~4cm，羽状深裂至全裂，叶轴有翅，裂片边缘有浅锯齿。顶生穗状花序，长 6~22cm；苞片条形，短于花，无小苞片；花萼钟状，长 1~1.3cm，5 齿裂，裂片三角形，后一枚较长；花冠二唇形，长 2.5~3.3cm，黄色，有红色脉纹，冠筒与上唇近等长，上唇盔状，先端镰状弓曲，微 2 齿裂，下唇短于上唇，3 浅裂，中裂片叠于侧裂片之下。蒴果卵圆形，有突尖。花果期 6~9 月。

分布于北方各地。生于山坡草地。山西各地区均有分布，本区见于临县甘川沟、人祖山。

75. 紫葳科 Bignoniaceae

乔木、灌木或木质藤本，稀为草本。叶对生，稀互生，单叶或羽状复叶，无托叶或具叶状假托叶；叶柄基部或脉腋处常有腺体。花两性，左右对称，通常大而美丽，组成顶生、腋生的聚伞花序、圆锥花序或总状花序；或总状式簇生苞片及小苞片存在或早落；花萼钟状、筒状、平截，或具 5 齿裂；花冠二唇形，钟状或漏斗状，常 5 裂；雄蕊 5 枚，着生于花冠管上；一般能育雄蕊 4 枚，1 枚退化雄蕊位于后方，有时退化雄蕊达 2~3 枚；花盘环状，肉质；子房上位，2 室，或因具隔膜而成 4 室；中轴胎座或侧膜胎座；胚珠多数；花柱丝状，柱头二唇形。蒴果，形状各异，通常下垂，稀为浆果状；种子薄膜质，通常具翅或两端有束毛。

约 120 属 650 种。中国连同引入共有 28 属约 54 种。山西 4 属 7 种，晋西黄土高原 2 属 4 种。

分属检索表

1. 草本，叶羽状分裂，种子有翅···1. 角蒿属 Incarvillea
1. 乔木，叶卵圆形、卵状椭圆形，种子两端有毛·····························2. 梓树属 Catalpa

1. 角蒿属 Incarvillea Juss.

一年生或多年生草本。叶互生，单叶或二至三回羽状复叶。花大，美丽，组成顶生总状花序；花萼钟形，5 裂；花冠二唇形，花冠管较长，花冠上唇 2 裂，下唇 3 裂；二强雄蕊，不伸出花冠外；花盘环状；子房 2 室，侧膜胎座，每胎座上有胚珠 1~2 列。蒴果长圆状形，种子有翅。

15 种。中国 11 种 3 变种。山西及晋西黄土高原 1 种。

1. 角蒿 Incarvillea sinensis Lamk. in Encycl. 3：243，1789；中国高等植物图鉴 4：99，图 5612，1975；中国植物志 69：36，图版 9：4-6，1990；山西植物志 4：207，图版 118，2004. —*I. variabilis* Batalin —*I. sinensis* Lam. subsp. *variabili*s（Batalin）Grierson

一年生草本，高达 20~80cm。下部叶对生，上部者互生，长 4~6cm，二至三回羽状全裂，羽片 4~7 对，末回裂片线状披针形，具细齿或全缘。顶生总状花序，疏散，长达 20cm；花梗长 1~5mm；小苞片线形；花萼钟状，长约 5mm，基部膨胀，萼齿钻状；花冠长约 4cm，红色或淡红紫色，漏斗形，基部收缩成细筒，内面基部有腺毛，花冠裂片圆形；二强雄蕊，着生于花冠筒近基部，花药靠合。蒴果细圆柱形，顶端尾状渐尖，长 3.5~11cm；种子扁圆形，细小，直径约 2mm，四周具透明的膜质翅，顶端具缺刻。花果期 5~9 月。

产东北、华北、西北，河南、山东、四川（北部）、云南（西北部）、西藏（东南部）。生于山坡、田野。山西及本区广布。

2. 梓树属 *Catalpa* Scop.

落叶乔木。单叶对生，稀轮生，全缘或有裂片，掌状 3~5 脉，背部脉腋常有腺点，具长柄。顶生总状或圆锥花序，花萼 2 裂或不规则分裂；花冠二唇形，上唇 2 裂，下唇 3 裂，能育雄蕊 2 枚，着生于下唇内，不伸出花冠外；花盘环状；子房 2 室。蒴果细长圆柱形；种子椭圆形，两端有毛。

约 13 种。中国连同引种 7 种。山西 4 种，晋西黄土高原 3 种。

分种检索表

1. 叶宽卵形，上部 3~5 浅裂，基出 5 脉 ···**1. 梓树 *C. ovata***
1. 叶不分裂，基出 3 脉 ··**2**
  2. 叶背面光滑，花冠白色，内有紫色斑点 ·································**2. 楸树 *C. bengei***
  2. 叶背有淡黄色分枝毛，花红色 ···**3. 灰楸 *C. fargesii***

1. 梓树 *Catalpa ovata* Don. Gen. in Syst. Gard. Bot. 4：230，1837；中国高等植物图鉴 4：102，图 5617，1975；中国植物志 69：14，图版 5：1-3，1990；山西植物志 4：210，图版 119，2004. —*Bignonia catalpa* Thunb. —*Catalpa kaempferi* Sieb. et Zucc. —*C. henryi* Lode

树高可达 15m。嫩枝具稀疏柔毛。叶对生有时轮生，阔卵形，长宽近相等，长 10~25cm，宽 2~25cm。顶生圆锥花序，长 12~28cm；花萼 2 唇开裂，长 6~8mm；花冠长约 2.5cm，钟状，淡黄色，内面具 2 黄色条纹及紫色斑点；雄蕊花丝插生于花冠筒上。蒴果线形，下垂；种子长椭圆形，长 6~8mm，宽约 3mm，两端具有平展的长毛。花果期 7~9 月。

见于房山峪口。园林观赏树种；种子入药。

2. 楸树 *Catalpa bengei* Mey. in Bull. Acad. Sci. St. Petersb. 2：49，1837；中国高等植物图鉴 4：102，图 5618，1975；中国植物志 69：16，1990；山西植物志 4：210，图版 121，2004.

树高可达 30m。枝无毛。叶对生，三角状卵形或长卵形，长 6~12cm，宽 6~12cm，先端长渐尖，基部截形或心形，全缘或 3 浅裂，两面无毛，掌状 3 脉，背部脉腋有紫色腺斑；叶柄长 2~8cm。顶生总状或伞房花序，有花 3~12 朵；花萼顶端 2 浅裂；花冠长约 4cm，白色，内面有紫色斑点。蒴果长 20~30cm；种子长椭圆形，长约 1cm，宽约 2mm，两端有毛。花果期 6~9 月。

分布于长江流域及河南、河北、山西、陕西。生于肥沃山地。山西运城地区、晋东南有栽培，本区见于人祖山。

3. 灰楸 *Catalpa fargesii* Ward. in Nouv. Arch. Mus. Hist. Nat. Paris. Ser. 6：195，1894；中国高等植物图鉴 4：103，图 5619，1975；中国植物志 69：17，图版 5：4-5，1990；山西植物志 4：214，图版 122，2004.

树高可达 25m。嫩枝、花序、叶柄均被柔毛。叶对生或轮生，三角状心形，长 6~15cm，先端渐尖，基部截形或微心形，全缘或 3 浅裂，幼时被毛，后脱落，掌状 3 脉；叶柄长 4~14cm。顶生伞房状圆锥花序，有花 7~15 朵；花萼 2 唇开裂；花冠长约 3.5cm，淡红色或粉紫色，内有紫色斑点和条纹。蒴果条形，下垂，长 55~80cm；种子椭圆状条形，连毛长约 9mm。

分布于华中、华南、西南，山西、山东。生于河谷、村旁。山西太岳山有分布，本区见于人祖山。

76. 列当科 Orobanchaceae

寄生草本。无叶绿素，茎多不分枝。叶鳞片状，螺旋状排列。花两性，辐射对称，单生于叶腋内，多数在茎上部排列成总状或穗状花序，或簇生于茎端呈近头状花序；苞片与叶同形，在苞片上方有 2 枚小苞片或无；花萼筒状、杯状或钟状，顶端 4~5 浅裂或深裂；花冠二唇形，花冠管常弯曲，上唇龙骨状、全缘或拱形，顶端微凹或 2 浅裂，下唇顶端 3 裂，或花冠筒状钟形或漏斗状，顶端 5 裂而裂片近等大；二强雄蕊，着生于花冠筒中部或中部以下，与花冠裂片互生；子房上位，2~3 心皮合成 1 室，侧膜胎座，胚珠多数。蒴果藏于萼内，室背开裂，2~3 瓣裂。

15 属约 150 多种。中国 9 属 40 种 3 变种。山西 1 属 4 种 1 变种，晋西黄土高原 1 属 1 种。

1. 列当属 Orobanche L.

寄生草本。茎多不分枝。叶状鳞片短尖。顶生穗状或总状花序，花多数，紧密或有间断；小苞片有或缺；花萼 4 裂或不等大 2 裂，裂片全缘或 2 裂；花冠二唇形，上唇直立 2 裂，下唇 3 裂；雄蕊内藏；子房 1 室，胎座 4。蒴果 2 瓣裂。

100 余种。中国 23 种 3 变种。山西 4 种 1 变种，晋西黄土高原 1 种。

1. 列当 Orobanche pycnostachya Hance in Journ. Linn. Soc. Bot. 13：84，1873；中国高等植物图鉴 4：111，图 5636，1975；中国植物志 69：108，图版 18：1-5，1990；山西植物志 4：219，图版 125，2004.—*O. canencens* Bge.—*O. bodinieri* Levl.—*O. pycnosiachya* Hance var. *genuina* G. Beck

一年生草本，株高 10~40cm。全株密被腺毛，茎黄褐色，基部稍膨大。鳞片状叶卵状披针形或披针形，黄褐色，长 1~2.5cm，先端尾状尖。花序穗状，长 8~20cm，顶端锥状；苞片与叶相似；花萼长 1.2~1.5cm，2 深裂至基部，每裂片又再 2 裂；花冠 2 唇形，淡黄色，长 2~3cm，筒中部稍弯曲，上唇 2 浅裂，下唇长于上唇，3 裂，中裂片常较大；雄蕊 4 枚，花药长卵形，缝线被长柔毛；子房长圆状椭圆形，花柱比花冠长，柱头 2 浅裂。蒴果长圆形，干后深褐色，约 1cm；种子黑褐色，多数。花期 4~6 月，果期 6~8 月。

分布于东北、华北，河南、山东、陕西。生于山坡草地。山西及本区广布。全草入药。

77. 透骨草科 Phrymaceae

本科仅 1 属，1~2 种。中国 1 种。山西及晋西黄土高原 1 变种。科特征与属同。

1. 透骨草属 Phryma L.

多年生草本。茎四棱形，节膨大。叶对生，边缘有钝锯齿，有叶柄。总状花序生于茎顶或枝端，花较小，多数；冠短，苞片 1；花萼筒状，二唇形，上唇 3 裂，裂片反曲，先

端刺芒状，上唇 3 裂，下唇 2 裂；二强雄蕊；子房 1 室，具 1 悬垂胚珠，花柱 1，柱头 2
裂。瘦果，包于宿存花萼内，下垂。

1. 透骨草 Phryma leptostachya L. **var. asiatica** Hara in. Enum. Sperm. Jap. 7：297，1948；
中国高等植物图鉴 4：179，图 5772，1975；山西植物志 4：237，图版 134，2004.——
P. leptostachya auct. non L.

茎高 60cm。全株被细柔毛。叶卵状披针形，长 3~10cm，宽 2~7cm，先端渐尖，基部
楔形，边缘有钝锯齿，叶柄长 0.5~3cm。总状花序生于茎顶或枝端，花萼长 4~5mm，花
冠淡紫色；上唇 3 裂，下唇 2 裂；二强雄蕊；子房 1 室，具 1 悬垂胚珠，花柱 1，柱头 2
裂。瘦果棒状，包于宿存花萼内，下垂，长 0.6~0.8cm。

全国各地均有分布。生于沟谷、林缘草地。山西太岳山、太行山区有分布，本区见于
人祖山。全草入药。

78. 车前科 Plantaginaceae

一年生或多年生草本。叶基生，脉多少平行，不具托叶。花小，淡绿色，两性，稀杂
性或单性，整齐，无小苞片，排成头状花序或穗状花序，生于花莛上；花萼筒状，4 裂；
花冠合瓣，4 裂；雄蕊 4(稀 1~2)，着生于花冠管上，与花冠裂片互生；子房上位，常由
2 心皮合成，2 室(有时 1~4 室)，中轴胎座，每室有 1 至多数半倒生胚珠。蒴果环裂或盖
开，有时为坚果。

3 属 370 种。中国 1 属 13 种。山西 1 属 3 种，晋西黄土高原 2 种。

1. 车前属 Plantago L.

多年生草本。叶基生，具弧形脉，无托叶。花小，淡绿色，两性或杂性，排成穗状花
序，生于花莛上；花萼 4 裂，宿存；花冠高脚碟状，干膜质，4 裂；雄蕊 4，"丁"字着药；
子房上位，2~4 室，有 1 至数枚胚珠。蒴果环裂；种子盾形，有棱。

约 370 种。中国 13 种。山西 3 种，晋西黄土高原 2 种。

分种检索表

1. 具须根，叶宽卵形···**1. 大车前 P. asiatica**
2. 具主根，叶卵状披针形···**2. 平车前 P. depressa**

1. 大车前 Plantago asiatica L. in Sp. Pl. 113，1753；中国高等植物图鉴 4：180，图
5774，1975；山西植物志 4：239，图版 136，2004.

多年生草本，高 20~50cm。根状茎粗短，具多数须根。叶基生，卵形或宽卵形，长
4~12cm，宽 4~9cm，先端钝圆，基部下延，全缘或有波状钝齿，被柔毛或近无毛；叶柄
长 5~22cm。花莛 2~7 条，直立，长 20~40cm，穗状花序长为花莛的 1/3~1/2；花小，无
梗或具短梗，上部密生，下部疏生；苞片三角状卵形，较花萼短；花萼裂片椭圆形，苞片
和萼片均有绿色龙骨状突起；花冠裂片披针形。蒴果圆锥形，周裂；种子 8~16 颗，棕黑
色。花期 5~8 月，果期 7~9 月。

分布于全国各地。生于田边、沟旁。山西及本区广布。种子入药。

2. 平车前 *Plantago depressa* Willd. in Enum. Pl. Hort. Bot. Suppl. 8，1813；中国高等植物图鉴4：181，图5776，1975；山西植物志4：239，图版135，2004.

一年生草本，高5~20cm。具主根。叶基生，卵状披针形，长4~10cm，宽1~3cm，边缘具不规则牙齿；纵脉5~7条；叶柄长1.5~3cm，基部具宽叶鞘和叶鞘残余。花葶长4~17cm，穗状花序长4~10cm，上部花密生，下部花较疏；苞片三角状卵形，和萼片均有龙骨状突起；花萼裂片椭圆形；花冠裂片卵形或椭圆形，先端有浅齿。蒴果圆锥状，周裂；种子4~5粒，黑色。花期5~7月，果期7~9月。

分布于全国各地。生于山坡草地、田边、沟旁。山西及本区广布。种子入药。

79. 茜草科 Rubiaceae

草本、灌木、乔木，或藤本。单叶对生或轮生，全缘，托叶宿存或早落。合瓣花，两性，辐射对称，排成各式花序；花萼先端平截，萼齿4~5，有时萼裂片扩大成合瓣状；花冠4~5裂；雄蕊与花冠裂片同数；子房下位，1至多室，通常2室，每室1至多数胚珠。蒴果、浆或核果。

约500属6000种。中国70属450余种。山西5属12种5变种，晋西黄土高原3属7种。

分属检索表

1. 灌木，托叶贴生于枝上呈三角形，花冠漏斗状，红紫色⋯⋯⋯**1. 野丁香属 Leptodermis**
1. 草本，托叶叶状，与叶排成轮生状，花冠辐状⋯⋯⋯⋯⋯⋯⋯⋯⋯⋯⋯⋯⋯2
  2. 无叶柄，花4数，果实干燥⋯⋯⋯⋯⋯⋯⋯⋯⋯⋯⋯⋯**2. 猪殃殃属 Galium**
  2. 具叶柄，花5数，果实肉质⋯⋯⋯⋯⋯⋯⋯⋯⋯⋯⋯⋯⋯**3. 茜草属 Rubia**

1. 野丁香属 *Leptodermis* Wall.

灌木。叶对生，或簇生于短枝上，托叶宿存。花1~3朵生于小枝顶端，有苞片与小苞片；花萼管倒卵形，先端5裂；花冠漏斗形，5裂；雄蕊生于花冠管喉部以下，花丝短，背着药；子房下位，5室，每室1胚珠，柱头5，线形。蒴果。

约30种。中国20种。山西及晋西黄土高原1种。

1. 薄皮木 *Leptodermis oblonga* Bge. in Mem. Acad. Sci. St. Petersb. Sav. Etrang. 2：108，1833；中国高等植物图鉴4：253，图5920，1975；山西植物志4：245，图版139，2004.—*Hopmiltonia oblomga*（Bge.）Franch.

灌木，高0.5~1m。幼枝有毛。叶对生，卵状倒披针形，长1~1.5cm，顶端短尖或钝，基部渐狭成柄，边缘向下翻卷；托叶被毛，先端长渐尖，基部合生，紧贴小枝，宿存。花2~10朵生于小枝顶端；苞片合生，长于萼；花萼长2.5mm，先端5裂，裂片矩圆形，比萼筒短；花冠淡红色，漏斗形，长1.2~1.5cm，被毛，裂片披针形。蒴果椭圆形，长8mm，托以宿存的小苞片。

分布于河北、山西、陕西、湖北、四川、云南。生于山坡灌丛中。山西五台山、中条山、吕梁山有分布，本区见于人祖山。

2. 猪殃殃属 Galium L.

草本。茎四棱形。叶轮生，无柄，无托叶。花小，聚伞圆锥花序顶生或腋生；花萼萼檐不明显；花冠 4 深裂；雄蕊 4，与花冠裂片互生；花盘环状；子房 2 室，每室 1 胚珠。果为双生的不开裂干果，有时仅 1 枚发育，光滑或具小瘤及刺。

约 400 种。中国 50 种。山西 9 种 4 变种，晋西黄土高原 4 种。

分种检索表

1. 花黄色，8~10 叶轮生，茎与叶无钩刺 ··**1. 蓬子菜 G. verum**
1. 花白色，4~8 叶轮生，茎与叶有钩刺 ··2
  2. 茎攀缘，6~8 叶轮生，果实无钩刺 ··**2. 光果猪殃殃 G. sparium**
  2. 茎直立、近直立，果实有钩刺 ··3
    3. 茎细软，丛生，4 叶轮生，叶披针形 ····································**3. 四叶律 G. bungei**
    3. 茎直立，6 叶轮生，叶狭倒卵形 ································**4. 少花猪殃殃 G. oliganthum**

1. 蓬子菜 Galium verum L. in Sp. Pl. 107，1753；中国高等植物图鉴 4：253，图 5920，1975；山西植物志 4：54，图版 144，2004.

多年生草本，高 25~45cm。茎被短柔毛。叶 8~10 片轮生，线形，长 1.5~3cm，宽 1~1.5mm，顶端短尖，边缘反卷，上面无毛，下面有短柔毛，干时常变黑色，1 脉，无柄。聚伞圆锥花序顶生和腋生，长可达 15cm，花多数，花小，稠密；花梗有疏短柔毛或无毛；萼管无毛；花冠黄色，辐状，无毛，直径约 3mm，花冠裂片卵形或长圆形，顶端稍钝；花柱顶部 2 裂。双生果小近球状，直径约 2mm，无毛。花果期 6~8 月。

产东北、华北、西北、华中、华东，四川、西藏。生于山坡草地、河滩、灌丛或林下。山西及本区广布。全草入药。

2. 光果猪殃殃 Galium sparium L. in Sp. Pl. 106，1753.

一年生草本。茎蔓生或攀缘状，茎四棱形，茎棱上、叶缘及下面脉上均有倒刺毛。叶 6~8(12) 枚轮生，倒披针形或线形，长 1.5~3cm，宽 1.5~4mm，顶端有小尖头，1 脉。圆锥花序顶生或腋生，花数朵，花较密，白色，花梗短。果双生或只 1 个发育，无钩刺。花果期 5~8 月。

全国广布。生于山坡草地。临县紫金山有分布，本种为山西地理分布新记录。

3. 四叶律 Galium bungei Steud. in Nomem. Bot. ed. 1：657，1840；中国高等植物图鉴 4：278，图 5970，1975；山西植物志 4：252，图版 142：4-5，2004. ——*G. paurium* var. *echinospermum*（Wall.）Hayck

多年生草本，高 50cm。茎丛生，节上有微毛。4 叶轮生，披针状长圆形，长 0.8~2.5cm，顶端稍钝，边缘有小硬毛。聚伞花序顶生与腋生，花小，黄绿色，双生果直径 1~2mm，有小鳞片。花果期 6~8 月。

全国广布。生于山坡林缘草地。山西五台山、吕梁山、中条山、太岳山有分布，本区见于人祖山。全草入药。

4. 少花猪殃殃 Galium oliganthum Nakai et Kitag. in Mem. Sav. Etrang. Acad. Sci. St. Pel. 2：109，1833. ——*G. Wutaicum* Hutusawa

多年生草本。茎细弱，具刺毛。6(4)叶轮生，叶狭倒卵状披针形，先端钝，有小尖头。花腋生，具长梗，单生或成对着生。果实双头形，具钩刺毛。花果期6~8月。

分布于东北、华北。生于林下。临县紫金山有分布，本种为山西地理分布新记录。

1. 茜草属 *Rubia* L.

多年生草本。茎四棱形，被粗毛与小刺。叶有柄，4叶轮生。花小，聚伞花序顶生或腋生；花萼球形，萼檐不明显；花冠钟状，5裂；雄蕊5，着生于花冠管上，与花冠裂片互生，花药球形；子房下位，2室，每室1胚珠。果实肉质。

60余种。中国12种。山西2种1变种，本区2种。

分种检索表

1. 叶4枚轮生，纸质，叶脉3~5，在表面不明显凹下，花白色或黄色……**1. 茜草 *R. cordifolia***
1. 叶4~6枚轮生，膜质，叶脉5条，在上面凹下，下面凸起，花黄绿色…………………………………………………………………………………………**2. 膜叶茜草 *R. membranacea***

1. 茜草 *Rubia cordifolia* L. in Syst. Nal. Ed. 12. 3(Append)：229，1768；中国高等植物图鉴4：275，图5964，1975；山西植物志4：249，图版141，2004.

多年生草本。茎四棱形，沿棱上有倒生钩毛。叶4枚轮生，其中1对较大而具长柄，叶脉3~5条，表面不明显凹下。花白色，排成顶生或腋生的聚伞花序，花小，萼齿不明显，花冠绿色或白色，5裂，有缘毛。果肉质，成熟时紫黑色。花果期6~10月。

分布于安徽、河北、陕西、山西、河南、山东。生于山坡草地、灌丛及林缘。山西及本区广布。根入药。

2. 膜叶茜草 *Rubia membranacea* Diels in Not. Bot. Gard. Edinb. 5：278，1912；山西植物志4：249，2004.

多年生草本。茎四棱形，沿棱上有倒生钩毛。叶4~6枚轮生，叶脉5条，上面凹下。花黄绿色，排成顶生或腋生的聚伞花序，花小，萼齿不明显，花冠绿色或白色，5裂，有缘毛。果肉质，成熟时紫黑色。花果期9~10月。

分布于西北，河南、四川、云南。生于林下、山野草丛中。山西吕梁山区有分布。本区见于人祖山。

80. 忍冬科 Caprifoliaceae

灌木、小乔木或木质藤本，稀草本。叶对生，稀轮生，单叶或羽状复叶，通常无托叶。合瓣花，两性，辐射对称或两侧对称，排成伞房状或圆锥状聚伞花序，有时聚伞花序仅2朵花，排成总状或穗状花序种，常具发达的小苞片，萼筒与子房合生，先端5(~4)裂；花盘环状或无；花冠辐状、钟状、管状，有时二唇形，冠筒基部有时膨肿或呈囊状或距状；雄蕊5或4，2强，生于花冠筒上，与花冠裂片互生；子房下位，2~5(7~10)室，每室含1至多颗倒生胚珠。浆果、核果、蒴果、瘦果或坚果。

共13属约500种。中国12属200余种。山西7属24种2亚种3变种，晋西黄土高原3属12种。

分属检索表

1. 花冠两侧对称，果实为浆果……………………………………………………**1. 忍冬属 Lonicera**
1. 花冠辐射对称，核果…………………………………………………………………………………2
  2. 羽状复叶，聚伞圆锥花序……………………………………………**2. 接骨木属 Sambucus**
  2. 单叶，复伞形花序………………………………………………………**3. 荚蒾属 Viburnus**

1. 忍冬属 *Lonicera* L.

灌木或缠绕藤本。单叶对生，稀轮生，具叶柄，无托叶；花多成对生于叶腋的总花梗上，或不具花梗，轮生于小枝顶端；有苞片，小苞片合生或缺；花萼 5 裂；花冠多二唇形，稀近于辐射对称，先端 5 裂；雄蕊 5；子房下位，2~3 室，稀 5 室，柱头头状。浆果。

约 200 种。中国近 100 种。山西 15 种 1 变种，晋西黄土高原 8 种。

分种检索表

1. 藤本，最上 1 对叶形呈圆盘状，9~15 朵花在枝端聚成头状花序………………………………
……………………………………………………………………**1. 盘叶忍冬 L. tragophylla**
1. 灌木………………………………………………………………………………………………2
  2. 小枝髓心白色、实心…………………………………………………………………………3
  2. 小枝髓心褐色、空心…………………………………………………………………………7
    3. 冬芽具 2 枚芽鳞………………………………………………………………………4
    3. 冬芽具数枚芽鳞，花冠黄色，筒状、漏斗状，叶倒卵形…………………………6
      4. 枝有顶芽，茎皮长条状剥落，小苞片合呈坛状，包被相邻两子房…………………
……………………………………………………………………**2. 葱皮忍冬 L. ferdinandii**
      4. 枝无顶芽，小苞片不合生呈坛状………………………………………………5
        5. 叶近革质，相邻两子房下部愈合，上部分离，花冠二唇形，白色带粉红色
……………………………………………………………**3. 郁香忍冬 L. fragrantissima**
        5. 叶纸质，相邻两子房完全分离，花冠漏斗状，白色、暗紫红色…………
……………………………………………………………………**4. 北京忍冬 L. elisae**
      6. 雄蕊藏于花冠筒内，花药不外露……………**5. 唐古特忍冬 L. tangutica**
      6. 花药露出花冠筒外………………………………**6. 毛药忍冬 L. serreana**
        7. 总花梗长于叶柄，花冠筒短于唇瓣 3/4，叶菱状披针形…………………
……………………………………………………………………**7. 金花忍冬 L. chrysantha**
        7. 总花梗短于叶柄，花冠筒短于唇瓣 1/2，叶卵状披针形…………………
……………………………………………………………………**8. 金银忍冬 L. maackii**

1. 盘叶忍冬 *Lonicera tragophylla* Hemsl. in Journ. Linn. Soc. Bot. 23：367，1888；中国高等植物图鉴 4：299，图 6012，1975；中国植物志 72：257，图版 68：4-6，1988；山西植物志 4：279，图版 157，2004.

落叶藤本。幼枝无毛。叶矩圆形或卵状矩圆形，长 5~12cm，宽 2.5~5cm，顶端钝或

稍尖,基部楔形,上面近无毛,下面脉上有糙毛,叶柄短,花序下方 1 对叶合生呈盘状。总花梗极短;聚伞花序有 3 朵花,9~15 朵在枝端聚集成头状;萼筒壶形,萼齿小,三角形;唇形花冠橙黄色,外带红晕,长 5~9cm,外面无毛,冠筒弓曲,比唇瓣长 2~3 倍,上唇 4 裂,直立,下唇反曲;雄蕊伸出花冠外;花柱与雄蕊等长。果实红色,球形,直径 1cm,种子密生锈色小凹孔。花期 6~7 月,果期 9~10 月。

分布于西北、西南、华中、华南,河北、山西。生于山地林下。山西吕梁山、太岳山、中条山有分布,本区见于人祖山。观赏花木;花蕾与嫩叶嫩枝入药。

2. 葱皮忍冬 Lonicera ferdinandii Franch. in Nouv. Arch. Nus. Hist. Nat. Paris ser. 2. 6 (Pl. David. 1:131. T. 12. fig. A. 1884):31. T. 12. fig. 4, 1883;中国高等植物图鉴 4:288,图 5990,1975;中国植物志 72:197,图版 49:7-10,1988;山西植物志 4:279,图版 158,2004. —*L. ferdinandii* Franch. var. *induta* Rehd.

落叶灌木,高达 3m。幼枝有刚毛,髓心白色,老枝茎皮条状剥落,冬芽有 1 对船形外鳞片,鳞片内面密生白色棉絮状柔毛。叶卵形至卵状披针形,长 2.5~8cm,顶端尖或短渐尖,基部圆形、截形至浅心形,边缘有睫毛,上面近无毛,下面脉上连同叶柄和总花梗都有刚伏毛和红褐色腺,叶柄短。总花梗极短;苞片叶状,长达 1.5cm,小苞片合生呈坛状壳斗,完全包被相邻两萼筒,果熟时达 7~13mm,内外面均有毛;萼齿三角形;唇形花冠白色,后变淡黄色,长 1.5~2cm,外面密被刚伏毛及腺毛,内面有长柔毛,筒比唇瓣稍长或近等长,基部一侧肿大,上唇浅 4 裂,下唇细长反曲;花柱上部有柔毛。果实红色,卵圆形,长达 1cm,外包以撕裂的苞片,各内含 2~7 颗种子,种子密生锈色小凹孔。花期 4~6 月,果熟期 9~10 月。

分布于东北、华北、西北,江西、四川、云南。生于山坡灌丛、林下。山西及本区广布。

3. 郁香忍冬 Lonicera fragrantissima Lindl. et Paxt. in Paxt. Fl. Gard. 3:75. Fig. 268,1852;中国高等植物图鉴 4:289,图 5991,1975;中国植物志 72:212,图版 52:3-6,1988;山西植物志 4:286,图版 161,2004. —*Caprifolium fragrantissimum* O. Ktze.

落叶灌木,高达 2m。幼枝无毛或疏被刚毛,髓心白色,冬芽有 1 对先端尖的外鳞片。叶片倒卵状椭圆形至长圆形,长 4~10cm,顶端突尖,基部圆形或宽楔形,边缘有睫毛,两面无毛或仅下面脉上有少数刚毛,叶柄长 2~5mm。总花梗生于幼枝基部苞腋;苞片条形,长为萼筒 2~4 倍;相邻两萼筒合生至中部,萼檐平截或为 5 裂;花与叶同时或先叶开放,唇形花冠白色或淡黄色,长 1~1.5cm,上唇 4 裂,裂片达中部,下唇舌状反曲;雄蕊内藏;花柱无毛。果实红色,椭圆形,长达 1cm。花期 4~5 月,果期 5~6 月。

分布于华东、华中,江西、河北、山西。生于山坡灌丛。山西吕梁山、中条山有分布。本区见于人祖山。花芳香,观赏花木。

4. 北京忍冬 Lonicera elisae Franch. in Nouv. Arch. Mus,Hist. Nat. Paris 2. 6(Pl. david. 1:152. t. 12. fig. B. 1884):32. t. 12. fig. B. 1883;中国高等植物图鉴 4:289,图 5992,1975;中国植物志 72:208,图版 52:3-6,1998;山西植物志 4:286,图版 162,2004. —*L. pekinensis* Rehd.

落叶灌木,高达 2m。髓心白色,冬芽有数对外鳞片。叶片椭圆形或卵形,长 2.5~

6cm，宽1~4.5cm，先端尖，基部近圆形，上面近无毛，下面密被柔毛。总花梗出自二年生枝条顶端苞腋；苞片宽卵形或披针形，背面疏生小刚毛，无小苞片；相邻两萼筒分离，具腺毛和刚毛，萼齿不整齐，其中1枚较长；花冠白色或带粉红色，长1.5~2cm，漏斗状，近于辐射对称，冠筒细长，基部有浅囊；雄蕊内藏；花柱无毛，稍伸出花冠外。果实红色，椭圆形，长达1cm。花期4~5月，果期6~7月。

分布于河北、山西、陕西、甘肃、河南、湖北、安徽、浙江、四川。生于山地林下、灌丛。山西太岳山、中条山、吕梁山有分布，本区见于紫金山。观赏花木；果实可食。

5. 唐古特忍冬 Lonicera tangutica Maxim. in Bull. Acad. Sci. St. Petersb. 24：(in Mel. Biol. 10：75) 48，1878；中国高等植物图鉴4：285，图5983，1975；中国植物志72：164，图版41：1-4，1988；山西植物志4：289，图版165，2004. —*L. shesiensis* (Rehd.) Behd.

落叶灌木，高达2m，髓心白色。叶倒卵形至倒卵状矩圆形，长1~4cm，先端钝，基部楔形，边缘有睫毛。总花梗细长，下垂；相邻两萼筒合生；花冠辐射对称，黄白色，略带粉色，筒状漏斗形，长1~2cm，冠筒基部具浅囊或无，外面无毛，里面有柔毛，裂片5，直立；雄蕊5，内藏；花柱伸出花冠外。果实红色，直径6~7mm。花期5~6月，果期7~8月。

分布于西藏、云南、甘肃、陕西、山西、湖北。生于林下灌丛。山西中条山有分布，本区见于人祖山、交口南山，为该种在山西地理分布新记录。

6. 毛药忍冬 Lonicera serreana Hand. -Mazz. in Oesterr. Bot. Zeitsehr. Heft. 4. Bd. 83：234，1934；中国高等植物图鉴4：285，图5983，1975；中国植物志72：166，1988；山西植物志4：289，图版163：1-2，2004. —*L. hopoeiensis* Chien

落叶灌木，高达3m。幼枝微被毛，髓心白色，冬芽有2~3对鳞片。叶片倒卵形至披针形，长1.5~3.5cm，宽1~1.5cm，顶端钝或稍尖，基部楔形，两面被毛，下面较密，有睫毛，叶柄长3~5mm。总花梗单生叶腋，下垂长0.5~1cm。苞片菱形，小苞片合生；相邻两萼筒合生，萼齿微小，三角形；花冠黄白色、带粉红色或紫色，长约1cm，管状漏斗形，辐射对称，外面无毛，内面疏生柔毛，基部有浅囊，裂片5，直立；雄蕊5，花药有毛，微外露；花柱密生毛，伸出花冠外。果实红色，直径5~6mm。花期5~6月，果期8~9月。

分布于甘肃、陕西、山西、河北。生于山地疏林、灌丛。山西各山地分布，本区见于人祖山。

7. 金花忍冬 Lonicera chrysantha Thurcz. in Bull. Soc. Nat. Mose. 11：93，1838；中国高等植物图鉴4：293，图6000，1975；中国植物志72：219，图版55：1-3，1988；山西植物志4：295，图版168，2004. —*L. Chrysanbtha* Turcz. var. *longioes* Maxim. —*Caprifolium chrysanthum* O. Ktze.

落叶灌木，高达4m。幼枝、叶柄被茸毛，髓心黑褐色，后中空。冬芽有5~6对鳞片，鳞片具睫毛。叶菱状卵形至菱状披针形，长3.5~8.5cm，宽1~4cm，先端渐尖或尾尖，基部楔形至圆形，边缘有睫毛，两面被柔毛，脉上较密，叶柄长3~5mm。总花梗长1~3cm；苞片线形，长2.5~3cm，小苞卵形，具睫毛；相邻两萼筒分离，萼齿明显，圆形；

唇形花冠白色，后变黄色，长1.5~2cm。花期5~6月，果期7~9月。

分布于东北、华北、西北、山东、四川。生于山地林下、灌丛。山西各山地均有分布，本区见于人祖山、紫金山。

8. 金银忍冬（银木）Lonicera maackii（Rupr.）Maxim. 中国高等植物图鉴4：294，图6001，1975；中国植物志72：222，图版55：4-5，1988；山西植物志4：292，图版167，2004. —*Xylosteum maachii* Rupr.

落叶灌木，高达5m。髓心黑褐色，后中空，冬芽鳞片1对。叶卵状椭圆形至卵状披针形，长5~8cm，宽2.5~4cm，先端锐尖，基部楔形，边缘有睫毛，下面脉上有柔毛，叶柄长3~5mm。总花梗短于叶柄，具腺毛；小苞片合生；相邻两萼筒分离；唇形花冠长2cm，白色，后变黄色，管筒为唇瓣的1/3~1/2；雄蕊与花柱不伸出花冠外。果实红色，球形。花期5~6月，果期8~10月。

分布于东北、华北、华东、华中、陕西、甘肃、四川、云南。生于山地林下、林缘。山西各山地均有分布，本区见于人祖山。观赏花木。

2. 接骨木属 Sambucus L.

灌木或小乔木，稀草本。奇数羽状复叶，对生，小叶有锯齿。花小，两性，辐射对称，多数排成顶生聚伞圆锥花序；花萼与花冠均5裂；雄蕊5；子房下位，3~5室。核果。

约20种。中国5种。山西1种1变种，晋西黄土高原1种。

1. 接骨木 Sambucus wiliamsii Hance. in Ann. Sel. Nat. IV. 5：217，1866；中国高等植物图鉴4：321，图6056，1975；中国植物志72：8，图版2，1988；山西植物志4：259，图版145，2004. —*S. sieboldiana* auct. non Bl.

灌木或小乔木，高可达5m。髓心发达，冬芽具芽鳞4~5对。奇数羽状复叶，对生，小叶5~7(11)枚，椭圆形、倒卵状矩圆形，长5~10(15)cm，宽2~4cm，先端渐尖，基部楔形或圆形，稍不对称，两面无毛或脉上有疏毛，边缘有锯齿。花小，两性，辐射对称，多数排成顶生聚伞圆锥花序，长5~11cm，分枝斜向上开展；花黄白色，花萼长1mm，5齿；花冠5裂，裂片外翻；雄蕊5，与花冠近等长；子房下位，3~5室。核果暗红色，直径3~5mm，2~3核。

分布于秦岭以北广大地区，甘肃(南部)、四川、云南也有。生于林下、灌丛。山西各山地均有分布，本区见于人祖山、房山北武当山。药用植物。

3. 荚蒾属 Viburnus L.

灌木。单叶，对生，托叶小或无。两性花，较小，辐射对称，排成顶生聚伞圆锥花序或伞房式聚伞花序，有些种类在伞房聚伞花序周围有大型不孕花，苞片与小苞片早落；花萼齿5，宿存；花冠白色，稀淡红色，轮状或钟状，稀管状，裂片5，常开展；雄蕊5，着生于花冠筒内，与花冠裂片互生；子房1室，1胚珠。核果具宿存萼齿。

约200种。中国74种。山西3种1亚种，晋西黄土高原2种1亚种。

分种检索表

1. 冬芽具1~2对鳞片，叶长卵圆形，长4~12cm，先端渐尖，背面被短伏毛⋯⋯⋯⋯⋯⋯⋯⋯⋯⋯⋯⋯⋯⋯⋯**1. 北方荚蒾 V. hupehense ssp. septentrionale**
1. 裸芽，叶椭圆形，长2~5cm，先端钝，背面有星状毛⋯⋯⋯⋯⋯⋯⋯⋯⋯⋯⋯⋯⋯⋯2

2. 小枝灰褐色，花冠辐状，雄蕊稍长于花冠，果熟时由红变黑······················

························**2. 陕西荚蒾 *V. schensianum***

2. 小枝白色，花冠钟形，雄蕊等长于花冠，果熟时蓝黑色······**3. 蒙古荚蒾 *V. mongolicum***

1. 北方荚蒾 *Viburnus hupehense* Rehd. ssp. *septentrionale* Hsuinin in Acta. Phylotax. Sinica14(1)：77，1966；中国植物志72：87，1988；山西植物志4：267，图版151，2004.

落叶灌木，高 1.5～2m。幼枝被星状毛，冬芽具 2 对鳞片。叶卵状矩圆形，长 5～10cm，先端渐尖，基部楔形、宽楔形，边有波状疏牙齿，两面被星状毛，下面脉腋较密，基部两侧有少数腺点，侧脉4~6对。复伞形聚伞花序，直径 7～10cm；萼筒被星状毛及腺点；花冠白色，辐状，长 3mm；雄蕊 5，稍长于花冠。核果近球形，直径 6~7mm，红色；核扁，背沟 2 条，腹沟 1 条。花期 5~6 月，果期 8~9 月。

分布于华中、河北、山西、陕西、甘肃、四川。生于林下、灌丛。山西太岳山、中条山、吕梁山、太行山有分布，本区见于人祖山。

2. 陕西荚蒾 *Viburnus schensianum* Maxim. in Bull. Acad. Set. St. Petersb. 26 (in Mel. Biol. 10：653)：480.1880；中国高等植物图鉴 4：311，图 6035，1975；中国植物志 72：25，图版 4：7-12，1988；山西植物志 4：264，图版 149，2004.

落叶灌木，高达 3m。幼枝、裸芽、叶柄、花序均具星状毛，老枝灰黑色，冬芽不具鳞片。叶卵状椭圆形，长 3～6cm，先端钝或略尖，基部圆形，边有浅齿，两面或下面疏生星状毛，侧脉 5~6 对，叶柄长 7～10mm。复伞房聚伞花序，直径 5～8cm，第一级辐射枝通常 3～5 条，长 1～3cm，花多生于二级辐射枝；萼筒长约 4mm，具 5 微齿；花冠白色，辐状，裂片长于花冠筒；雄蕊 5，着生近花冠筒基部，稍长于花冠或近等长。核果短椭圆形，长约 8mm，先红熟后变黑；核背部略隆起，腹具 3 浅槽。花期 5～7 月，果期 8～9 月。

分布于四川(北部)、甘肃、陕西、山西、河南、河北。生于山地林下、灌丛。山西太岳山、中条山、吕梁山、太行山有分布，本区广布。

3. 蒙古荚蒾 *Viburnus mongolicum* (Pall.) Rehd. in Sargent. Trees. et Sherub. 2：111，1908；中国高等植物图鉴 4：311，图 6036，1975；中国植物志 72：28，图版 5：1-2，1988，山西植物志 4：267，图版 159，2004.

落叶灌木，高达 2m。幼枝、裸芽、叶背面、叶柄、花序均具星状毛，老枝灰黑色，冬芽不具鳞片。叶片宽卵形至椭圆形，长 2.5~6cm，先端钝或略尖，基部圆形或阔楔形，边有波状浅齿，齿端有小尖，两面被星状毛，下面尤密，侧脉 4~5 对。伞房聚伞花序，直径 1.5~3.5cm，第一级辐射枝通常 5 条，花多生于该辐射枝；萼筒先端具 5 微齿；花冠淡黄色或黄白色，钟状，裂片短于花冠筒；雄蕊与花冠近等长。核果长约 1cm，熟后为蓝黑色；核背腹具浅槽。花期 5~6 月，果期 8~9 月。

分布于华北、西北，辽宁。生于山地林下、灌丛。山西各山地均有分布，本区广布。

81. 败酱科 Valerianaceae

草本，稀灌木。具基生叶，茎生叶对生，无托叶，全缘或羽状裂，基部常呈鞘状。花两性或单性异株，排成聚伞花序，或紧缩成头状花序；具苞片或小苞片；花萼呈上位环状，或具 2~4 齿，或 5 裂；花冠管状，3~5 裂，基部成距或囊，内有蜜汁；雄蕊 3 或 4，有时退化为 1~2 枚，生于花冠管上；子房下位，3 心皮，1 室，1 胚珠。瘦果具翅状、芒状或羽状的宿存冠毛。

13 属约 400 种。中国 3 属 30 余种。山西 2 属 4 种 1 变种，晋西黄土高原 2 属 3 种。

分属检索表

1. 雄蕊 4，花冠黄色，瘦果顶端无冠毛，与翅状苞片愈合……………………**1. 败酱属 Patrinia**
1. 雄蕊 3，花冠白色，带粉红色，瘦果顶端有毛……………………………**2. 缬草属 Valeriana**

1. 败酱属 *Patrinia* Juss.

多年生草本，根茎有腐臭味。叶对生，一至二回羽状分裂，具基生叶。花小，黄色，聚伞花序排成伞房状；苞片果时增大，与果合生；花萼平截或 5 齿裂；合瓣花，辐射对称，花冠管先端 5 裂；雄蕊 4，稀 3 或 5。瘦果周围有合生苞片形成的翅，种子 1 颗。

约 20 种。中国 10 种 3 亚种 2 变种。山西 3 种 1 亚种，晋西黄土高原 2 种。

分种检索表

1. 叶琴状羽裂，基生叶常不裂，果苞具 2 条主脉………………**1. 异叶败酱 P. heterophylla**
1. 叶羽状深裂，裂片条形，果苞具 3 条主脉………………………**2. 岩败酱 P. rupestris**

1. 异叶败酱（墓头回）*Patrinia heterophylla* Bge. in Mem. Acad. St. Petersb. Sav. Etrang 2：109，1833；中国高等植物图鉴 4：326，图 6066，1975；中国植物志 73（1）：15，图版 5：1-5，1986；山西植物志 4：304，图版 173，2004.

多年生草本，高 30~60cm，根状茎横走。基生叶丛生，叶缘有钝齿，具长柄；茎生叶对生，羽状深裂至全裂，下部叶具 2~3 对裂片，上部叶 1~2 对，中央裂片明显较侧裂片大，卵形或阔卵形，先端渐尖或长渐尖，被疏短毛，边缘有粗齿，叶柄长 1cm；上部叶较窄，近无柄。伞房状聚伞花序顶生或腋生；总花梗下苞片条形，3 裂，花序分枝下苞片不裂；萼齿 5，不明显；花冠黄色，冠筒钟形，内有白毛，裂片 5，比冠筒短，基部一侧有浅囊距；雄蕊 4，二强，稍伸出；子房下位，花柱顶端稍弯曲，柱头盾状或截头状。瘦果长圆形或倒卵形，翅状果苞阔椭圆形，长 12mm，网状脉有 2 主脉。花期 7~8 月，果期 8~9 月。

分布于东北、华北、西北、河南、山东、安徽、浙江。生于山坡草地、林缘。山西中条山、太岳山、吕梁山、五台山、恒山有分布，本区广布。根与全草入药。

2. 岩败酱 *Patrinia rupestris*（Pall.）Dufr. in Ann. Mus. Par. 10：311，1807；中国高等植物图鉴 4：325，图 6064，1975；中国植物志 73（1）：14，图版 4：4-5，1986；山西植物志 4：301，图版 172，2004.—*P. rupestris*（Pall.）Dufr.—*Valeroana rupestris* Pall.

多年生草本，高 20~60cm，根状茎稍升。基生叶花期脱落；茎生叶对生，轮廓长圆形或椭圆形，长 3~7cm，羽状深裂至全裂，具 3~6 对裂片，中央裂片与侧裂片近等大，椭圆状披针形卵形，边缘有疏齿，叶柄短，上部叶近无柄。伞房状聚伞花序顶生或腋生，花序轴与花梗具糙毛和腺毛；总花苞片羽状全裂，裂片条形，小苞片不裂；萼齿 5，不明显；花冠黄色，冠筒漏斗状钟形，冠筒细，檐部 5 裂，基部一侧有浅囊距；雄蕊 4，稍伸出；子房下位，圆柱状。瘦果倒卵圆柱形，翅状果苞网状脉有 3 主脉。花期 7~8 月，果期 8~9 月。

分布于东北、华北。生于山坡草地、石质山坡岩缝中。山西中条山、太岳山、恒山有分布，本区见于紫金山。

2. 缬草属 *Valeriana* L.

草本、亚灌木或灌木。基生叶全缘或有锯齿，茎生叶为一至三回羽状复叶。两性花，较小，白色或紫红色，数朵在枝顶呈聚伞花序，或集成穗状、圆锥花序；花萼 5~15 裂，裂片果期扩大为冠毛状；花冠管较细，冠檐 5 裂；雄蕊 3 枚；子房下位，3 室，仅 1 室发育。瘦果扁平。

约 200 种。中国 17 种 2 变种。山西及晋西黄土高原 1 种。

1. 缬草 *Valeriana oficinalis* L. Sp. Pl. 1：31，1731；中国高等植物图鉴 4：330，图 6074，1975；中国植物志 73（1）：31，图版 11：1-4，1986；山西植物志 4：304，图版 74，2004.

多年生草本，高 60~150cm。茎被毛，中空，有纵棱。基生叶花期枯萎；茎生叶轮廓卵形至宽卵形，羽状深裂，裂片 3~5 对，中央裂片稍大，先端渐尖，基部下延，边缘有锯齿或全缘，两面被毛。伞房状聚伞花序；苞片羽状分裂，小苞片条形；花小，白色或淡紫红色，花萼先端内卷；花冠狭筒形，长约 5mm，先端 5 裂；雄蕊 3 枚，较花冠稍长；子房下位。瘦果卵形，长 4mm，先端有多条羽毛状宿存萼裂片。花期 6~7 月，果期 7~8 月。

分布于东北至西南。生于山坡草地、沟边、林下。山西中条山、太岳山、关帝山、五台山有分布，本区见于紫金山。根茎入药。

82. 川续断科 Dipsacaceae

草本。叶对生，稀轮生，单叶，无托叶。合瓣花，较小，两性，左右对称，密集排成具有总苞的聚伞形头状花序或穗状轮伞花序；小总苞平截，冠状、刚毛状或成齿刺；花萼小，杯状、管状，或全裂成 5~20 条针刺或羽状刚毛；花冠漏斗状，4~5 裂；雄蕊 4，有时 2，生于花冠管上，并与花冠裂片互生；子房下位，2 心皮，1 室，具 1 顶生倒悬胚珠。瘦果，常冠以宿存的花萼，呈羽毛状、降落伞状或具钩刺。

约 12 属 300 种。中国 5 属 25 种 5 变种。山西 2 属 2 种 1 变种，晋西黄土高原 2 属 2 种。

分属检索表

1. 植株有刺毛，花序球状长椭圆形，总苞片质硬，有刺毛·············**1. 川续断属 *Dipsacus***
1. 植株无刺毛，头状花序，总苞片革质·············**2. 蓝盆花属 *Scabiosa***

1. 川续断属 *Dipsacus* L.

草本，全株被刺毛和粗毛。叶对生，叶缘有粗锯齿至羽状分裂，叶柄基部常合。顶生头状花序或穗状花序；总苞片与小苞片先端刺芒状；花萼杯状，4 裂；花冠多少二唇形，基部管状，先端 4 裂；雄蕊 4；子房包于囊状小总苞内。瘦果顶端有宿存萼片。

约 20 种。中国 9 种 1 变种。山西及晋西黄土高原 1 种。

1. 日本续断 Dipsacus japoonicus Miq. in Versl. Metl. Akad, Wetenschap. Ser. 2(2)：83，1867；中国高等植物图鉴 4：339，图 6092，1975；中国植物志 73(1)：62，1986；山西植物志 4：308，图版 175，2004.

多年生草本，高 1m 以上。茎粗壮，中空，4~6 棱，棱上被钩刺毛。叶对生，基生叶羽状深裂或 3 裂，有长柄；茎生叶宽卵形至披针状卵形，长 8~20cm，宽 3~8cm，先端长渐尖，基部楔形，常 3~5 裂，顶端裂片最大，边缘有粗锯齿，叶柄与下面叶脉有钩刺和刺毛。顶生头状花序圆球形，直径 2~3cm，基部有条状总苞数条，具白色刺毛；每花有 1 长卵形小苞片，螺旋状排列，先端突尖呈刺芒状，边缘有刺毛；花萼浅杯状，4 齿裂，有白色长柔毛；花冠红紫色，管状，4 浅裂；雄蕊 4，与花冠近等长；子房包于囊状小总苞内，小总苞具 4 棱。瘦果长圆楔形，顶端有宿存萼片。花期 7~8 月，果期 8~9 月。

全国各地广布。山西各山区均有分布，本区见于紫金山。根入药。

2. 蓝盆花属 Scabiosa L.

草本或亚灌木，茎具白色卷伏毛。基生叶簇生，有疏钝锯齿；茎生叶对生，羽状深裂至全裂，叶柄基部合生。头状花序扁球形至卵状圆锥形，花序总梗长，或排成聚伞状；总苞片 1~2 裂，草质，背部呈龙骨状，小苞片方柱形，果期明显 8 条纵棱；花萼具柄，萼齿 5，刺毛状，花序中央或花冠筒状，4~5 裂，裂片近相等，边花较大二唇形；雄蕊 4；子房下位，包于小苞片内。瘦果顶端有宿存萼刺。

约 100 种。中国 9 种 2 变种。山西 1 种 1 变种，晋西黄土高原 1 种。

1. 华北蓝盆花 Scabiosa tschiliensis Grun. in Fedde. Hep. 12：311，1913；中国高等植物图鉴 4：342，图 6097，1975；中国植物志 73(1)：79，图版 27：1-4，1986；山西植物志 4：308，图版 176，2004. —*S. superba* Grum f. *elatior* Grun

多年生草本，高 30~60cm，茎具白色卷伏毛。基生叶簇生，卵状披针形至椭圆形，连同叶柄长 10~15cm，有疏钝锯齿或浅裂片；茎生叶对生，羽状深裂至全裂，侧裂片卵状披针形至条状披针形。头状花序，具长柄，花序直径 2.5~4cm，总苞片 10~14 片，披针形，小总苞片棱上具长柔毛，顶端具 8 个窝孔；萼齿 5，刚毛状；花冠蓝紫色。瘦果长约 2mm。花期 7~9 月，果期 9~10 月。

分布于东北、华北、西北。生于亚高山草甸。山西各山地均有分布，本区见于房山峪口。可作观赏花卉栽培。

83. 葫芦科 Cucurbitaceae

草质藤本，茎匍匐或攀缘，有卷须。叶互生，单叶，多掌状分裂，稀复叶。花单性同株或异株，稀两性，辐射对称，单生、簇生，或排成各种花序；花萼辐状、钟状，或管状，5 裂；花冠 5 浅裂至深裂；雄蕊 5，离生，或其中 2 对为合生，花药分离或合生；子房下位，3 心皮合成 1 室，侧膜胎座。果为瓠果、浆果，稀蒴果，种子多数。

约 113 属 800 余种。中国约 32 属 154 种 35 变种。山西 9 属 12 种 2 变种，晋西黄土高原野生 1 属 1 种。

1. 赤瓟属 *Thladiantha* Bge.

草质藤本。茎蔓性，卷须分叉或不分叉。叶心形，多不分裂，边缘有锯齿。花黄色，花萼与花冠均5裂，裂片先端稍外弯；雄花数朵聚生于枝上呈总状或圆锥状，稀单生；雄蕊5，其中2对合生；雌花单生或2~5朵聚生于花梗先端，子房长圆形，花柱3裂，柱头膨大。浆果不开裂。

约23种10变种。中国约20种。山西2种，晋西黄土高原1种。

1. 赤瓟 *Thladiantha dubia* Bge. Enum. Pl. Chin. Bor. 29，1833；中国高等植物图鉴 4：351，图 6115，1975；中国植物志 73（1）：146，1986；山西植物志 4：326，图版 185，2004.

多年生草质藤本。有块根，卷须不分叉，茎与叶均有长硬毛。叶心形，长 5~10cm，宽 4~9cm，先端锐尖，基部宽心形，边缘有锯齿，两面被粗毛，叶柄长 2~6cm。雌雄异株；雄花单生或聚生于短枝上呈总状花序状；花萼钟状，裂片披针形，被长毛，先端反折；花冠黄色，长 2~3cm，裂片圆形，向外翻卷，有退化雌蕊；雌花花萼、花冠同雄花，子房长圆形，被长柔毛，有5枚退化雄蕊。浆果卵状长圆形，长 4~6cm，熟时红色。花期 7~9月，果期 9~10月。

分布于东北、华北，山东、陕西、甘肃、宁夏。生于山坡、林缘。山西吕梁山、太岳山、中条山有分布，本区见于人祖山、紫金山。果实与根入药。

84. 桔梗科 Campanulaceae

直立或缠绕草本，大多有乳汁。叶互生、对生，稀轮生，无托叶；叶片一般不分裂。花序各式；花两性，花萼 4~5 裂，宿存；花冠合瓣，辐射对称，管状、钟状、辐状，或两侧对称而后方(背部)纵裂至基部，或有时由于花冠深裂而近似离瓣花冠；雄蕊与花冠裂片同数而互生，分离或连合，花丝基部常多少扩大成片状；子房大多下位，多为 2~5 室，中轴胎座，极少侧膜胎座，胚珠多数；花柱单一，柱头 2~5 裂，极少为头状。果实多为蒴果，少为浆果。

约 70 属 2000 余种。中国 16 属约 170 种。山西 4 属 17 种 2 变种，晋西黄土高原 3 属 8 种。

分属检索表

1. 缠绕草本，蒴果上部 3 瓣裂 ······················**1. 党参属 *Codonopsis***
1. 直立草本，蒴果侧面开裂 ····································**2**
  2. 根肥大肉质，花柱基部有花盘，蒴果基部 3 瓣裂 ············**2. 沙参属 *Adenophora***
  2. 根细长，花柱基部无花盘，蒴果侧面孔裂 ··············**3. 风铃草属 *Campanula***

1. 党参属 *Codonopsis* Wall.

直立或缠绕草本，有乳汁，根肉质。叶互生、对生或假轮生，有叶柄。花单生；花萼与子房合生，扁球形，5 裂；花冠钟形，5 裂；雄蕊 5，花丝下部扩大；花盘无腺体；子房下位，3 室，胚珠多数，柱头 3，宽阔。蒴果具宿存萼，3 瓣裂。

40 余种。中国 39 种。山西 3 种 2 变种，晋西黄土高原 1 种。

1. 党参 Codonopsis pilosula（FranchO）Nannf. in Act. Hort. Coth. 5：29，1929；中国高等植物图鉴 4：378，图 6169，1975；中国植物志 73（2）：40，1983；山西植物志 4：333，图版 189. 2004. —*Campanumoea pilosula* Franch.

缠绕草本。茎长 1~2m，多分枝，有白色乳汁，根肉质，参状或圆柱形。叶在长枝上互生，短枝上近对生，卵形或狭卵形，长 1~6.5cm，宽 0.8~5cm，先端钝尖，基部近心形，边缘有波状齿，叶柄长 1.5~2cm。花单生于枝端；花梗细；花萼与子房中部合生，扁球形，5 裂，裂片披针形，长 1~2cm；花冠阔钟形，长 1.8~2.4cm，直径 1.8~2.5cm，黄绿色，内面有紫色斑点，5 浅裂，裂片三角形；雄蕊 5，花丝下部扩大；子房半下位，3 室，胚珠多数，柱头 3，有白色刺毛。蒴果圆锥形，先端 3 瓣裂，具宿存萼。花果期 7~10 月。

分布于东北、华北、西南，河南、陕西、甘肃、宁夏、青海。生于林缘灌丛。山西各山区均有分布，本区见于人祖山、紫金山。根入药。

2. 沙参属 Adenophora Fisch.

多年生草本，根参状，肉质。叶互生、对生、轮生。聚伞花序组成总状或圆锥状；有苞片；花萼 5 裂，裂片全缘或有齿；花冠钟形、漏斗形或管状，5 裂；雄蕊 5，离生，花丝基部扁宽，有长柔毛；花盘深杯状或环状；子房下位，3 室，花柱伸出或内藏，柱头 3 裂，裂片狭长卷缩。蒴果基部孔裂。

约 50 种。中国 40 种。山西 12 种，晋西黄土高原 6 种。

分种检索表

1. 叶及花序均轮生，叶椭圆状披针形，萼裂片丝形 ························**1. 轮叶沙参 A. tetraphylla**
1. 叶互生 ··**2**
  2. 花萼裂片有齿 ···**3**
  2. 花萼裂片全缘 ···**4**
    3. 叶无柄，萼裂片条状披针形，反曲 ·······················**2. 狭长花沙参 A. elata**
    3. 下部叶有长柄，萼裂片钻形，平展 ·······················**3. 多歧沙参 A. wawreana**
      4. 全部叶无柄，卵形至条状披针形，多少被硬毛 ···········**4. 石沙参 A. polyantha**
      4. 叶具柄 ···**5**
        5. 叶柄长 1~4cm，叶基心形或圆形，花萼裂片顶端稍钝 ····························
        ···**5. 荠苨 A. trachelioides**
        5. 下部叶有短柄，上部叶无柄，叶基楔形，花萼裂片急尖 ·······················
        ···**6. 杏叶沙参 A. hunanensis**

1. 轮叶沙参 Adenophora tetraphylla（Thunb.）Fisch. in Mem. Soe. Nat. Mosc. 6：167，1823；中国高等植物图鉴 4：388，图 6189，1975；中国植物志 73（2）：138，1983；山西植物志 4：353，图版 200，2004—*A. verticillata* Fisch. —*Campanula tetraphyla* Thunb.

茎高 60~90cm，被短硬毛。根胡萝卜形，有横纹。茎生叶 3~6 枚轮生，卵圆形至条状披针形，长 6cm，宽 2.5cm，先端尾尖至渐尖，基部宽楔形或楔状，边缘具粗锯齿，两面疏被短毛，无叶柄或下部具柄。花序狭圆锥形，长达 35cm，分枝轮生；花下垂，花萼无毛，筒部倒圆锥形，裂片钻形，全缘；花冠蓝紫色，淡紫色，筒状细钟状，口部缢缩，长 6～8mm，裂片短；花柱伸出。蒴果卵状圆柱形，长 7～8mm。花期 7～9 月，果期 9～10 月。

分布于东北、华北、华东、华南、西南。山西见于太岳山，本区见于人祖山，为该种在山西地理分布新记录。

2. 狭长花沙参（沙参）Adenophora elata Nannf. in Act. Hort. Gothob. 5：16，Pl. 5. fig. a. 1929；中国高等植物图鉴 4：392，1975；中国植物志 73(2)：110，1983；山西植物志 4：343，图版 194，2004. —*A. wutaiensis* Hurasawa

茎高 20～120cm。茎生叶互生，卵形、卵状披针形至线形，长 2～8cm，宽 0.5～2.5cm，顶端急尖，基部圆钝或楔状，叶片边缘具钝齿或尖锯齿，上部叶几无柄，下部叶有时具带翅的短柄。花数朵集成总状花序或单朵顶生，稀圆锥花序；花萼无毛，筒部倒卵状圆锥形，裂片狭三角状钻形，边缘有 1～2 对小齿，个别全缘；花冠狭钟状或筒状钟形，蓝紫色，长 2～3.4cm；雄蕊 5，花丝下部加宽，有毛；花盘筒状，无毛；花柱短于花冠。蒴果椭圆状，长约 12mm。花期 7～9 月，果期 9～10 月。

分布于华北。生于亚高山草地。山西五台山、吕梁山有分布，本区见于紫金山。根入药。

3. 多歧沙参 Adenophora wawreana A. Zahlbr. in Ann. Naturhist. Hofmus.（Wien.）10（Notiz.）：56，1895；中国高等植物图鉴 4：388，图 6189，1975；中国植物志 73(2)：121，1983；山西植物志 4：343，图版 196，2004. —*A. wawreana* f. *oligotricha* Kitag. —*A. wawreana* f. *polytricha* Kitag.

茎高 40～100cm，被短硬毛。根圆柱形，长 20～30cm。基生叶心形；茎生叶互生，卵形、卵状披针形，长 2.5～10cm，宽（0.5）1～3.5cm，顶端急尖至渐尖，基部浅心形，圆钝或楔状，叶片边缘具尖锯齿，稍外卷，两面无毛，或疏被毛，上部叶几无柄，下部叶柄长可达 2.5cm。花序为大型圆锥花序，花序分枝横向伸展，常有次级分枝；花梗长不逾 1.5cm；花萼无毛，筒部倒卵状圆锥形，裂片狭小，条形或钻形，边缘有 1～2 对瘤状小齿或狭长齿；花冠蓝紫色、淡紫色，宽钟状，长 1.2～1.7(2.2)cm，裂片短；花盘梯状或筒状，有或无毛；花柱伸出花冠。蒴果宽椭圆状，长约 8mm。花期 7～9 月，果期 9～10 月。

分布于华北，辽宁、陕西、河南、广西。生于山坡草地、灌丛、疏林。山西各山地均有分布，本区广布。根入药。

4. 石沙参 Adenophora polyantha Nakai. in Bot. Nag. Tokyo 23：188. 1909；中国高等植物图鉴 4：389，图 6191，1975；中国植物志 73(2)：109，图版 161：3-4，1983；山西植物志 4：340，图版 193，2004. —*A. scabridula* Nannf. —*A. polyantha* var. *glabricalyx* Kitag. —*A. polyantha* var. *soabricalyx* Kitag.

茎高 25～80cm，被短硬毛。根胡萝卜形，长 25cm，有环纹。基生叶心状肾形，早萎；茎生叶互生，卵形至披针形，长 2-10cm，宽 0.5～2.5cm，先端渐尖，基部圆形或宽楔形，边缘疏具尖锯齿，无柄。花序为假总状，不分枝，或分枝极短而成狭圆锥形；花梗长不逾 1cm；花萼被毛，筒部倒圆锥形，裂片三角状披针形；花冠蓝紫色、淡紫色，钟状，喉部收缩，长 1.4～2.2cm，裂片反折；花盘筒状，有细柔毛；花柱与花冠等长。蒴果卵状椭圆状，长约8mm，疏被细柔毛。花期7~9月，果期8~10月。

分布于华北，辽宁、河南。山西各山区均有分布，本区见于人祖山。根入药。

5. 荠苨（心叶沙参）Adenophora trachelioides Maxim. in Frim. Fl. Amm. 186. (innotaf)，1859；中国高等植物图鉴4：388，图6190，1975；中国植物志73(2)：115，1983；山西植物志4：347，2004. —*A. isabellae* Hemsl.

茎高40~100cm，"之"字形弯曲，无毛。基生叶心形，宽大于长；茎生叶互生，心状卵形至心状三角形，长4~12cm，宽2.5~7.5cm，先端钝或短渐尖，基部浅心形或平截，两面疏生毛，边缘有粗牙齿；叶柄长1~5cm。圆锥花序，分枝平；花下垂，花萼无毛，5裂，裂片披针形；花冠淡青紫色，钟形，长2~3cm，5浅裂；花盘矩圆状筒形；花柱比花冠稍短，柱头3浅裂。蒴果卵状圆锥形。花期7~8月，果期9~10月。

分布于东北，河北、山西、山东、江苏、安徽、浙江。生于山坡草地或林缘。山西太行山、恒山、吕梁山有分布，本区见于人祖山。根入药。

6. 杏叶沙参 Adenophora hunanensis Nannf. in Hand. -Mazz.，Symb. Sin. 7：1070，1936；中国高等植物图鉴4：389，图6192，1975；中国植物志73(2)：117，1983；山西植物志4：348，图版192：3-4，2004. —*A. petiolata* auct. non Pax. et Hoffm

茎高60~120cm，被短硬毛。根圆柱形，长15cm。茎生叶互生，卵圆形至卵状披针形，长2.5~7cm，宽1.5~4cm，先端急尖至渐尖，基部宽楔状，下延渐狭，两面疏被短毛，边缘具疏齿，上部叶几无柄，下部叶有短柄。圆锥花序较狭，长25~60cm；花梗短而粗；花萼无毛，筒部圆锥形，裂片卵状长圆形；花冠蓝紫色、淡紫色，钟状，长1.5~2cm，裂片三角状卵形；花盘筒状；花柱与花冠等长。蒴果卵状椭圆状，长6~8mm。花期7~9月，果期9~10月。

分布于华南、中南、四川、贵州、山西、河北、陕西、河南。生于山坡林缘草地。山西中条山、太岳山、太行山、吕梁山有分布，本区见于人祖山。

3. 风铃草属 Campanula L.

草本，有乳汁。茎密生柔毛和刚毛，根状茎细长横走。基生叶有长柄，茎生叶互生，具短柄或无柄，有时抱茎，全缘或有锯齿。花单生，或数朵成聚伞花序或圆锥花序；萼管与子房贴生，5裂，裂片间有反折的附属体；花冠钟形，5裂；雄蕊5，分离；无花盘或花盘不明显；子房下位，3~5室，柱头3~5。蒴果，具宿存萼片，侧面孔裂。

约320种。中国20种。

1. 紫斑风铃草 Campanula punctata Lam. in Enoycl. Meth. 1：586，1785；中国高等植物图鉴4：385，图6184，1975；中国植物志73(2)：80，1983；山西植物志4：337，图版191，2004.

多年生草本，高20~50cm。有短柔毛。基生叶有长柄，卵状心形，长达7cm，边缘有不规则锯齿；茎生叶具短柄或无柄，卵形或卵状披针形，比基生叶小。花1~3朵生于茎顶或枝端，下垂；花萼具白柔毛，萼筒长约4mm，裂片5，披针形，裂片间附属体卵形，反折，有缘毛；花冠白色，有紫色斑点，圆筒形，长3.5~4cm，5浅裂；雄蕊5，花丝长1.2cm，有疏毛；花柱无毛，柱头3裂。蒴果半球状倒锥形，侧面瓣裂。

分布于东北、华北，河南、陕西、甘肃、四川、湖北。生于山地林下、灌丛、林缘草地。山西各山区均有分布，本区见于紫金山。

85. 菊科 Compositae

　　草本、灌木，稀乔木。头状花序如全为舌状花，则植株有乳汁。叶常互生，亦有对生与轮生，全缘，有锯齿，或羽状分裂，无托叶。花两性或单性，极少雌雄异株；多数花集成头状花序，头状花序单生或再排成各种花序；头状花序外具1至多层苞片组成的总苞；花序托扁平、凸起，或圆柱形，平滑或有凹点，有些具托片；合瓣花，辐射对称或两侧对称，5基数，花萼退化，常变态为毛状、刺毛状或鳞片状，称为冠毛；花冠管状、舌状或唇状；雄蕊5，着生于花冠筒上；花药合生成筒状，称聚药雄蕊；心皮2，合生，子房下位，1室，1胚珠，花柱细长，柱头2裂。果为连萼瘦果，顶端常具宿存的冠毛。

　　1000余属2万~3万种。中国约有250属近3000种。山西90属230种，晋西黄土高原35属71种。

分属检索表

1. 头状花序具管状花，或中心为管状花，边缘为舌状花，植株无乳汁 …………………………2
1. 头状花序全为舌状，植株有乳汁 …………………………………………………………29
　2. 头状花序全为管状花 ……………………………………………………………………3
　2. 头状花序中心为管状花，周围是舌状花 ………………………………………………17
　　3. 花单性，雌花序苞片愈合，外有钩刺 ………………………**1. 苍耳属** *Xanthium*
　　3. 花两性或单性，苞片不愈合，外面无钩刺 ……………………………………………4
　　　4. 总苞边缘有刺，叶缘有刺或无刺 …………………………………………………5
　　　4. 总苞和叶缘无刺 ……………………………………………………………………10
　　　　5. 叶片基部沿茎下延成齿状翅 …………………………………………………6
　　　　5. 叶片基部不下延 ………………………………………………………………7
　　　　　6. 叶下面绿色，头状花序直径小于3cm，冠毛白色 ……**2. 飞廉属** *Carduus*
　　　　　6. 叶下面密被白色绵毛，头状花序直径大于3cm，冠毛黄色 …………………
　　　　　　………………………………………………………**3. 鳍蓟属** *Olgaea*
　　　　　7. 总苞先端为钩状刺，叶缘无刺，高大草本 …………**4. 牛蒡属** *Arctium*
　　　　　7. 总苞先端不为钩状刺，叶缘有刺 ………………………………………8
　　　　　　8. 花白色，瘦果上有丝状毛 ………………**5. 苍术属** *Atractylodes*
　　　　　　8. 花红紫色，瘦果无丝状毛 ……………………………………………9
　　　　　　　9. 头状花序下垂，冠毛短于瘦果 ……………………**6. 蓟属** *Cirsium*
　　　　　　　9. 头状花序不下垂，冠毛长于瘦果 ……**7. 刺儿菜属** *Cephalanoplos*
　　　　　　　　10. 瘦果无冠毛 ……………………………………………………11
　　　　　　　　10. 瘦果有冠毛 ……………………………………………………12
　　　　　　　　　11. 头状花序直径大于1cm，单生枝顶，下垂，花序下有4~
　　　　　　　　　　5枚叶状苞片 …………………………**8. 金挖耳属** *Carpesium*
　　　　　　　　　11. 头状花序直径小于1cm，集成复总状花序状，苞片边缘
　　　　　　　　　　膜质 …………………………………………**9. 蒿属** *Artemisia*

12. 全株密被白色绵毛···13
12. 植株无绵毛···15
  13. 头状花序直径大于 3cm，单生枝顶，总苞片先端有干膜质附片·········
    ····································**10. 漏芦属 Stemmacantha**
  13. 头状花序直径不足 1cm，密集成伞房花序状，总苞片干膜质·········14
    14. 花序下具苞叶··················**11. 火绒草属 Leontoptodium**
    14. 花序下无苞叶······················**12. 香青属 Anaphalis**
      15. 瘦果基部平，冠毛基部连成环状·········**13. 风毛菊属 Saussurea**
      15. 瘦果基部歪斜，冠毛不连成环状·····························16
        16. 总苞先端为直立的鸡冠状干膜质附片，冠毛短羽毛状·········
        ····································**14. 顶羽菊属 Acroptilon**
        16. 总苞先端无干膜质附片，冠毛刚毛状·········**15. 麻花头属 Serratula**
          17. 瘦果有冠毛··18
          17. 瘦果无冠毛··26
            18. 舌状花与管状花均为黄色·····························19
            18. 舌状花与管状花不同色·····························22
              19. 总苞片多层，外层短，内层长·····**16. 旋覆花属 Inula**
              19. 总苞片 1 层，等长·································20
                20. 茎生叶苞片状，基生叶发达，头状花序单生枝顶·········
                ····································**17. 款冬属 Tussilago**
                20. 茎生叶正常发育，头状花序集成伞房花序状·········
                ··21
                  21. 总苞基部有数个条形小苞片·····················
                  ····································**18. 千里光属 Senecio**
                  21. 总苞基部无数个条形小苞片·····················
                  ····································**19. 狗舌草属 Tephroseris**
              22. 头状花序直径约 3mm，多数排成圆锥状，舌
              状花白色，直立·········**20. 白酒草属 Coniza**
              22. 头状花序直径大于 1cm，单生枝端或排成疏伞
              房状，舌状花蓝紫色或红紫色(本区)·········23
                23. 冠毛极短，或呈膜片状环
                ····································**21. 马兰属 Kalimeris**
                23. 冠毛较长·································24
                  24. 叶基生，莲座状，提琴状羽状分裂，
                  头状花序单生花莛顶端，春型花有舌
                  状花和管状花，秋型花仅有管状花
                  ····································**22. 大丁草属 Leibnizia**
                  24. 有茎生叶·································25

1. 苍耳属 *Xanthium* L.

草本。单叶互生，全缘或 3 裂。头状花序单性同株；雄花序生于枝顶，总苞半球形，总苞片小，1~2层，分离，具多数花；雌花序生于枝基部，具2朵结实的小花，总苞片2层，外层的较小，分离，内层2枚合生成囊状，卵形，结果时变硬，外面具钩状刺；雄花无花冠，柱头2，伸出总苞外。瘦果包于总苞内，无冠毛。

约25种。中国3种1变种。山西1种1变种，晋西黄土高原1种。

1. 苍耳 Xanthium xibiricum Patr. ex Wider. in Fedde. Sp. Nov. 20：32，1923；中国高等植物图鉴4：488，图6389，1975；中国植物志75：325，1979；山西植物志4：411，图版325，2004—X. strumarium L.—X. japonicum Widder

一年生草本，高可达1m。叶互生，卵状三角形或心形，长6~10cm，宽5~10cm，顶端尖，基部浅心形或截形，边缘有不规则的锯齿或常呈不明显的3浅裂，两面有贴生糙伏毛；叶柄长3~10cm，密被细毛。果熟期总苞卵状椭圆形，无柄，长10~18mm，表面具钩刺和密生细毛，顶端具喙。花果期7~10月。

原产于美洲和东亚，中国各地广布。生于山坡、草地、路旁。山西及本区广布。果入药。

2. 飞廉属 Carduus L.

草本。叶互生，不分裂或羽状分裂，全缘或有刺状锯齿，叶基常下延在茎上成翼。头状花序全为两性花而结实，有长柄或无柄，散生或聚生；总苞半球形或球形，苞片多列，有刺状尖，外层苞片反曲；花序托有刺毛；花冠管状钟形，紫色、红色或白色，5裂，有1裂片稍长。瘦果不明显四角形，冠毛多数，短而刚直。

约95种。中国3种。山西2种，晋西黄土高原1种。

1. 丝毛飞廉（飞廉）Carduus crispus L. in Sp. Pl. 821，1753；中国高等植物图鉴4：608，图6629，1975；中国植物志78(1)：157，1987；山西植物志4：550，图版292，2004.

二年生草本，高50~150cm。茎具纵棱，棱上有绿色间歇的三角形刺齿状翼。下部叶椭圆状披针形，长5~20cm，宽1~7cm，羽状深裂，裂片7~12对，边缘有不整齐刺齿，上面绿色，具细毛或近乎光滑，下面灰绿色，初具蛛丝状毛，后渐变光滑；上部叶渐小。头状花序有短梗，2~3个簇生枝端，直径1.5~2.5cm；总苞疏被蛛丝状毛，钟状，长约2cm，宽1.5~3cm，总苞片多层，外层较内层逐变短，中层条状披针形，先端长尖成刺状，向外反曲，内层条形，无刺，膜质，稍带紫色；花全为管状花，两性，紫红色。瘦果长椭圆形，长约3mm，先端平截，基部收缩；冠毛白色或灰白色，呈刺毛状，稍粗糙。花果期4~10月。

全国各地均有分布。生于山谷、田边或草地。山西及本区广布。

3. 鳍蓟属 Olgaea Iljin

多年生草本。叶互生，质硬，具疏齿和针刺。头状花序单生枝顶；总苞球形、半球形或卵球形，总苞片多层，披针形，反折或开展，顶端有针刺，边缘有刺状缘毛；花序托有刺毛；花紫色，两性，全部结实，管状，5裂；花药基部附属物撕裂；花柱顶端分枝细长，大部靠合。瘦果基部着生面平整或歪斜，冠毛多数，刚毛状，基部愈合成环。

约12种。中国7种。山西3种，晋西黄土高原1种。

1. 鳍蓟 Olgaea leucophylla（Thurcz.）Iljin in Not. Syst. Herb. Hort. Bot. Petrop. 3：145，1922；中国高等植物图鉴4：606，图6625，1975；中国植物志78(1)：64，1987；山西植

物志 4：553，图版 294，2004. —*Cardus leucophyllus* Turcz. —*Olgaea leucophylla*（Turcz.）Ilijin var. *jucunda* Ilijin

多年生草本，株高 15~80cm。茎粗壮，密被蛛丝状毛。叶长椭圆形，基生叶长 12~20cm，侧裂片 7~10 对，裂片于锯齿先端具针刺；茎生叶与基生叶相似，但较小，上部者不分裂，叶基下延成翼，两面密被蛛丝状毛，下面较密。头状花序单生枝端，总苞钟形；总苞片多层，向内渐长，先端具长刺尖，外层反折；管状花紫色或白色。瘦果长椭圆形，具 10 条隆起纵肋，冠毛密生，浅褐色，刚毛状，不等长。花果期 5~10 月。

分布于中国东北、内蒙古、河北、山西、陕西、甘肃、宁夏等地。生于黄土丘陵、沙地。山西五台山、吕梁山、恒山、朔州、运城等地有分布，本区见于紫金山、房山峪口。

4. 牛蒡属 *Arctium* L.

二年生或多年生草本。根粗壮。叶互生，大型，基部心形，有长柄。头状花序多数，在茎顶排成伞房状或圆锥状；总苞球形或壶形，总苞片多层，苞片披针形，先端有钩刺；花序托有刺毛；全为管状花，两性，紫色或白色，5 浅裂；花柱分枝线形，外弯。瘦果长椭圆形，压扁，有多数稀脉纹与肋棱，冠毛较短，多数。

约 10 种。中国 2 种。山西及晋西黄土高原 1 种。

1. 牛蒡 *Arctium lappa* L. Sp. Pl. 816，1753；中国高等植物图鉴 4：603，图 6620，1975；中国植物志 78（1）：58，1987；山西植物志 4：556，图版 296，200—*A. majus* Bernh.

二年生或多年生草本，高可达 2m。茎被蛛丝状毛及腺点，根粗壮，肉质。基生叶宽卵形，长 30cm，宽 20cm，腺点钝尖，基部心形，上面绿色，下面灰白色，被毛，叶柄长 32cm；茎生叶互生，与基生叶同形，向上渐变小。头状花序多数，在茎顶排成伞房状或圆锥状；总苞卵球形，总苞片多层，苞片先端有钩刺；花序托有刺毛；全为管状花，两性，紫色，花冠长 1.4cm。瘦果长倒卵形，两侧压扁，有多数细脉纹，冠毛较短，多数。花果期 6~9 月。

全国各地均有分布。生于沟谷、林缘。山西各山地均有分布，本区见于人祖山、紫金山。果与根入药。

5. 苍术属 *Atractylodes* DC.

多年生草本。具块状根茎。叶互生，全缘或羽状分裂，边缘有小针刺。头状花序单生枝顶，为羽状分裂的苞叶包围；总苞钟形或筒状，总苞片多层；花序托平，有刺毛；全为管状花，5 裂，全部为两性花，花药基部附属物箭形，花柱分枝短，三角形；或全部为雌花，雄蕊退化。瘦果圆柱形，冠毛羽毛状，1 层。

约 7 种。中国 5 种。山西及晋西黄土高原 1 种。

1. 苍术 *Atractylodes lancea*（Thumb.）DC. Prodr. 7：48，1838；中国高等植物图鉴 4：601，图 6615，1975；中国植物志 78(1)：25，图版 11：1，1987；山西植物志 4：539，图版 287，2004—*Atractylis lancea* Thunb. —*Giraldii stapfii* Baroni—*Atratylodes chinensis*（Bge.）Koidz.

多年生草本，高 30~100cm。根状茎肥大长块状。叶革质，无柄，倒卵形或长卵形，中下部常 3 浅裂或深裂。头状花序顶生，直径约 1cm，长约 1.5cm，基部的叶状苞片披针形，与头状花序几等长，羽状裂片刺状；总苞杯状，总苞片 7~8 层，有微毛，外层长卵形，中层矩圆形，内层矩圆状披针形；花筒状，白色，5 裂。瘦果密生银白色柔毛，冠毛长 6~7mm。

分布于华北、东北、华东、华中，四川、甘肃、陕西。生于灌丛、林下、山坡草地。山西及本区广布。根茎入药。

1. 蓟属 *Cirsium* Adans.

草本。叶互生，有锯齿或羽状分裂，裂片有刺。头状花序下垂，在茎顶聚成圆锥状或伞房状，或密集成复头状花序；全部两性花，或全部雌花，均能结实；总苞卵形或球形，总苞片多层，外层较短，有刺；花序托有刺毛；管状花多为红紫色，稀白色，花冠管细，5 深裂；花药基部尾状。瘦果多少压扁或四棱形，冠毛羽毛状，多列，短于瘦果。

约 300 种。中国 50 种。山西 5 种，晋西黄土高原 1 种。

1. 烟管蓟 *Cirsium pendulum* Fisch. ex DC. Prodr. 6：650，1837；中国高等植物图鉴 4：610，图 6634，1975；中国植物志 78（1）：116，1987；山西植物志 4：542，图版 289，2004. —*C. farcatum* Thurcz. ex DC. —*C. provostii* Franch，

多年生草本，高 1~2m。茎有条棱，被蛛丝状毛。基生叶宽椭圆形，长 40~50cm，羽状深裂，中部侧裂片又浅裂，裂片顶端及边缘有刺，花期枯萎；茎生叶狭椭圆形，长 15~20cm，羽状分裂，叶腋有刺，无柄，基部抱茎。头状花序单生枝端，花序梗长或短，花序下垂，在茎顶端排成总状花序型；花序直径 3~4cm，总苞卵形，总苞片多层，披针形，外层短，有刺尖，外翻；管状花紫色，长 17~22mm，冠筒纤细，5 浅裂。瘦果矩圆形，偏斜，稍扁，冠毛白色，羽状，基部连合。

分布于东北、华北，陕西、甘肃。山西各山地均有分布，本区见于人祖山。

7. 刺儿菜属 *Cephalanoplos* Neck.

多年生草本。全株被蛛丝状毛，根状茎横走。叶互生，全缘或羽状裂，裂片和锯齿尖有刺，头状花序不下垂，单生枝端，雌雄异株；总苞钟状，总苞片多层；花序托有刚毛；管状花红紫色。冠毛羽毛状，比花冠长。

2 种。中国均产。山西及本区 2 种。

在《山西植物志》中，该属已归并于蓟属（*Cirsium*），为便于鉴定与识别，本志仍予以保留。

分种检索表

1. 头状花序单生枝端，叶不分裂，微被毛……………………………………**1. 刺儿菜 *C. segetum***
1. 头状花序多数在枝端呈伞房状，叶羽状分裂………………………………**2. 大刺儿菜 *C. setosum***

1. 刺儿菜 *Cephalanoplos segetum* （Bge.）Kitam. in Act. Phytot. Geobot. 3：8，1934；中国高等植物图鉴 4：608，图 6030，1975. —*Cirsium segetum*（Willd.）Mb. Fl. Taur. -cauc. 3：560，1819；中国植物志 78(1)：127，1987；山西植物志 4：548，2004.

多年生草本，高 20~50cm。幼茎被白色蛛丝状毛。叶互生，基生叶花时凋落，下部和中部叶椭圆形或椭圆状披针形，长 7~10cm，宽 1.5~2.5cm，顶端短尖或钝，基部窄狭或钝圆，近全缘或有疏锯齿，齿尖有芒状刺，两面有疏密不等的白色蛛丝状毛，无叶柄。头状花序单生枝顶；总苞卵形，长 1.8cm，总苞片多层，外层者先端有刺；花冠紫红色，雌花花冠长达 2.5cm，雄花花冠长 1.7~2cm。瘦果椭圆形或长卵形。花果期 5~9 月。

分布于全国各地。生于撂荒地、耕地、路边、村庄附近，为常见的杂草。山西及本区广布。嫩茎叶作饲料。

2. 大刺儿菜 *Cephalanoplos setosum* （Willd.） Kitam. in Acad. Phytot. Geobot. 3：8，1934；中国高等植物图鉴 4：609，图 6031，1975. —*Cirsium setpsum*（Willd.）MB；中国植物志 78(1)：127，1987；山西植物志 4：547，图版 291，2004.

多年生草本，高 60~120cm。茎上部密被蛛丝状绵毛。叶矩圆形，长 2~6cm，先端钝，基部渐狭，耳状半抱茎，边缘羽状半裂，裂片宽三角形，边缘有大小不等的齿，齿尖有刺，两面被蛛丝状毛，下面较密；无柄或柄极短，上部叶渐小，不分裂。头状花序单生或 1~2 个集生于枝端，总体排成总状；总苞球形，雄花序长 1.3cm，雌花序长 1.6~2cm，总苞密被蛛丝状茸毛，外层总苞片先端锐尖，背部有脊，内层渐长；管状花，暗紫色，花冠长约 3.8cm。瘦果长圆形 4.5~7mm，压扁，淡褐黑色，稍光亮。

分布于东北、华北。生于山野、荒地。山西各地均有分布，本区见于人祖山、房山峪口。全草入药。

《中国植物志》与《山西植物志》均已将本种并入刺儿菜（*Cirsium segetum*）中。本种的形态特征与刺儿菜区别十分明显，为野外识别方便，本志暂不合并。

8. 金挖耳属 *Carpesium* L.

多年生草本。叶互生，全缘或有粗牙齿。头状花序单生于枝顶或叶腋，无柄或有短柄，下垂；总苞盘状，半球形或钟形，总苞片 3~4 层，外层者叶状；花序托扁平，无毛；边缘为 1 至数层雌花，3~5 齿裂；花药基部箭形，细尾状尖；花柱枝不分裂，顶端截平，缘花与盘花黄色，均可结实。瘦果圆柱形，有棱，无冠毛。

20 余种。中国 17 种 3 变种。山西 3 种，晋西黄土高原 1 种。

1. 烟管头草 *Carpesium cemuum* L. Sp. Pl. l859. 1753；中国高等植物图鉴 4：484，图 6382，1975；中国植物志 75：296，1979；山西植物志 4：406，图版 223，2004.

多年生草本，高 50~100cm，被白色长柔毛。下部叶匙状矩圆形，长 9~20cm，宽 4~6cm，先端渐尖，基部渐狭为有翅的叶柄，边缘有粗锯齿两面被柔毛，向上叶渐变小。头状花序单生于茎顶或枝端，直径 1.5~1.8cm，下垂；总苞杯状，总苞片 4 层，外层者叶状，内层干膜质，先端钝。瘦果长 4~4.6cm。

全国各地均有分布。生于林缘草地。山西各山区均有分布，本区见于人祖山。全草入药。

9. 蒿属 *Artemisia* L.

草本、亚灌木或小灌木。全株有蛛丝状毛、柔毛或腺毛。叶互生，常为一至多回羽状分裂，或不分裂，揉之有浓烈的挥发性气味，常有假托叶（叶柄基部的小羽片）。头状花序小，常弯曲下垂，集成总状、穗状、圆锥状各式花序；总苞球形、卵形、钟形，总苞片 3~4 层，外层草质，常有膜质边缘；花序托裸露或有托毛；全部为管状花，缘花雌性，1 或 2 列，花冠管细，2~3(4)齿裂；盘花两性，结实或不孕。瘦果小，有沟纹，无冠毛。

约 350 种。中国 170 种。山西 43 种 3 变种，晋西黄土高原 15 种 1 变种。

分种检索表

1. 头状花序较大，直径 5~6mm，茎上有纵棱脊，花序托有毛 ⋯⋯⋯⋯⋯⋯⋯**1. 大籽蒿 A. siversiana**
1. 头状花序较小，直径一般不超过 3mm，茎上无纵棱，花序托无毛 ⋯⋯⋯⋯⋯⋯⋯⋯**2**
  2. 半灌木，叶片羽轴有栉齿状裂片，叶二至三回羽状分裂，裂片呈栉齿状 ⋯⋯⋯⋯**3**
  2. 叶片羽轴非栉齿状 ⋯⋯⋯⋯⋯⋯⋯⋯⋯⋯⋯⋯⋯⋯⋯⋯⋯⋯⋯⋯⋯⋯⋯⋯⋯⋯⋯**4**
    3. 叶上面绿色，下面灰白 ⋯⋯⋯⋯⋯⋯⋯⋯⋯⋯⋯⋯⋯⋯⋯**2. 白莲蒿 A. sacrorum**
    3. 叶两面被绵毛，呈灰白色 ⋯⋯⋯⋯⋯⋯⋯⋯⋯⋯⋯⋯⋯⋯**3. 毛莲蒿 A. vestita**
     4. 二年生，叶二至三回羽状分裂，裂片丝状、毛发状至线状条形
     ⋯⋯⋯⋯⋯⋯⋯⋯⋯⋯⋯⋯⋯⋯⋯⋯⋯⋯⋯⋯⋯⋯⋯**4. 猪毛蒿 A. scoparia**
     4. 多年生，裂片不为毛发状 ⋯⋯⋯⋯⋯⋯⋯⋯⋯⋯⋯⋯⋯⋯⋯⋯⋯⋯⋯⋯⋯**5**
      5. 叶片两面均为绿色，下面无毛或有柔毛 ⋯⋯⋯⋯⋯⋯⋯⋯⋯⋯⋯⋯⋯⋯**6**
      5. 叶片下面密被丝状绵毛，上面有毛或无毛 ⋯⋯⋯⋯⋯⋯⋯⋯⋯⋯⋯**10**
       6. 叶二至三回羽状分裂，裂片栉齿状，头状花序球形，直径 1~2mm，花
       冠鲜黄色 ⋯⋯⋯⋯⋯⋯⋯⋯⋯⋯⋯⋯⋯⋯⋯⋯⋯**5. 黄花蒿 A. annua**
       6. 叶一至二回羽状分裂或不分裂 ⋯⋯⋯⋯⋯⋯⋯⋯⋯⋯⋯⋯⋯⋯⋯⋯**7**
       7. 有茎生叶和基生叶，叶裂片楔形或匙形 ⋯⋯⋯⋯⋯⋯⋯⋯⋯⋯⋯⋯**8**
       7. 无基生叶，裂片矩圆状披针形 ⋯⋯⋯⋯⋯⋯⋯⋯⋯⋯⋯⋯⋯⋯⋯**9**
        8. 基生叶一至二回羽状分裂，裂片先端齿状裂⋯**6. 南牡蒿 A. eriopoda**
        8. 叶不分裂，叶基狭楔形，先端不整齐缺刻状分裂⋯**7. 牡蒿 A. japonica**
        9. 叶长 1.5~2.5cm，下面有柔毛 ⋯⋯⋯⋯⋯**8. 华北米蒿 A. giraldii**
        9. 叶长 5~6cm，无毛，花序梗"之"字形弯曲 ⋯⋯⋯⋯⋯⋯⋯⋯
        ⋯⋯⋯⋯⋯⋯⋯⋯⋯⋯**9. 无毛牛尾蒿 Artemisia dubia var. subddigitata**
        10. 叶羽状半裂至深裂 ⋯⋯⋯⋯⋯⋯⋯⋯⋯⋯⋯⋯⋯⋯⋯⋯⋯⋯⋯**11**
        10. 叶一至二回羽状全裂 ⋯⋯⋯⋯⋯⋯⋯⋯⋯⋯⋯⋯⋯⋯⋯⋯⋯⋯**12**
        11. 叶宽披针形，羽状半裂⋯⋯⋯⋯**10. 宽叶山蒿 A. stolonifera**
        11. 叶卵状椭圆形，羽状深裂⋯⋯⋯⋯⋯**11. 歧茎蒿 A. igniaria**
        12. 叶裂片宽 3~5mm，上面有腺点和蛛丝状毛，白色，
        边缘向下翻卷⋯⋯⋯⋯⋯**12. 狭裂白蒿 A. kanashiroi**
        12. 叶裂片较宽，边缘不向下翻卷⋯⋯⋯⋯⋯⋯⋯⋯**13**
        13. 叶上面绿色，无白色腺点⋯⋯⋯⋯⋯⋯⋯⋯⋯⋯
        ⋯⋯⋯⋯⋯⋯⋯⋯⋯⋯**13. 蒙古蒿 A. mongolica**
        13. 叶上面有白色腺点⋯⋯⋯⋯⋯⋯⋯⋯⋯⋯⋯⋯**14**
        14. 茎及叶上面有微毛，呈绿色⋯⋯⋯⋯⋯⋯⋯
        ⋯⋯⋯⋯⋯⋯**14. 野艾蒿 A. lavandalaefolia**
        14. 茎及叶上面被蛛丝状毛，呈灰白色⋯⋯⋯⋯**15**
        15. 叶裂片卵状菱形⋯⋯⋯⋯**15. 艾蒿 A. argyi**
        15. 叶裂片披针形⋯⋯⋯⋯⋯⋯⋯⋯⋯
        ⋯⋯⋯⋯⋯**15a. 野艾 A. argyi var. gracilis**

1. 大籽蒿 Artemisia siversiana Ehrhan ex Willd. Sp. Pl. 3：1845，1860；中国高等植物图鉴 4：522，图 6458，1975；中国植物志 78(2)：8，图版 1：1-7，1991；山西植物志 4：459，2004. —A. koreuna Nakai.

一年生或二年生草本。高 20~l00cm，具纵沟棱，被白色短柔毛。基生叶早枯，茎中、下部叶具柄，叶片轮廓宽卵形或宽三角形，长 4~8cm，宽 3~6cm，二至三回羽状深裂，侧裂片 2~3 对，小裂片条形或条状披针形，先端渐尖或钝，两面被伏柔毛和腺点，叶柄长 2~4cm，有假托，上部叶渐变小，羽状全裂，最顶端的叶不裂而为条形或条状披针形。头状花序排列成中度扩展的圆锥形，头状花序半球形，直径 4~7mm，有梗，下垂；总苞片 3~4 层，被白色伏柔毛或无毛；花托突起，密被毛；雌花檐部(2~)3~4 裂，花柱稍伸出花冠；两性花多数，花柱与花冠等长。瘦果卵形或椭圆形，长约 1mm，褐色。花果期 8~10 月。

除华南外，全国各地均有分布。生于山坡草地、河边、路旁。山西及本区广布。

2. 白莲蒿 (铁秆蒿) Artemisia sacrorum Ledeb. in Mem. Acad. Sci. P：etersb. 5：571，1815；中国高等植物图鉴 4：535，图 6484，1975；中国植物志 76(2)：44，图版 6：7-14，1991；山西植物志 4：464，2004. —A. gmelinii Web. ex Stechm.

半灌木状草本，高 30~100cm。茎暗紫红色，无毛或上部被短柔毛。茎下部叶在开花期枯萎；中部叶轮廓长卵形或长椭圆状卵形，长 3~14cm，宽 3~8cm，二至三回栉齿状羽状分裂，小裂片披针形或条状披针形，全缘或有锯齿，羽轴有栉齿，叶幼时两面被丝状短柔毛，后被疏毛或无毛，有腺点；叶柄长 1~5cm，基部具假托，上部叶小，一至二回栉齿状羽状分裂。头状花序多数，下垂，排列成复总状花序；总苞近球形或半球形，花果期 8~10 月。

全国各地均有分布。生于山地阳坡灌丛、路旁、森林草原地区。山西及本区广布。

3. 毛莲蒿 (莲蒿) Artemisia vestita Ledeb. in Mem. Acad. Sel. Petersb. 5：571，1815；中国植物志 76(2)：44，图版 6：7-14，1991；山西植物志 4：464，2004. —A. iwayomogi Kitam. — A. gmelinii auct. non Web. ex Steehm.

半灌木状草本，高 50~120cm。茎、枝紫红色或红褐色，被蛛丝状微柔毛。茎下部与中部叶卵形、椭圆状卵形或近圆形，长(2~)3.5~7.5cm，宽(1.5~)2~4cm，二回栉齿状的羽状分裂，第一回全裂或深裂，每侧有裂片 4~6 枚，裂片长椭圆形，裂片边缘栉齿状深裂齿，中轴两侧有栉齿状小裂片，两面被灰白色密茸毛，背面尤密；叶柄长 0.8~2cm，基部常有栉齿状的假托叶；上部叶小，栉齿状羽状深裂或浅裂。头状花序多数，球形或半球形，直径 2.5~3.5(~4)mm，有短梗或近无梗，下垂，基部有线形小苞叶；总苞片 3~4 层，内、外层近等长，外层总苞片卵状披针形或长卵形，背面被灰白色短柔毛，中肋明显，绿色，边缘狭膜质；花序托小，突起；雌花 6~10 朵，花冠狭管状，檐部具 2 裂齿，花柱伸出花冠外；两性花 13~20 朵，花冠管状，花药基部钝，花柱与花冠管近等长。瘦果长圆形或倒卵状椭圆形。花果期 8~11 月。

分布于中国北部、西南部。生于山坡灌丛、草地。山西各地区广布，本区见于紫金山、房山峪口。

4. 猪毛蒿 Artemisia scoparia Wald. et kit. Pl. rar. Hung. 1：66. Tab. 65，1802；中国高等植物图鉴4：523，图6460，1975；中国植物志76(2)：220；图版30：10-13，1991；山西植物志4：495，2004.—*A. capillaries* aut. nonThunb.

二年生草本，高40~90(~130)cm。有不育枝，茎、枝幼时被灰白色或灰黄色绢质柔毛，以后脱落。基生叶近圆形、长卵形，二至三回羽状全裂，具长柄，花期叶凋谢；中下部叶长卵形或椭圆形，长1.5~3.5cm，宽1~3cm，二至三回羽状全裂，每侧有裂片3~4枚，再次羽状全裂，每侧具小裂片1~2枚，小裂片狭线形至毛发状，初时叶两面被短柔毛，后脱落，茎上部叶与分枝上叶及苞片叶3~5全裂或不分裂。头状花序近球形，稀近卵球形，极多数，直径1~1.5(~2)mm，具极短梗或无梗，基部有线形的小苞叶，在分枝上偏向外侧生长，并排成复总状或复穗状花序，而在茎上再组成大型、开展的圆锥花序；总苞片3~4层，外层总苞片草质、卵形、背面绿色、无毛、边缘膜质；花序托小，突起；雌花5~7朵，花冠狭圆锥状或狭管状，冠檐具2裂齿，花柱线形，伸出花冠外；两性花4~10朵，不育，花冠管状，花药线形，先端附属物尖，花柱短，退化子房不明显。瘦果倒卵形或长圆形，褐色。花果期7~10月。

全国广布。生于山坡草地、田边路旁。山西及本区广布。

5. 黄花蒿 Artemisia annua L. Sp. Pl. 847，1783；中国高等植物图鉴4：530，图6473，1975；中国植物志76(2)：62，图版9：7-13，1991；山西植物志4：467，2004.—*A. wadet* Edgew.—*A. stewartii* C. B. Cralke

一年生草本，高40~150cm。叶两面无毛，基部和下部叶有柄，并在花期枯萎；中部叶卵形，长4~7cm，宽1.5~3cm，三回羽状深裂，终裂片长圆状披针形，顶端尖，全缘或有1~2齿；上部叶小，无柄，单一羽状细裂或全缘。头状花序多数，球形，径约1.5mm，有短梗，偏斜或俯垂，排列成圆锥花序，苞叶条形；总苞无毛，总苞片2~3层，鲜绿色，外层线状长圆形，边缘膜质；花托长圆形；花黄色，都为管状花，缘花雌性，盘花两性；花冠顶端5裂。瘦果卵形，淡褐色，无毛。花期7~9月，果期9~10月。

遍及全国。生于山坡、林缘、路旁、荒地。山西及本区广布。全草入药。

6. 南牡蒿 Artemisia eriopoda Bge. in Mem. Acad. Sci. Petersb. 2：111，1833；中国高等植物图鉴4：527，图6468，1975；中国植物志76(2)：235，图版32：1-9，1991；山西植物志4：497，2004.

多年生草本，高30~70cm。基生叶与茎中下部叶倒卵形，长5~10cm，宽2~5cm，常羽状深裂，侧裂片2~3对，全部叶上面无毛，下面被微柔毛，有长柄；上部叶渐小，3裂或不裂，裂片条形。头状花序极多数，在茎和枝端排列成复总状花序，无梗或有短梗，有条形苞叶；总苞卵形，长约2mm，总苞片3~4层，无毛，外层卵形，背面绿色，边缘稍膜质；缘花雌性，能育，盘花两性，不育。瘦果矩圆形，微小，无毛。花果期6~11月。

分布于华北、华东、华中、陕西、吉林、辽宁、四川、云南(北部)。生于山坡草地、林缘灌丛、溪边路旁。山西及本区广布。全草入药。

7. 牡蒿 Artemisia japonica Maxim. in Fl. Jap. 308. 1784；中国高等植物图鉴4：527，图6467，1975；中国植物志76(2)：241，1991；山西植物志4：496，2004.—*A. subintegra* Kitam.

多年生草本，高 50~130cm。基生叶与茎中下部叶倒卵形或宽匙形，长 3~8cm，宽 1~2.5cm，先端有齿和浅裂，基部渐狭，有假托叶，中部叶楔形，有齿或掌状分裂，上部叶条形，3 裂或不裂。头状花序极多数，在茎和枝端排列成复总状花序，有短梗及条形苞叶；总苞球形或矩圆形，长 1~2mm，总苞片约 4 层，无毛，外层卵形，背面绿色，边缘稍膜质；缘花 3~8 朵雌性，花柱伸出花冠外；两性花 5~10 朵，花柱短，不育。瘦果侧卵形，微小。花果期 7~11 月。

广布南北各地。生于山坡草地。山西各山区均有分布，本区见于人祖山、紫金山。

8. 华北米蒿（吉蒿）Artemisia giraldii Pamp. in Nuov. Giorn. Bot. Ital. n. s. 34：657. 1927；中国植物志 76（2）：250，图版 34：9-16，1991；山西植物志 4：500，2004. —*Oligosporus giraldii*（Pamp.）Poljak.

半灌木状草本，高 50~80（~120）cm。分枝多，幼时被微柔毛，后渐稀疏或无毛。茎下部叶 3~5 深裂，花期枯萎；中部叶椭圆形，长 2~3cm，宽 0.8~1.5cm，3 深裂，裂片线形或线状披针形，先端尖，叶基部渐狭成短柄状，基部无假托叶或假托叶极不明显，上部叶与苞片叶 3 深裂或不分裂，背面初时密被蛛丝状柔毛，后毛渐脱落。头状花序多数，宽卵形、近球形或长圆形，直径 1.5~2mm，无梗或具极短的梗，有小苞叶，下垂或斜展，在分枝上排成穗状花序式的总状花序或复总状花序；总苞片 3~4 层，外层略短小，外、中层总苞片卵形、长卵形，背面无毛，有绿色中肋，边缘宽膜质；雌花 4~8 朵，花冠狭管状或狭圆锥状，檐部具 2 裂齿，花柱伸出花冠外；两性花 5~7 朵，不育，花柱短，退化子房不明显。瘦果倒卵形。花果期 7~10 月。

产内蒙古、河北、山西、陕西、宁夏、甘肃及四川（西北部）等地。生于山坡、丘陵、滩地、林缘、森林草原、灌丛。山西及本区广布。

9. 无毛牛尾蒿 Artemisia dubia Wall. ex Bess. **var. subddigitata**（Mattf.）Y. R. Ling in Kew. Bull. 42（2）：445，1987；中国植物志 76（2）：249，1991；山西植物志 4：499，2004—*A. subdigitata* Mattf. var. *intermedia*（Pamp.）Kitag.

半灌木状草本，高 50~80cm。分枝多，幼时被微柔毛，后脱落。茎中下部叶长 5~10cm，宽 3~5cm，指状 5 深裂，侧裂片 1~2，有假托叶，上部叶 3 裂或不裂，裂片线形或线状披针形，基部无假托叶或假托叶极不明显，上部叶与苞片叶 3 深裂或不分裂。头状花序多数，宽卵形、近球形或长圆形，直径 2mm，无梗或具极短的梗，在分枝上排成密集圆锥状花序，花序枝"之"字形弯曲；总苞黄绿色，有光泽，总苞片 3~4 层，卵形，背面绿色，边缘膜质；雌花 6~9 朵，两性花 2~6 朵，花托突起。瘦果卵状椭圆形。花果期 8~9 月。

产东北、华北、西北、西南。生于林缘草原、灌丛。山西吕梁山、太岳山、中条山有分布，本区广布。

10. 宽叶山蒿 Artemisia stolonifera（Maxim.）Komar. Fl. Mansh. 3：676，1907；中国高等植物图鉴 4：542，图 6498，1975；中国植物志 76（2）：85，图版 11：1-7，1991；山西植物志 4：469，图版 252，2004.

多年生草本，高 50~100cm。茎、枝被蛛丝状薄毛，后稍稀疏。下部叶有柄，花期叶萎谢；中部叶卵形，或倒卵状矩圆形，长 6~13cm，宽 4~7cm，羽状深裂或浅裂，裂片边缘有锯齿，叶片基部急狭成短柄，有或无假托叶，上部叶与苞片叶全缘；叶片上面绿色，初时被蛛丝状柔毛，后渐稀疏或近无毛，背面除中脉与侧脉外，密被白色茸毛。头状花序多数，钟形，长约4mm，宽3~4mm，有短梗，下倾，在分枝上排成密集的穗状花序，并在茎上组成狭窄展的复总状花序；总苞片3~4层，背面绿色，密被茸毛，边缘狭膜质；缘花雌性，10~12朵；盘花两性，12~15朵；花柱伸出花冠外。瘦果椭圆形，略扁长1mm，无毛。花果期7~10月。

分布于东北、华北、华东，湖北。生于林下草地。山西太岳山有分布，本区见于人祖山，为该种在山西地理分布新记录。

11. 歧茎蒿 Artemisia igniaria Maxim. Prim. Fl. Amur. 161，1859；中国高等植物图鉴4：543，图6500，1975；中国植物志76（2）：111，图版16：1-19，1991；山西植物志4：479，图版258，2004. —A. stlovunifera auct. non Komar. —A. vulgarissima cuct. Non Hess.

半灌木状草本，高60~120cm。下部叶花期萎谢；中部叶卵形、宽卵形，长8~11cm，宽5~7cm，一至二回羽状分裂，边缘有粗锯齿，上部叶3深裂或不裂，苞片叶全缘，叶片上面绿色，背面灰白色，被短茸毛，叶片基部渐狭成短柄。头状花序多数，倒卵形，长约4mm，在茎上排成稀疏的复总状花序；总苞片3~4层，背面绿色，边缘狭膜质，被短绵毛；缘花雌性，5~8朵；盘花两性，7~14朵；花柱与花冠等。瘦果长圆形。花果期8~10月。

分布于东北、华北，河南、山东、陕西。生于山坡草地、河边、路旁。山西中条山、吕梁山、五台山、太岳山有分布。本区见于人祖山、紫金山。

12. 狭裂白蒿 Artemisia kanashiroi Kitam. in Phylotax. Ceobot. 12：147，1974；中国植物志95（2）：123，图版12：9-17，1991；山西植物志4：474，图版255，2004.

多年生草本，高25~60cm，全株被灰白色绵毛。中下部叶轮廓圆形或宽卵形，一至二回羽状全裂，一回裂片1~3对，条形，边缘翻卷，下部叶具3~4cm长柄，向上叶柄渐缩短，上部叶无柄，3全裂；苞叶3裂或不裂。头状花序长圆形，无梗，在枝上呈短穗状花序，在茎上排成狭长、稍开展的圆锥花序，总苞片3~4层，边缘膜质；缘花雌性，3~6朵；盘花两性，6~10朵；花柱伸出花冠外。瘦果长圆形。花果期8~10月。

分布于华北、西北。生于林缘草地。山西太原西山有分布，本区见于人祖山。

13. 蒙古蒿 Artemisia mongolica（Fisch. ex Bess.）Nakai in Bot. Mag. Tokyo 31：112，1917；中国高等植物图鉴4：545，图6503，1975；中国植物志76（2）：123，图版17：10-18，1991；山西植物志4：477，图版257，2004. —A. rubripes auct. non Hakai—A. vulgaris L. var. mongolica Fisch. ex Bess.

多年生草本，高40~120cm。茎、枝初时密被灰白色蛛丝状柔毛，后稍稀疏。下部叶卵形或宽卵形，二回羽状全裂或深裂，叶柄长，花期叶萎谢；中部叶卵形、近圆形或椭圆状卵形，长6~10cm，宽4~6cm，羽状深裂，侧裂片2~3对，裂片条形，渐尖，侧羽状浅裂或不裂，顶裂片3裂，叶片基部渐狭成短柄，叶柄长0.5~2cm，两侧偶有1~2枚小裂齿，基部常有小型的假托叶；上部叶与苞片叶3裂或不裂；叶片上面绿色，初时被蛛丝状柔毛，后渐稀疏或近无毛，背面密被灰白色蛛丝状茸毛。头状花序多数，椭圆形，直径1.5~2mm，无梗，直立或倾斜，有线形小苞叶，在分枝上排成密集的穗状花序，并在茎上组成狭窄或中等开展的圆锥花序；总苞片 3～4 层，外层总苞片较小，卵形或狭卵形，背面密被灰白色蛛丝状毛，边缘狭膜质，中层总苞片长卵形或椭圆形，背面密被灰白色蛛丝状柔毛，边宽膜质；雌花 5～10 朵，紫色，花柱伸出花冠外；两性花 8～15 朵，檐部紫红色。瘦果小，长圆状倒卵形。花果期 8～10 月。

分布于东北、华北、西北。生于山坡草地、田边、路旁、荒地。山西及本区广布。

14. 野艾蒿 Artemisia lavandalaefolia DC. in Prodr. 6：110，1837；中国高等植物图鉴 4：541，图 6496，1975；中国植物志 76（2）：92，图版 12：1-8，1991；山西植物志 4：472，图版 254，2004. —A. leucophylla auct. non Clarke. —A. umbedrosa（Bess）Turcz. ex DC.

多年生草本，高 50～120cm，茎有纵棱。下部叶卵形或近圆形，二回羽状全裂或深裂，叶柄长；中部叶卵形、长圆形或近圆形，一至二回羽状深裂，侧裂片 2～3 对，边缘反卷，叶柄长 1～3cm，基部有假托叶；上部叶羽状全裂，苞片叶 3 裂或不裂。头状花序多数，椭圆形，花后倾斜，在分枝上排成密集的复穗状花序，并在茎上组成狭窄或中等开展的圆锥花序；总苞片 3～4 层，外层总苞片较小，卵形或狭卵形，边缘狭膜质，中层总苞片长卵形或椭圆形，边宽膜质；雌花 4～9 朵，紫色，花柱伸出花冠外；两性花 10～20 朵。瘦果长卵状倒卵形。花果期 8～10 月。

分布于东北、华北、西北。生于山坡草地、田边、路旁、荒地。山西吕梁山、太行山区有分布，本区广布。

15. 艾蒿 Artemisia argyi Levl. et Vant. in Fedde. Hep. Sp. Nov. 8：138，1910；中国高等植物图鉴 4：541，图 6495，1975；中国植物志 76（2）：87，图版 11：8-10，1991；山西植物志 4：69，图版 253，2004. —A. vulgaris Linn. var. incana Maxim. —A. nutantiflora Nakai.

多年生草本或略成半灌木状，植株有浓烈香气。茎单生或少数，高 80～150cm，有明显纵棱，褐色或灰黄褐色，茎、枝均被灰色蛛丝状柔毛。叶厚纸质，上面被灰白色短柔毛，并有白色腺点与小凹点，背面密被灰白色蛛丝状密茸毛；基生叶花期萎谢；茎下部叶近圆形或宽卵形，羽状深裂，每侧具裂片 2～3 枚，裂片椭圆形或倒卵状长椭圆形，每裂片有 2～3 枚小裂齿，叶柄长 0.5～0.8cm；中部叶卵形、三角状卵形或近菱形，一至二回羽状深裂至半裂，每侧裂片 2～3 枚，不再分裂或每侧有 1～2 枚缺齿，叶基部宽楔形渐狭成短柄，叶脉明显，在背面突起，叶柄长 0.2～0.5cm，基部通常无假托叶或极小的假托叶；上部叶与苞片叶羽状半裂、浅裂或 3 深裂或 3 浅裂，或不分裂。头状花序椭圆形，直径 2.5～3.5mm，无梗或近无梗，每数枚至 10 余枚在分枝上排成小型的穗状花序或复穗状花序，并在茎上通常再组成狭窄、尖塔形的圆锥花序，花后头状花序下倾；总苞片 3～4 层，外层总苞片小，背面密被灰白色蛛丝状绵毛，边缘膜质，中层总苞片较外层长，长卵形，背面被蛛丝状绵毛，内层总苞片质薄，背面近无毛；花序托小；雌花 6～10 朵，花冠狭管状，檐部具 2 裂齿，紫色，花柱伸出花冠外，先端 2 叉；两性花 8～12 朵，花冠管状或高脚杯状，外面有腺点，檐部紫色，花柱与花冠近等长或略长于花冠。瘦果长卵形或长圆形。花果期 9～10 月。

分布于东北、华北、华东、华南、西南、陕西、甘肃等。生于路旁荒野、草地。山西及本区广布。全草入药。

15a. 野艾 *Artemisia argyi* **var.** *gracilis* Pamp. in Nuov. Giorn. Bot. Ital. n. s. 36：453，1930；中国植物志 76（2）：87，1991.

该变种与艾蒿的区别在于叶裂片为披针形或条状披针形，而非卵状椭圆形，全缘或具1~2齿，上部茎生叶不分裂，全缘。

分布于东北、华北。本区见于人祖山、紫金山，为山西植物新记录变种。

10. 漏芦属 *Stemmacantha* Cass.

多年生草本。有基生叶，茎生叶互生，全缘或分裂。头状花序较大，总苞片多层，先端有干膜质、撕裂状附片；花托平，有刺毛；全为管状花，花冠管细，檐部5深裂。瘦果具4棱，冠毛多数，近羽毛状，粗糙。

约24种。中国2种。山西及晋西黄土高原1种。

1. 漏芦（祁州漏芦） *Stemmacantha uniflora*（L.）Dittrich in Candollea 39：49，1984；中国植物志 78（1）：187，1987；山西植物志 4：561，图版 299，2004.—*Rhaponticum uniflorum*（L.）DC.；中国高等植物图鉴 4：654，图 6722，1975.—*Contaurea monanthus* Ceorgi—*C. membranacea* DKam.

多年生草本，高 30~80cm。根茎部密被残存叶鞘。茎直立，有条纹，被绵毛。基生叶及下部茎叶全椭圆形、长椭圆形、倒披针形，长 10~24cm，宽 4~9cm，羽状深裂或浅裂，侧裂片 5~12 对，椭圆形或倒披针形，中部侧裂片稍大，向上或向下的侧裂片渐小，裂片边缘有不规则锯齿，叶柄长 6~20cm；中上部茎叶亦为羽状分裂，但渐变小，无柄或有短柄；全部叶质地柔软，两面灰白色，被稠密的或稀疏的蛛丝毛及多细胞糙毛和黄色小腺点，叶柄灰白色，被稠密的蛛丝状绵毛。头状花序单生茎顶，总苞半球形，直径 3.5~6cm。总苞片多层，向内层渐长，全部苞片顶端有膜质附属物；全部小花两性，管状，花冠紫红色，下部细，上部略扩展。瘦果 3~4 棱，楔状，长 4mm，顶端有缘，冠毛褐色，多层，不等长，基部连合成环；冠毛刚毛状，具羽状短毛。花果期 4~9 月。

分布于东北、华北，陕西、甘肃、青海、河南、四川、山东等地。生于山坡草地。山西及本区广布。根茎入药。

11. 火绒草属 *Leontoptodium* R. Br.

多年生簇生草本，全株被绵毛。叶互生，长圆形、披针形、条形，全缘。头状花序皆为同形花，或雌雄同序，或雌雄异株，头状花序小，在枝顶密集成球形或伞形花序，基部有星状苞叶群，头状花序总苞钟形，总苞片多层，花序托突起，无毛；花序全为管状花，缘花雌性，花冠管细，顶端平截或具微齿；盘花雄性，有退化雌蕊，花冠管状，顶端5裂。瘦果圆柱形，冠毛1列，纤细。

约56种。中国41种。山西4种1变种，晋西黄土高原1种。

1. 火绒 *Leonntoptodium leontopodioides*（Willd.）Beauv. in Bull. Soc. Bot. Gen. ser. 1：371，374f. 3：1909；中国高等植物图鉴 4：467，图 6347，1975；中国植物志 75：136，1979；山西植物志 4：391，图版 217，2004.

多年生草本，高 5~45cm。根茎部为枯萎叶鞘包裹，有多数簇生的花茎和与根出条，全株被灰白色长柔毛或白色近绢状毛。叶条形或条状披针形，长 2~4.5cm，宽 0.2~

0.5cm，先端有长尖头，边缘稍翻卷，无鞘，无柄，上面灰绿色，被柔毛，下面被白色或灰白色密绵毛；苞叶少数，较上部叶稍短，在雄株多少开展成苞叶群，在雌株多少直立，不排列成明显的苞叶群。头状花序大，直径7~10mm，3~7个密集，稀1个或较多，或有较长的花序梗排列成伞房状；总苞半球形，长4~6mm，被白色绵毛；总苞片约4层；花全为管状花，雌雄异株，稀同株。瘦果长圆形，黄褐色，长约1mm，有乳头状突起或密粗毛。花果期7~10月。

分布于东北、华北、西北。生于山坡草地、干旱草原。山西及本区广布。全草入药。

12. 香青属 Anaphalis DC.

多年生草本，全株密被白色绵毛。叶互生，无柄。雌雄同株或异株，两性花不结实；头状花序在茎顶集成伞房花序，总苞片多层，白色；缘花雌性，多列，花冠顶端2~4齿裂，结实；盘花两性，多数，不结实，花冠5齿裂。瘦果长椭圆形，冠毛刺毛状，1列。

约80种。中国50种。山西2种，晋西黄土高原1种。

1. 铃铃香青 Anaphalis hancochii Maxim. in Bull. Ac. St. Petersb. 27：478，1881；中国高等植物图鉴4：473，图6347，1975；中国植物志75：212，1979；山西植物志4：396，图版219，2004.

多年生草本，高5~35cm。有细长根状茎，全株被蛛丝状密绵毛与具柄的头状腺毛。下部叶匙形或条状长圆形，长2~10cm，宽0.5~1.5cm，先端钝或急尖，基部渐狭成有翅的柄；中上部叶线状披针形，先端有小尖头，具明显的离基三出脉，两面被密绵毛。头状花序9~15朵，在茎顶成复伞房花序；总苞宽钟形，长8~9mm，宽8~10mm，总苞片4~5层，外层红褐色或黑褐色，内层上部白色；冠毛较花冠长；花序托有毛；雌株头状花序有多列雌花，中间有少数雄花；雄株花序中无雌花。瘦果长圆形有乳头状突起。花果期6~9月。

分布于河北、山西、陕西、甘肃、青海、四川（西部）、西藏（东部）。生于山坡草地。山西吕梁山、五台山、恒山有分布，本区见于紫金山。芳香植物，可作枕垫填充物。

13. 风毛菊属 Saussurea DC.

多年生草本，全株无刺。叶互生，有锯齿或分裂。头状花序较大，排成伞房花序、圆锥花序；总苞球形、筒形、钟形，总苞片多层，直立、反曲、或有附片；花序托有毛；小花全为管状花，多为红紫色，冠檐5裂；冠毛1层，羽毛状，基部连合成环，或2层，外层极短，易脱落。瘦果基部平，无毛。

约400种。中国300余种。山西14种，晋西黄土高原3种2变种。

分种检索表

1. 总苞先端具粉红色膜质附片，下部叶羽状全裂 ……………………………………………2
1. 总苞先端无粉红色膜质附片，叶缘有粗锯齿 ……………………………………………**4**
 2. 下部叶裂片较狭，线状披针形，有时具小裂片，总苞钟形，直径10~15mm…………
 ………………………………………………………………**1. 美花风毛菊 S. pulchella**
 2. 羽状裂片稍宽，长圆状披针形，全缘，总苞圆柱形，直径5~8mm………………**3**
 3. 叶柄基部不下延……………………………………………**2. 风毛菊 S. japonica**
 3. 叶柄基部下延成翼……………………………**2a. 翼茎风毛菊 S. japonica var. alata**

4. 总苞片5列，向外反折，叶三角状卵形，上部有粗牙齿，下部有羽状缺刻……
………………………………………………………………**3. 华北风毛菊** *S. mongolica*

4. 总苞7列，不反折，叶长圆状卵形，边缘有粗锯齿…………………………………
……………………………**4. 长叶乌苏里风毛菊** *S. ussuriensis* var. *triangulate*

1. 美花风毛菊 *Saussurea pulchella* Fisch. in DC. Prodr. 6：537，1837；中国高等植物图
鉴4：642，图6698.1975；山西植物志4：574，图版308，2004.

多年生草本，植株高达100cm。茎具纵棱，疏被糙毛和腺点。基生叶与下部叶具长
柄，叶片长椭圆形，长12~15cm，宽4~6cm，羽状深裂或全裂，裂片披针形，长渐尖，
边缘有齿或小裂片，两面均被糙毛和腺点；中部叶渐小，上部叶线形，全缘或分裂。头状
花序多数，在茎顶密集成伞房状；总苞球形或卵状球形，直径10~15cm，总苞片6~7层，
顶端有粉红色膜质附片，附片先端有小齿；花管状，紫红色，长13mm。瘦果圆柱形，长
约3mm，冠毛2层。花果期8~9月。

分布于东北、华北。生于林缘灌丛。山西吕梁山有分布，本区见于人祖山。

2. 风毛菊 *Saussurea japonica*（Thunb.）DC. in Arch. Mus. Hist. dNat. DParis 16，1810；
中国高等植物图鉴4：642，图6697，1975；山西植物志4：574，图版307，2004.

二年生草本，植株高30~150cm。茎具纵棱，疏被细毛和腺毛。基生叶与下部叶具长
柄，叶片长椭圆形，长20~30cm，宽3~5cm，羽状分裂，顶生裂片披针形，侧裂片7~8
对，狭长椭圆形，先端钝渐尖，全缘两面均被细毛和腺毛；中部叶渐变小，上部叶线状披
针形，羽状分裂或全缘，无柄。头状花序直径1~1.5cm，密集成伞房状；总苞筒状，外被
蛛丝状毛，长8~12mm，宽5~8mm，总苞片6层，顶端具紫红色膜质圆形的附片，附片
先端有小齿裂；花管状，紫红色，长10~14mm，顶端5裂。瘦果长椭圆形，长约4mm，
冠毛淡褐色。

分布于华北、华中、华东，陕西、甘肃、青海。生于山坡林缘草地、灌丛、荒坡。山
西及本区广布。

2a. 翼茎风毛菊 *Saussurea japonica*（Thumb.）DC. **var.** *alata*（Regel）Kom. Fl. Mansh.
729，1907.

该变种与原变种的区别在于叶基部沿茎下沿成翼，全缘或具牙齿。

分布于东北、华北、西北。生于山坡草地。本区广布，该变种为山西植物新记录
变种。

3. 华北风毛菊 *Saussurea mongolica* Fr. in Bull. Soc. Narur. Mose. 41(3)：13，1868；中
国高等植物图鉴4：633，图6680，1975；山西植物志4：580，图版311，2004.

多年生草本，植株高30~90cm。茎具纵棱，疏被毛或无毛。基生叶与下部叶具长柄，
叶片卵状三角形，长6~18cm，宽3~5cm，先端锐尖，基部心形或楔形，叶缘上部有粗锯
齿，下部边缘羽状深裂，裂片边缘有锯齿，披针形，侧裂片7~8对，狭长椭圆形，先端
钝渐尖，全缘，两面均被细毛和腺毛；中部叶渐变小，上部叶披针形，边缘有粗齿，无
柄；叶片两面被糙伏毛。头状花序直径5~8mm，在茎顶密集成伞房状；总苞卵状、筒状，
外被蛛丝状毛，长11~13mm，总苞片5层，顶端长渐尖，反折；花管状，紫红色，长约

10mm。瘦果圆柱形，长约4mm，冠毛淡褐色。花果期7~9月。

分布于东北、华北。生于林缘草地、灌丛。山西五台山、吕梁山、中条山有分布，本区见于人祖山。

4. 长叶乌苏里风毛菊 Saussurea ussuriensis Maxim. **var. triangulate** H. C. Fu 内蒙古农牧学院学报1：51，1981.

多年生草本，植株高30~70cm。茎具纵棱，疏被蛛丝状毛。基生叶与下部叶具长柄，叶片三角状披针形，长20~30cm，宽5~6cm，先端渐尖，基部心形或截形，上面微被硬毛及腺点，下面无毛；边缘有小牙齿；中部叶与上部叶渐变小成线状披针形，有短柄或无柄。头状花序在枝端密集成伞房状；总苞筒状钟形，外被蛛丝状毛，长10~13mm，总苞片5~7层，被蛛丝状毛，顶端钝尖；花管状，紫红色，长10~12mm。瘦果椭圆柱形，长约4mm，冠毛淡褐色。花果期7~9月。

分布于东北、华北。生于林下草地与灌丛。本区见于紫金山，该变种为山西植物新记录变种。

14. 顶羽菊属 Acroptilon Cass.

多年生草本。叶羽状分裂，有锯齿。头状花序单生枝端，多数集成伞房状圆锥花序；总苞长卵形，总苞片有干膜质全缘的半透明附属物；花序托有毛；小花全为管状花，两性，红紫色，冠毛2层，羽毛状，基部不连合成环，外层较短。瘦果基部歪斜。

2种。中国1种。山西及晋西黄土高原1种。

1. 顶羽菊 Acroptilon repens （L.）DC. Prodr. 6：663，1837；中国高等植物图鉴4：653，图6720，1975；中国植物志78(1)：60，图版3849，1987；山西植物志4：558，图版297，2004.

多年生草本，高25~70cm，全株被蛛丝状毛。叶质地硬，两面疏被蛛丝状毛，下部叶长椭圆形，羽状半裂，向上渐变小，呈披针形，有锯齿或全缘。头状花序单生枝端，多数集成伞房状圆锥花序；总苞长卵形，总苞片约8层，先端有干膜质全缘的半透明附属物，附属物被毛；花序托有毛；小花全为管状花，两性，粉红色或淡红紫色，冠毛2层，刚毛状，基部不连合成环，外层较短。瘦果倒卵形，顶端圆钝，基部歪斜。花果期5~9月。

分布于华北、西北。生于干旱山坡草地。山西分布于大同，本区见于临县碛口，为该种在山西地理分布新记录。

15. 麻花头属 Serratula L.

多年生草本。叶互生，质地多少坚硬，羽状分裂，有锯齿。头状花序排成伞房状；总苞卵形或球形，总苞片多层，顶端尖或有芒；花序托有刺毛；小花全为管状花，两性，紫红色或白色，花冠管细，冠檐5裂。瘦果长椭圆形，无毛。冠毛多列，刺毛状，基部不连合成环。

分种检索表

1. 头状花序多数(10~20)，在茎顶排成伞房状，总苞长卵形，直径1~1.5cm····················
···**1. 多苞麻花头 S. polycephala**

1. 头状花序少数(4~9)，单生枝顶，不明显形成伞房状，总苞卵形，长1~2cm·················
···**2. 麻花头 S. centauroides**

1. 多苞麻花头 Serratula polycephala Iljin in Bull. Jatd. Bot. USSR 27：90，1928；中国高等植物图鉴 4：649，图 6712，1975；中国植物志 78（1）：170，图版 3849（1-2），1987；山西植物志 4：567，图版 302，2004.—*S. orthalepis* Kitag.—*S. manshuriensis* W. Wang—*Klasea ortholepis*（Kitag.）Kitag.

多年生草本，高 40~80cm。茎枝被多细胞的长节毛。叶互生，两面粗糙；基部叶与茎下部叶长椭圆形或长倒披针形，长 5~15cm，宽 2.5~5cm，羽状深裂，侧裂片 5~9 对，顶裂片较小，叶柄长 2~6cm；向上叶渐变小，羽状分裂，有短柄至无柄。头状花序 10~20 个，在茎顶排成伞房状；总苞长卵形，直径 1~1.5cm，上部收缩，总苞片 8~9 层；小花紫红色。瘦果褐色，楔状长椭圆形，具 3 肋棱。冠毛多列，刺毛状。花果期 7~9 月。

分布于华北、辽宁。生于山坡草地、田边、路旁。山西恒山、吕梁山有分布，本区见于紫金山。

2. 麻花头 Serratula centauroides L. Sp. Pl. 820，1753；中国高等植物图鉴 4：649，图 6711，1975；中国植物志 78（1）：172，1987；山西植物志 4：567，图版 304，2004.—*Klasea centauroides*（L.）Cass.—*Serradtula potanini auct.* non Iljin H. Ch. Fu—*S. hsubgebebsus* Kitag.

多年生草本，高 40~100cm，茎枝下部被多细胞的长节毛。叶互生，两面粗糙；基本叶与茎下部叶长椭圆形至宽线形，长 8~12cm，宽 2~5cm，羽状深裂、侧裂片 5~8 对，裂片椭圆形或宽线形，叶柄长 3cm；总苞长卵形，直径 1.5~2cm，上部稍收缩，总苞片 10~12 层。小花白色或紫红色，花冠长 2cm。瘦果褐色，楔状长椭圆形，具 4 肋棱。冠毛褐色，略带红色。花果期 6~9 月。

分布于东北、华北、陕西。生于山坡草地、田边、路旁。山西恒山、吕梁山、五台山、太行山有分布，本区见于紫金山。

16. 旋覆花属 Inula L.

草本，茎被毛。叶互生，全缘或有齿。头状花序盘状，排成伞房状或圆锥状；小花异形，均可结实；总苞片多列，外层有时叶状；花序托无毛，有多数窝孔；边花为舌状花，1 至多层，黄色，雌性，舌片顶端 3 裂；盘花为管状花，黄色，两性，冠檐 5 裂。瘦果圆柱形，有棱，冠毛 1~2 层，等长。

约 100 种。中国 20 余种。山西 6 种 1 变种，晋西黄土高原 1 种。

1. 旋覆花 Inula britanica L. Sp. Pl. ed. 1：881，1753；中国高等植物图鉴 4：477，图 6368，1975；中国植物志 75：562，1979；山西植物志 4：400，图版 220，2004.

多年生草本。根状茎横走，茎高 30~70cm，被长伏毛。基部叶花期枯萎；中部叶长圆状披针形，长 4~13cm，宽 1.5~3.5cm，顶端稍尖或渐尖，边缘有小尖头状疏齿或全缘，上面有疏毛或近无毛，下面有疏伏毛和腺点；中脉和侧脉有较密的长毛，基部多少狭窄，常有圆形半抱茎的小耳，无柄；上部叶渐狭小，线状披针形。头状花序直径 3~4cm，多数或少数排列成疏散的伞房花序；总苞半球形，直径 13~17mm，长 7~8mm；总苞片约 6 层，最外层常叶质而较长，有缘毛；舌状花黄色，舌片线形；管状花裂片三角状披针形；冠毛 1 层，白色，与管状花近等长。瘦果长 1~1.2mm。花期 6~10 月，果期 9~11 月。

广布于中国北部、中东部，西南亦可见到。生于山坡路旁、湿润草地、河边。山西及本区广布。

17. 款冬属 Tussilago L.

本属仅 1 种，特征同种。

1. 款冬 Tussilago farfara L. Sp. Pl. 865，1753；中国高等植物图鉴 4：547，图 6507，1975；山西植物志 4：503，2004.

多年生草本。全株被绵毛，有横走根状茎。基生叶后出，宽心形，长 3~12cm，宽 4~14cm，先端急尖，基部心形，边缘有波状齿，背面白色，密被茸毛，掌状脉，叶柄长 10~15cm。发叶前开花，花茎高 5~10cm，花后伸长，花茎上叶为鳞片状，淡紫褐色、黄色，雌性，结实，舌片狭长；盘花管状，黄色，冠檐 3 裂，两性，不结实。瘦果长圆形，有棱，冠毛淡黄色。花果期 3~5 月。

广布全国各地。生于山坡草地、沟边、路旁。山西各山地均有分布，本区见于人祖山。花蕾与根入药。

18. 千里光属 Senecio L.

草本或灌木。叶互生，不分裂或羽状分裂。头状花序排成伞房花序或圆锥花序；总苞半球形或筒形，总苞片 1 层，基部有外苞片；花序托平，有窝孔；缘花为舌状花，舌片先端 3 齿裂，黄色，雌雄，结实；盘花为管状花，两性，黄色，5 齿裂。瘦果圆柱形，有棱。冠毛有或无。

约 1000 种。中国 65 种。山西 4 种，晋西黄土高原 1 种。

1. 羽叶千里光 Senecio argunensis Turcz. in Bull. Soc. Nat. Mosc. 20（2）：18，1847；中国高等植物图鉴 4：571，图 6555，1975；山西植物志 4：530，图版 283，2004.

多年生草本。茎长 30~80cm，密被蛛丝状柔毛。基部与下部叶花期枯萎；中部叶无柄，卵状长圆形，长 6~10cm，宽 3~6cm，羽状深裂至全裂，单生裂片小，侧裂片约 6 对，披针形，边缘具小齿，下面疏被蛛丝状毛。头状花序多数，呈复伞房状排列；总苞近钟形，长 5~6mm，总苞片约 10 枚，披针形，有蛛丝状毛，边缘膜质；总苞基部有外苞片；舌状花，长 6~9mm；管状花长 6mm。瘦果长约 2.5mm，冠毛白色。花果期 8~10 月。

分布于东北、华北、西北。生于山坡草地、林缘、河滩。山西各山地均有分布，本区见于人祖山、紫金山。

19. 狗舌草属 Tephroseris（Reichenb.）Reichenb.

多年生草本，全株被蛛丝状毛。叶互生，基生叶莲座状，叶缘有锯齿。头状花序排成伞形聚伞花序；总苞雌性，先端 3 齿；舌状花黄色；盘花为管状花，两性。瘦果圆柱形，有纵棱。冠毛细，白色。

约 50 种。中国 13 种。山西 2 种，晋西黄土高原 1 种。

1. 狗舌草 Tephroseris kirilowii（Turcz. et DC.）Holub1. in Folia Geobot. Phnytotax. 2：42，1977；中国高等植物图鉴 4：561，图 6536，1975. —S. integrifolia（L.）Clairv. ssp. *kirilowii*（Turcz. ex DC,）Kitag.；山西植物志 4：522，图版 279，2004. —Senecio kirilowii Turcz. ex DC.

多年生草本，高 20~65cm，全株密被蛛丝状毛。基部叶莲座状，花期不枯萎，具短柄，长圆形或卵状长圆形，长 5~10cm，宽 1.5~2.5cm，顶端钝，有小尖，基部楔形，渐狭成柄，两面均有蛛丝状毛；中部叶卵状椭圆形，无柄，基部半抱茎；顶端叶苞片状。头状花序直径 1.5~2cm，3~11 枚呈伞房状排列；总苞筒状，长 6~8mm，总苞片 18~20 枚，总苞基部无外小苞片；舌状花黄色，长 6~7mm；管状花，黄色，长 8mm；两性，长约 3mm，先端 5 齿裂。瘦果，长约 2.5mm。花果期 6~7 月。

分布于东北、华北、西北、华东、西南。生于山坡草地。山西各山地均有分布，本区见于房山峪口。

20. 白酒草属 Coniza L.

草本。叶互生，全缘或有齿。头状花序盘状，排成伞房状；总苞片 2 至多列；花序托无毛，具窝孔；小花全部结实，缘花雌性，2 至多列，为舌状花，舌片短，白色，先端 2~3 齿裂，花冠管纤细；盘花两性，为管状花，冠檐 5 齿裂，淡黄色。瘦果极小，冠毛 1 层，较瘦果长。

约 60 种。中国 10 种。山西及晋西黄土高原 1 种。

1. 小白酒草 Coniza cannadensis（L.）Cronq. in Bull. Torr. Bot. Clab. 70：632，1943；中国高等植物图鉴 4：448，图 6310，1975；中国植物志 74：348，1985；山西植物志 4：387，图版 215，2004.

一年生草本，高 50~100cm。种子繁殖，以幼苗和种子越冬。茎有细条纹及粗糙毛。基生叶花期枯萎；下部叶倒披针形，长 6~10cm，宽 1~1.5cm，先端渐尖，基部渐狭，具疏锯齿或全缘，有缘毛；中上部叶渐小，条状披针形。头状花序较小，多数排成多分枝的圆锥花序状；总苞圆柱形，长 2.5~4mm，总苞片 2~3 层，线状披针形；舌状花白色，稍超出花盘；管状花长 2.5~3mm，淡黄色。瘦果线状披针形，长 1.2~1.5mm，宽约 0.5mm。花果期 5~10 月。

原产北美洲，中国广布。山西各区均有布，本区见于人祖山、临县碛口。

21. 马兰属 Kalimeris Cass.

多年生草本。叶互生，全缘或羽状齿裂。头状花序放射状，单生或排成较稀疏的伞房状；总苞半球形；总苞片多列；花序托凸，有窝孔；缘花舌状，蓝紫色，1 列，雌性；盘花为管状花，多数，两性。瘦果扁，冠毛极短，或为膜片状。

约 20 种。中国 7 种。山西 4 种，晋西黄土高原 1 种。

1. 裂叶马兰 Kalimeris incisa（Fisch.）DC. in Prodr. 5：258，1836；中国高等植物图鉴 4：420，1975.

多年生草本，高 30~100cm。有沟棱，被短硬毛。下部叶及中部叶椭圆状披针形或宽椭圆形，长 2~10cm，宽 0.5~2.6cm，先端渐尖，基部渐狭，边缘疏生缺刻状牙齿，或为羽状浅裂至深裂，裂片条形或披针形，有缘毛；向上叶渐小，条状披针形，全缘。头状花序直径 2~3cm，单生枝端且排成伞房状；总苞半球形，直径 1~1.5cm；总苞片 3 层，边缘膜质，有睫毛；舌状花淡蓝紫色，舌片长 1.8cm；管状花黄色，长约 4mm。瘦果倒卵形，长 3mm，冠毛长 0.5~1mm

产于中国北部。生于山坡草地、河边、林缘。本区见于房山峪口、人祖山，该种为山西植物新记录种。

22. 大丁草属 *Leibnitzia* Cass.

多年生草本。叶基生，大头羽状分裂。头状花序单生于花葶顶端；花分为春花与秋花两种，春季开花头状花序缘花为舌状花，雌性，盘花为管状花，两性；秋季开花头状花序全为管状花，两性，结实；总苞筒形或钟形，总苞片 2~3 层；舌状花与管状花皆为二唇形，外唇先端齿状裂，内唇裂片线形。瘦果扁平，有纵棱，微被毛。冠毛多数，刺毛状。

30 余种。中国 5~6 种。山西及晋西黄土高原 1 种。

1. 大丁草 *Leibnitzia anandria* (L.) C. A. Nakaai, in Jopurn. Jap. Bot. 13：1937；中国高等植物图鉴 4：669，图 6751，1975；山西植物志 4：597，图版 320，2004. —*Tussilago anandria* L. —*Gerbera anandria* (L.) Sch. -Bip.

多年生草本。全株被蛛丝状毛。春型植株高 8~19cm，叶广卵形或椭圆状广卵形，长 2~6cm，宽 1.5~5cm，顶端钝，基部心形；头状花序紫红色，舌状花长 10~12mm；管状花长约 7mm。秋型植株高 30~50cm，叶倒披针形或椭圆状宽卵形，长 5~6cm，宽 3~5.5cm，通常提琴状羽裂，顶端裂片卵形，边缘有不规则圆齿，基部常狭窄下延成柄；头状花序紫红色，全为管状花。瘦果长 4.5~6mm，有纵条。冠毛长 4~5mm，黄棕色。春花期 4~5 月，秋花期 8~11 月。

分布于中国南北各地。生于山坡路旁、林边、草地。山西各山地均有分布，本区见于房山峪口、人祖山。

23. 狗娃花属 *Heteropappus* Less.

草本。叶互生，全缘或有疏齿。头状花序辐射状，单生或排成伞房状；总苞片 2 至多层，外层草质，内层边缘膜质；缘花为舌状花，1 层，蓝紫色，雌性，冠毛短或为膜片状；盘花为管状花，多数，黄色，两性，结实，冠檐 5 裂，其中 1 片稍长。冠毛稍长，糙毛状。

约 30 种。中国 12 种。山西 3 种，晋西黄土高原 2 种。

分种检索表

1. 多年生，头状花序较小，直径 2~2.5cm，管状花与舌状花的冠毛同型··············
·· **1. 阿尔泰狗娃花 *H. altaicus***
1. 一至二年生，头状花序较大，直径 3~5cm，舌状花的冠毛短，呈膜片状············
·· **2. 狗娃花 *H. hispoidus***

1. 阿尔泰狗娃花 *Heteropappus altaicus* (Willd.) Novopookr. Herb. Fl. Ross. 56：56.2769. et Fl. Ross. 8：193，1922；中国高等植物图鉴 4：421，图 6255，1975；中国植物志 74：112，图版 33：6-13，1985；山西植物志 4：368，图版 206，2004. —*Aster altaicus* Willd.

多年生草本，高 20~40cm。茎被糙毛和腺点。基部叶在花期枯萎；下部叶条形或矩圆状披针形，长 3~6cm，宽 0.7~1.5cm，全缘或有疏浅齿；上部叶渐狭小，条形；全部叶两面或下面被粗毛或细毛，常有腺点。头状花序，直径 2~3.5cm，单生枝端或排成伞房状；总苞半球形，总苞片 2~3 层，近等长或外层稍短，被毛，常有腺，边缘膜质；舌状花约 20 个，舌片浅蓝紫色，长 10~15mm；管状花黄色，长 5~6mm，冠檐裂片不等大。

瘦果扁，倒卵状矩圆形，长 2~2.8mm，被绢毛。冠毛污白色或红褐色。花果期 5~9 月。

分布于中国北方各地。生于山坡草地、河边、路旁。山西及本区广布。

2. 狗娃花 *Heteropappus hispoidus* Less. Syn. Comp. 189，1832；中国高等植物图鉴 4：421，图 6256，1975；中国植物志 74：119，图版 33：1-5，1985；山西植物志 4：370，图版 207，2004. —*Aster hispidus* Thunb.

二年生草本，高 30~60cm。全株被短硬毛和腺点。下部叶花期枯萎；中部叶椭圆状披针形，长 4~7cm，宽 0.5~1.5mm，先端钝或突尖，基部狭，全缘；茎上部叶渐小。头状花序直径 3~5cm，单生或排成伞房花序；总苞半球形，长 7~19mm，总苞片 2 层，近等长，有毛；舌状花约 30 个，淡红紫色、淡紫色或白色，舌片长 1cm；管状花黄色，长 5~7mm。瘦果扁倒卵形，被伏毛；舌状花冠毛为膜片状冠环，管状花冠毛糙毛褐红色，长 3~4mm。花期 8~9 月，果期 9~10 月。

分布于北方各地。生于山坡草地、河滩、林缘。山西各山地均有分布，本区见于房山峪口、人祖山。

24. 紫菀属 *Aster* L.

多年生草本。叶互生，有齿或全缘。头状花序辐射状，排成伞房花序或圆锥花序，小花全部结实；总苞半球形或钟形，总苞片多列，草质，边缘膜质；花序托平或凸，有窝孔；缘花雌性，1~2 列，舌状，舌片明显，蓝紫色或白色；盘花两性，多数，管状，黄色，冠檐 5 裂，裂片等大。瘦果扁，有短毛和腺点。冠毛粗糙，白色或红褐色，1~2 列。

250 余种。中国约 100 种。山西 6 种 1 变种，晋西黄土高原 1 种。

1. 三脉紫菀 *Aster ageratoides* Turcz. in Bull. Soc. Nat. Mose. 17：54，1837；中国高等植物图鉴 4：428，图 6270，1975；中国植物志 74：159，图版 43：1-5，1985；山西植物志 4：374，图版 209，2004. —*A. trinervis* D. Don ssp. *ageratoides* (Turcz.) Criers

多年生草本，高 40~100cm。茎被柔毛和粗毛。下部叶宽卵形，基部急狭成柄，花期枯萎；中部叶椭圆状披针形，长 5~15cm，宽 1~5cm，先端渐尖，基部楔形，边缘浅裂或为深锯齿，两面有粗毛，离基三主脉；上部叶渐小，有浅锯齿或全缘。头状花序辐射状，直径 1.5~2cm，排成伞房花序；总苞半球形，总苞片 3 列，上部绿色或紫色，下部干膜质；舌状花 10 余朵，蓝紫色、红紫色或白色；盘花管状，黄色。瘦果长 2~2.5mm。冠毛粗糙，白色或红褐色。

广布于全国。生于林下及阴坡草地。山西各地区均有分布，本区见于人祖山、紫金山。根状茎入药。

25. 大丽花属 *Dahlia* Cav.

多年生草本，有块根。叶互生，一至三回羽状复叶，间或有单叶。头状花序放射状，较大，有长的花序梗；总苞半球形，总苞片 2 列；花序托平，有膜质托片；缘花雌性或中性，舌状，红紫色或白色；盘花黄色，两性，冠檐 5 裂，结实。瘦果扁，顶端有不明显 2 齿，无冠毛。

约 15 种，分布于南北美洲。中国栽培 1 种。山西及晋西黄土高原有栽培。

1. 大丽花 *Dahlia pinnata* Cav. Icon. et Descr. Pl. 1：57，1791；中国植物志 75：357，1979；山西植物志 4：428，2004. —*D. rosea* Cav. —*D. variabilis* Desf.

多年生草本，高 1~2m。块根棒状。叶一至三回羽状分裂，裂片卵状长圆形。头状花序直径 6~12cm，花序梗长，下垂；外层总苞片叶状，内层膜质；舌状花 1 层，在栽培环境中，可能全部小花均为舌状花。瘦果长 9~12mm。花期 6~10 月。

本区多地见有栽培。观赏花卉。

26. 菊属 *Dendranthema*（DC.）Des Moul.

多年生草本。叶互生，有锯齿或一至二回羽状分裂、掌状全缘；头状花序辐射状，单生茎顶或排成伞房状；总苞盘状，总苞片边缘膜质；花序突起，无毛；缘花雌性，舌状；盘花多数，管状，冠檐 5 裂。瘦果有明显的纵棱，冠毛鳞片状。

30 余种。中国 13 种。山西 6 种，晋西黄土高原 3 种。

分种检索表

1. 舌状花粉红色，叶 3~5 掌状浅裂至中裂······························ 1. 小红菊 *D. chanetii*
1. 舌状花黄色，叶二回羽状分裂··2
    2. 植株被稀疏的柔毛，叶两面均为绿色····················· 2. 甘菊 *D. lavandulaefolium*
    2. 全株密被贴伏柔毛，叶上面绿色，下面白色··················· 3. 委陵菊 *D. potentilloides*

1. 小红菊 *Dendranthema chanetii*（Levl.）Shih. in Bull. Bot. Lab. North-East. Forest. Inst. 6：3，1980；中国植物志 78（1）：33，1983；山西植物志 4：443，图版 241，2004. —*Pyrethrum sinensis* Maxim. —*Chrysanthenum chanetii* Levl. —*Ch. erubescenhs* Stapf. —*Dendrantheum erubescens*（Stapf.）Tzvel.

多年生草本，高 15~50cm。全株被疏毛。基生叶及下部叶近圆形或宽卵形，羽状分裂，裂片浅或达中部，顶生裂片较大，裂片边缘有锯齿，齿尖芒状，叶片两面有腺点和柔毛或无毛；叶片基部渐狭而成具翅的长柄；中部及上部叶变小，具短柄；最上部叶条形，全缘或羽状浅裂。头状花序单生或 2~5 个于茎顶排成伞房状，直径 3~5cm；总苞片 3 层，边缘膜质，褐色；舌状花冠白色、粉红色或红紫色，管状花黄色。瘦果矩圆形，长约 2mm。花果期 7~10 月。

分布于东北、华北，陕西、甘肃、青海、浙江、安徽。生于山坡草地、林缘。山西各地均有分布，本区见于人祖山、紫金山。

2. 甘菊 *Dendranthema lavandulaefolium*（Fisch. et Trautv.）Ling et Shih. in Bull. Bot. Lab. North-East. Forest. Inst. 6：5，1980；中国植物志 76（1）：41，1983；山西植物志 4：445，图版 242，2004. —*Chrysanthemum lavandulifolium*（Fisch. ex Trautvg.）Makino —*Ch. lavandulifolium* var. *sinense* Kitam. —*Dendranthema boreale*（Makino）Ling 中国高等植物图鉴 4：510. 图 6533. 1975.

多年生草本，高 30~150cm。茎疏被灰白色柔毛。基生叶与茎下部叶花期枯萎，中部叶片矩圆形或卵形，长 5~7cm，宽 4~6cm，二回羽状深裂，一回裂片 2~3 对，先端钝或渐尖，全部叶片被灰白色绵毛至几无毛，叶柄长 1~2cm，基部扩大。头状花序直径 1~2cm，排成伞房状；总苞直径 7~12mm，被疏绵毛或几无毛，总苞片 3~4 层，外层边缘膜质；花序托明显凸出，锥状球形；花全为黄色，舌状花雌性，管状花两性。瘦果长 1.2~1.5mm。花果期 5~10 月。

分布于东北、华北、西北、华东、华中，云南。生于山坡草地、河边、路旁。山西及本区广布。

3. 委陵菊 *Dendranthema potentilloides* （Hand. -Mazz. ） Shih in Bull. Bot. Lab. North-East. Forest. Inst. 6：7，1980；中国植物志 76（1）：43，1983；山西植物志 4：447，图版 243，2004. —*Chrysanthemum potentilloides* Hand-Mazz.

多年生草本，高 30~70cm。具地下匍匐茎，全部茎枝具灰白贴伏短柔毛。基生叶与茎下部叶花期枯萎，中部叶片宽卵形或三角状卵形，二回羽状分裂，一回为全裂，裂片 2 对，二回浅裂或半裂，裂片边缘有锯齿，叶柄基部有叶耳，上部叶渐小。头状花序排成伞房状；总苞片 4 层，被毛，外层顶端圆形膜质扩大；小花全为黄色。花期 8 月。

分布于西北，山西。生于林缘草地。山西吕梁山、中条山有分布，本区广布。

27. 鬼针草属 *Bidens* L.

一年生或多年生草本。叶对生，一至二回羽状复叶，或有锯齿和分裂。头状花序单生或排成伞房或圆锥花序状；总苞钟形或半球形，总苞片 2 列，基部常合生，外层有时呈叶状；花序托有膜质托片；小花分为舌状花和管状花，有时全为管状花；舌状花 1 列，中性，白色或黄色；盘花黄色，冠檐 4~5 裂，两性，结实。瘦果顶端有 2~4 条刺芒，芒上有倒刺。

约 230 种。中国 9 种 2 变种。山西 5 种，晋西黄土高原 3 种。

分种检索表

1. 瘦果较宽，压扁，顶端截形，芒刺 2，外层总苞叶状·················**1. 狼耙草 *B. tripartita***
1. 瘦果线形，顶端尖，外层总苞不呈叶形···**2**
　2. 瘦果顶端 3~4 针芒，叶二回羽状深裂，裂片三角形或菱状披针形············
　···**2. 鬼针草 *B. bipinnata***
　2. 瘦果顶端 2 针刺，叶二至三回羽状全裂，裂片条形·········**3. 小花鬼针草 *B. parviflora***

1. 狼耙草 *Bidens tripartita* L. Sp. Pl. 831，1753；中国高等植物图鉴 4：495，图 6403，1975；中国植物志 75：372，1979；山西植物志 4：417，图版 228，2004.

一年生草本，高 20~100cm。茎近四棱形。基生叶及茎下部叶花期枯萎；茎中部叶长 4~13cm，常 3~5 深裂，顶生裂片较大，长椭圆形，先端长渐尖，基部楔形，边缘有锯齿，侧裂片披针形，较小，基部下延成柄，半抱茎；茎上部叶互生，3 裂或不裂。头状花序单生于茎或枝端，具长梗；总苞盘状或近钟形，总苞片外层叶状，长 1~4cm，具缘毛。无舌状花；管状花两性，先端 4 齿裂，具 4 条明显黄褐色脉。瘦果压扁，倒卵状楔形，先端截形，具 2 刺芒。花期 7~8 月，果期 9~10 月。

分布于东北、华北、华东、华中、西北、西南。生于湿草地、沟旁、稻田边等。山西各地均有分布，本区见于房山峪口。

2. 鬼针草(婆婆针) *Bidens bipinnata* L. Sp. Pl. 832，1783；中国高等植物图鉴 4：496，图 6405，1975；中国植物志 75：380，1979；山西植物志 4：422，图版 231，2004.

一年生草本，高 30~120cm。茎钝四棱形。叶片轮廓三角状卵形，长 11~14cm，二回羽状分裂，一回分裂达叶轴，二回裂片深达中部，裂片先端渐尖，基部楔形，边缘有缺刻。头状花序直径 6~10mm，花序梗长 1~5cm；总苞杯状，苞片 2 列，外层 5~7 枚，草质；舌状花黄色，1~3 朵；盘花筒状，长约 4.5mm，冠檐 5 齿裂。瘦果线形，具棱，长 12~18mm，宽约 1mm，顶端芒刺 3~4 枚。花果期 8~9 月。

分布于东北、华北、华东、华中、西南各地。生于村旁、路边及荒地中。山西各地均有分布，本区见于人祖山、房山峪口。

3. 小花鬼针草 Bidens parviflora Willd Enum. Pl. Hort. Berol. 848, 1800；中国高等植物图鉴 4：495，图 6404，1975；中国植物志 75：376，1979；山西植物志 4：417，图版 229，2004.

一年生草本，高 20~90cm。茎近四棱形，被短柔毛或近无毛。基生叶及茎下部叶花期枯萎；茎中部叶轮廓宽卵形，长 6~10cm，二至三回羽状全裂，裂片线状披针形，先端锐尖，边缘疏具短睫毛，两面疏披短柔毛，叶柄基部宽展，半抱茎；茎上部叶渐小，最上部叶线形，不分裂。头状花序单生枝端，近圆柱形，直径 2~3cm，长 7~10cm，具长梗；总苞基部被柔毛，总苞片 2~3 层，外层短小，草质，内层背部绿褐色，边缘白色透明膜质；无舌状花，管状花两性，花冠 4 裂。瘦果线状四棱形，长约 15mm，宽 1mm，稍扁，微向内弯，先端渐狭，具 2 刺芒。花果期 7~10 月。

分布于东北、华北、华中、华东、陕西、四川。生于干旱山坡草地、河边、路旁。山西及本区广布。全草入药。

28. 向日葵属 Helianthus L.

草本。茎下部叶常对生，上部互生，单叶。头状花序放射状，单生或呈伞房状，有异性小花；总苞盘状，总苞片 2 至多列，外层叶状；花序托平或突起，有托片；舌状花黄色，中性；盘花黄色或紫色，两性，结实。瘦果倒卵形，稍压扁，顶端有鳞片状冠芒，早落。

约 100 种，产南北美。中国引种栽培 12 种。山西及晋西黄土高原 2 种。

分种检索表

1. 一年生，叶心状卵形，管状花紫色 …………………………………… **1. 向日葵 H. annus**
1. 多年生，有块根，叶卵状椭圆形，管状花黄色 …………………… **2. 菊芋 H. tuberosus**

1. 向日葵 Helianthus annus L. Sp. Pl. 904, 1753，中国高等植物图鉴 4：493，图 6399，1975；中国植物志 75：357，1979；山西植物志 4：431，图版 235，2004.

一年生高大草本。茎粗壮，被白色粗硬毛。叶互生，心状卵圆形，先端锐突或渐尖，有基出 3 脉，边缘具粗锯齿，两面粗糙，有长柄。头状花序直径 10~30cm，单生于茎顶或枝端，常下倾；总苞片多层，叶质，被长硬毛；缘花舌状，黄色，不结实；盘花棕色或紫色，管状，两性，结实。瘦果，倒卵形或卵状长圆形，稍扁压，果皮木质化。

原产北美洲，世界各地均有栽培。本区广为栽培，在河滩、地边、路旁常见逸生植株。

2. 菊芋 Helianthus tuberosus L. Sp. Pl. 905, 1753；中国高等植物图鉴 4：493，图 6400，1975；中国植物志 75：358，1979；山西植物志 4：431，图版 236，2004.

多年生高大草本。具块状地下茎，被短糙毛或刚毛。基部叶对生，上部叶互生；叶片卵形至卵状椭圆形，长 10~15cm，宽 3~9cm，先端急尖或渐尖，基部宽楔形，边缘有锯齿，上面粗糙，下面被柔毛，具 3 脉，叶柄较长，上部有狭翅。头状花序直径 5~9cm，数个，生于枝；总苞半球形，总苞片多列，外层叶状；舌状花淡黄色；管状花两性，黄色、棕色或紫色，裂片 5。瘦果楔形，顶端常有扁芒。花果期 7~9 月。

原产北美洲，经欧洲传入中国，现中国大多数地区有栽培。本区广为栽培，亦可见有逸生植株。

29. 蒲公英属 *Taraxacum* L.

多年生草本，有乳汁。叶基生，莲座状，羽状分裂，稀全缘。头状花序单生于无叶的花葶顶端；总苞钟形或筒形，总苞片 2~4 层，顶端有时具角状突起，内层较长；花序托有窝孔；小花全部为舌状花，黄色或白色，先端 5 裂，雌性。瘦果纺锤形，顶端有喙，喙上部有瘤状或刺状突起，冠毛多数。晋西黄土高原 2 种。

分种检索表

1. 叶上有红紫色斑点，叶柄及花葶鲜红色，外层总苞片有短角状突起，瘦果上部有刺，喙长 8~10mm ·····················1. 红梗蒲公英 *T. eryropodium*
1. 叶上无红紫色斑点，外层总苞片有长角状突起，瘦果全部有刺，喙长 6~8mm ··2. 蒲公英 *T. mongolicum*

1. 红梗蒲公英 *Taraxacum eryropodium* Kitag. in Rep. Inst. Sci. Res. Manch. 2：304. F. 2, 1938.

多年生草本，高 10~25cm。叶柄短、鲜红紫色；叶片长倒披针形或广倒披针形，长 5~13cm，宽 2.5~3cm，先端钝，基部狭窄，边缘具规则的羽状深裂，侧裂片 4~5 对，三角状，全缘或有疏齿，表面有红色斑点，两面被蛛丝状毛。头状花序直径 3~3.5cm；花茎比叶片稍长，鲜红紫色，顶端被蛛丝状毛；总苞钟形，总苞片 3 层，外面 2 层先端紫红色，有短角状突起，边缘窄白膜质；舌状花黄色，长约 1cm。瘦果长约 4mm，上部有刺状突起，熟时淡黄褐色，喙长 8~10mm。冠毛白色。花期 3~4 月，果期 5~6 月。

分布于东北、华北，新疆等地。生于山坡路旁、沟旁及盐碱地带。本区广布，该种为山西植物新记录种，太岳山也有分布。

2. 蒲公英 *Taraxacum mongolicum* Hand. -Mazz. in Monogr Ger. Tarax. 67，1907；中国高等植物图鉴 4：680，图 6774，1975；山西植物志 4：634，图版 341，2004.

多年生草本，高 10~30cm。叶倒披针形或长圆状披针形，长 10~15cm，宽 1~5cm，先端钝或急尖，倒向羽状深裂或大头羽状深裂，有时具波状齿，稀全缘，顶端裂片较大，侧裂片 3~5 对，裂片间常夹生小齿，基部渐狭成叶柄，叶柄及主脉常带红紫色。花葶 1 至数个，与叶等长或稍长，上部紫红色，密被蛛丝状白色长柔毛；头状花序直径 30~40mm；总苞钟状，总苞片 2~3 层，外层总苞片先端增厚或具小到中等的角状突起；内层总苞片先端紫红色，具小角状突起；舌状花黄色，舌片长约 8mm。瘦果长 4~5mm，上部具小刺，下部具成行排列的小瘤，喙长 6~10mm。冠毛白色。花期 4~9 月，果期 5~10 月。

分布于东北、华北、华中、华东、西北、西南。生于山坡草地、路边、田野、河滩。山西及本区广布。全草入药。

30. 毛莲菜属 *Picris* L.

草本。有乳汁，全株被钩状分叉粗毛。叶互生，有齿。头状花序排成伞房状；总苞钟形，总苞片多层，下面 1~2 层较小；小花全为舌状花，黄色；花序托无毛。瘦果有刺。冠毛羽毛状。

约 40 种。中国 6 种。山西及晋西黄土高原 1 种。

**1. 毛莲菜 *Picris hieracioides* L. ssp. *japoonica* Krylv. Fl. Alt. 3：727，1904；中国高等植物图鉴 4：677，图 6768，1975；山西植物志 4：610，2004.—*P. japonica* Thunb.—*P. dahurica* Fisch ex Honem.

二年生草本，高 30~80cm。中下部叶倒披针形，长 8~22cm，宽 1~4cm，先端尖，基部渐狭成柄，边缘具尖齿；上部叶较小且较狭，无柄。头状花序多数，在茎顶排列成伞房状，花序梗较长，基部具条形苞叶；总苞筒状钟形，长 8~12mm，总苞片 3 层，背面被硬毛，外层者较短；全为舌状花，花黄色。瘦果圆柱形，稍弯曲，红褐色，具横纹，无喙。冠毛 2 层，白色，长达 2mm。花果期 7~8 月。

分布于东北、华北、华东、华中、西北、西南。生于山坡草地、田边、荒地、林缘、沙滩地。山西及本区广布。

31. 鸦葱属 *Scorzonera* L.

多年生草本，植株有乳汁。单叶互生，全缘，有时分裂。头状花序单生枝顶或呈伞房状排列；总苞圆柱形，筒形或钟形，总苞片多层；小花全部为舌状花，两性，黄色、紫色、红紫色，舌片先端 5 齿。瘦果无喙，有棱。冠毛羽毛状。

约 170 种。中国 22 种。山西 6 种，晋西黄土高原 2 种 1 变种。

分种检索表

1. 茎叉状分枝，灰绿色，有白粉，叶丝状线形，头状花序具 5~15 朵花，紫色…………………………………………………………**1. 紫花叉枝鸦葱 *S. divaricata* var. *subliacina***
1. 茎不分枝，花黄色…………………………………………………………2
  2. 数个头状花序在茎端排成伞房状，叶长条形…………**2. 细叶鸦葱 *S. albicaulis***
  2. 头状花序单生茎顶，叶椭圆状披针形，边缘皱曲…………**3. 桃叶鸦葱 *S. sinensis***

**1. 紫花叉枝鸦葱 *Scorzonera divaricata* Turcz. var. *subliacina* Maxim.

多年生草本，高 15~30cm。茎"之"字形弯曲，灰绿色，有白粉。叶条形，长 1~9cm，宽 1~3mm。头状花序单生枝端，总苞圆筒形，长 10~13mm，总苞片 3~4 层，被蛛丝状毛；舌状花 5~15 朵，淡紫色。瘦果长 10mm，顶端有长柔毛。花果期 6~8 月。

分布于内蒙古、山西、西北。生于干旱草原、荒漠。本区见于房山峪口，该变种为山西植物新记录变种。

**2. 细叶鸦葱(笔管草) *Scorzonera albicaulis* Bge. in Mem. Acad. Sci. St. dDPetersb. Sav. Etrang：114，1935；中国高等植物图鉴 4：674，图 6761，1975；山西植物志 4：605，图版 110：5-1：5，2004.

多年生草本，高 30~60cm。茎中空，被蛛丝状毛，颈部有残存枯叶柄。基生叶多数，条形，长 20~40cm，宽 7~20mm，先端渐尖，基部渐狭成具翅的柄，边缘平展，具

5~7脉；茎上部叶互生，较小。头状花序单生枝端，排成伞房状；总苞钟状筒形、长 2.5~4cm，宽8~15mm；总苞片5层，具膜质边缘，被蛛丝状毛；舌状花长2~3cm，黄色，干后红紫色。瘦果圆柱状，长约2.5cm。冠毛黄褐色，长2cm，羽毛状。花果期6~9月。

分布于中国北方各地。生于山坡草地、林缘、灌丛、路旁。山西及本区广布。

3. 桃叶鸦葱 Scorzonera sinensis Lipsch. et Krasch. ex Lipsch. Fragm. Monoge. Gen. Scorz. 129：120，1935；中国高等植物图鉴4：676，图6765，1975；山西植物志4：605，图版325，2004. —— *S. austriaca* Wielld. ssp. *sinensis* Lipsch. et Krasch.

多年生草本，高5~10cm。颈部有纤维质残存叶鞘。基生叶宽披针形，长6~20cm，宽1~2cm，先端渐尖，基部渐狭成具翅的柄，边缘明显波状皱曲，两面无毛，被白粉，叶脉弧形；茎上部叶互生，较小。头状花序单生枝端；总苞筒形，长2~3cm，宽8~15mm；苞片4~5层，边缘膜质，被蛛丝状毛；舌状花长2~3cm，黄色，外面淡红紫色。瘦果圆柱状，长1.2~1.4cm。冠毛白色，长1.5cm，羽毛状。花果期4~6月。

分布于东北、华北、华东，河南、陕西、甘肃。生于山坡草地、田边、路旁。山西各地均有分布，本区见于人祖山、紫金山。根入药。

32. 苣荬菜属 Sonchus L.

草本，植株有乳汁。叶互生，有齿或分裂。头状花序排成伞房状或圆锥状；总苞卵形或钟形，总苞片2~3层；花序托平，无毛；全部为舌状花，极多数，黄色，先端5裂，两性。瘦果压扁，具纵肋，无喙。冠毛白色，细柔毛，杂以粗毛，多层基部连合。

约50种。中国8种。山西及晋西黄土高原2种。

分种检索表

1. 多年生，叶缘具疏牙齿，或羽状浅裂，叶耳圆形⋯⋯⋯⋯⋯**1. 苣荬菜 S. brachyots**
1. 一至二年生，叶羽状深裂至全裂，有刺状牙齿，叶耳急尖⋯⋯**2. 苦苣菜 S. oleraceus**

1. 苣荬菜 Sonchus brachyots DC. Prodr. 7：1861，1838；山西植物志4：618，2004. —— *S. uliginosus* Bieb.

多年生草本，茎高30~80cm。叶互生，基生叶与茎下部叶长圆状披针形，长8~20cm，宽2~5cm，先端钝或锐尖，基部耳状抱茎，边缘有疏缺刻或浅裂，缺刻及裂片都具尖齿；中上部叶渐小。头状花序直径2~4cm，排成伞房状；总苞钟形，长1.5~2cm，宽1~1.5cm，总苞片3层，背部有短毛；舌状花长约2cm。瘦果长椭圆形。花果期6~9月。

分布于西北、华北、东北。生于山坡草地、田边、路旁、河滩。山西及本区广布。全草入药；嫩叶可食用。

2. 苦苣菜 Sonchus oleraceus L. Sp. Pl. 794，1753；中国高等植物图鉴4：684，图6781，1975；山西植物志4：620，图版332，2004.

一年生或二年生草本。茎中空，直立高50~100cm，中上部有稀疏腺毛。叶片长椭圆状广倒披针形，长15~20cm，宽3~8cm，深羽裂或提琴状羽裂，裂片边缘有不整齐的短刺状齿至小尖齿，基部常为尖耳廓状抱茎。头状花序直径约2cm，排成伞房状，花序梗常有腺毛；总苞钟形或圆筒形，长 1~1.2cm，宽 1~1.5cm，总苞片 3 层；舌状花，长约 1.3cm。瘦果倒卵状椭圆形，红褐色，每面有 3 纵肋。冠毛长约 6mm。花果期 6~9 月。

全国各地均有分布。生于山坡草地、田边、路旁、河滩、荒地。山西恒山、吕梁山、太岳山有分布，本区见于房山峪口。全草入药；嫩叶可食用。

33. 盘果菊属 *Prenanthes* L.

多年生草本，植株有乳汁。叶质薄，互生，羽状分裂。头状花序较小，多数，下垂，排成疏散的圆锥花序或总状花序状；总苞片 2~3 层，外层极短；小花全为舌状花，两性，结实，舌片顶端 5 裂，污黄色或淡紫色。瘦果有纵棱，顶端有一盘状体。冠毛 2~3 列，淡褐色。

约 40 种。中国 16 种。晋西黄土高原 2 种。

分种检索表

1. 中下部叶三角状卵形，不分裂 ································1. 盘果菊 *P. tatarinowii*
1. 中下部叶近圆形，掌状分裂，中裂片较大 ···········2. 大叶盘果菊 *P. macrophylla*

**1. 盘果菊 *Prenanthes tatarinowii* Maxim. Prim. Pl. Amur. 474. 1859；中国高等植物图鉴 4：694，图 6802，1975；山西植物志 4：611，图版 327，2004.

多年生草本，高 80~120cm。茎被短柔毛。叶心状卵形，长 7~13cm，宽 4~10cm，先端急尖，基部宽心形，边缘具不整齐细锯齿，上面疏被刚毛，叶柄较长，叶柄中部有 1 对小裂片；上部叶渐小。头状花序较小，多数，排成圆锥状；总苞狭圆柱形，长约 1cm，宽约 2mm，疏被毛，总苞片边缘膜质；舌状花污黄色。瘦果狭长椭圆形，长 3~4mm。冠毛长 6~7mm。花果期 7~9 月。

分布于东北、华北、西北、华中。生于山坡林下、草地。山西五台山、太岳山、吕梁山、中条山有分布，本区见于人祖山。

**2. 大叶盘果菊 *Prenanthes macrophylla* Franch. 中国高等植物图鉴 4：695，图 6804，1975；山西植物志 4：611，图版 328，2004.

多年生草本，高达 100cm。茎疏被柔毛。叶掌状分裂，长 8~12cm，宽 7~11cm，顶裂片较大，卵状披针形，先端渐尖，侧裂片 2~3 对，基部有 1 对小裂片，边缘具不整齐锯齿，齿端有小尖，上面疏被短毛，叶柄较长，叶柄具狭翅；上部叶渐小。头状花序多数，排成总状，舌片长 2~9mm。瘦果圆柱形，长 3mm。冠毛长 7mm。花果期 7~9 月。

分布于华北，河南、陕西、甘肃。生于山坡林下、灌丛。山西太行山、中条山有分布，本区见于人祖山，为该种在山西地理分布新记录。

34. 还阳参属 *Crepis* L.

草本，植株有乳汁。有基生叶，茎生叶互生，羽状分裂。头状花序较大，排成伞房状或单生；总苞钟形或圆柱形，总苞片 2 至多层，较长，下方有数个小苞片；花序托平或凸，有毛或无毛；全部为舌状花，黄色，两性，结实。瘦果圆柱形，无喙，有纵棱。冠 1

层，白色。

约 200 种。中国 25 种。山西 2 种，晋西黄土高原 1 种。

1. 还阳参 *Crepis crocea*（Lamk.）Babe. in Univ. Calif. Publ. Bot. 19：400，1941；中国高等植物图鉴 4：676，图 6806，1975；山西植物志 4：615，图版 330，2004.

多年生草本，高 20~30cm。茎不分枝或上部分枝，被腺毛和短柔毛。基生叶丛生，倒披针形，长 4~5cm，宽 0.8~2cm，先端急尖，基部渐狭成具翅的柄，边缘波状齿或倒向羽状分裂；茎生叶较小，披针形、线形、全缘。头状花序单生，或 2~4 个排成伞房状花序；总苞钟状，长 11~14mm，宽 4~9mm，总苞片 4 层，外面被白色蛛丝状毛或无毛；舌状花长 12~18mm。瘦果纺锤形，长 4mm，有 10~16 条近等粗的纵肋，肋上被稀疏的小刺毛。冠毛白色，长 4.5mm，微粗糙。花果期 6~7 月。

分布于中国北部地区。生于干旱山坡草地。山西太岳山、吕梁山有分布，本区广布。全草入药。

35. 小苦荬菜属 *Ixeridium*（A. Gray）Tzvel

草本，植株有乳汁。叶基生或互生。头状花序排成伞房状或圆锥状；总苞圆柱形，总苞片少数；花序托平，无毛；全部为舌状花，黄色，先端 5 齿，两性，结实。瘦果稍压扁，有纵肋，顶端有长喙。冠毛多数，易脱落。

约 25 种。中国 13 种。山西及晋西黄土高原 3 种。

分种检索表

1. 茎生叶基部扩大，心形，抱茎，基生叶长圆状椭圆形，头状花序较小，总苞长 5~6mm
···**1. 抱茎小苦荬 *I. sonchifolium***
1. 茎生叶基部不为心形，基生叶披针形，头状花序较大，总苞长 7~9mm··················**2**
  2. 基生叶宽 1~2cm，茎生叶基部稍抱茎··························**2. 小苦荬菜 *I. chinensis***
  2. 基生叶宽 0.5~1cm，茎生叶基部不抱茎··············**3. 狭叶小苦荬 *I. gramineum***

1. 抱茎小苦荬(抱茎苦荬菜) *Ixeridium sonchifolium*（Maxim.）Shih；中国高等植物图鉴 4：706，图 6826，1975；山西植物志 4：629，图版 337，2004. —*Prenanthe chinensis* Thunb. —*Ixeris chinensis*（Thunb.）Nakai

多年生草本，株高 30~100cm，无毛。基生叶多数，长圆状椭圆形，长 3.5~8cm，宽 1~2cm，顶端锐尖或圆钝，基部下延成柄，边缘具锯齿或不整齐的羽状深裂，裂片具小齿；茎生叶较小，卵状长圆形，长 3~6cm，宽 0.7~2cm，先端尾状尖，基部常呈耳形或戟状抱茎，全缘或羽状分裂。花序密集成伞房状，有细梗；总苞圆筒状，长 5~6mm，总苞片 2 层，外层通常 5 片，卵形，极小，内层 8 片，披针形，长约 5mm，背部各具中肋 1 条；舌状花，黄色，长 7~8mm，先端截形，具 5 齿。瘦果纺锤形，长约 3mm，有细纵肋及粒状小刺，喙长为果实的 1/4。冠毛白色。

分布于东北、华北、西北、华东和华南。生于荒野、路边、田边、河滩地，常见于麦田。山西及本区广布。

**2. 小苦荬菜 (中华小苦荬) *Ixeridium chinensis* **（Thunb.）Tzvel in Fl. USSR 29：390，1964；中国高等植物图鉴 4：702，图 6818，1975；山西植物志 4：629，2004. —*Prenanthes chinensis* Thunb. —*Ixeris chinensis* （Thunb.）Nakai.

多年生草本，高 10~40cm。基生叶莲座状，条状披针形或倒披针形，长 7~15cm，宽 1~2cm，顶端钝或急尖，基部渐狭成有翼的柄，全缘或具疏齿，或不规则羽状分裂；茎生叶 2~4 枚，披针形，全缘，顶端渐狭，基部扩大耳状抱茎。头状花序含舌状小花 21~25 枚；总苞圆柱状，长 8~9mm，总苞片 3~4 层；舌状小花黄色，或白色，干时带红色。瘦果长椭圆形，长 2mm，有 8~10 条高起的钝肋，肋上有小刺毛，喙细丝状。冠毛白色，微糙，长 5mm。花果期 6~70 月。

中国大部分地区均有分布。生于山坡草地、田边路旁、河滩、林缘。山西及本区广布。全草入药；嫩叶可食用。

**3. 狭叶小苦荬 *Ixeridium gramineum* **（Fisch.）Tzvel in Fl. USSR 29：391，1964；山西植物志 4：628，2004. —*Prenanthes granminea* Fisch. —*Ixeris versiculos* （Fisch.）DC. —*Ixeris chinensis* ssp. *versicolus* （Fisch.）Kitag.

多年生草本，高 10~30cm，主茎不明显，自基部多分枝。基生叶莲座状，倒披针形或线形，长 5~15cm，宽 0.5~1cm，先端渐尖，基部下延成柄，全缘或不规则羽状分裂；茎生叶少数，1~2 枚，不裂，较小，基部无柄，稍抱茎。头状花序含 15~27 枚舌状小花；总苞圆柱状，长 7~8mm，总苞片 2~3 层；舌状小花黄色，极少白色或红色。瘦果稍压扁，长椭圆形，长 2.5mm，有 10 条高起的钝肋，沿肋有小刺毛，喙细丝状，长 2.5mm。冠毛白色，微粗糙，长近 4mm。花果期 6~7 月。

山西及分本区广布。

36. 翅果菊属 *Pterocypsela* Shih

草本，植株有乳汁。叶互生。头状花序排成伞房状、圆锥状、总状；总苞宽卵形，总苞片 4~5 层；花序托平，无毛；全为舌状花，黄色，先端 5 齿裂，花冠管有白色柔毛。瘦果倒卵形，压扁，喙短而粗，长不足 1mm。冠毛白色。

约 7 种。山西 3 种，晋西黄土高原 1 种。

**1. 多裂翅果菊 (多裂山莴苣) *Pterocypsela lacinilata* **（Houtt）Shih in Acta Phytotax. Sin. 26(5)：388，1988；山西植物志 4：622，图版 334，2000. —*Prenanthes laciniata* Houtt. —*Lactuca indica* auct. non L. —*L. squarrosa* （Thunb.）Miq.

多年生草本，高 90~120cm。叶互生，条形至长椭圆状披针形，无柄，先端渐尖，基部耳状抱茎，全缘或倒向羽状深裂，甚至全裂，裂片边缘有缺刻状齿，上部叶渐变小，线状披针形。头状花序多数，排成圆锥形；舌状花约 25 枚，淡黄色或白色。瘦果黑色，每面 1 条纵肋。

分布于东北、华北、西北、西南。生于山坡草地、河边、路旁。山西各地均有分布，本区见于人祖山。

37. 乳菊属 *Mulgedium* Cass.

草本，植株有乳汁。叶互生，分裂或不分裂。头状花序排成圆锥状或伞房状；总苞宽钟形或圆筒形,总苞片 3~5 层;花序托平,无毛;全为舌状花,蓝色或蓝紫色,花冠喉部被白色长柔毛,先端 5 齿。瘦果纺锤形,喙短粗,长不足 2mm,与瘦果不同色。冠毛2 层。

约 15 种。中国 7 种。山西及晋西黄土高原 1 种。

1. 乳菊(蒙山莴苣) Mulgedium tatarica(L.)DC. in Prodr:248 1838;中国高等植物图鉴 4:688,图 6789,1975;山西植物志 4:627,2004—*Sonchus tataricum* L. —*Lactuca tataricum*(L.)C. A. Mey

多年生草本植物,高 30~100cm。叶长椭圆状披针形,长 8~12cm,宽 1.5~3cm,顶端急尖,基部渐狭,无柄,半抱茎,边缘全缘或倒向羽状浅裂至深裂,向上的叶渐小。头状花序具 10~20 枚舌状花;总苞圆柱形,果期卵形,总苞片 3~4 层;舌状花紫色或淡紫色。瘦果长椭圆形,长约 5mm。冠毛白色,长约 10mm。花果期 6~9 月。

分布于东北、华北、西北。生于干旱山坡、沙地、荒滩。山西及本区广布。

86. 香蒲科 Typhaceae

仅有香蒲属 1 属,科特征同属。

1. 香蒲属 *Typha* L.

多年生挺水草本,有地下茎。叶革质,2 列,带形,直立,全缘,背部半圆形突起,基部鞘状开裂,边缘膜质。花单性,雌雄同株,无花被,排成圆柱状的穗状花序,雄花序在上方,雌花序在下方,雄雌花序紧邻或与偶间隔;雄花具 1~3 枚雄蕊,花丝分离或合生;雌花序有毛状小苞片,子房有柄,花柱细长,柱头鸡冠状,子房上位,1 心皮 1 室,1胚珠。小坚果,着毛状小苞片散布。

16 种。中国 11 种。山西 6 种,晋西黄土高原 1 种。

1. 狭叶香蒲(水烛) Typha angustifolia L. Sp. Pl. 971,1753;中国高等植物图鉴 5:2,图 6833,1976;中国植物志 8:7,图版 2:6-7,1992;山西植物志 5:2,2004.

多年生草本,高 1.3~2m。叶片带状条形,长 50~120cm,宽 0.4~0.9cm,光滑无毛,叶鞘抱茎。雌雄花序不连接;雄花序长 20~30cm,雄花具 2~3 枚雄蕊,毛状苞片较花药长;雌花序长 10~30cm,雌花长 3~3.5mm,小苞片比柱头稍短。小坚果无沟。花果期 5~10 月。

分布于东北、华北、华东、华中、中南、陕西、广东、云南、台湾等地。生于河边、湖边、池塘、沼泽地。山西分布于太原汾河湿地、太岳山、中条山,本区见于人祖山、房山峪口。叶可用于编织;花药称蒲黄,可入药。

87. 眼子菜科 Potamogetonaceae

多年生沉水或浮叶草本。叶带状,互生或对生,基部具鞘;托叶有或无,开放抱茎。花小,两性,排成腋生或顶生的穗状花序或聚伞花序;花整齐,花被片 4,绿色,分离,圆形,具短爪;或无花被;雄蕊 4 或 1,常无花丝;心皮 4 或多数,子房上位,1 室,无柄,各有一弯生胚珠,花柱缺或短。果实为核果状或坚果,侧扁,两端具喙。

7 属 100 余种。中国 6 属 40 余种。山西 1 属 6 种，晋西黄土高原 1 属 1 种。

1. 眼子菜属 _Potamogeton_ L.

多年生沉水草本。茎细长。叶互生或对生，全缘或有锯齿，分为沉水叶与浮水叶，或全为沉水叶，浮水叶革质，沉水叶狭窄，叶质薄，托叶膜质，与叶柄分离或连合成叶鞘而抱茎。花小，两性或单性，集成穗状花序抽出水面；花被 4；雄蕊 4，花丝极短，生于花被基部；心皮 4，分离，无柄，子房 1 室，胚珠 1。核果，具短喙，外果被疏松，储存有气体；种子肾形。

约 100 种。中国 28 种 4 变种。山西 6 种，晋西黄土高原 1 种。

1. 小眼子菜(线叶眼子菜) _Potamogeton pusillus_ L. Sp. Pl. 126，1753；中国高等植物图鉴 5：9，图 6845，1976；中国植物志 8：44，图版 12：1992；山西植物志 5：16，图版 9，2004. —_P. panormitanus_ Biv. -Bern

多年生沉水植物。植株细弱，茎稍扁。叶线形，长 2.5~5cm，宽 1mm，先端突尖，基部收缩为短柄，全缘，中脉明显，托叶与叶柄分离。穗状花序长 8~10mm，约有 10 朵花。果倒卵形，长 1~2mm。花果期 7~10 月。

分布于中国南北各地，为世界广布种。生于池塘、湖泊、溪流中。山西分布于晋中、临汾、运城地区，本区见于人祖山。可作饲料或绿肥。

88. 水麦冬科 Juncaginaceae

多年生沼生草本。根状茎匍匐，具宿存的残叶鞘。叶基生、互生，线形，基部有膜质叶鞘，叶鞘顶端有叶舌。花小，两性，集成总状或穗状花序；花被 6；雄蕊 6；心皮 3~6，仅基部连合，每心皮 1 室，胚珠多数，花柱短，柱头羽毛状。果为膨大的蓇葖果或蒴果，种子 1~2 枚。

3 属 10 余种。中国 1 属 2 种。山西 1 属 2 种，晋西黄土高原 1 种。

1. 水麦冬属 _Triglochin_ L.

多年生草本。叶基生。总状花序，花莛无叶；花被 6；雄蕊 6，与花被对生，无花丝；心皮 6(3~4)，合生。蒴果，种子圆柱形或卵形。

13 种。中国 2 种。山西 2 种，晋西黄土高原 1 种。

1. 水麦冬 _Triglochin palustre_ L. Sp. Pl. 338，1753；中国高等植物图鉴 5：16，图 6862，1976；中国植物志 8：40，图版 10，1992；山西植物志 5：10，图版 5，2004. —_Juncago palustris_ Moench

多年生湿生草本，高 20~40cm，具残存纤维状叶鞘。叶基生，线形，长达 10~25cm，宽约 1mm，先端钝，具鞘膜质，顶端有叶耳。花莛细长，直立；总状花序，花排列较疏散，无苞片；花梗长约 2mm；花被片 6 枚，绿紫色，椭圆形或舟形；雄蕊 6 枚；雌蕊由 3 个合生心皮组成，柱头毛笔状。蒴果棒状条形，长约 6mm，直径约 1.5mm，成熟时自下至上呈 3 瓣开裂，仅顶部连合。花果期 6~10 月。

产东北、华北、西北、西南。常生于盐碱湿地或浅水处。山西分布于吕梁山、五台山，本区见于人祖山、房山峪口。

89. 泽泻科 Alismataceae

水生或沼生草本。具乳汁或无；具根茎。叶多基生，叶柄基部具鞘。花两性、单性或杂性，辐射对称，排成总状、圆锥状或呈圆锥状聚伞花序；花被片 6 枚，排成 2 轮，外轮花被片宿存，内轮花被片易枯萎、凋落；雄蕊 6 枚或多数；心皮多数，轮生，或螺旋状排列，分离，花柱宿存，胚珠通常 1 枚。聚合状瘦果。

11 属 90 余种。中国 4 属 20 种。山西 2 属 4 种，晋西黄土高原 1 属 1 种。

1. 泽泻属 *Alisma* L.

多年生挺水植物。根茎短。叶基生，椭圆形或卵状披针形，具长柄。花两性，轮生于花序轴上，排成伞形或圆锥花序，萼片 3，花瓣 3，雄蕊 6，心皮 10~20，在扁平花托上排成 1 轮。瘦果侧扁。

11 种。中国 6 种。山西 3 种，晋西黄土高原 1 种。

1. 泽泻 *Alisma plantago-aquatica* Linn., Sp. Pl. 342, 1753；中国植物志 8：14，图版 55：1-5，1992；山西植物志 5：26, 2004.

多年生水生或沼生草本。具地下球茎。叶宽披针形、椭圆形至卵形，长 5~13cm，宽 1~9cm，先端渐尖，基部宽楔形、浅心形，弧形叶脉 5~9 条，叶柄长 10~40cm，基部渐宽成鞘，边缘膜质。花莛高 30~80cm 或更高；大型圆锥花序，具 3~8 轮分枝，每轮分枝 3~9 枚；花两性，花梗长 1~3.5cm；外轮花被片广卵形，萼片状；内轮花被片近圆形，远大于外轮，白色；雄蕊 6；心皮多数，排列整齐，花柱直立。瘦果椭圆形，或近矩圆形，果喙自腹侧伸出；种子紫褐色，具突起。花果期 5~10 月。

中国南北各地均有分布。生于湖泊、溪流、沼泽。山西分布于太原、吕梁山、五台山，本区见于人祖山。根茎入药。

90. 禾本科 Gramineae

多为一年生或多年生草本，少数为木本(竹类)。极大多数的为根须根类型，亦有不少种类具地下茎。地上茎在本科中常特称为秆，多为直立，明显地具有节与节间两部分，节间多为中空，稀实心，常为圆筒形，或稍扁。叶为单叶互生，一般可分叶鞘、叶舌、叶片三部分，叶鞘包裹于主秆和枝条的各节间，多数一侧开裂，少数愈合，叶鞘顶端之两边还可各伸出一突出体，即叶耳；叶舌位于叶鞘顶端和叶片相连接处的近轴面，膜质或缘毛状，稀为不明显乃至无叶舌；叶片常为扁平的线形，披针形等形状，其基部直接着生在叶鞘顶端，无柄(少数禾草及竹类的营养叶则可具叶柄)，具平行脉。花常无柄，在小穗轴上交互排列为 2 行，以形成小穗，再组合成穗状、指状、总状、圆锥状等复合花序；小穗的基部有 1 对苞片，称颖；小穗的节处有称外稃与内稃的苞片包被小花，小花多为两性，亦有单性、中性者，花被退化为 2~3 枚鳞被(亦称浆片)；雄蕊通常 3，亦可见 1、2、4、6；雌蕊无柄(稀有柄)，子房 1 室，1 胚珠，花柱 2 或 3(稀 1 枚或更多)，柱头羽毛状或帚刷状。果实为颖果，其果皮质薄而与种皮愈合。

约 600 属 7000 种以上。中国 190 余属约 1200 种。山西 65 属 153 种 19 变种，晋西黄土高原 23 属 45 种。

分属检索表

1. 木本，每节有 2 个分枝，叶有柄，栽培 ·······················**1. 刚竹属** *Phyllostachys*
1. 草本，叶片无柄 ··2
  2. 小穗无柄或具短柄，花序轴不分枝，形成穗状花序或穗形总状花序 ··················3
  2. 小穗全部具长柄或短柄，花序轴分枝开展或紧缩，形成圆锥花序，或排成指状或
    扇形 ··**10**
    3. 小穗含多朵花，形成穗形总状花序 ···**4**
    3. 小穗含 1~2 朵花，形成穗形圆锥花序 ···**7**
      4. 小穗成 2 行排列于穗轴一侧，穗轴扭转 ···············**2. 草沙蚕属** *Tripogon*
      4. 小穗排列于穗轴两侧 ···**5**
        5. 穗轴每节生 1 枚小穗，小穗以侧面对向穗轴，外稃有芒(阿拉善鹅观草无
        芒)，具显著基盘 ·································**3. 鹅观草属** *Roegneria*
        5. 穗轴每节生 2 枚以上的小穗，小穗以背腹对向穗轴 ···························**6**
          6. 穗轴每节生 2 小穗，外稃有长芒 ·············**4. 披碱草属** *Elymus*
          6. 穗轴每节生 2~4 枚小穗，外稃无芒或具极短的芒 ·····**5. 赖草属** *Leymus*
            7. 小穗基部无不育枝形成的刚毛 ·······························**8**
            7. 小穗基部有不育枝形成的刚毛 ·······························**9**
              8. 小穗含 2~3(5)花，穗形圆锥花序有光泽，颖片边缘宽膜质，外稃无芒
              ··**6. 溚草属** *Koeleria*
              8. 小穗含 1 花，颖片与外稃均有芒 ·······**7. 棒头草属** *Polypogon*
              9. 刚毛宿存，不随小穗一起脱落 ·············**8. 狗尾草属** *Setaria*
              9. 刚毛随小穗一起脱落 ·················**9. 狼尾草属** *Pennisetum*
                10. 花序轴排成指状或扇形 ·······························**11**
                10. 花序轴排成圆锥状 ·······································**15**
                  11. 植株高大，叶片中脉白色，圆锥花序呈扇形，小穗成对
                  生于穗轴节上，一有柄，一无柄，外稃有芒，基盘有丝
                  状毛 ··**10. 荻属** *Triarrhena*
                  11. 花序排成指状 ·······································**12**
                    12. 外稃无芒，小穗含 1 花，成对生于穗轴节上，下部小
                    穗无柄 ····································**11. 马唐属** *Digitaria*
                    12. 外稃有芒 ···**13**
                      13. 小穗单生于穗轴各节，排于穗轴一侧，外稃边缘
                      有长柔毛 ····························**12. 虎尾草属** *Chloris*
                      13. 小穗成对着生，无柄小穗两性，结实，有柄
                      小穗不育 ···**14**

14. 叶片卵形或披针形，有柄小穗退化，仅存短柄，外稃的芒生于基部····················

···**13. 荩草属 Arthraxon**

14. 叶狭条形，有柄小穗存在，不育，无芒，无柄小穗外稃的芒生于顶端··················

···**14. 孔颖草属 Bothriochloa**

 15. 每小穗有 2 朵以上的两性花，或上部有退化花······················**16**

 15. 每小穗有 1 朵两性花，或下部有退化花······························**24**

  16. 外稃有芒··**17**

  16. 外稃无芒··**21**

   17. 外稃基盘有长丝状毛，高大草本，叶片中间有折痕······**15. 芦苇属 Phragmites**

   17. 外稃基盘无长丝状毛··**18**

    18. 小穗有长柄，下垂··**19**

    18. 小穗不下垂··**20**

     19. 小穗含 2~3 朵花，两颖等长，外颖的芒膝曲扭转·······················

···**16. 燕麦属 Avena**

     19. 小穗含 7~14 朵花，二颖不等长，第二颖短于第一小花，芒不膝曲

扭转···**17. 雀麦属 Bromus**

    20. 上部叶鞘内有隐藏的小穗，外稃具脊，叶片在叶鞘顶端有关

节，易从叶鞘上脱落·················**18. 隐子草属 Cleistogenes**

    20. 上部叶鞘内无隐藏的小穗，外稃圆钝，叶片与叶鞘间无关节

···**19. 羊茅属 Festuca**

    21. 小穗轴顶端有退化成球状的小花，外稃先端膜质，小穗柄

细弱，有关节·································**20. 臭草属 Melica**

    21. 小穗轴顶端无小花···**22**

     22. 外稃脉不明显，背部圆形，先端膜质，有缺刻············

···**21. 碱茅属 Puccinellia**

     22. 外稃脉明显，背部有脊···**23**

      23. 外稃 5 脉，基盘有或无绵毛，叶舌膜质············

···**22. 早熟禾属 Poa**

      23. 外稃 3 脉，基盘无绵毛，叶舌为一圈纤毛，花在

小穗轴两侧整齐覆瓦状排列··················

···**23. 画眉草属 Eragrostis**

      24. 小穗脱节于颖之下，小穗连同颖片一同脱落

···**25**

      24. 小穗脱节于颖之上，小穗脱落时颖片宿存···**28**

       25. 小穗两侧压扁，颖膨胀呈舟形，小穗在穗

轴一侧覆瓦状 2 行排列···················

···**24. 菵草属 Beckmannia**

       25. 小穗背腹压扁，颖不为舟形············**26**

1. 刚竹属 Phyllostachys Sieb. et Zucc.

常绿乔木或灌木。具地下茎(竹鞭)，秆散生，每节具 2 分枝，节间一侧有纵槽。每小枝具 2~6 片叶，叶片披针形，具小横脉，有叶柄与叶鞘相连。幼苗(竹笋)外的变形叶称为箨，笋成长为秆时箨即脱落。箨分为箨鞘、箨叶、箨舌、箨耳。复穗状花序，生于枝顶或小枝上部的叶丛中；小穗无柄，具 2~6 小花，外稃与内稃先端具尖头，鳞被 3，雄蕊 3，子房有柄，花柱 3，柱头羽毛状。颖果细长。

约 50 种。中国 40 种。山西栽培 3 种 1 变型，晋西黄土高原栽培 1 变型。

1. 斑竹 Phyllostachys bambusoides Sieb. et Zucc. **f. lacrima-deac** Keng f. et Wen in Bull. Bot. Res. 2(1)：73，1982；中国植物志 9(1)：295，1996；山西植物志 5：40；图版 22，2004. —*Ph. bmbusoides* f. *tanac* audt. nn Mafkino ex Tsuboi.

秆高 6~15m，直径 3~7cm，节间长达 40cm，秆环突起，新秆无白粉。箨鞘具斑点，有毛，秆上部的秆箨具箨耳，下部者无，托叶带状。小枝上叶长椭圆状披针形，长 7~15cm，宽 1~2.5cm。笋期 5 月。

分布于长江流域及黄河流域。山西及晋西黄土高原各地多有栽培。优质用材竹，笋可食用。

2. 草沙蚕属 Tripogon Forskal

簇生草本。秆纤细。叶狭窄线形。穗状花序，小穗无柄，成 2 行排列于穗轴一侧，穗轴扭转；小穗脱落于颖之上，颖狭窄，不等长，具 1 脉；每小穗具多朵花；外稃狭，3 脉，顶端 2 裂，中脉延伸成短芒，基部有毛。

约 30 种。中国 6 种。山西及晋西黄土高原 1 种。

1. 中华草沙蚕 *Tripogon chinensis*（Franch.）Hack. in Bull. Herb. Boiss. 2（3）：503，1903；中国高等植物图鉴 5：138，图 7106，1976；中国植物志 10(1)：62，图版 17：8-14，1990；山西植物志 5：77，2004.

多年生草本。秆高 10~30cm，细弱，直立。叶宽 1mm，内卷成针状，叶舌具纤毛。穗状花序长 8~15cm，小穗长 5~8(10)mm，贴生于穗轴一侧，含 2~8 小花；外稃具 3 脉，中脉延伸成直芒，芒长 3mm，或仅为小尖头。花期 9 月。

产东北、华北、西北、四川。生于石质山坡、墙上。山西植物志虽收录了本种，但因未见标本，而缺少该种在山西分布的资料。我们在人祖山采集到该种的标本，为山西植物地理分布提供了新资料。

3. 鹅观草属 *Roegneria* C. Koch

多年生草本。无根状茎。穗状花序，每节生 1 小穗；小穗无柄，小穗侧面向穗轴，排列于穗轴两侧，每小穗含 2 至多朵花，颖扁平；多数种类外稃有芒。颖果腹面凹陷。

约 120 种。中国 70 种 22 变种。山西 13 种 4 变种，晋西黄土高原 5 种 2 变种。

分种检索表

1. 外稃无芒，颖显著短于第一外稃，颖及小穗均无毛…………**1. 阿拉善鹅观草 *R. alashanica***
1. 外稃具芒……………………………………………………………………………………2
  2. 小穗结实时外稃的芒直伸……………………………………………………………………3
  2. 小穗结实时外稃的芒反曲…………………………**2. 直穗鹅观草 *R. turczaninovii***
    3. 外稃边缘有显著较长的纤毛……………………**3. 缘毛鹅观草 *R. pendulina***
    3. 外稃边缘粗糙，不具较长的纤毛……………………………………………………4
      4. 花序较疏松，排于穗轴两侧，植株无毛…………**4. 毛盘鹅观草 *R. barbicalla***
      4. 花序较紧密，偏向穗轴一侧………………………………………………………5
        5. 植株具明显的短根茎，叶片宽 1~2mm，外稃基盘具极短的毛……………………
        ………………………………**5a. 狭叶鹅观草 *R. sinica* var. *angustifolia***
        5. 植株无短根茎，叶片宽超过 3mm………………………………………………6
          6. 叶片宽 3~4mm，穗状花序长 8~10cm，颖先端锐尖……………………
          ………………………………………**5. 中华鹅观草 *R. sinica***
          6. 叶片宽达 7mm，穗状花序长 10~15cm，颖先端具 1~3mm 的短芒………
          ………………………………**5b. 中间鹅观草 *R. sinica* var. *media***

1. 阿拉善鹅观草 *Roegneria alashanica* Keng，南京大学学报（生物学）1：73，1963；中国植物志 9(3)：85，1987.

秆直立，疏丛生，质地刚硬，高 35~65cm。叶鞘基生者常碎裂成纤维状；叶舌膜质，长 1mm；叶片坚韧，内卷成针状，长 4~11cm，两面均被微毛。穗状花序劲直，瘦细，长 5~10cm，具贴生小穗 3~7 枚；小穗黄绿色，全部无毛，含 4~6 小花；颖长圆状披针形，扁平，无脊，通常 3 脉，边缘膜质，两颖不等长，第一颖长不超过下方小花之半；外稃披针形，平滑，具狭膜质边缘，顶端 5 脉不明显，先端锐尖或急尖，无芒或具小尖头；内稃与外稃等长，先端凹陷。花果期 7~9 月。

产内蒙古、宁夏、甘肃。生于山坡草地。本区见于房山峪口，该种为山西植物新记录种。

2. 直穗鹅观草 _Roegneria turczaninovii_ (Drob.) Nevski in Kom. Fl. URSS 2：607，1934；中国高等植物图鉴 5：79，图 6988，1976；中国植物志 9(3)：81，图版 20：1-5，1987；山西植物志 5：67，图版 38，2004. —_Agropyron turczaninovii_ Drob.

秆疏丛生，高 60~80cm，具 3~4 节。上部叶鞘短于节间，平滑无毛；下部叶鞘长于节间，具倒毛；叶舌平截，长 2mm；叶片长 9~20cm，宽 3~8mm，上面被细短微毛。穗状花序直立，长 9~15cm，含 7~13 小穗，常偏于 1 侧；小穗长 18~25mm(除芒外)，黄绿色或微带蓝紫色，含 5~7 小花；颖披针形，先端尖或渐尖，具 3~5 粗壮的脉及 1~2 较短而细的脉，第一颖长 6~12mm，第二颖长 9~12mm；外稃披针形，全体遍生微小硬毛，上部具明显 5 脉，第一外稃长 10~12mm，先端芒长 2.7~4.3cm，反曲；内稃与外稃等长，脊上部具短硬纤毛，先端钝圆或微凹。花果期 5~8 月。

产东北、华北、西北。生于山坡草地。山西恒山、五台山、吕梁山有分布，本区广布。

3. 缘毛鹅观草 _Roegneria pendulina_ Nevski in Fl. URSS. 2：616，1934；中国高等植物图鉴 5：77，图 6982，1978；中国植物志 9(3)：69，图版 18：5-6，1987；山西植物志 5：60，图版 32，2004.

秆高 60~80cm，节无毛。叶鞘短于节间，无毛；叶舌长 0.5mm；叶片长 15cm，宽 5~9mm。穗状花序长 10~17cm，稍下垂，小穗长 15~23mm(芒除外)，含 4~8 小花；颖矩圆状披针形，具 5~7 脉，第一颖长 7~9mm，第二颖与第一颖等长或略长；外稃边缘具长纤毛，中部以上疏生短硬毛，基盘具短毛，第一外稃长 9mm，芒长 28mm，直伸；内稃与外稃等长，脊上有短纤毛。花果期 5~7 月。

分布于东北、华北。生于林下。山西恒山、五台山、太岳山、太行山有分布，本区见于紫金山。

4. 毛盘鹅观草 _Roegneria barbicalla_ Ohwi in Acad. Phytot. et Geobot, 11 (4)：257，1942；中国高等植物图鉴 5：835，1976；中国植物志 9(3)：70，1987.

秆丛生，高 70~100cm，具 4 节，无毛。叶鞘短于节间，无毛；叶舌极短；叶片长 15~20cm，宽 6~8mm，无毛。穗状花序长 12~15cm，小穗长 12~15mm，含 5~8 小花；颖披针形，第一颖长 7~8mm，4~5 脉，第二颖略长，5~6 脉；外稃宽披针形，5 脉，边缘粗糙，基盘具毛；内稃与外稃等长，第一外稃长 8~10mm，芒长 16~25mm，直立或弯曲。花果期 6~9 月。

分布于华北。生于山坡草地。山西分布于恒山、五台山、太岳山、太行山，本区见于紫金山，为山西植物新记录种。

5. 中华鹅观草 _Roegneria sinica_ Keng，南京大学学报(生物学)(1)：33，1963；中国高等植物图鉴 5：836，1976；中国植物志 9(3)：73，图版 18：1-3，1987；山西植物志 5：6，图版 34，2004. —_Elymus sinicus_ (Keng) S. L. Chen

秆高 60~90cm。叶片长 6~12(20)cm，宽 3~4mm，上面疏被毛，下面无毛。穗状花序直立，长 8~10cm，小穗长 13~14mm，含 4~5 小花；颖长圆状披针形，先端锐尖，具 5

脉，第一颖长 7~8mm，第二颖长 8~10mm；外稃长圆状披针形，微被毛，5 脉，第一外稃长 9mm，芒长 10~18mm，直立或弯曲；内稃与外稃等长，先端平截。花果期 7~9 月。

分布于华北、西北，四川。生于林缘草地。山西分布于五台山、吕梁山，本区广布。

5a. 狭叶鹅观草 *Roegneria sinica* Keng var. *angustifolia* C. P. Wang et H. L. Yang，植物研究 4(4)：88，图版 6，1984.

本变种与中华鹅观草的主要区别在于植株具明显的短根茎；叶宽 1~2mm，强烈内卷；基盘两侧的毛极短，长 0.1~0.3mm。

产内蒙古。生于山沟、林缘草地。本区见于房山峪口，该变种为山西植物新记录变种。

5b. 中间鹅观草 *Roegneria sinica* var. *media* Keng 南京大学学报(生物学)(1)：35，1963；中国植物志 9(3)：73，1987；山西植物志 5：63，2004.

本变种与中华鹅观草的区别在于叶片宽达 7mm，穗状花序长 10~15cm，颖先端具 1~3mm 的短芒。花果期 7~9 月。

分布于内蒙古、甘肃。山西恒山、五台山有分布，本区有分布。

4. 披碱草属 *Elymus* L.

多年生丛生草本。穗状花序，每节 2(3~4)小穗，小穗背腹向穗轴，每小穗 3~7 花；颖先端尖，3~5(7)脉，脉上粗糙；外稃 5 脉，具开展的芒。

20 余种。中国 12 种 1 变种。山西 6 种，晋西黄土高原 5 种。

分种检索表

1. 穗状花序下垂，花序上部每节 1 小穗，中下部为 2 小穗，颖短于第一小花，植株较细弱 ···**1. 垂穗披碱草 E. nutans**
1. 穗状花序直立，每节均为 2 小穗 ···2
  2. 穗状花序的小穗偏向一侧 ··**2. 麦宾草 E. tangutorum**
  2. 小穗不偏向一侧 ···3
    3. 外稃无毛，穗状花序粗壮，长 10~15cm，宽 11~14mm，小穗长 12~15mm ········
    ···**3. 肥披碱草 E. excelsus**
    3. 外稃被毛，穗状花序宽不及 10mm ···4
      4. 穗状花序较细，长 6~8cm，宽 4~5mm，小穗长 7~10mm ···························
      ···**4. 圆柱披碱草 E. cylindricus**
      4. 穗状花序长 10~18cm，宽 6~10mm，小穗长 12~15mm ····························
      ··**5. 披碱草 E. dahuricus**

1. 垂穗披碱草 *Elymus nutans* Griseb. Nachr. Ges. Wiss. Gott. 3：72，1960；中国高等植物图鉴 5：85，图 6999，1976；中国植物志 9（3）：74，1987. —*Clinelymus nutans* (Griseb.) Nevski

秆高 50~70cm。基部和根出的叶鞘具柔毛。叶片扁平，上面有时疏生柔毛，下面粗糙或平滑，长 6~8cm，宽 3~5mm。穗状花序长 5~12cm，先端下垂，每节生有 2 小穗，在穗轴顶端及下部节上仅生有 1 小穗，小穗绿色，成熟后带有紫色，多少偏生于穗轴一侧，长

12~15m，含 3~4 小花；颖长圆形，长 4~5mm，先端渐尖或具 1~4mm 的短芒；外稃长披针形，具 5 脉，第一外稃长约 10mm，顶端延伸成芒，长 12~20mm；内稃与外稃等长，先端钝圆或截平，脊上具纤毛。花果期 7~9 月。

该种与老芒麦（*E. sibiricus*）相似，但植株不及后者粗壮，本种叶片宽 3~5mm，而后者达 5~10mm；本种花序长 5~12cm，后者达 15~20cm。二者易于区别。

产华北、西北，四川、新疆、西藏。生于山地草原、林缘、河边。在本区广布，该种为山西植物新记录种。

2. 麦宾草 Elymus tangutorum (Nevski) Hand. -Mazz. Symb. Sin. 7：1292，1936；中国高等植物图鉴 5：85，1976；中国植物志 9(3)：13，图版 3：16-18，1987；山西植物志 5：51，图版 27，2004. —*Clinelymus tangutorum* Nevski

秆高可达 120cm。长被白粉。叶鞘光滑；叶片扁平，长 10~20cm，宽 6~14mm。穗状花序直立，长 8~15cm，较紧密，小穗偏于一侧，每节具有 2 小穗，接近先端各节仅 1 枚小穗；小穗绿色稍带有紫色，长 9~15mm，含 3~4 小花；颖披针形至线状披针形，长 7~10mm，具 5 脉，先端渐尖，具长 1~3mm 的短芒；外稃披针形，具 5 脉，第一外稃长 8~12mm，顶生 1 直立粗糙的芒，芒长 3~10mm，直立；内稃与外稃等长，先端钝头，脊上具纤毛。花果期 7~9 月。

产华北、西北，四川。多生于山坡草地。山西吕梁山有分布，本区见于紫金山、房山峪口。

3. 肥披碱草 Elymus excelsus Turcz. in Bull. Soc. Nat. Mosc. 1：62，1856；中国高等植物图鉴 5：85，图 7000，1976；中国植物志 9(3)：13，1987；山西植物志 5：48，图版 26，2004. —*Elymus dahuricus* var. *excelsus* (Turcz.) Roshev. —*Clinelymus excelsus* (Turcz.) Nevski

秆粗壮，高可达 140cm，粗达 6mm。叶片长 20~30cm，宽 10~16mm。穗状花序直立，粗壮，长 15~22cm，宽 10~12mm，每节具 2~3(4) 枚小穗；小穗长 12~15(25) mm（芒除外），含 4~5 小花；颖狭披针形，长 10~13mm，具 5~7 明显而粗糙的脉，先端具长达 7mm 的芒；外稃上部具 5 明显的脉，先端和脉上及边缘被有微小短毛，第一外稃长 8~12mm，芒粗糙，长 15~20mm，反曲；内稃稍短于外稃，脊上具纤毛。花果期 6~9 月。

产东北、华北、西北，河南。生于山坡草地和路旁。山西恒山、五台山、吕梁山、太行山有分布，本区广布。

4. 圆柱披碱草 Elymus cylindricus Honda，in Journ. Fac. Sci. Univ. Tokyo Sect. 3. Bot 3：17，1930；中国植物志 9(3)：74，1987. —*E. dahuricus* var. *cylindricus* Franch. —*E. franchetii* Kitag. —*Clinelymus cylindricus* (Franch.) Honda.

秆细弱，高 35~50cm。叶片长 4~15cm，宽 2~4mm。穗状花序直立，较紧密，长 6~8cm，宽 4~5mm；通常各节具 2 小穗；小穗长 7~10mm，含 2~3 小花；颖线状披针形，长 6~8mm，先端具 2~3mm 的短芒，有 3~5 明显而粗糙的脉；外稃披针形，上部具 5 条明显的脉，全部密生短小糙毛，第一外稃长 7~9mm，先端延伸成芒，长 10~15mm；内稃与外稃等长，先端钝圆，脊上具纤毛。花果期 7~9 月。

分布于河北、山西、四川、青海、新疆。生于山坡草地。该种为山西植物新记录种，本区见于紫金山。

5. 披碱草 Elymus dahuricus Turcz. in Bull. Soc. Nat. Mosc. 29(1)：61，1856；中国高等植物图鉴 5：86，图 7001，1976；中国植物志 9(3)：11，图版 3：1-3，1987；山西植物志 5：48，图版 25，2004. —*Clinelymus dahuricus* (Turcz.) Nevski

秆高 70~140cm。叶片长 15~25cm，宽 5~9(12)mm。穗状花序直立，较紧密，长 14~18cm，宽 5~10mm，通常各节具 2 小穗；小穗长 10~15mm，含 3~5 小花；颖披针形或线状披针形，长 8~10mm，先端长达 5mm 的短芒，有 3~5 明显而粗糙的脉；外稃披针形，上部具 5 条明显的脉，全部密生短小糙毛，第一外稃长 9mm，先端延伸成芒，长 10~20mm，成熟后向外展开；内稃与外稃等长，先端截平，脊上具纤毛。花果期 7~9 月。

产东北、华北，河南、陕西、青海、四川、新疆、西藏。生于山坡草地或路边。山西分布于恒山、五台山、吕梁山、太岳山，本区广布。本种耐旱、耐寒、耐碱、耐风沙，为优质高产的饲草。

5. 赖草属 Leymus Hochst.

多年生草本。根状茎直伸或横走。穗状花序，每节 2~3 小穗；小穗具 2 至数枚小花，小穗轴扭转；颖与外稃交叉，颖锥形，1~3 脉；外稃披针形，五芒或具小尖头。

约 30 种。中国 9 种。山西及晋西黄土高原 2 种。

分种检索表

1. 穗轴每节 2 小穗，颖长 5~9mm，外稃无芒，基盘无毛，叶面灰绿色……………………………………………………………………………………………**1. 羊草 L. chinensis**
1. 穗轴每节 2~3 小穗，颖长 8~12mm，外稃有芒，基盘有毛，叶面绿色……………………………………………………………………………………………**2. 赖草 L. secalinus**

1. 羊草 Leymus chinensis (Trin.) Tzvel. in Pl. Asiae Centr. 4：205，1968；中国高等植物图鉴 5：87，图 7003，1976；中国植物志 9(3)：19，1987；山西植物志 5：53，图版 28，2004. —*Triticum chinense* Trin. ex Bunge—*Aneurolepidium chinense* (Trin.) Kitag.

多年生草本。具下伸或横走根茎，须根具沙套。秆散生，高 40~90cm，具 4~5 节。叶鞘光滑，基部残留叶鞘呈纤维状；叶舌截平，顶具裂齿，长 0.5~1mm；叶片灰绿色，长 7~18cm，宽 3~6mm，干后内卷，上面及边缘粗糙，下面较平滑。穗状花序长 12~18cm，宽 6~10mm；穗轴边缘具细小睫毛，每节具 2 小穗；小穗长 10~22mm，含 5~10 小花，小穗轴节间光滑，长 1~1.5mm；颖锥状，长 6~8mm，具不显著 3 脉，上部粗糙，边缘微具纤毛；外稃披针形，具狭窄膜质的边缘，顶端渐尖或形成芒状小尖头，背部具不明显的 5 脉，基盘光滑，第一外稃长 8~11mm；内稃与外稃等长，先端常微 2 裂。花果期 6~8 月。

产东北、华北，陕西、新疆。生于草地。山西恒山、吕梁山、太岳山、临汾、运城地区有分布，本区广布。本种耐寒、耐旱、耐碱，天然草场上的重要牧草。

2. 赖草 Leymus secalinus (Georgi) Tzvel. in Pl. Asiae Centr. 4：209，1968；中国高等植物图鉴 5：87，图 7004，1976；中国植物志 9(3)：20，1987；山西植物志 5：54，图版 20，2004. —*Leymus dasystachys* (Trin.) Pilger—*Triticum secalianum* Georgi—*Elymus dasystachys* Trin. —*Aneurolepidium dasystachys* (Trin.) Nevski

多年生草本。具下伸和横走的根茎。秆单生或丛生，高 40~100cm，具 3~5 节，光滑无毛或在花序下密被柔毛。残留叶鞘纤维状；叶舌截平，长 1~1.5mm；叶片长 8~30cm，宽 4~7mm。穗状花序直立，长 10~15cm，宽 8~10mm，每节 2~3(1~4) 小穗；小穗长 10~15mm，含 4~7(10) 个小花；颖锥状，长 8~15mm，具 1 脉；外稃披针形，边缘膜质，先端渐尖或具长 1~3mm 的芒，背具 5 脉，基盘具长约 1mm 的柔毛，第一外稃长 8~10mm；内稃与外稃等长，先端常微 2 裂。果期 6~10 月。

产东北、华北、西北。生于沙地、山地草原带。山西恒山、五台山、吕梁山、太岳山有分布，本区见于紫金山。

6. 浴草属 *Koeleria* Pers.

一年生或多年生丛生草本。叶狭窄。穗状圆锥花序；小穗无柄，含 2~7 花，两侧压扁；颖不等长，第二颖与第一小花等长或稍长，渐尖；外稃 3~5 脉，无芒或具小尖头；内稃膜质透明。

约 20 种。中国 2 种。山西 2 种，晋西黄土高原 1 种。

1. 洽草 *Koeleria cristata* Pers. Syn. Pl. 1：65，1805；中国高等植物图鉴 5：90，图 7010，1976；中国植物志 9(3)130，图版 32：2-5，1987；山西植物志 5：126，图版 67：1-3，2004. —*K. gracilis* Pers. —*Aira cristata* L.

多年生草本。高 20~50cm，秆在花序以下密生短柔毛。叶鞘无毛；叶舌膜质，长 1~2mm；叶片长 2~7cm，宽 1~2mm，扁平或内卷。穗状圆锥花序有光泽，长 5~12cm，宽 5~13mm，下部有间断；小穗长 4~5mm，含 2~3 小花；颖长圆状披针形，第一颖具 1 脉，第二颖具 3 脉；第一外稃长 4mm，无芒或具小尖头；内稃短于外稃。花果期 6~7 月。

分布于东北、华北、西北、华中、华东、西南。生于山坡草地。山西吕梁山、中条山、太行山有分布，本区见于人祖山。

1. 棒头草属 *Polypogon* Desf.

一年生或多年生草本。穗状圆锥花序，小穗两侧压扁，每小穗含 1 小花；颖具 1 脉，芒细而直；外稃短于颖，有短芒。

约 6 种。中国 3 种。山西 2 种，晋西黄土高原 1 种。

1. 长芒棒头草 *Polypogon monspeliensis* (Linn.) Desf. Fl. Atlant. 1：67，1788；中国高等植物图鉴 5：113，图 7056，1976；中国植物志 9(3)：256，图版 62：4-6，1987；山西植物志 5：143，图版 76：1-4，2004；—*Alopecurus monspeliensis* Linn.

一年生草本。高 8~60cm，具 4~5 节。叶鞘松弛抱茎，稍粗糙；叶舌膜质，长 2~8mm，先端呈不规则撕裂状；叶片长 5~10cm，宽 3~6mm，上面及边缘粗糙。圆锥花序穗状，长 4~10cm，宽 15~25mm(包括芒)；小穗长 2~2.5mm；颖片倒卵状长圆形，被短纤毛，先端 2 浅裂，芒自裂口处伸出，长 3~7mm；外稃光滑无毛，长 1~1.2mm，先端具微齿，中脉延伸成约与稃体等长而易脱落的细芒；内稃膜质，短于外稃。花果期 7~9 月。

分布于中国南北各地。生于水边潮湿草地。山西吕梁山、五台山、中条山有分布，本区见于房山峪口。

2. 狗尾草属 *Setaria* Beauv.

一年生或多年生草本。圆锥花序紧缩成穗状或舒展成塔状；小穗无芒，小穗柄下具由退化小枝形成的刚毛，每小穗含 1~2 花；第一颖圆形，长为小穗的 1/4~1/2，第二颖与小穗等长；第一小花雄性或中性，第二小花两性；外稃革质，平滑或有皱纹。

140 种。中国 15 种 3 亚种 5 变种。山西 4 种 3 变种，晋西黄土高原野生 2 种 2 变种。

分种检索表

1. 小穗和刚毛金黄色，穗轴上每簇仅 1 个发育小穗，另外可见 1 退化小穗⋯⋯⋯⋯⋯⋯
⋯⋯⋯⋯⋯⋯⋯⋯⋯⋯⋯⋯⋯⋯⋯⋯⋯⋯⋯⋯⋯⋯**1. 金狗尾草 *S. glauca***
1. 小穗绿色，刚毛绿色或紫色，穗轴每簇 3 个小穗⋯⋯⋯⋯⋯⋯⋯**2. 狗尾草 *S. viridis***

1. 金狗尾草 *Setaria glauca* (L.) Beauv. Ess. Agrost. 178，1812；中国高等植物图鉴 5：174，图 7177，1976；中国植物志 10(1)：357，1990；山西植物志 5：181，图版 95：4-6，2004.—*Panicum glaucum* L. — *Setaria lutescens* (Weig.) F. T. Hubb. —*Setaria glauca* var. *longispica* (Honda) Makino et Nemoto

一年生草本。高 20~90cm，光滑无毛，仅花序下面稍粗糙。叶鞘下部压扁具脊，上部圆形，光滑无毛，边缘薄膜质，光滑无纤毛；叶舌具一圈长约 1mm 的纤毛；叶片线状披针形或狭披针形，长 5~30cm，宽 2~8mm，上面粗糙，下面光滑。圆锥花序紧密呈圆柱状，长 3~8cm，宽 4~8mm(刚毛除外)，刚毛金黄色，粗糙，长 4~8mm；通常在一簇中仅具 1 个发育的小穗，小穗长 3mm；第一颖宽卵形或卵形，先端尖，具 3 脉；第一外稃与小穗等长或微短，具 5 脉；内稃膜质，2 脉；第二小花两性，外稃革质，等长于第一外稃，先端尖，成熟时，背部极隆起，具明显的横皱纹。花果期 6~10 月。

分布全国各地。生于荒野。山西吕梁山、恒山、中条山、太原郊区有分布，本区见于房山峪口。秆、叶可作牲畜饲料。

2. 狗尾草 *Setaria viridis* (L.) Beauv. Ess. Agrost. 51，171.178. pl. 13. f. 3. 1812；中国高等植物图鉴 5：173，图 7175，1976；中国植物志 10(1)：348，1990；山西植物志 5：179，图版 95：1-3，2004.—*Panicum viride* Steud. —*Chaetochloa viridis* (L.) Scribn. —*Setaria viridis* var. *genuina* Honda—*Setaria viridis* var. *purpurascens* Maxim. Prim.

一年生草本。高 10~100cm，基部径达 3~7mm。叶鞘松弛，无毛或疏具柔毛，边缘具较长的密绵毛状纤毛；叶舌极短，纤毛状；叶片长 8~30cm，宽 2~15mm，长三角状狭披针形，先端长渐尖或渐尖，基部钝圆形，通常无毛或疏被疣毛，边缘粗糙。圆锥花序紧密呈圆柱状或基部稍疏离，直立或稍弯垂，主轴被较长柔毛，长 2~10cm，宽 4~13mm(除刚毛外)，刚毛绿色或紫色，长 4~12mm；小穗椭圆形，先端钝，长 2~2.5mm；第一颖卵形、宽卵形，长约为小穗的 1/3，具 3 脉；第二颖几与小穗等长，具 5~7 脉；第一外稃与小穗等长，具 5~7 脉，内稃短小狭窄；第二外稃具细点状皱纹，边缘内卷。花果期 6~10 月。

分布于全国各地。生于荒野、道旁。山西及本区广布。秆、叶可作饲料，也可入药。

9. 狼尾草属 *Pennisetum* Rich.

一年生或多年生草本。叶线形。穗状圆锥花序；小穗有柄或无柄，单生或簇生，小穗下有总苞状刚毛，与小穗一同脱落，每小穗含 2 朵小花；第一颖短于小穗。

约 140 种。中国 11 种 2 变种。山西及晋西黄土高原 2 种。

分种检索表

1. 小穗簇具明显总梗，花序宽 10~15mm(不含刚毛)，刚毛红紫色··
···1. 狼尾草 *P. alopecuroides*

1. 小穗簇无明显总梗，花序宽 5~10mm(不含刚毛)，刚毛白色···2. 白草 *P. centrasiaticum*

1. 狼尾草 *Pennisetum alopecuroides* (L.) Spreng. Syst. Veg. 1：303，1825；中国高等植物图鉴 5：174，图 7178，1976；中国植物志 10(1)：366，图版 111：1-4，1990；山西植物志 5：183，图版 97，2004. —*Panicum alopecuroides* L.

多年生草本。秆高 30~100cm，花序下密生柔毛。叶鞘无毛，压扁具脊；叶舌短；叶片条形，长 15~50cm，宽 2~6mm，通常内卷。圆锥花序紧密，圆柱状，直立，长 5~20cm，宽约 15mm(不含刚毛)；主轴密被柔毛，刚毛长 1~2.5cm，粗糙，成熟后为黑紫色；小穗通常单生，长 6~8mm；第一颖微小，卵形，脉不明显；第二颖长为小穗的 1/3~2/3，具 3~5 脉；第一外稃与小穗等长，具 7~11 脉，边缘包卷谷粒。花果期 7~10 月。

分布于南北各地。生于湿润草地。山西恒山、吕梁山、中条山有分布，本区见于人祖山。

2. 白草 *Pennisetum centrasiaticum* Tzvel. Pl. As. Centr. 4：30，1968；中国高等植物图鉴 5：79，图 7179，1976；中国植物志 10(1)：368，图版 113：15，1990；山西植物志 5：185，图版 98，2004. —*P. mongolicum* Franch. —*P. flaccidum* Griseb. ex Roshev. —*P. sinense* Mez—*P. flaccidum* auct. non Griseb. Rendle

多年生草本。具横走根茎。秆高 20~90cm。叶鞘无毛或鞘口有纤毛；叶舌短，膜质；叶片条形，长 10~25cm，宽 3~10mm，两面无毛。圆锥花序紧密，圆柱状，直立或稍弯曲，长 5~15cm，宽约 15mm(含刚毛)；主轴具棱角，无毛或罕疏生短毛，刚毛柔软，绿白色或紫色；小穗通常单生，长 3~8mm；第一颖微小，先端钝圆或锐尖，脉不明显；第二颖长为小穗的 1/3~3/4，先端芒尖，具 1~3 脉；第一外稃与小穗等长，先端芒尖，具 3~5(-7)脉，第一内稃透明，膜质或退化。花果期 7~10 月。

分布于东北、华北、西北、西南。生于山坡和沙地。山西恒山、五台山、吕梁山有分布，本区见于人祖山、房山峪口。为优良牧草。

10. 荻属 *Triarrhena* Nakni

多年生草本。根状茎横走。秆高大粗壮。总状花序再集成圆锥花序；小穗含 1 朵两性花与 1 朵不育花，小穗成对着生，一具长柄，一具短柄，基盘有长丝状毛；颖稍不等长，膜质或纸质；外稃透明，短于颖，第二外稃具芒。

约 3 种。中国 2 种 8 变种。山西及晋西黄土高原 1 种。

1. 荻 *Triarrhena sacchariflora* (Maxim.)Nakai, Journ. Jap. Bot. 25：7，1950；中国高等植物图鉴 5：180，图 7189，1976；中国植物志 10(2)：26，图版 5，1997；山西植物志 5，201，图版 107，2004. —*Miseanthus saccharilorus* (Maxim,) Benth. et Hook. f.

秆高 120~150cm，节上有长须毛。下部叶鞘长于节间；叶舌长 0.5~1mm，先端圆钝，具纤毛；叶片条形，长 10~60cm，宽 4~12mm，中脉白色。圆锥花序扇形，长 20~30cm，分枝细弱，长 10~20cm，穗轴间长 4~8mm；小穗成对着生，一小穗柄长，3~5mm，一小穗柄短，1~2mm；每小穗含2花，仅第二小花结实，基盘有长丝状毛；第一颖两侧有脊，脉不明显，背部有长柔毛，第二颖具3脉，芒缺。花果期8~9月。

分布于华北、西北、华东。生于河岸、湿草地。山西太原南郊、中条山、太岳山、太行山有分布，本区见于人祖山。根入药。

11. 马唐属 *Digitaria* Scop.

一年生草本。秆直立或平卧。总状花序指状排列；小穗含2花，其中1朵不育，小穗无柄，排列于穗轴一侧；第一颖微小或缺，第二颖短于小穗；外稃3~9脉，被毛。

约300种。中国24种。山西4种，晋西黄土高原2种。

分种检索表

1. 指状花序具2~4个总状花序，总状花序长2~8cm，颖果黑褐色……………………………
………………………………………………………………**1. 止血马唐 *D. ischaemum***
1. 指状花序具3~10个总状花序，总状花序长5~18cm，颖果黑白色……………………………
………………………………………………………………**2. 马唐 *D. sanguinalis***

1. 止血马唐 *Digitaria ischaemum* （Schreb.）Schreb. ex Muhl. Descr. Gram. Pl. Calam. 131, 1817；中国高等植物图鉴5：170, 1976；中国植物志10（1）：314, 图版99：6-10, 1990；山西植物志5：188, 图版100, 2004. —*Panicum ischaemum* Schreb. ex Schw. —*Digitaria humifusa* Pers.

一年生草本。秆直立或基部倾斜，高15~40cm，下部常有毛。叶鞘具脊，有时为紫色；叶舌膜质，长约0.6mm；叶片线状披针形，长5~12cm，宽4~8mm，疏生长柔毛。总状花序长4~9cm，2~4枚指状排列于茎顶，最下一枚稍远；小穗长2~2.5mm，2~3枚着生于各节；第一颖不存在，第二颖具3~5脉，长为小穗的1/2~3/4；第一外稃具5~7脉，第二外稃边缘膜质。花果期7~10月。

分布于东北、华北、西北、四川、西藏。生于田野、河边润湿的地方。山西恒山、吕梁山、太岳山有分布，本区见于紫金山、房山峪口。中等饲草。

2. 马唐 *Digitaria sanguinalis* （L.）Scop. Pl. Carn. Ed. 1：52, 1772；中国高等植物图鉴5：171, 图7172, 1979；中国植物志101（1）：330, 图版103：7-9, 1990；山西植物志5：190, 图版101, 2004. —*Panicum sanguinalis* L.

一年生草本。秆斜倚，高40~100cm。叶片线状披针形，长5~12cm，宽3~10mm。总状花序3~10枚指状排列于茎顶，或下部的轮生；小穗长3~3.5mm；第一颖微小，第二颖具3~5脉，等长或稍短于小穗；第一外稃具5~7脉，与小穗等长，被柔毛，第二外稃成熟后紫褐色，长约2mm，有光泽。花果期6~9月。

分布于中国北方各地。生于田边、路旁。山西太原郊区、临汾、运城地区有分布，本区见于人祖山。优质饲草。

12. 虎尾草属 *Chloris* Swartz

一年生或多年生草本。总状花序呈指状排列；每小穗含2~3花，下部1朵为两性花，结实，其余退化包卷成球状，小穗2列于穗轴一侧，脱节于颖之上；颖不等长，第一颖具1脉；两性花外稃具芒，基盘具毛，内稃等长于外稃，不育小花外稃为芒状。

约50种。中国4种。山西及晋西黄土高原1种。

1. 虎尾草 Chloris virgata Swartz. Fl. Ind. Occ. 1：203，1797；中国高等植物图鉴 5：141，图 7111，1976；中国植物志 10（1）：79，图版 22：1-4，1990；山西植物志 5：78，图版 43，2004.

一年生草本。秆高 12~75cm，光滑无毛。叶鞘背部具脊，无毛；叶舌长约 1mm，具纤毛；叶片条状披针形，长 3~25cm，宽 3~6mm。穗状花序 5~10 枚，长 1.5~5cm，指状着生于秆顶，并拢成毛刷状；小穗无柄，长约 3mm；颖膜质，1 脉；第一小花两性，外稃两侧压扁，具 3 脉，芒自背部顶端稍下方伸出；内稃膜质，略短于外稃。花果期 6~10 月。

遍布于全国各地。生于路旁荒野、河岸沙地。山西各地均有分布，本区见于房山峪口、临县碛口。优质饲草。

13. 荩草属 Arthraxon Beauv.

一年生或多年生草本。叶片卵状披针形，基部心形。总状花序排成指状；小穗成对着生，无柄小穗两性，结实；有柄小穗着生于无柄小穗基部，退化；外稃基部具芒。

约 20 种。中国 10 种 6 变种。山西 2 种，晋西黄土高原 1 种。

1. 荩草 Arthraxon hispidus (Thunb.) Makino in Bot, Mag, Tokyo 26：214，1912；中国高等植物图鉴 5：198，图 7224，1976；中国植物志 10（2）：218，1997；山西植物志 5：209，图版 111：1-4，2004.—Phalaris hispida Thunb. —Digitaria hispida Spreng. —A. ciliaris Beauv.

一年生草本。秆细弱，基部倾斜，高 30~60cm。叶鞘短于节间，生短硬疣毛；叶舌膜质，长 0.5~1mm，边缘具纤毛；叶片卵状披针形，长 2~4cm，宽 0.8~1.5cm，基部心形，抱茎，下部边缘生疣基毛。总状花序长 1.5~4cm，2~10 枚呈指状排列；无柄小穗，呈两侧压扁，长 3~5mm；第一颖草质，边缘膜质，具 7~9 脉，脉上粗糙，第二颖近膜质，与第一颖等长，具 3 脉；第一外稃透明膜质，长为第一颖的 2/3，第二外稃与第一外稃等长，透明膜质，近基部伸出一膝曲的芒；芒长 6~9mm，下几部扭转。花果期 9~11 月。

遍布全国各地。生于山坡草地阴湿处。山西吕梁山、五台山有分布，本区见于房山峪口、紫金山。优质饲草，全草入药。

14. 孔颖草属 Bothriochloa Kuntze

多年生草本。叶狭条形。总状花序排成圆锥状或指状；每小穗 2 花，小穗成对着生，下方者有柄，不育，无芒，上部小穗无柄，两性，结实；外稃顶端具芒。

约 25 种。中国 3 种 2 变种。山西及晋西黄土高原 1 种。

1. 白羊草 Bothriochloa ischaemum (L.) Keng in Contr. Biol. Lab. Sci. China 10：201，1936；中国高等植物图鉴 5：201，图 7231，1976；中国植物志 10（2）：144，1997；山西植物志 5：213，图版 113，2004. —Andropogon ischaemum Linn. —A. ischaemum var. redicans Hack.

多年生草本。秆丛生，高 25~70cm。叶鞘无毛；叶舌膜质，长约 1mm，具纤毛；叶片线形，长 5~16cm，宽 2~3mm，两面疏生疣基柔毛或下面无毛。总状花序 4 至多数呈指状着生于秆顶，花序轴节间与小穗柄两侧具白色丝状毛；无柄小穗，长 4~5mm，基盘钝，具髯毛；第一颖背部中央略下凹，具 5~7 脉；第一外稃长约 3mm，第二外稃退化成线形，先端延伸成一膝曲扭转的芒，芒长 10~15mm；有柄小穗雄性；第一颖具 9 脉，第二颖具 5 脉。花果期秋季。

分布几遍全国。生于山坡草地和荒地。山西及晋西黄土高原广布。良等饲草。

15. 芦苇属 Phragmites Trin.

多年生草本。有横走的根状茎。叶片扁平。顶生圆锥花序；小穗两侧压扁，脱节于颖之上，具3~7花，最下一枚为雄花或中性花，其余为两性花；颖不等长；外稃具3脉，顶端狭长成芒状，基盘具长的丝状毛，内稃短于外稃。

4种。中国2种1变种。山西及晋西黄土高原1种。

1. 芦苇 Phragmites australis（Cav.）Trin. ex Steud. Nom. Bot. ed. 2，2：324，1841；中国高等植物图鉴5：48，图6920，1976；中国植物志9(2)：25，2002.—Arundo australis Cav. —A. phragmites L. —Phragmites communis Trin.

多年生草本。根状茎发达。秆高1~3m，节下被蜡粉。叶鞘无毛；叶舌边缘密生短纤毛；叶片披针状线形，长15~30cm，宽1~3.5cm，中部常见有折痕。圆锥花序开展，长20~40cm，分枝多数，着生稠密下垂的小穗；小穗长约12mm，含3~5花；颖具3脉；第二外稃长11mm，具3脉，顶端长渐尖，基盘延长，两侧密生等长于外稃的丝状柔毛，与小穗轴具明显关节，成熟后易自关节上脱落；内稃长约3mm。

产全国各地。生于江河湖泽、池塘沟渠沿岸和低湿地，适应性广，在干旱沙地亦可生长。山西及本区广布。秆为造纸原料或作编席织帘及建棚材料；茎、叶嫩时为饲料；根状茎供药用，为固堤造陆先锋环保植物。

16. 燕麦属 Avena L.

一年生草本。圆锥花序疏松，小穗含2~3(6)小花，具长柄，下垂；颖长于小花，具多脉，二颖等长；外稃较硬，顶端2齿裂，背部多有扭转的长芒。

约25种。中国7种2变种。山西连同栽培3种，晋西黄土高原野生1种。

1. 野燕麦 Avena fatus L. Sp. Pl. 80，1753；中国高等植物图鉴5：95，图7019，1976；中国植物志9(3)：173，图版44：7-12，1987；山西植物志5：130，2004.

秆高60~120cm。叶鞘无毛；叶舌膜质，长1~5mm；叶片长10~30cm，宽5~10mm。圆锥花序开展，长20cm；小穗长1.8~2.5cm，含2~3小花；颖卵状披针形，长于第一小花，先端长渐尖，边缘膜质；外稃较硬，具5脉，背部具柔毛，芒从外稃中部以下伸出，长3cm，膝曲，扭转，内稃与外稃等长。

分布于南北各地。生于林缘、田边、路旁。本区见于人祖山。

17. 雀麦属 Bromus L.

一年生或多年生草本。叶鞘关闭，叶片狭窄。圆锥花序开展，小穗两侧压扁，下垂；颖不等长，锐尖，短于外稃；外稃下端2齿裂，齿下有芒，内稃短于外稃。

100余种。中国16种。山西2种1变种，晋西黄土高原1种。

1. 雀麦 Bromus japonicus Thunb. Fl. Jap. 52. Pl. 11，1784；中国高等植物图鉴5：74，图6977，1976；山西植物志5：101，图版54：1-3，2004.

秆高30~100cm。叶鞘被白色柔毛，闭合；叶舌长1.5~2mm；叶片长50~30mm，宽3~8mm，被柔毛。圆锥花序长30cm，开展，每节3~7分枝；小穗长1.7~3.4cm(连同芒)含7~14小花，下垂，第一颖长5~6mm，3~5脉，内稃短于外稃。

分布于长江、黄河流域。生于山坡、荒地、路旁。山西中条山有分布。本区见于人祖山，为该种在山西地理分布新记录。可作饲草。

18. 隐子草属 *Cleistogenes* Keng

多年生草本。叶鞘内长有隐藏的小穗；叶片线状披针形，稍硬，水平伸展，易自叶鞘脱落。圆锥花序狭窄；小穗含1至数小花，两侧压扁，脱节于颖之上，二颖不等长，第一颖较小；外稃具3~5脉，顶端2齿裂，芒从齿尖伸出，内稃等长于外稃。

约20种。中国12种。山西6种2变种，晋西黄土高原4种1变种。

分种检索表

1. 秆干后蜷蜒状弯曲，叶鞘包被直达花序基部 ·························**1. 糙隐子草 *C. squarrosa***
1. 秆干后不蜷蜒状弯曲，叶鞘包被不达花序基部 ·····································**2**
  2. 茎较粗，直径1~2mm，基部鳞芽较长，鳞片质地硬，叶宽3~8mm，平展，花序伸出包鞘外，叶鞘有疣毛 ···**3**
  2. 茎纤细，粗0.5~1mm，基部鳞芽较短，鳞片质地柔软，叶鞘内有包藏的小穗，除鞘口外叶鞘无毛 ···**4**
    3. 秆直立 ···**2. 北京隐子草 *C. hancei***
    3. 秆平铺地面生长 ·······················**2a. 平卧北京隐子草 *C. hancei* var. *depressus***
      4. 叶片宽1~2mm，第一颖长1~2mm，外颖先端芒长0.5~1mm ···**3. 丛生隐子草 *C. caespoitosa***
      4. 叶片宽2~4mm，第一颖长3~4mm，外颖先端芒长1~2mm ···**4. 中华隐子草 *C. chinensis***

1. 糙隐子草 *Cleistogenes squarrosa* (Trin.) Keng in Sinensia 5：156，1934；中国高等植物图鉴5：136，图7101，1976；中国植物志10(1)：47，图11：7-12，1990；山西植物志5：85，图版46：6-9，2004.—*Molinia squarrosa* Trin.—*Diplachne squarrosa* (Trin.) Richt.—*Kengia squarrosa* (Trin.) Packer—*Cleistogenes squarrosa* var. *longe-aristata* (Rendle) Keng

多年生草本。秆高10~30cm，直立或铺散，纤细，干后常呈蜷蜒状弯曲，秋后常变成紫红色。叶鞘层层包裹直达花序基部；叶舌具短纤毛；叶片线形，长3~6cm，宽1~2mm，扁平或内卷。圆锥花序长4~7cm，宽5~10mm；小穗长5~7mm，含2~3小花；颖具1脉，边缘膜质，第一颖长1~2mm，第二颖长3~5mm；外稃具5脉，第一外稃长5~6mm；先端常具较稃体为短或近等长的芒。

分布于东北、华北、西北、山东。生于干旱草原、山坡、沙地。山西吕梁山区有分布，本区广布。优良牧草。

2. 北京隐子草 *Cleistogenes hancei* Keng in Sinensia 11：408，1940；中国高等植物图鉴5：134，图7098，1976；中国植物志10(1)：52，图版15：7-12，1990；山西植物志5：88，2004.—*C. serotina* var. *sinensis* (Hance) Keng—*Diplachne sinensis* Hance

多年生草本。具短的根状茎。秆直立，较粗壮，高50~70cm，基部具向外斜伸的鳞芽，鳞片坚硬。叶鞘无毛或疏生疣毛；叶舌短，先端裂成细毛；叶片长3~12cm，宽3~8mm，扁平或稍内卷，两面均粗糙。圆锥花序开展，长6~11cm，具5~7分枝，基部分枝长3~5cm，斜上；小穗长8~14mm，含3~7小花；颖不等长，具3~5脉；外稃有紫黑色斑纹，具 5 脉，先端具长 1~2mm 的短芒；内稃等长或较长于外稃。花果期 7~11 月。

分布于华东、华中、华北，辽宁、陕西。生于山坡、路旁、林缘灌丛。山西吕梁山区有分布，本区广布。本种根系发达，可作水土保持植物，亦为优良牧草。

2a. 平卧北京隐子草 (新变种) Cleistogenes hancei Keng var. depressus D. Z. Lu et H. Qu var. nov. A tepo recedit culmus depressus，non rectus. Shanxi（山西）Jixian（吉县），Renzushan（人祖山），alt. 1100m. 2009. 07. 14. D. Z. Lu et H. Qu（路端正、曲红）0907261（Holotype in BJFC）.

多年生草本，疏丛生。根状茎短。秆平卧地面直伸生长，秆长 0.5 ~ 1m，粗 2 ~ 2.5mm，基部有较硬的鳞片。叶鞘无毛，或下部叶鞘被疏疣毛，叶舌裂成细毛状，叶片扁平或内卷，长 8~12cm，宽 0.3~0.8cm。圆锥花序稍开展，伸出叶鞘外，具 5~7 分枝；小穗长约 1cm，排列较紧密，具 3~7 花；颖片脉不明显，外颖较内颖短；外稃具 5 脉，先端有 0.5~2mm 的短芒，基盘有毛；内稃与外稃等长。模式标本采自山西人祖山。

该变种与原变种的区别在于秆平卧生长，而非直立生长。

3. 丛生隐子草 Cleistogenes caespilosa Keng in Sinensia 5：154. F. 43，1934；中国植物志 10（1）：49，图版 13：6-10，1990；山西植物志 5：88，图版 47：4-6，2004. —Kengia caespilosa（Keng）Paker

秆高 25~45cm，径约 1mm。叶鞘口处有柔毛；叶舌为一圈短纤毛；叶片条形，长 3~7cm，宽 2~4mm，扁平或内卷。花序稍开展，长 3~7cm，宽 2~4cm；小穗长 5~11mm，含 3~5 小花；颖具 1 脉，第一颖长 1~2mm，第二颖长 2~3mm；外稃 5 脉，边缘具柔毛，第一外稃长 4~5.5mm，先端具长 0.5~1mm 的短芒；内稃与外稃近等长。花果期 7~9 月。

产华北、西北。生于山坡草地、沟谷、灌丛。山西吕梁山区有分布，本区见于人祖山。

4. 中华隐子草 Cleistogenes chinensis（Maxim.）Keng in Sinensia 5：152. f. 2. 1934；中国高等植物图鉴 5：135，图 7100，1976；中国植物志 10（1）：47，1990；山西植物志 5：85，图版 47：1-3，2004. —Diplachne serotina Link var. chinensis Maxim. —Cleistogenes serotina var. chinensis（Maxim.）Hand. -Mazz，—Kengia chinensis（Maxim.）Packer

秆高 15~60cm，径 0.5~1mm，基部密生贴近根头的鳞芽。叶鞘长于节间，鞘口常具柔毛；叶舌短，边缘具纤毛；叶片长 3~7cm，宽 1~2cm，扁平或内卷。圆锥花序疏展，长 5~10cm，具 3~5 分枝；小穗黄绿色或稍带紫色，长 7~9mm，含 3~5 小花；第一颖长 3~4.5mm，第二颖长 4~5mm；外稃边缘具长柔毛，具 5 脉，第一外稃长 5~6mm，先端芒长 1~3mm；内稃与外稃近等长。花果期 7~9 月。

分布于华北、西北。生于山坡草地、林缘、灌丛。山西吕梁山区有分布，本区广布。良等牧草。

19. 羊茅属 Festuca L.

多年生草本。叶狭窄。圆锥花序；小穗含 2 至多数小朵花；颖不等长，第一颖具 1 脉，第二颖具 3 脉；外稃背部圆钝，5 脉，具芒或短尖头。

约 100 种。中国 14 种。山西 2 种，晋西黄土高原 1 种。

1. 羊茅 Festuca ovina L. Sp. Pl. 73，1753；中国高等植物图鉴5：59，图6948，1976；中国植物志9(2)：66，2002；山西植物志5：120，图版64：1-2，2004.

密丛生，秆高30~60cm。叶鞘光滑，叶丝状，有短刺毛，内卷。穗形圆锥花序，长2~5cm，分枝偏向一侧；小穗长4~6mm，含3~6小花，第一颖长2~2.5mm，第二颖长3~3.5mm；外稃长3~4mm，具1.5~2mm的短芒。

分布于东北、华北、西北、西南。生于草原地带。山西五台山、吕梁山有分布，本区见于人祖山。优良牧草。

20. 臭草属 Melica L.

多年生草本。叶鞘闭合，叶片线形。圆锥花序狭窄或开展；小穗具柄，两侧压扁，含1~3小花，小穗轴顶端有退化小花；颖膜质，等长，第二颖与第一小花等长或稍短；外稃具7脉，无芒。

约70种。中国9种。山西5种，晋西黄土高原2种。

分种检索表

1. 花序大，小穗多而密集，颖不等长，第一颖3~5脉，叶片宽2~7mm⋯⋯⋯⋯⋯⋯⋯⋯⋯⋯⋯⋯⋯⋯⋯⋯⋯⋯⋯⋯⋯⋯⋯⋯⋯⋯⋯**1. 抱草 M. scabrosa**
1. 花序较小，小穗稀疏，颖等长，1脉，叶片宽1~2mm⋯⋯⋯⋯⋯**2. 细叶臭草 M. radula**

1. 抱草 Melica scabrosa Trin. in Mem. Acad. Sci. St. Petersb. Sav. Etrang. 2：146，1833；中国高等植物图鉴5：55，图6939，1976；中国植物志9(2)：307，2002；山西植物志5：103，图版56，2004. —*Melica scabrosa* var. *limprichtii* Papp

秆高20~90cm，基部密生分蘖。叶鞘闭合近鞘口，常撕裂；叶舌透明膜质，长1~3mm，顶端撕裂而两侧下延；叶片长6~15cm，宽2~7mm，两面粗糙，干时常卷折。圆锥花序狭窄，长8~22cm，宽1~2cm；小穗长5~8mm，具柄短，含小花2~4(6)两性花，顶端由数个不育外稃集成小球形；颖膜质，长4~8mm，具3~5脉；外稃草质，顶端膜质，具7条隆起的脉，第一外稃长5~8mm；内稃短于外稃或相等。花果期5~8月。

产东北、华北、西北、华东、华中、西南、西藏。生于山坡草地、田边、路旁。山西五台山、吕梁山有分布，本区见于临县碛口、房山峪口、人祖山。

2. 细叶臭草 Melica radula Franch. in Pl. Dsavid. 1：336，1884；中国高等植物图鉴5：55，1976；中国植物志9(2)：307，2002；山西植物志5：103，图版57，2004. —*Melica sinica* Ohwi—*Melica scabrosa* var. *radula*(Franch.) Papp

秆高30~40cm，基部密生分蘖。叶鞘闭合至鞘口，长于节间；叶舌膜质，长约0.5mm；叶片常纵卷成线形，长5~12cm，宽1~2mm，两面粗糙。圆锥花序极狭窄，长6~15cm；分枝少，小穗稀少；小穗柄短，顶端弯曲，被微毛；小穗长5~8mm，含2枚两性小花，顶生不育外稃聚集成棒状或小球形；颖膜质，顶端尖，长4~7mm，第一颖具1明显的脉(侧脉不明显)，第二颖具3~5脉；外稃草质，顶端膜质，常稍钝或尖，背面粗糙，第一外稃长4.5~7mm，具7脉；内稃短于外稃。花果期5~8月。

分布于华北，陕西、甘肃、山东、河南。生于石砂质山坡、田边、路旁。山西吕梁山区有分布，本区广布。

21. 碱茅属 *Puccinellia* **Parl.**

多年生草本。秆丛生。叶细长。圆锥花序,小穗具柄,含数朵小花,脱节于颖之上;颖不等长,短于外稃,第一颖 1~3 脉,第二颖 3~5 脉;外稃背部圆钝,无芒,不明显 5 脉,先端膜质,细齿裂,基盘有毛。

约 70 种。中国 7 种。山西 2 种,晋西黄土高原 1 种。

1. 碱茅 *Puccinellia distans*(L.)Parl. Fl. Ital. 1:367,1848;中国高等植物图鉴 5:71,图 6971,1976;中国植物志 9(2):275,2002;山西植物志 5:121,图版 65:6-8,2004. —*Poa distans* L.

秆高 15~50cm。叶鞘无毛;叶舌膜质,长 1~1.5mm,先端圆钝;叶片长 2~7cm,宽 1~3mm,上面粗糙。圆锥花序长 8~15cm,开展;小穗长 3~5mm,含 3~5 小花;第一颖长约 1mm,具 1 脉,第二颖长于第一颖,具 3 脉;外稃先端钝或平截,第一外稃长 1.5~2mm;内稃等长于外稃。花果期 7~9 月。

分布于中国东北、华北、西北。生于盐碱湿地、田边、路旁。山西五台山有分布,本区见于紫金山,为该种在山西地理分布新记录。良等牧草。

22. 早熟禾属 *Poa* **L.**

一年生或多年生草本。圆锥花序疏散或密集;小穗含 2~6 花,上部小花常不发育;颖 1~3 脉,有脊;外稃 5 脉,有脊,无芒,基盘有或无毛束;内稃等长或稍短于外稃。

约 400 种。中国 100 余种。山西 16 种,晋西黄土高原 6 种。

分种检索表

1. 外稃基盘无绵毛···2
1. 外稃基盘有绵毛···3
  2. 圆锥花序疏展,稍带紫色,长 10~15cm,每节 2 个分枝,叶舌长 0.5~1mm·············
                                         1. 西伯利亚早熟禾 *P. sibirica*
  2. 圆锥花序狭窄,长 6~8cm,每节 2~3 个分枝,叶舌长 2mm·····························
                                          2. 光盘早熟禾 *P. elanata*
    3. 有长的地下匍匐根茎,圆锥花序金字塔形················**3. 草地早熟禾 *P. pratensis***
    3. 无地下匍匐根茎···4
      4. 圆锥花序开展,叶舌长 0.5~1mm,外稃脊下部 1/2 与边脉基部具柔毛·············
                                        4. 林地早熟禾 *P. nemoralis*
      4. 圆锥花序狭窄···5
        5. 秆柔软,3~8 节,叶舌长 1.5~2.5mm,外稃脊下部 1/2 及边脉基部具柔毛
                ···**5. 多叶早熟禾 *P. plurifolia***
        5. 秆坚硬,3~4 节,叶舌长 3~5mm,外稃脊下部 2/3 及边脉基部 2/3 具柔毛
                ···············**6. 硬质早熟禾 *P. sphondylodes***

1. 西伯利亚早熟禾 *Poa sibirica* Roshev. in Bull. Jard. Bol. Pet. 12:121,1912;中国高等植物图鉴 5:54,图 6957,1976.

多年生草本。秆高 60~80cm,3~4 节。叶鞘短于节间;叶舌长 0.5~2mm;叶片长 6~

9cm，宽 2~5mm。圆锥花序开展，每节 2~5 分枝，分枝中部以下裸露；小穗长 4~5mm，含 2~5 小花；颖具 3 脉，第一颖长 2~2.5mm，第二颖略长于第一颖；外稃无毛，第一外稃长 3~3.5mm。花果期 7~9 月。

分布于东北、华北。生于山坡草地、林下。本区见于紫金山，该种为山西植物的新记录种。

2. 光盘早熟禾 _Poa elanata_ Keng ex Tzvel. Pl. Asi. Centr. 4：142，196；中国高等植物图鉴 5：826，1967. —_P. elanata_ Keng ex L. liu；中国植物志 9(2)：391，2002.

多年生草本。秆密丛生，高 30~50cm。叶鞘长于节间；叶舌膜质，长 2mm；叶片长 8~15cm，宽 1~2mm，两面粗糙。圆锥花序狭窄，长 6~8cm，宽 3~8mm，每节 2~3 分枝；小穗长 5mm，含 2~4 小花；颖具 3 脉，第一颖长 3~3.5mm，第二颖略长；外稃先端膜质，脊于边脉下部有短毛；内稃稍短于外稃，脊上有毛。花果期 7~9 月。

分布于华北、西北，西藏。生于林缘草地。本区见于紫金山，该种为山西植物新记录种。

3. 草地早熟禾 _Poa pratensis_ L. Sp. Pl. 67，1753；中国高等植物图鉴 5：62，图 6953，1976；中国植物志 9(2)：97，2002；山西植物志 5：109，图版 59：1-4，2004.

多年生草本。具发达的匍匐根状茎。秆疏丛生，高 50~90cm，具 2~4 节。叶鞘长于节间，并较其叶片为长；叶舌膜质，长 1~2mm；叶片长 6~15cm，宽 2~5mm，上面微粗糙。圆锥花序金字塔形，长 10~20cm，宽 3~5cm，每节 3~5 分枝，具二次分枝，小枝上着生 3~6 枚小穗，分枝中部以下裸露；小穗柄较短；小穗长 4~6mm，含 3~4 小花；第一颖长 2.5~3mm，具 1 脉，第二颖长 3~4mm，具 3 脉；外稃膜质，脊与边脉在中部以下密生柔毛，间脉明显，基盘具稠密长绵毛；第一外稃长 3~3.5mm；内稃较短于外稃。花期 5~6 月，果期 7~9 月。

分布于东北、华北、西北、华东、华中、中南、西南。生于湿润草地甸、沟谷林缘。山西分布于五台山、吕梁山、太岳山，本区广布。为重要牧草和草坪、水土保持植物资源。

4. 林地早熟禾 _Poa nemoralis_ L. Sp. Pl. 69，1753；中国高等植物图鉴 5：64，图 6958，1976；中国植物志 9(2)：173，2002；山西植物志 5：112，图版 60：1-4，2004.

疏丛生。秆高 40~90cm。叶鞘平滑；叶舌膜质，长 0.5~1mm；叶片长 10~18cm，宽 2~2.5mm，上面粗糙。圆锥花序稍开展，长 10~15cm，宽 1cm；每节具 1~3 分枝，分枝下部裸露；小穗长 4~5mm，含 2~5 小花；颖具 3 脉，边缘膜质，脊上部粗糙，第一颖长约 3.5mm，第二颖与第一颖等长或稍长；外稃先端膜质，边缘与脊下部具柔毛，基盘有少量绵毛，第一外稃长 3.5~4mm；内稃较外稃短而狭。花果期 5~8 月。

分布于东北、华北、西北。生于林下。山西太岳山有分布，本区见于人祖山、紫金山，为该种在山西地理分布的新记录。良等牧草。

5. 多叶早熟禾 _Poa plurifolia_ Keng 秦岭植物志 1：436，1976；中国植物志 9(2)：193，2002；山西植物志 5：113，2004. —_P. longiglumis_ Keng ex L. Liu

密丛生。秆高 25~45cm，具 3~8 节。叶鞘长于节间，顶生叶鞘短于叶片；叶舌尖，长 1.5~2.5mm；叶片长 4~11cm，宽 2~1.5mm，两面粗糙。圆锥花序狭窄，长 4~8cm，成熟时紫色，每节 2~3 分枝，分枝下部裸露；小穗长 4~6mm，含 3~5 小花；颖具 3 脉，第一颖长 3~3.5mm，第二颖略长于第一颖；外稃先端窄膜质，紫色，具 5 脉，脊中部与边脉下部具柔毛，基盘有绵毛，第一外稃长 3.5mm；内稃短于外稃，先端微 2 裂。

分布于华北、西北，河南。生于山坡草地。《山西植物志》虽记载有该种，因未见标本，缺地理分布资料，笔者在人祖山采到标本，为该种在山西的地理分布提供了新资料。良等牧草。

6. 硬质早熟禾 (铁丝草) Poa sphondylodes Trin. in Mem. Acad. Sci. Petersb. Sav. Etrang. 2：145，1835；中国高等植物图鉴 5：66，图 6962，1976；中国植物志 9(2)：206，2002；山西植物志 5：113，图版 61：6-8，2004.

密丛生。秆高 30~60cm，具 3~4 节。叶鞘基部带淡紫色，顶生叶鞘长于其叶片；叶舌长约 4mm，先端尖；叶片长 3~7cm，宽 1mm，稍粗糙。圆锥花序紧缩而稠密，长 3~10cm，宽约 1cm；每节 4~5 分枝，分枝长 1~2cm，基部即着生小穗；小穗长 5~7mm，含 4~6 小花；颖具 3 脉，长 2.5~3mm，第一颖稍短于第二颖；外稃 5 脉，间脉不明显，先端窄膜质，脊下部 2/3 和边脉下部 1/2 具长柔毛，基盘具中量绵毛，第一外稃长约 3mm；内稃等长或稍长于外稃。花果期 6~8 月。

分布于东北、华北、西北、山东、江苏。生于山坡草原干燥沙地。山西吕梁山、中条山、太行山有分布，本区广布。饲草植物；秆可供制刷子。

23. 画眉草属 Eragrostis Beauv.

一年生或多年生草本。圆锥花序开展或紧缩；小穗覆瓦状排列于穗轴两侧，小穗脱节于颖之上；颖不等长，具 1 脉，或第二颖 3 脉；外稃 5 脉，脱落；内稃 2 脉，宿存。

300 余种。中国 29 种 1 变种。山西 5 种 1 变种，晋西黄土高原 2 种。

分种检索表

1. 多年生，秆基部压扁，小穗柄有关节 ······················**1. 知风草 E. ferruginea**
1. 一年生，秆基部圆，小穗柄无关节 ·······················**2. 小画眉草 E. minor**

1. 知风草 Eragrostis ferruginea (Thunb.) Beauv. Ess. Agrostis. 71，1812；中国高等植物图鉴 5：128，图 7085，1976；中国植物志 10(1)：22，图版 122：8，1990. —Poa ferruginea Thunb.

多年生草本。丛生，高 25~75cm。叶鞘长于节间，两侧极度压扁，鞘口密生柔毛，叶鞘脉上有腺点；叶舌纤毛状；叶片长 20~40cm，宽 4~5cm。圆锥花序开展，长 20~30cm，基部微顶生叶鞘包裹；小穗长 4~10cm，含 7~12 花，小穗柄中间有一腺点；颖具 1 脉，第一颖长 1.5~2mm，第二颖长于第一颖；第一外稃长 3mm；内稃短于外稃。花果期 6~9 月。

分布于华北以南各地。生于山坡草地、路旁。山西中条山、太岳山、太行山、五台山有分布，本区见于人祖山，为该种在山西地理分布新记录。良等牧草。

2. 小画眉草 Eragrostis minor Host，Icon. et Descr. Gram. Austr. 4：15，1809；中国高等植物图鉴 5：130，1976；中国植物志 10(1)：25，图版 121：5，1990；山西植物志 5：91，004. —Poa eragronis L. —Eragrostis eragrostis (L.) Beauv. —E. poaeoides Beauv.

一年生草本。秆纤细，丛生，高 15~50mm，具 3~4 节，节下具有一圈腺体。叶鞘较节间短，叶鞘脉上有腺体，鞘口有长毛；叶舌为一圈长柔毛；叶片长 3~15cm，宽 2~4mm，上面粗糙并疏生柔毛，主脉及边缘都有腺体。圆锥花序开展，长 6~15cm，宽 4~6cm，每节 1 分枝，花序轴、小枝以及柄上都有腺体；小穗长 3~8mm，含 3~16 小花，小穗柄长 3~6mm；颖锐尖，具 1 脉，脉上有腺点，第一颖长 1.6mm，第二颖略长；第一外稃长约 2mm，具 3 脉，主脉上有腺体；内稃较短，脊上有纤毛。花果期 6~9 月。

分布于全国各地。生于荒芜田野、草地和路旁。山西及本区广布。优良牧草。

24. 菵草属 *Beckmannia* Host.

一年生草本。圆锥花序长而狭；小穗圆形，两侧压扁，无柄，排列于穗轴两侧，含 1（稀 2）小花，脱节于颖之下；颖半圆形，膜质，等长，具 3 脉；内稃稍短于或与外稃等长。

2 种 1 变种。中国 1 种 1 变种。山西及晋西黄土高原 1 种。

1. 菵草 *Beckmannia syzigachne* (Stend.) Fernald in Rhodora 30：27，1928；中国高等植物图鉴5：114，图 7057. 1976；中国植物志9(3)：256，图版 62：4-6，1978；山西植物志5：74，图版 41，2004.

秆高 15~90cm。叶鞘无毛；叶舌膜质，长 3~7mm；叶片长 5~20cm，宽 3~10mm，上部粗糙。圆锥花序长 15~25cm，分枝直立；小穗长约 3mm；颖圆形，肿胀，具淡色横纹，外稃披针形，5 脉，有短芒尖，外稃稍短。花果期6~9月。各地区均有分布，本区见于房山峪口。

25. 稗属 *Echinochloa* Beauv.

一年生或多年生草本。圆锥花序由短密的总状花序组成；小穗背腹压扁，单生或簇生于穗轴一侧，脱落于颖之下，含 1~2 小花(下部小花常退化)；第一颖短于第二颖；外稃先端尖或具长芒。

约 30 种。中国 9 种 5 变种。山西 3 种 2 变种，晋西黄土高原 1 种 1 变种。

1. 稗 *Echinochloa crusgalli* (L.) Beauv. Ess. Agrost 53，1812；中国高等植物图鉴 5：164，图 7157，1976；中国植物志 10(1)：252，1990；山西植物志 5：195，图版 104，2004. —*Panicum crusgalli* L. —*Millium crusgalli* (L.) Moench. —*Pennisetum crusgalli* (L.) Baumg.

一年生草本。秆高 50~150cm。叶鞘无毛；叶舌缺；叶片长 10~40cm，宽 5~20mm，边缘粗糙。圆锥花序近尖塔形，长 6~20cm，主轴粗糙或具疣基长刺毛；小穗长 3~4mm，密集在穗轴的一侧，具短柄或近无柄，脉上密被疣基刺毛；第一颖长为小穗的 1/3~1/2，具 3~5 脉，第二颖与小穗等长，具 5 脉；第一小花通常中性，其外稃具 7 脉，顶端延伸成一粗壮的芒，芒长 0.5~1.5cm，第二外稃椭圆形，顶端具小尖头。花果期夏秋季。

分布于全国各地。多生于沼泽地、沟边及水稻田中。山西及本区广布。

1a. 长芒稗 *Echinochloa crusgalli* var. *caudata* (Roshev.) Kitag. Lineam. Fl. Mansh. 73，1939；中国植物志 10(1)：256，图版 78D：9，1990；山西植物志 5：197，图版 105：3-4，2004. —*E. caudata* Roshev.

该变种与稗的区别在于外稃的芒长达 3~5cm，花序稍紧密。

分布同稗。山西见于太原地区，本区见于临县碛口、房山峪口。

26. 菅草属 *Themeda* Forskal

多年生草本。总状花序下有佛焰苞，排成圆锥花序；小穗成对着生，有柄小穗雄性或中性，无柄小穗两性，有芒，基部2对小穗轮生似总苞，雄性或中性，无芒，无柄，两性小穗基盘锐尖，有棕色长毛。

15种。中国2种2变种。山西及晋西黄土高原1种。

1. 黄背草 (菅草) *Themeda japonica* Tanaka in Bull. Sci. Fac. Terkult. Kyusyu Univ. 1：194，1925；中国高等植物图鉴5：208，图7245，1976；中国植物志10（2）：253，图版63：1–11，1997；山西植物志5：215，图版114，2004.—*T. triandra* Forsk. var. *japonica* (Willd.) Makino

秆粗壮，高80~110cm，基部压扁。叶鞘具脊，生硬疣毛；叶舌圆钝，长1~2mm；叶片长12~40cm，宽4~5mm，中脉白色，边缘外卷，基部生硬疣毛。圆锥花序长30~40cm，分枝总状，长1.5~1.7cm，基部佛焰苞长2.5~3cm；总状花序基部2对小穗均为雄性，两性小穗连同基盘长8~10mm，基盘上的毛长2~4mm，两颖等长，芒长5~6cm，一至二回膝曲。花果期7~10月。

分布于除新疆、西藏、青海、甘肃、内蒙古外的各地。生于中低山区干旱阳坡。山西各山区均有分布，本区见于人祖山。水土保持植物，幼时可作饲草。

27. 大油芒属 *Spodiopoogon* Trin.

多年生草本。圆锥花序；小穗成对着生，一具柄，一无柄，含1~2小花，下部小花常退化或中性；颖具多脉；外稃膜质，第一外稃无芒，第二外稃先端2齿裂，由齿裂间伸出膝曲扭转的芒。

约10种。中国6种。山西及晋西黄土高原1种。

1. 大油芒 *Spodiopogon sibiricus* Trin. Fund. Agrost. 192，1820；中国高等植物图鉴5：184，图7198，1976；中国植物志10（2）：58，1997；山西植物志5：206，图版109，2004.—*Andropogon sibiricus* Steud. Syn. Glum.

秆高70~150cm，具质地坚硬的根状茎。叶鞘大多长于其节间，无毛或上部生柔毛，鞘口具长柔毛；叶舌干膜质，截平，长1~2mm；叶片长15~30mm，宽8~15mm，中脉白色，粗壮隆起，两面贴生柔毛或基部被疣基柔毛。圆锥花序长10~20cm，分枝近轮生，下部裸露；小穗长5~5.5mm，基盘具长约1mm之短毛；第一颖具7~9脉，有柄小穗第二颖具5~7脉，与第一颖近等长，无柄小穗第二颖具3脉；第一小花雄性，外稃透明膜质，与小穗等长，具1~3脉，第二小花两性，外稃稍短于小穗，顶端深裂达稃体长度的2/3，自2裂片间伸出一芒；芒长8~15mm，中部膝曲，短于其外稃，无毛。花果期7~10月。

分布于东北、华北、华中、华东、中南、陕西、甘肃。生于山坡草地。山西各山地均有分布，本区见于房山峪口。

28. 虉草属 *Phalaris* L.

一年生或多年生草本。圆锥花序紧密；小穗具3朵花，最上1朵为两性花，其余退化仅存外稃，小穗脱节于颖之上；颖等长，舟状；外稃短于颖。

约20种。中国1种1变种。山西及晋西黄土高原1种。

1. 虉草 (草芦) *Phalaris arundinacea* L. Sp. Pl. 55，1753；中国高等植物图鉴 5：100，图 7029，1976；中国植物志 9（3）：174，1987；山西植物志 5：134，图版 71，2004.—*Typhoides arndinacea*（L.）Moench.—*Phalaroides arundinacea*（L.）Rausch.

多年生草本。秆高 50~130cm，具横走根茎。叶鞘无毛；叶舌膜质，长 2~3mm；叶片长 10~30cm，宽 5~10mm。圆锥花序紧缩，长 8~15cm；小穗长 4~5mm，颖具脊，上部有狭翼；两性花外稃具 5 脉，不育花外稃退化为线形。花果期 6~8 月。

分布于东北、华北、华中、华东。生于河边、湿地。山西太岳山、吕梁山、太行山区有分布，本区见于房山峪口。

29. 芨芨草属 *Achnatherum* Beauv.

多年生草本。圆锥花序；小穗含 1 朵两性花；外稃背部有散生毛，先端 2 齿裂，有芒从齿裂中伸出，芒与外稃连接处无关节；内稃成熟时背部裸露。

约 20 种。中国 14 种。山西 7 种，晋西黄土高原 2 种。

分种检索表

1. 圆锥花序开展，枝条开展，外稃基盘较钝··················**1. 远东芨芨草 *A. extremiorientale***
1. 圆锥花序紧缩，枝条直立，外稃基盘尖锐··················**2. 羽茅 *A. sibiricum***

1. 远东芨芨草 *Achnatherum extremiorientale*（Hara）Keng ex P. C. Kuo，秦岭植物志 1（1）：153，1976；中国高等植物图鉴 5：116，图 7062，1976；中国植物志 9（3）：329，1987；山西植物志 5：172，2004.—*Stipa extremiorientale* Hara.—*Achnatherum effusum*（Maxim.）Y. L. Chang—*Stipa sibirica*（Linn.）Lam. var. *effusa* Maxim.

多年生草本。秆高达 150cm，基部具鳞芽。叶鞘较松弛，平滑；叶舌长约 1mm，平截，顶端常具裂齿；叶片扁平，长达 50cm，宽 4~10mm，上面及边缘微粗糙。圆锥花序开展，长 20~40cm，3~6 枚簇生，中部以上疏生小穗，成熟后水平开展；小穗长 6~9mm；颖膜质，几等长或第一颖稍短，平滑，具 3 脉；外稃长 5~7mm，顶端具不明显 2 微齿，背部密被柔毛，具 3 脉，基盘钝圆，长约 0.5mm，具短毛，芒长约 2cm，一回膝曲，芒柱扭转且具短微毛；内稃背具 2 脉，脉间被柔毛，成熟时背部裸出。花果期 7~9 月。

产东北、华北、西北，安徽。生于山坡草地、林缘、灌丛中。山西五台山、晋东南地区、太原郊区有分布，本区见于人祖山、房山峪口，为该种在山西地理分布新记录。

2. 羽茅 *Achnatherum sibiricum*（Linn.）Keng；禾本科图说 590，图 525，1959；中国高等植物图鉴 5：117，图 7063，1976；中国植物志 9（3）：328，1987；山西植物志 5：172，图版 91，2004.—*Avena sibirica* Linn.—*Achnatherum avenoides*（Honda）Y. L. Chang—*Stipa avenoides* Honda

秆高 60~150cm，具 3~4 节，基部具鳞芽。叶鞘光滑；叶舌厚膜质，长 0.5~2mm，平截，顶端具裂齿；叶片质地较硬，上面与边缘粗糙，长 20~60cm，宽 3~7mm。圆锥花序较紧缩，长 10~30(60)cm，宽 2~3cm，分枝 3 至数枚簇生，自基部着生小穗；小穗长 8~10mm；颖膜质，近等长或第二颖稍短，背部微粗糙，具 3 脉，脉纹上具短刺毛；外稃长 6~7mm，背部密被短柔毛，具 3 脉，基盘尖，长约 1mm，具毛，芒长 18~25mm，一回或不明显的二回膝曲，芒柱扭转且具细微毛；内稃约等长于外稃，具 2 脉，脉间被短柔毛。花果期 7~9 月。

产东北、华北、西北，河南、西藏。生于山坡草地、林缘及路旁。山西各山地均有分布，本区广布。

30. 针茅属 Stipa L.

多年生草本。叶片内卷。圆锥花序；小穗含 1 小花，脱节于颖之上；颖近等长，锐尖，3~5 脉；外稃背部具纵向排列毛，5 脉，顶端有芒，芒一至二回膝曲，芒柱扭转，芒柱与芒针具毛或无，基盘尖；内稃等长于外稃，被外稃包裹不外露。

约 200 种。中国 23 种 6 变种。山西 5 种 2 变种，晋西黄土高原 3 种。

分种检索表

1. 外稃芒长 18~25cm，二回膝曲，芒针丝状卷曲，颖片长 30~40mm ·······················
······················**1. 大针茅 S. grandis**
1. 外稃芒长 18~25cm，颖片长 30~40mm ···························2
  2. 外稃长 5~6mm，芒针长于第一芒柱，细发状 ···············**2. 长芒草 S. bungeana**
  2. 外稃长 8~9mm，芒针等长于第一芒柱，劲直 ···············**3. 甘青针茅 S. przewalskyi**

    1. 大针茅 Stipa grandis P. Smirn. in Fedde，Repert. Sp. Nov. 26：267，1929；国高等植物图鉴 5：122，1976；中国植物志 9(3)：274，图版 65：26-31，1987；山西植物志 5：162，图版 86：6-8，2004.

秆高 50~100cm。叶鞘粗糙；基生叶舌长 0.5~1mm，钝圆，缘具睫毛，秆生者长 3~10mm，披针形；叶片纵卷似针状，上面具微毛，下面光滑，基生叶长可达 50cm。圆锥花序基部包藏于叶鞘内，长 20~50cm，每节 2~4 分枝；小穗淡绿色或紫色；颖长 3~4.5cm，顶端丝状，第一颖具 3~4 脉，第二颖具 5 脉；外稃长 1.5~1.6cm，具 5 脉，顶端关节处有短毛，背部具贴生成纵行的短毛，基盘长约 4mm，具柔毛，芒二回膝曲扭转，第一芒柱长 7~10cm，第二芒柱长 2~2.5cm，芒针卷曲，长 11~18cm；内稃具 2 脉，与外稃等长。花果期 5~8 月。

产东北、华北、西北。生于干旱山坡、草地。山西吕梁山区、太原郊区有分布，本区广布。良等牧草。

    2. 长芒草 Stipa bungeana Trin. in Mem. Acad. Sci. St. Petersb. Sav Etrang. 2：144，1835；中国高等植物图鉴 5：121，图 7072，1976；中国植物志 9(3)：273，图版 74：5，1994；山西植物志 5：160，图版 85：1-3，2004.

秆丛生，高 20~60cm。叶鞘光滑；基生叶舌钝圆形，长约 1mm，先端具短柔毛，秆生者披针形，长 3~5mm，先端常 2 裂；叶片纵卷似针状，茎生者长 3~15cm，基生者长可达 17cm。圆锥花序长约 20cm，每节有 2~4 分枝；小穗灰绿色或紫色；两颖近等长，长 9~15mm，有 3~5 脉，先端延伸成细芒；外稃长 4.5~6mm，5 脉，背部沿脉密生短毛，先端的关节处有短毛，基盘尖锐，长约 1mm，密生柔毛，芒二回膝曲扭转，有光泽，第一芒柱长 1~1.5cm，第二芒柱长 0.5~1cm，芒针长 3~5cm，稍弯曲；内稃与外稃等长，具 2脉。花果期 6~8 月。

分布于东北、华北、西北、西南、华东、华中。生于石质山坡、黄土丘陵、河谷阶地或路旁。山西太岳山、中条山、吕梁山有分布，本区广布。良等牧草。

3. 甘青针茅 Stipa przewalskyi Roshev. in Not. Syst. Herb. Hort. Petrep. 1（6）：3，1920；中国高等植物图鉴 5：121，1976；中国植物志 9（3）：273，图版 65：11-15，1987；山西植物志 5：160，图版 85：4-5，2004.

密丛生，高 40~90cm。叶鞘光滑；基生叶舌钝圆形，长 0.5~1mm，秆生叶舌长 2~3mm；叶片上面被微毛，下面粗糙，茎生者长 10~15cm，基生者长可达 30cm，顶端尾状尖，第一颖具 3 脉，第二颖具 5 脉；外稃长 8~9mm，5 脉，背部沿脉密生短毛，先端的关节处有短毛，基盘尖锐，长约 2mm，密生柔毛，芒二回膝曲扭转，被刺毛，第一芒柱长 1.5~2.5cm，第二芒柱长 1cm，芒针直，与第一芒柱等长或略短。花果期 6~7 月。

分布于华北、西北，四川、西藏。生于石质山坡、山地林缘。山西吕梁山、中条山有分布，本区见于人祖山、紫金山。良等牧草。

31. 拂子茅属 Calamagrostis Adans.

多年生草本。圆锥花序开展或狭窄；小穗含 1 小花，脱节于颖之上；颖等长；外稃短于颖，芒从外稃背部中部伸出，外稃基盘有长的丝状毛，内稃短于外稃。

约 15 种。中国 6 种 4 变种。山西 3 种 1 变种，晋西黄土高原 4 种。

分种检索表

1. 芒由外稃基部伸出，基盘的毛短于外稃，圆锥花序紧缩………**1. 野青茅 C. arundinacea**
1. 芒由外稃中部以上伸出，基盘的毛等长于外稃………………………………………2
　2. 圆锥花序紧缩，分枝直立，外稃背部的芒生于中部稍向上，二颖等长……………
　………………………………………………………………**2. 拂子茅 C. macrolepis**
　2. 圆锥花序向上，分枝斜向上……………………………………………………………3
　　3. 外稃芒由近顶部伸出，二颖不等长…………**3. 假苇拂子茅 C. pseudophragmites**
　　3. 外稃芒由中部伸出，二颖等长…………………………**4. 大叶章 C. purpurea**

1. 野青茅 Calamagrostis arundinacea（L.）Roth. Tent. Fl. Gram. 33，1788. —*Deyeuxia arundinacea*（Linn.）Beauv.；中国高等植物图鉴 5：105，图 7040，1976；中国植物志 9（3）：207，图版 31：9-11，1987；山西植物志 5：145，图版 77，2004. —*Deyeuxia sylvatica*（Schrad.）Kunth

多年生草本。秆丛生，高 50~60cm。叶鞘无毛或鞘颈具柔毛；叶舌膜质，长 2~5mm，顶端常撕裂；叶片长 5~25cm，宽 2~7mm，无毛。圆锥花序紧缩，长 6~10cm，宽 1~1.5cm；小穗长 5~6mm，两颖近等长，第一颖具 1 脉，第二颖具 3 脉；外稃长 4~5mm，顶端具微齿裂，基盘两侧的柔毛长为稃体的 1/5~1/3，芒自外稃近基部或下部 1/5 处伸出，长 7~8mm，近中部膝曲，芒柱扭转；内稃近等长或稍短于外稃。花果期 6~9 月。

产东北、华北、华中、华东，陕西、甘肃、四川、云南、贵州。生于山坡草地、林缘、灌丛山谷溪旁。山西各山地均有分布，本区广布。饲草植物。

2. 拂子茅 Calamagrostis macrolepis Litv. in Not. Syst. Herb. Hort. Bot. Petrop. 2：125，1921；中国高等植物图鉴 5：849，1976；中国植物志 9（3）：227，图版 56：3-5，1987；山西植物志 5：131，图版 80，2004. —*Calamagrostis gigantea* Roshev.

多年生草本。秆高 80~120cm。叶鞘无毛；长 5~12mm，叶片长 15~40cm，宽 5~9mm，上面和边缘稍粗糙。圆锥花序紧密，有间断，长 20~25cm，宽 3~4.5cm，分枝长 1~3cm，自基部即密生小穗；小穗长 7~10mm；第一颖长 9~11mm，具 1 脉，第二颖较短，具 3 脉；外稃长 4~5mm，顶端微 2 裂，自裂齿间或稍下伸出 1 细直芒，芒长 3~4mm，基盘具长 7~9mm 的柔毛；内稃长为外稃的 2/3。花期 7~9 月。

分布于东北、华北、西北。生于山坡草地。山西吕梁山、太原郊区有分布，本区见于隰县、乡宁、房山峪口。饲草植物。

3. 假苇拂子茅 Calamagrostis pseudaphragmites（Hall. f.）Koel. Descr. Gram. 106，1802；中国高等植物图鉴 5：108，图 7045，1976；中国植物志 9(3)：225，1987；山西植物志 5：148，图版 79，2004. —*Arundo pseudophragmites* Hall. f.

秆高 30~60cm。叶鞘无毛；叶舌膜质，长 4~9mm，顶端钝而易破碎；叶片长 8~16cm，宽 1~3mm，上面及边缘粗糙。圆锥花序疏松开展，长 10~20cm，宽 3~5cm，分枝簇生，细弱；小穗长 5~7mm；颖具 1~3 脉，第二颖较第一颖短；外稃膜质，长 3~4mm，具 3 脉，顶端全缘，稀微齿裂，芒自顶端或稍下伸出，细直，长 1~3mm，基盘的柔毛等长或稍短于小穗；内稃长为外稃的 1/3~2/3。花果期 7~9 月。

广布于中国东北、华北、西北、四川、云南、贵州、湖北。生于山坡草地或河岸湿地。山西五台山、吕梁山、中条山有分布，本区见于房山峪口。饲草及水土保持植物。

4. 大叶章 Calamagrostis purpurea（Trin.）Trin. Gram. Uniflf. 219，1824. —*C. langsdorffii*（Link.）Trin. —*Deyeuxia langsdorffii*（Link.）Kunth. 中国高等植物图鉴 5：107，图 7043，1976；中国植物志 9(3)：221，图版 4：8-10，1987；山西植物志 5：148，图版 78，2004.

秆高 75~110cm。叶鞘平滑或稍粗糙；叶舌长 5~10mm，先端易破裂；叶片长 12~26cm，宽 1.5~6mm，上面及边缘粗糙。圆锥花序开展，长 10~16cm，分枝簇生；小穗长 3.5~4mm；两颖近等长，具 1~3 脉；外稃膜质，长 2.5~3mm，顶端 2 齿裂，基盘的柔毛与稃体等长，芒自稃体背中部附近伸出，细直，长 2~2.5mm；内稃长约为外稃的 2/3。花果期 5~9 月。

分布于东北、华北、陕西。生于山沟湿草地及河岸沟渠旁。山西恒山、五台山、吕梁山有分布，本区见于紫金山。优良牧草。

32. 剪股颖属 Agrostis L.

一年生或多年生草本。圆锥花序开展或紧缩；穗含 1 花，脱节于颖之上；颖近等长；外稃质地较硬为薄，先端钝，无芒或有芒；内稃小或缺。

约 200 种。中国 29 种 10 变种。山西 2 种，晋西黄土高原 1 种。

1. 细弱剪股颖 Agrostis tenuis Sibch. Fl. Oxon. 36，1794；中国高等植物图鉴 5：109，1976；中国植物志 9(3)：235，1987；山西植物志 5：156，图版 83，2004. —*A. capillaries* auct. non L.

秆细弱，基部膝曲，高 30~50cm。叶鞘无毛；叶舌先端钝圆，常有齿；叶片扁平，长 5~10cm，宽 1.5~2mm，边缘及两面稍粗糙。圆锥花序开展，长 6~10cm，每节有分枝 2~5 枚；小穗长 2~2.5mm；颖等长或第一颖稍长，具 1 脉，背部成脊，脊上稍粗糙；外稃长

2mm，中脉稍突出，无芒，基盘无毛；内稃长为外稃的 2/3。

分布于山西、宁夏、新疆。生于河岸、湿地。山西太岳山有分布，本区见于人祖山，为该种在山西地理分布新记录。良等牧草。

91. 莎草科 Cyperaceae

多年生或一年生草本。多数具根状茎少有兼具块茎。秆常三棱形，实心，无节。叶线形，叶鞘闭合，有些种类叶片退化。穗状、总状、圆锥、头状、聚伞各式花序；小穗含 2 至多花，稀 1 朵，两性或单性，雌雄同株，稀雌雄异株，生于小穗的鳞片(颖片)腋内，聚成穗形、头状花序，稀单生，鳞片覆瓦状螺旋排列或 2 列；小花无花被，或花被为下位刚毛状、鳞片状；雄蕊 1~3；子房上位，1 室，胚珠 1，花柱 1，柱头 2~3，有时雌花为先出叶(相当于禾本科的稃片)所形成的果囊所包裹。瘦果或小坚果，三棱状、双凸状、平凸状。

约 80 属 4000 种。中国 28 属 500 余种。山西 10 属 53 种 1 亚种 15 变种，晋西黄土高原 5 属 14 种。

分属检索表

1. 花单性，子房包被于愈合成囊状的苞片(果囊)内，小穗单性或两性……**1. 薹草属 Carex**
1. 花两性……………………………………………………………………………………2
 2. 小穗的鳞片排成 2 列……………………………………………………………………3
 2. 小穗的鳞片螺旋状排列，具下位刚毛…………………………………………………4
  3. 柱头 3，小坚果三棱形……………………………………………**2. 莎草属 Cyperus**
  3. 柱头 2，小坚果背腹压扁…………………………………**3. 水莎草属 Juncellus**
   4. 秆具叶鞘，无叶片，小穗单生茎顶……………………**4. 荸荠属 Eleocharis**
   4. 有叶片，小穗排成头状或聚伞花序状…………………**5. 藨草属 Scirpus**

1. 薹草属 Carex L.

多年生草本。叶片线形。穗状花序单生或排成穗状或圆锥花序，花序下苞叶呈叶状或鳞片状，苞叶有鞘或无；小穗单性或两性(雄花与雌花在同一小穗中，以雄雌顺序或雌雄顺序排列)，基部有；小花单性，雄蕊 3；子房包于果囊(先出叶愈合而成)内，花柱突出于囊口外，柱头 2 或 3。小坚果。

1300 种以上。中国 400 余种。山西 23 种，晋西黄土高原 6 种。

分种检索表

1. 小穗两性，雄雌顺序，有长的横走根茎……………………………………………………2
1. 小穗单性，上部有 1~2 枚雄小穗，其余为雌小穗……………………………………………3
 2. 花序白色，鳞片具宽的白色膜质边缘，与果囊等长或稍长…**1. 白颖薹草 C. rigescens**
 2. 花序淡褐色，鳞片具狭的白色膜质边缘，比果囊短……**2. 中亚薹草 C. stenophylloides**
  3. 苞片叶状，果囊具圆锥形喙，喙二叉裂………………………………………………4
  3. 苞片佛焰苞状，有白色宽膜质边缘，果囊喙极短……………………………………5

4. 苞片短于花序，柱头 3，花柱基部弯曲 ·················· **3. 纤弱薹草** *C. capillaris*

4. 苞片长于花序，柱头 2，花柱基部膨大 ·················· **4. 东陵薹草** *C. tangiana*

　5. 果囊具多数明显凸脉，雌花鳞片披针形，先端渐尖 ·····················

　·· **5. 披针叶薹草** *C. lanceolata*

　5. 果囊无脉，雌花鳞片宽卵形，先端近圆形，有芒尖 ·····················

　·· **6. 早春薹草** *C. subpediformis*

1. 白颖薹草（细叶薹草） *Carex rigescens*（Fr.）V. Krecz. in Kom. Fl. URSS 3：592，1935；中国高等植物图鉴 5：272，图 7373，1976.

疏丛生。根状茎细长。秆高 3~7(~10)cm。叶基生，叶片纤细，长 3~9cm，宽 0.5~1.5mm。小穗白色，单生，雄雌顺序，具少数花，紧密排成卵状；苞片广卵形，背具 1脉，先端锐尖；雌花鳞片卵形，长于果囊，先端尖锐，具 1 脉，中部红褐色，具较宽的透明膜质边缘。果囊卵状披针形，顶部具喙，喙口具不显著 2 裂，柱头 2 个。花果期 4~6 月。

分布于东北、华北、西北。生于草原、河岸砾石地、干燥山坡。山西各山地均有分布，本区广布。《山西植物志》第 5 卷已将该种并入中亚薹草 *Carex stenophylloides* 中。但该种与中亚薹草在花期的区别十分明显，为利于识别，本志对该种先予以保留。

2. 中亚薹草 *Carex stenophylloides* V. Krecz in Kom.，Fl. URSS 3：592 et 141，1935；中国植物志 12：496，2000；山西植物志 5：259，图版 137，2004.—*C. duriuscula* C. A. Mey. subsp. *stenophylloides*（V. Krecz.）S. Y. Liang et Y. C. Tang

疏丛生。具细长根状茎。秆高 5~25cm，三棱形。叶基生，纤细，长 3~9cm，宽 0.5~1.5mm。小穗褐色，雄雌顺序，集成顶生椭圆形穗状花序；雌花鳞片苞片卵形，短于果囊，具狭的膜质边缘，背具 1 脉，先端锐尖；果囊卵状披针形，平凸状，具短柄，喙较长，喙口背部微缺；柱头 2 个。花果期 4~6 月。

分布于东北、华北、西北。生于河谷、沙地、山坡草地。山西各山地均有分布，本区见于房山峪口。

3. 纤弱薹草 *Carex capillaris* L. Sp. Pl. 977，1753；中国高等植物图鉴 5：319，图 7468，1976；山西植物志 5：273，图版 146，2004.—*C. chlorostachya* Stev.

多年生草本，密丛生。秆高 15~25cm，钝三棱形。叶柔软，长为秆的 1/3~1/2，宽 1.5~2.5mm。苞片叶状，最下一枚短于花序，苞鞘长 1.2~1.8cm；小穗 3~5 个，远离生，顶生为雄小穗，长 5~7mm，雄花鳞片白色，具 3 脉；雌小穗 2~4 个，疏生，长 0.8~1.6cm，具长 2~3cm 的柄，稍下垂，每小穗含 7~16 朵花，鳞片卵状矩圆形，褐色，具 3脉，先端钝或急尖，边缘膜质；果囊钝三棱状，长 2~2.8mm，喙较长，喙缘具小刺，喙口膜质，微凹；柱头 3 个。花果期 6~7 月。

分布于东北、华北、西北。生于山地阴坡、林下。山西吕梁山、五台山有分布，本区见于紫金山。

4. 东陵薹草 *Carex tangiana* Ohwi in Journ. Japon. Bot. 12：656，1936；中国高等植物图鉴 5：337，图 7530，1976；山西植物志 5：276，图版 149，2004.

秆高 30~40cm，基部包以红褐色无叶片的鞘，具地下匍匐茎。叶稍长或等长于秆，宽 2~3mm，边缘粗糙，具较长的叶鞘。苞片叶状，最下面的苞片长于花序，上面的短于花序，近于无鞘；小穗单性，3~4 个，间距稍远离，顶生 1~2 个为雄小穗，其余为雌小穗；雄小穗长 1.2~2.5cm，无柄，苞片鳞片状；雌小穗长 2.5~3.5cm，宽 5~6mm，密生多数花，下面的小穗具短柄，上面的近于无柄，雌花鳞片卵形，长约 3mm，顶端渐尖，具粗糙的短芒，膜质，褐黄色，具 3 条脉，脉间色较淡；果囊斜展，较鳞片稍长，椭圆形或宽卵形，近平凸状，长 3.5~4mm，麦秆黄色，平滑无毛，稍具光泽，脉不明显，顶端急狭成短喙，喙口具两直的短齿。小坚果三棱形，基部具短柄；花柱基部稍弯曲，柱头 3 个。花果期 5~7 月。

分布于东北、华北，陕西、甘肃、河南。生于山谷、沟边、路旁的潮湿处。山西太岳山有分布，本区见于房山峪口，为该种在山西地理分布新记录。

5. 披针叶薹草 *Carex lanceolata* Boott in A. Gray. Narr. Exped. Perry. 2：326，1857；中国高等植物图鉴 5：310，图 7450，1976；中国植物志 12：207，图版 41：5-8，2000；山西植物志 5：270，图版 144，2004. —*C. lanceolata* Boott var. *alashanica* Egor.

秆密丛生，高 10~40cm，下部为具紫红色长鞘之短叶所包围，根状茎短。叶长 8~25cm，宽 1~2mm，花后延伸。花序细长，苞片筒状，小穗 3~6 个，彼此疏远；顶生的 1 个雄性，长 1~1.5cm，雄花鳞片卵状披针形，顶端渐尖，具褐色条纹，边缘膜质；侧生的 3~4 个小穗雌性，线状圆柱形，长 1~2cm，雌花鳞片卵状长圆形，具褐色脉纹，具宽膜质边缘，先端突出成刺；果囊长 2.5~3mm，有短柄，三棱形，褐色有脉纹和毛，具短喙，喙口歪斜；柱头 3 个。

分布于西北东部、华中、华东、西南。生于山地阴坡、林下，山西及本区广布。良等饲草。

6. 早春薹草 *Carex subpediformis* (Kukenth.) Suto et Suzuki in Utsunmiy a-Nogaku-Kaishi 8：11，1933；中国高等植物图鉴 5：310，图 7499，1976；山西植物志 5：267，图版 143：1-3，2004. —*C. lancveolata* var. *subpediformis* Kun. —*C. prevernalis* Kitag. —*C. seudolanceolat* V. Krecz.

秆密丛生，高 10~30cm，根状茎粗壮。叶短于秆或略长，宽 2~3mm，花后延伸。花序细长，苞片鞘状，具 1~3 脉；小穗 3~5 个，顶生的 1 个雄性，侧生者为雌性，远离生；雄花序长 8~10mm；雌小穗具 3~6 花，鳞片长约 4.5mm，椭圆形，褐色，顶端截形，具芒尖；果囊长 3mm，有短柄，三棱形，脉纹不明显，具短喙，喙口截形。柱头 3 个。

分布于东北，河北、山西、陕西、甘肃、四川、贵州。生于山坡草地。山西吕梁山、太岳山有分布，本区广布。饲草植物。

2. 莎草属 *Cyperus* L.

一年生或多年生草本。秆基部具叶。长侧枝聚伞花序简单或再次复出，疏展或聚成头状；小穗排成指状、穗状、头状，生于辐射枝上端，压扁，含多数花，小穗轴具翅，宿存，鳞片 2 列，小花两性，生于小穗鳞片(颖)内，无花被，雄蕊 3，稀 1~2，柱头 3，稀 2。小坚果三棱形。

约 380 种。中国 55 种。山西 8 种 1 变种，本区 2 种。

分种检索表

1. 秆粗壮，高 50cm 以上，鳞片狭长圆形，小穗密集成头状……**1. 头穗莎草 *C. glomeratus***
1. 秆较细，高 50cm 以下，鳞片宽倒卵形，小穗不密集成头状……**2. 黄颖莎草 *C. microiria***

1. 头穗莎草 *Cyperus glomeratus* L. in Cent Pl. 2：5，1756；中国高等植物图鉴 5：241，图 7312，1976；山西植物志 5：237，图版 125，2004.

一年生草本。秆粗壮，高 50~100cm，钝三棱形。叶短于秆，宽 4~8mm，叶鞘红褐色或深褐色。叶状苞片 3~4 枚，较花序为长；复出长侧枝聚伞花序具 3~8 个第一次辐射枝，辐射枝长短不等，最长达 12cm；穗状花序无总梗，圆球形，长 1~3cm，宽 7~12mm，小穗多列，排列紧密；小穗长 5~10mm，宽 2mm，稍压扁，具 8~16 朵花；小穗轴具白色透明的狭翅，宿存；鳞片排列疏松，长 2mm，背面无龙骨状突起，脉不明显，边缘外卷；雄蕊 3，柱头 3。小坚果三棱形，长为鳞片的 1/2，有明显的网纹。花果期 6~9 月。

分布于东北、华北、甘肃、陕西、河南。生于河边、水田、池塘。山西晋中、晋东南、运城地区有分布，本区见于房山峪口、临县碛口，为该种在山西地理分布新记录。

2. 黄颖莎草 *Cyperus microiria* Steud. in Syn. Pl. Cyp. 2：23，1855；中国植物志 11：143，图版 47：1-6，1961；山西植物志 5：237，2004.

一年生草本。秆丛生，高 20~50cm，纤细，锐三棱形。叶短于秆，宽 2.5~5mm，叶鞘红棕色。叶状苞片 3~4 枚，下面 2~3 枚较花序为长；复出长侧枝聚伞花序具 5~7 个辐射枝；穗状花序长 2~4cm，宽 1~3cm，具多数小穗；小穗长 6~12mm，具 8~20 朵花；小穗轴具狭翅；鳞片排列疏松，长 1.5mm，背面绿色龙骨状突起，3~5 脉，顶端具小短尖；雄蕊 3，柱头 3。小坚果三棱形，与鳞片等长，具细小突起。花果期 7~9 月。

分布于北方许多地。生于山坡、田间、路旁。山西晋中地区有分布，本区见于人祖山，为该种在山西地理分布新记录。

3. 水莎草属 *Juncellus* C. B. Clarka.

一年生或多年生草本。秆丛生或散生，基部具叶。苞片叶状。长侧枝聚伞花序疏展或聚成头状；小穗排成穗状或头状，压扁，含多数花，小穗宿存，鳞片 2 列，小花两性，无花被，雄蕊 3，稀 1~2，柱头 2。小坚果背腹压扁。

约 10 种。中国 3 种。山西 2 种，晋西黄土高原 1 种。

1. 水莎草 *Juncellus serotinus* （Rottb.）C. B. Clarka. in Hook. f . Brit. Fl. Ind. 6：594，1893；中国高等植物图鉴 5：248，图 7325，1976；中国植物志 11：159，图版 54：1-6，1961；山西植物志 5：244，2004. —*Cyperus serotinus* Rottb.

多年生草本。具长的根状茎。秆散生，高 35~100cm，扁三棱形。叶片短于秆或稍长，宽 3~10mm，背部中肋龙骨状突起。总苞 3 枚，叶状，长于花序。长侧枝聚伞花序有 4~7 个一次辐射枝，长者可达 16cm，每一辐射枝具 1~3 穗状花序，每个穗状花序具 5~17 小穗；小穗长 8~20mm，鳞片红褐色，具绿色中肋，5~7 脉，边缘透明；雄蕊 3，柱头 2。小坚果椭圆形，平凸状，长为鳞片的 4/5。花果期 7~9 月。

分布于中国广大地区。生于水边沙地。山西五台山、吕梁山有分布，本区见于人祖山。

4. 荸荠属 Eleocharis R. Br.

多年生或一年生草本。秆丛生，圆柱状，无节。仅具叶鞘，无叶片。小穗单生秆端，小穗鳞片螺旋状排列；小花两性，具下位刚毛4~8条；雄蕊1~3；花柱基膨大，宿存，柱头2~3。小坚果三棱形或凸透镜形。

约150种。中国25种。山西6种，晋西黄土高原3种。

分种检索表

1. 下位刚毛6条，叶鞘口斜形······································**1. 卵穗针蔺 E. ovata**
1. 下位刚毛4条，叶鞘口截形···**2**
  2. 秆具锐棱脊，花柱基宽卵形·······························**2. 针蔺 E. valleculosa**
  2. 秆具钝棱脊，花柱基短圆锥形····················**3. 中间型针蔺 E. intersita f. setusa**

1. 卵穗针蔺 Eleocharis ovata（Roth.）Roem. et Schult. Syst. Veg. 2：152, 1817；中国高等植物图鉴5：224, 图7277, 1976. —*E. soloniensis*（Dubois）Hara 中国植物志11：60, 图版22：1-4, 1961. —*Scirpus soloniensis* Dubois

一年生草本。无根状茎。秆丛生，高10~30cm，有浅沟。基部有1~3个叶鞘，叶鞘长0.5~3cm，基部微红色，鞘口斜截形。小穗卵形，顶端尖，长4~5mm，宽3~4mm；小花多数，小穗鳞片卵形，顶端尖，长1.5mm，红褐色，中部绿色，具1脉，边缘膜质，基部的2片鳞片中空无花；下位刚毛5~6条，长于小坚果，有倒刺；雄蕊3；柱头2。小坚果倒卵形，双凸状。花柱基扁三角形，长为小坚果的1/3。花果期8~10月。

分布于东北、华北、西北东部，云南。生于水边湿地。本区见于紫金山，为该种山西植物种新记录。

2. 针蔺 Eleocharis valleculosa Ohwi, Lincam. Pl. Mansh. 121, 1939；中国植物志11：65, 1961.

多年生草本。根状茎匍匐。秆丛生，高20cm，有锐纵棱。在秆的基部有1~2个膜质叶鞘，鞘基部紫红色，鞘口平，长3~10cm。小穗长圆状卵形或线状披针形，长7~20mm，宽3~4mm；小花多数，两性，密生；小穗鳞片长圆状卵形，先端钝，长约3mm，宽1.7mm，淡绿色，背部有一条脉，脉两侧红色，具宽的白色膜质边缘，基部的2鳞片中空无花；下位刚毛4条，长于小坚果，有倒刺；柱头2；花柱基宽卵形，长为小坚果的1/3，宽为小坚果的1/2。小坚果倒卵形，双凸状。花果期5~8月。

分布于全国各地。生于水边湿地。山西各地均有分布于，本区见于人祖山。

3. 中间型针蔺 Eeleocharis intersita Zinserl. **f. setusa** in Kom. Fl. URSS 3：76 et 581, 1935.

多年生草本。根状茎匍匐。秆丛生，高15~60cm，直径1.5~3mm，有钝肋条和纵槽。在秆的基部有1~2个叶鞘，鞘基部带红色，鞘口截形，长1~7cm。小穗长圆状卵形，长7~15mm，宽3~5mm；小花多数，两性，密生；小穗鳞片稍松散排列，长圆状卵形，顶端急尖，长3~4mm，宽1~1.5mm，黑褐色，背部有一条脉，边缘白色，膜质，基部的一片鳞片中空无花；下位刚毛4条，稍长于小坚果，有倒刺；柱头2；花柱基呈半圆形或短圆锥形，长为小坚果的1/4，宽为小坚果的1/3。小坚果倒卵形，双凸状。花果期4~6月。

分布于东北、华北、西北。生于水边湿地。本区见于房山峪口，为山西植物种新记录。

5. 藨草属 *Scirpus* L.

多年生草本。秆三棱形稀圆柱形。具基生与秆生叶，或叶片退化仅为叶鞘。总苞叶状，或为秆的延伸；小穗具少数至多数花，排成长侧枝聚伞花序或为假侧生的头状花序；小穗鳞片螺旋状或覆瓦状排列；小花两性，下位刚毛有倒刺，2~6 条或缺；雄蕊 1~3；柱头 2~3。小坚果三棱形或扁凸透镜形。

约 200 种。中国 40 余种。山西 8 种，晋西黄土高原 3 种。

分种检索表

1. 叶状苞片 1~3 枚，长于花序，聚伞花序缩成头状，下位刚毛 4~6 条，长为小坚果的 1/2 或 2/3·······························**1. 扁秆藨草 *S. planiculmis***
1. 苞片 1 枚，为秆的延伸，聚伞花序假侧生，下位刚毛与小坚果等长·······················**2**
   2. 秆三棱形，苞叶长于花序，聚伞花序具 2~6 个不等长的辐射枝，或缩短成头状······
   ·······························**2. 藨草 *S. triqueter***
   2. 秆圆形，苞叶短于花序，聚伞花序具 3~8 个辐射枝，常 1~2 次分枝·······
   ·······························**3. 水葱 *S. validus***

1. 扁秆藨草 *Scirpus planiculmis* Fr. Schmidt, in Reis. Amurl. u. Ins. Sachl. 1868（et Mem. Acad. Sei. St. Petersb/ ser. 7.7（2）：190. t. 8, f. 1-7, 1868）；中国高等植物图鉴 5：211，图 7251，1976；中国植物志 11：7，图版 1：1-7，1961；山西植物志 5-221，图版 117，2004. —*S. biconcavus* Ohwi—*S. maritimus* Linn. var. *affinis* C. B. Clarke

具匍匐根状茎和块茎。秆高 60~100cm，三棱形，平滑，基部膨大，秆生叶宽 2~5mm，具长叶鞘。叶状总苞片 1~3 枚，常长于花序，边缘粗糙。长侧枝聚伞花序短，缩成头状，或有时具少数辐射枝，通常具 1~6 个小穗；小穗卵形或长圆状卵形，锈褐色，长 10~16mm，具多数花；鳞片膜质，长 6~8mm，褐色或深褐色，外面被稀少的柔毛，背面具 1 条稍宽的中肋，顶端缺刻状撕裂，具芒；下位刚毛 4~6 条，上生倒刺，长为小坚果的 1/2~2/3；雄蕊 3；花柱长，柱头 2。小坚果扁，两面稍凹，长 3~3.5mm。花期 5~6 月，果期 7~9 月。

分布于中国东北、华北、西北、华东，河南、云南。生于河湖、池塘、沼泽。山西及本区广布。

2. 藨草 *Scirpus triqueter* L.，Mant. I：29，1767；中国高等植物图鉴 5：214，图 7257，1976；中国植物志 11：16，图版 8：11-15，961；山西植物志 5：223，图版 119，2004. —*S. pollichii* Gren. et Godr.

匍匐根状茎细长。秆散生，粗壮，高 20~90cm，三棱形。叶鞘膜质，最上一个鞘顶端具叶片，叶片长 1.3~5.5（~8）cm，宽 1.5~2mm。苞片 1 枚，为秆的延长，长 1.5~7cm。长侧枝聚伞花序假侧生；小穗卵形或长圆形，长 6~12（~14）mm，宽 3~7mm，具多数密生花；鳞片宽卵形，顶端微凹，具 1 条中肋，延伸成短尖，边缘疏生缘毛；下位刚毛 3~5 条，与小坚果近等长，有倒刺；雄蕊 3；花柱短，柱头 2。小坚果倒卵形，平凸状，褐色，具光泽。花果期 6~9 月。

分布于除广东、海南外的大部分地区。生于水沟、水塘、山溪边或沼泽地。山西及本区广布。

3. 水葱 Scirpus validus Gmel. Fl. Bad. 1：101，1805；中国高等植物图鉴 5：214，图 7258，1976；中国植物志 11：19，图版 9：8 - 13，1961；山西植物志 5：223，2004.— *S. validus* Vahl

根状茎粗壮。秆散生，粗壮，高 1~2m，圆柱形。叶鞘管状，最上一个鞘顶端具叶片，叶片长 1.5~11cm。苞片 1 枚，为秆的延长，短于花序；长侧枝聚伞花序有 4~13 个辐射枝，每辐射枝顶端有 1~3 个小穗；小穗卵形或矩圆形，长 5~8mm，宽 2~3.5mm，具多数花；鳞片椭圆形或宽卵形，顶端微凹，有芒；下位刚毛 6 条，与小坚果近等长，有倒刺；雄蕊 3；花柱短，柱头 3 或 2。小坚果倒卵形，平凸状。花果期 7~9 月。

分布于东北、华北、西北、西南、江苏。生于河湖岸边、积水沼泽地。山西太原郊区有分布，本区见于房山峪口，为该种在山西地理分布新记录。

92. 天南星科 Araceae

多年生草本，具块茎(本区)或伸长的根茎；稀攀缘灌木或藤本，含乳汁。叶通常基生，如茎生则为互生，2 列或螺旋状排列，叶片全缘，箭形、戟形、掌状、鸟足状、羽状或放射状分裂，大都具网状脉，叶柄基部为鞘状。肉穗花序，外面有佛焰苞；花小或微小，两性或单性，辐射对称，雌雄同株(同花序)或异株；雌雄同序者为雄雌顺序；花被缺或 4~6；雄蕊 1 至多数，分离或合生为雄蕊柱；花药 2 室，孔裂或纵裂；子房上位或陷入肉穗花序轴内，1 至多室，胚珠 1 至多数。果为浆果，密集于肉穗花序上，含种子 1 至多数。

115 属 2000 余种。中国 35 属 205 种，其中有 4 属 20 种系引种栽培。山西 11 属，14 种，晋西黄土高原 1 属 1 种。

1. 半夏属 Pinellia Tenore

多年生草本，具块茎。叶全缘或鸟足状分裂。花序柄单生，小花生于肉穗花序一侧，花序顶端延伸成鞭状附属物，超出佛焰苞，花序下部、与佛焰苞合生；佛焰苞先端封闭为管状；无花被；雄蕊 2；子房 1 室 1 胚珠。浆果长圆状卵形。

6 种。中国 5 种。山西 2 种，晋西黄土高原 1 种。

1. 半夏 Pinellia ternata（Thunb.）Breit. in Bot. Zcitg. Fig. 1-4，1879；中国高等植物图鉴 5：372，图 7674，1976；中国植物志 13(2)：203，图版 40：1-7，1979；山西植物志 5：299，图版 61，2004.—*Arum ternata* Thunb.

多年生草本，块茎圆球形。叶基生，一年生植株叶为单叶，心状箭形，2~3 年生植株叶为 3 小叶，叶片卵状椭圆形，总叶柄长 10~20cm，基部具叶鞘，鞘内有珠芽。花序较叶柄为长，佛焰苞绿色或绿白色；雄花序长 5~7mm，雌花序长 2cm，有间隔，顶端附属物绿色变紫色。浆果椭圆形，黄绿色，花柱宿存。花期 5~7 月，果期 8 月。

分布于东北、华北、华东、西南。生于阴湿处。山西五台山、吕梁山有分布，本区见于人祖山。根茎有毒，可入药。

93. 灯心草科 Juncaceae

多年生或稀一年生草本。根状茎直立或横走。茎丛生，常不分枝。叶基生，扁平、圆柱状，或为毛鬃状。花单生或集生成穗状或头状，头状花序往往再组成圆锥、总状、伞状或伞房状等各式复花序；花小型，两性，如单性则雌雄异株；花下常具2枚膜质小苞片；花被片6枚，排成2轮，颖状；雄蕊6枚，分离，与花被片对生，有时内轮退化而只有3枚；子房上位，1室或因隔膜延伸为3室，花柱1，柱头3裂，胚珠多数。蒴果，种子多数，有时具尾状附属物，种皮常具纵沟或网纹。

约8属300余种。中国2属80余种。山西2属6种，晋西黄土高原1属4种。

1. 灯心草属 Juncus L.

多年生或一年生草本。茎簇生。叶退化为鞘状鳞片。花小，集成圆锥、聚伞、头状花序；花序下有1~3叶状苞片；花被6，等长，雄蕊6，稀3；子房无柄，1室或3室，胚珠多数。蒴果3裂；种子细小，具尾状附属物。

约200种。中国77种1亚种10变种。山西6种，晋西黄土高原4种。

分种检索表

1. 叶片具明显的横隔节 ···2
1. 叶片无横隔节 ···3
  2. 聚伞花序由多数头状花序组成，每一头状花序含2~8朵花，蒴果三棱状椭圆形······
  ··**1. 竹节灯心草 J. turczaninowii**
  2. 小花单生，不聚成头状，聚伞花序每分枝有2~4朵顶生或侧生的花，蒴果卵状三角形···**2. 小花灯心草 J. articulatus**
    3. 一年生，茎丛生，外轮花被片长4~5mm，内轮花被片长3.5~4mm，先端渐尖······
    ···**3. 小灯心草 J. bufonius**
    3. 多年生，根状茎横走，茎散生，内外轮花被片几等长为2.5mm，先端钝，蒴果卵形或近球形··**4 细灯心草 J. gracillimus**

1. 竹节灯心草 Juncus turczaninowii (Buchen.) V. Krecz. in Kom. Fl. URSS 3：629，1935；山西植物志5：324，图版174，2004.—*J. lampocarpus* Ehrh. ex Hoffm. var. *turczaninowii* Buchen.

多年生草本，高20~50cm。根状茎横走。茎密丛生，具纵沟纹。基生叶1~2枚；茎生叶通常2枚；叶片扁圆柱形，长5~15cm，宽1~1.5mm，顶端锐尖，有明显横隔；叶鞘长3~7cm，松弛抱茎，具叶耳。复聚伞花序顶生，由多数头状花序组成；叶状总苞1枚，短于花序；头状花序含2~8朵花；头状花序基部有膜质苞片2枚；小苞片1枚，膜质，与花被片近等长，顶端锐尖，稀短尖，边缘膜质；雄蕊6枚，短于花被片。蒴果三棱状长圆形或椭圆形，长3~3.5mm，褐色，有光泽，顶端具短尖头；种子面具网纹。花期6~7月，果期7~9月。

分布于东北、华北。生于河边湿草地、沼泽草甸。山西吕梁山有分布，本区见于房山峪口、人祖山。

2. 小花灯心草 Juncus articulatus L. Sp. Fl. 465，1753；中国植物志 13（3）：184，1997；山西植物志 5：324，图版 175，2004. —*J. lampocarpus* Ehrh. ex Hoffm.

多年生草本，高 10~40cm。根状茎缩短横走。茎丛生，具纵沟纹。基生叶 1~2 枚；茎生叶通常 2 枚；叶片近筒，长 2~5cm，宽 1~1.5mm，顶端锐尖，有明显横隔；叶鞘松弛抱茎，边缘膜质，具叶耳。聚伞花序顶生，由多数头状花序组成；叶状总苞短于花序；头状花序含 4~10 朵花；花被片近等长，顶端尖，边缘膜质；雄蕊 6 枚，短于花被片。蒴果三棱状椭圆形，褐色，有光泽，稍伸出花被。花果期 6~8 月。

分布于东北、华北、西北、华东，四川。生于河边、池塘、山谷溪水边。山西各山地均有分布，本区见于房山峪口、人祖山。

3. 小灯心草 Juncus bufonius L. Sp. Pl. 328，1753；中国高等植物图鉴 5：410，图 7649，1976；中国植物志 13（3）：172，1997；山西植物志 5：321，图版 172，2004.

一年生草本，高 5~20cm。茎丛生，细弱，基部常红褐色。叶基生和茎生；基生叶 3 枚，茎生叶 1~2 枚，叶片线形，长 1~13cm，宽约 1mm，叶鞘具膜质边缘，无叶耳。二歧聚伞花序状，或排列成圆锥状，花序分枝具 2~4 朵花；叶状总苞片短于花序；花排列疏松，小苞片 2~3 枚，三角状卵形，膜质，先端尖；花被片披针形，背部中间绿色，顶端尖，外轮较长，边缘宽膜质，白色，内轮稍短，膜质；雄蕊 6 枚，较花被短；雌蕊花柱短，柱头 3。蒴果三棱状椭圆形，黄褐色，长 3~4（~5）mm。花期 5~7 月，果期 6~9 月。

分布于东北、华北、西北、华东及西南地区。生于湖岸、河边、沼泽地。山西各地均有分布，本区广布。

4. 细灯心草 Juncus gracillimus V. Krecz. et Gontsch. in Fi. URSS 3. 528. 627. T. 28. F. 2，1935；中国高等植物图鉴 5：410，图 7659，1976.

多年生，簇生，根状茎横走。茎高 30~80cm。有基生叶和茎生叶，叶线形，长 10~16cm，宽 0.5~1mm，边缘卷曲，基部叶鞘边缘膜质，有叶耳。聚伞花序，花单生分枝上；总苞叶状，小苞片膜质；花被 6，顶端钝，背部褐色，边缘膜质；雄蕊 6，短于花被；蒴果卵形，褐色，有光泽；种子近椭圆形。花果期 6~8 月。

分布于东北、华北、西北。生于河岸、水边湿地。本区见于房山峪口，该种为山西植物新记录种。

94. 百合科 Liliaceae

多年生草本，具根状茎、块茎或鳞茎；稀木本。茎直立或攀缘。叶基生或茎生，茎生叶多为互生，较少为对生或轮生，通常具弧形平行脉，极少具网状脉。花腋生或于花葶上排成总状、穗状、伞形各式花序；花两性，很少为单性异株或杂性，通常辐射对称，花被片 6，少有 4 或多数，离生或不同程度的合生；雄蕊 6，通常与花被片同数，花丝离生或贴生于花被筒上；花药基着生或丁字状着生；子房上位，极少半下位，一般为 3 室稀为 2、4、5 室，每室具 1 至多数倒生胚珠。果实为蒴果或浆果。

约 230 属 3500 种。中国 60 属约 560 种。山西 33 属 86 种 12 变种，晋西黄土高原 10 属 22 种。

分属检索表

1. 植物有鳞茎⋯⋯⋯⋯⋯⋯⋯⋯⋯⋯⋯⋯⋯⋯⋯⋯⋯⋯⋯⋯⋯⋯⋯⋯⋯⋯⋯2

1. 植物不具鳞茎，有根状茎⋯⋯⋯⋯⋯⋯⋯⋯⋯⋯⋯⋯⋯⋯⋯⋯⋯⋯⋯⋯⋯⋯3

  2. 花小，多数花聚成伞形花序，开花前花序为总苞所包被⋯⋯⋯⋯**1. 葱属 Allium**

  2. 花较大，单生枝顶，或数朵呈伞房花序⋯⋯⋯⋯⋯⋯⋯**2. 百合属 Lilium**

    3. 果实为蒴果，叶条形⋯⋯⋯⋯⋯⋯⋯⋯⋯⋯⋯⋯⋯⋯⋯⋯⋯⋯⋯⋯4

    3. 果实为浆果⋯⋯⋯⋯⋯⋯⋯⋯⋯⋯⋯⋯⋯⋯⋯⋯⋯⋯⋯⋯⋯⋯⋯⋯5

      4. 有横走根茎，根茎上有残留的叶鞘纤维，总状花序较长，花小，红紫色，花被
管短，花被片基部稍合生，雄蕊3⋯⋯⋯⋯⋯⋯⋯**3. 知母属 Anemarrhena**

      4. 具块状或绳索状的肉质根，花大，黄色，数朵集成伞房花序，花被管较长，雄蕊6
⋯⋯⋯⋯⋯⋯⋯⋯⋯⋯⋯⋯⋯⋯⋯⋯⋯⋯⋯⋯**4. 萱草属 Hemerocallis**

      5. 叶片退化为膜质鳞片状，小枝呈条形叶状⋯⋯⋯⋯**5. 天门冬属 Asparagus**

      5. 叶片正常发育，小枝不呈叶状⋯⋯⋯⋯⋯⋯⋯⋯⋯⋯⋯⋯⋯⋯⋯⋯6

        6. 植株矮小，高约10cm，茎不分枝，叶片2枚，心形，花小，白色，4基
数，10余朵集成顶生的总状花序⋯⋯⋯⋯⋯⋯**6. 舞鹤草属 Maianthemum**

        6. 植株高10cm以上，叶超过2枚，花3基数，花被6，雄蕊6⋯⋯⋯⋯7

          7. 半灌木，叶柄基部扩大成叶鞘，花单性，雌雄异株，花黄绿色，多朵
集成伞形花序，浆果红色⋯⋯⋯⋯⋯⋯⋯⋯⋯⋯**7. 菝葜属 Smilax**

          7. 草本，花两性⋯⋯⋯⋯⋯⋯⋯⋯⋯⋯⋯⋯⋯⋯⋯⋯⋯⋯⋯⋯⋯8

            8. 叶线形，基生，与花葶等长，总状花序具多数花，花淡紫色⋯⋯⋯
⋯⋯⋯⋯⋯⋯⋯⋯⋯⋯⋯⋯⋯⋯⋯⋯⋯⋯**8. 土麦冬属 Liriope**

            8. 叶卵形或披针形，在茎上互生或轮生，花白色⋯⋯⋯⋯⋯⋯⋯⋯9

              9. 圆锥花序顶生，花被片开展，基部稍合生，叶卵形互生⋯⋯⋯⋯
⋯⋯⋯⋯⋯⋯⋯⋯⋯⋯⋯⋯⋯⋯⋯⋯⋯**9. 鹿药属 Smilacina**

              9. 伞房花序腋生，花被合成筒状，叶披针形、矩圆形，互生或轮生
⋯⋯⋯⋯⋯⋯⋯⋯⋯⋯⋯⋯⋯⋯⋯⋯**10. 黄精属 Polygonatum**

1. 葱属 *Allium* L.

多年生草本。鳞茎球形或圆柱形，单生或丛生，有时具短的根茎。叶基生，线形或圆筒形而中空，稀椭圆形。花多数排成伞形花序，开花前为总苞包被；花瓣6，2轮，分离或基部合生；雄蕊6，花丝基部与花被帖生；子房基部有蜜腺，3室，每室1至数枚胚珠。蒴果。

约500种。中国110种。山西20种1变种，晋西黄土高原野生6种。

分种检索表

1. 鳞茎球形，伞房花序球形，具多数密集的花，小花梗近等长⋯⋯⋯⋯⋯⋯⋯⋯⋯⋯
⋯⋯⋯⋯⋯⋯⋯⋯⋯⋯⋯⋯**1. 密花小根蒜 A. macrostemon var. uratense**

1. 鳞茎圆柱形⋯⋯⋯⋯⋯⋯⋯⋯⋯⋯⋯⋯⋯⋯⋯⋯⋯⋯⋯⋯⋯⋯⋯⋯⋯⋯⋯2

2. 叶三棱状条形，中空，鳞茎外皮纤维状网裂，花白色，有红色中脉……………………
…………………………………………………………………………………**2. 野韭菜 *A. ramosum***

2. 叶圆柱形、半圆柱形。实心…………………………………………………………………**3**

　　3. 花梗基部有小苞片，鳞茎外皮膜质，红褐色，花柱伸出花被外……………………
…………………………………………………………………………………**3. 长柱韭 *A. longistylum***

　　3. 花梗基部无小苞片，花柱不伸出花被外……………………………………………**4**

　　　　4. 内轮花被基部具齿裂，鳞茎外皮革质，较硬，条状开裂，顶端裂成纤维状……
…………………………………………………………………………………**4. 砂葱 *A. bidentatum***

　　　　4. 内轮花被基部不具齿裂，鳞茎外皮膜质，不规则开裂……………………**5**

　　　　　　5. 有横走的根状茎，叶短于花莛，宽 1~2mm…………**5. 矮韭 *A. anisopodim***

　　　　　　5. 无横走的根状茎，鳞茎数枚丛生，叶长于花莛，宽 0.3~1mm…………
…………………………………………………………………………………**6. 细叶韭 *A. tenuissimum***

1. 密花小根蒜 *Allium macrostemon* Bge. var. *uratense*（Fr.）Airy-Shaw in Notes. Bot. Edinb. 16：136，1931；北京林业大学学报 29(5)：108，2007. —*A. uratense* Fanch

　　鳞茎近球状，粗 1~1.8cm，基部常具小鳞茎，鳞茎外皮带黑色，纸质，不破裂，内皮白色。叶半圆柱状，中空，上面具沟槽，比花莛短。花莛圆柱状，高 30~70cm，近中部被叶鞘；总苞 2 裂，宿存；伞形花序半球状至球状，具多而密集的花，花序无珠芽；小花梗近等长，基部具小苞片；花淡紫色或淡红色，花被片先端钝，长 4~5mm，宽 2~2.5mm，内轮的常较狭；花丝等长，比花被片长 1/3~1/2，在基部合生并与花被片贴生，分离部分的基部呈狭三角形扩大，向上收狭成锥形；子房近球状，腹缝线基部具有帘的凹陷蜜穴；花柱伸出花被外。花果期 5~7 月。

　　分布于全国多数地区。生于山坡草地。本区见于房山峪口、紫金山，为山西植物新记录变种。鳞茎入药；嫩茎可食用。

2. 野韭菜 *Allium ramosum* L.，Sp. Pl. ed. 1：296，1753；中国高等植物图鉴 5：486，1976；中国植物志 14：222，1980；山西植物志 5：399，图版 217，2004. —*A. odorum* L. — *A. weichanicum* Pahbin.

　　具横生的粗壮根状茎，鳞茎丛生，圆柱状，外皮暗褐色，破裂成松散的纤维状。叶三棱状条形，背面纵棱呈龙骨状隆起，中空，比花莛短，宽 1.5~8mm，沿叶缘和纵棱具细糙齿。花莛高 25~60cm，下部被叶鞘；总苞单侧开裂至 2 裂，宿存；伞形花序半球状或近球状，多花；小花梗近等长，比花被片长 2~4 倍，基部具小苞片；花白色，花被片等长，具红色中脉，内轮较外轮稍宽；花丝等长，为花被片长度的 1/2~3/4，基部合生并与花被片贴生；子房倒圆锥状球形，具 3 圆棱，外壁具细的疣状突起，花柱不伸出花被外。花果期 7~9 月。

　　分布于东北、华北、西北，山东。生于山坡草地。山西五台山、吕梁山、太岳山有分布，本区广布。叶可食用。

3. 长柱韭 *Allium longistylum* Baker in Journ. Bot. 12：201，1874；中国高等植物图鉴 5：475，图 7780，1976；中国植物志 14：247，图版 71，1980；山西植物志 5：412，图版

218：4-6，2004. —*A. jeholenhse* Franch. —*A. hopeiense* Nakai

鳞茎数枚聚生，近圆柱状，外皮红褐色、膜质，有光泽，条状开裂。叶半圆形，中空，与花葶近等长或略长。花葶圆柱状，下部以下被叶鞘；总苞2裂，短于花序；伞形花序半球形，花多而密；小花梗近等长，基部有小苞片；花红色至紫红色，花被片先端钝圆，内轮稍长于外轮；花丝等长；子房倒卵形，基部有具帘的凹陷蜜穴，花柱伸出花被外。花果期8~9月。

分布于河北、山西。生于山坡草地。山西五台山、吕梁山有分布，本区见于人祖山。鳞茎入药。

4. 砂韭 Allium bidentatum Fisch. ex Prokh. in Bull. Jard. Princ. URSS 26：564，1930；中国高等植物图鉴5：479，图7788，1976；中国植物志14：226，图版50，1980；山西植物志5：409，图版223：4-6，2004. —*A. salsum* Skv. et Bar.

鳞茎数枚紧密聚生，圆柱状，外皮褐色至灰褐色、薄革质，条状撕裂。叶半圆柱形，短于花莛，宽1~1.5mm。花莛圆柱状，高10~35cm，近基部被叶鞘；总苞2裂，宿存；伞形花序半球形，具多而密的花；小花梗近等长，基部无小苞片；花淡紫红色，外轮花被片先端钝圆，内轮先端平截，具不规则细齿，稍长于外轮；花丝等长，稍短于或等长于内轮，花丝下部扩大成卵状矩圆形，扩大部分具钝齿；子房卵球形；基部无蜜穴，花柱不伸出花被外。花果期7~8月。

分布于东北、华北，新疆。生于山坡草地。山西吕梁山、太岳山有分布，本区见于紫金山。

5. 矮韭 Allium anisopodim Ledeb. Fl. ROSS. 4：183，1852；中国高等植物图鉴5：478，1976；中国植物志14：237，图版49：4-6，1980；山西植物志5：409，图版224，2004. —*A. tenuissimum* var. *purputeum* Regel

根状茎横走，鳞茎数枚聚生，近圆柱状，外皮黑褐色、膜质，不规则破裂，内皮带紫红色。叶半圆柱状条形或三棱状条形，短于或近等长于花莛，宽1~2mm，光滑。花莛圆柱状，具细纵棱，高20~40cm，下部被叶鞘；总苞单侧开裂，宿存；伞形花序半球形，松散；小花梗不等长，长1~3cm，基部无小苞片；花淡紫色，外轮花被片先端钝圆，内轮先端平截，稍长于外轮；花丝为花被片长度的2/3，外轮为锥形，有时基部略扩大，比内轮的稍短，内轮下部扩大成卵圆形；子房卵球状，基部无凹陷的蜜穴，花柱不伸出花被外。花果期6~8月。

分布于东北、华北、西北。生于山坡草地。山西吕梁山有分布，本区见于紫金山。良等牧草。

6. 细叶韭 Allium tenuissimum L. Sp. Pl. ed 1：301，1753；中国高等植物图鉴5：478，图7786，1976；中国植物志14：237，图版49：1-3，1980；山西植物志5：409，图版223：1-3，2004. —*A. elegantulum* Kitag. —*A. pseudotenuissimum* Skv.

鳞茎数枚聚生，近圆柱状，外皮紫褐色、黑褐色至灰黑色，膜质，不规则破裂，内皮带紫红色。叶半圆柱状至近圆柱状，与花葶近等长，粗0.3~1mm，光滑。花莛圆柱状，具细纵棱，高10~40cm，下部被叶鞘；总苞单侧开裂，宿存；伞形花序半球形，松散；小花梗近等长，长0.5~1.5cm，基部无小苞片；花白色或淡红色，外轮花被片先端钝圆，内轮先端平截，稍长于外轮；花丝为花被片长度的 2/3，外轮为锥形，有时基部略扩大，比内轮的稍短，内轮下部扩大成卵圆形；子房卵球状；花柱不伸出花被外。花果期 7~9 月。

分布于东北、华北、西北、华东，四川、河南。生于山坡草地或沙丘上。山西分布于吕梁山、恒山，本区广布。花序可食用；优等牧草。

2. 百合属 *Lilium* L.

多年生草本。有鳞茎，鳞瓣肉质。茎不分枝。叶互生，稀轮生。花大，单生或排成总状花序；花瓣片 6，等大，2 轮，基部有密槽，雄蕊 6，花药"丁"字着生；子房上位，圆柱形，3 室，胚珠多数，柱头头状或 3 裂。蒴果，室背开裂。

80 余种。中国 39 种。山西 4 种 3 变种，晋西黄土高原 2 种。

分种检索表

1. 花直立，花瓣不翻卷，有黑色斑点，花柱短于子房 ··
·································· **1. 有斑百合 *L. concolor* var. *pulchelium***
1. 花下垂，花瓣向上翻卷，无斑点，花柱长于子房 ····················**2. 山丹 *L. pumilum***

1. 有斑百合 *Lilium concolor* Salisb. var. *pulchelium* （Fisch.）Regel in Galtenfl. 25：354，1876；中国高等植物图鉴 5：448，1976；中国植物志 14：133，1980；山西植物志 5：426，2004. —*L. pulchelllum* Fisch.

鳞茎卵球形，长 2.5~3.5cm，直径 1.5~3.5cm。茎高 30~80cm。叶散生，条形，长 5~7cm，宽 2~7mm，边缘有乳头状突起。花单生或数朵排成总状花序，鲜红色，有紫色斑点，蜜腺两边有白色短毛；花丝无毛，花药紫红色；子房圆柱形，长 1~2cm；花柱短子房，柱头 3 裂。蒴果矩圆形，长 2~3cm。花期 6~7 月，果期 8~9 月。

分布于东北、华北，山东。生于山坡草地或林缘。山西以前因未见标本，分布区资料缺，笔者于紫金山采到，为该变种在山西地理分布新记录。可作观赏花卉，鳞茎入药，亦可食用。

2. 山丹(细叶百合) *Lilium pumilum* DC. in Redoute，Liliac. 7：t. 378，1812；中国高等植物图鉴 5：453，图 7735，1976；中国植物志 14：147，图版 40：1-5，1980；山西植物志 5：426，图版 234，2004.

鳞茎卵形或圆锥形，长 3~5cm，直径 2~3cm。茎高 20~60cm，有小乳头状突起。叶散生于茎中部，条形，长 3~9cm，宽 1.5~3mm，中脉下面突出，边缘有乳头状突起。花单生或数朵排成总状花序，鲜红色，无斑点，下垂，花被片反卷，蜜腺两边有乳头状突起；花丝无毛，花药长椭圆形，花粉粒红色；子房圆柱形，长 0.8~1cm；花柱稍长于子房或长 1 倍多，柱头 3 裂。蒴果矩圆形，长 2cm。花期 7~8 月，果期 9~10 月。

分布于东北、华北、西北，山东、河南。生于山坡草地或林缘。山西及本区广布。可作观赏花卉；鳞茎入药，亦可食用。

2. 知母属 *Anemarrhena* Bge.

本属仅 1 种，特征同种。分布于中国北方，山西及晋西黄土高原有分布。

1. 知母 *Anemarrhena asphodeloides* Bge. in Mem. Acad. Sei. Petersp. Sav. Etrang. 2：140，1831；中国高等植物图鉴 5：434，图 7697，1976；中国植物志 14：40，1980；山西植物

志 5：373，2004.

多年生草本。根茎横走粗壮，被较多的残存纤维状叶鞘。叶基生，条形，长 30～50cm，宽 3～6mm。花小，排成间断的长总状花序；花葶高 50～100cm，花序长达 20～40cm，叶状苞片散生，向上渐变小，花 2～6 朵簇生于苞片腋内；花淡紫红色，有短梗，花被片 6，条形，长 7～8mm，宽 1～1.5mm，3～5 脉，宿存；雄蕊 3，与内轮花被对生，背着药；子房卵形，向上渐成花柱，3 室，每室 2 胚珠。蒴果长卵形，6 棱。

分布于东北、华北、陕西、甘肃。生于干旱草地、沙地。山西分布于五台山、吕梁山，本区见于人祖山、紫金山。根茎入药。

1. 萱草属 *Hemerocallis* L.

多年生草本，根肉质。叶基生，条形。花葶高于叶，圆锥花序；花冠漏斗状或钟状，花被 6，下部呈管状，上部外弯；雄蕊 6，背着药，子房 3 室，胚珠多数。蒴果三棱状，革质，表面有横皱纹；种子黑色，有光泽。

14 种。中国 11 种。山西 5 种，晋西黄土高原栽培 2 种。

分种检索表

1. 花橘红色至橘黄色，花被管长 2～4cm ·························· **1. 萱草 *H. fulva***
1. 花淡黄色，花被管长 3～5cm ························· **2. 黄花菜 *H. citrina***

1. 萱草 *Hemerocallis fulva* L. Sp. Pl. ed. 2：462，1762；中国高等植物图鉴 5：438，图 7705，1976；中国植物志 14：57，1980；山西植物志 5：269，图版 202，2004. —*H. lilioasphodelus* L. var. *fulvus* L.

植株较高大，具纺锤状膨大的肉质根。叶基生，2 列，线形，长 40～80cm，下面龙骨状突起。花葶高 60～100cm，聚伞花序组成圆锥状；苞片卵状披针形；花梗较短，具多朵花，花被橘红色，花被管长 2～4cm，花被裂片长 7～12cm，中脉褐红色，边缘波状皱曲，盛开时反曲；雄蕊与花柱均外伸。蒴果矩圆形。花果期 5～8 月。

分布于中国南方。山西多地栽培，本区人祖山有栽培。观赏花卉。

2. 黄花菜（金针菜）*Hemerocallis citrina* Baroni in Nouv. Giorn. Bot. Ita 1.4：305，1897；中国高等植物图鉴 5：435，图 7699，1976；中国植物志 14：54，1980；山西植物志 5：367，图版 199，2004. —*H. altissima* Stout

植株较高大，具纺锤状膨大的肉质根。叶基生，2 列，长 50～130cm，宽 6～25mm。花葶长短不一，一般稍长于叶，有分枝；苞片披针形，下面的长可达 3～10cm，自下向上渐短；花梗较短，通常长不到 1cm；具多朵花，花被淡黄色，有时在花蕾时顶端带黑紫色，花被管长 3～5cm，花被裂片长 7～12cm。蒴果钝三棱状椭圆形，长 3～5cm；种子多数，黑色，有棱。花果期 5～9 月。

分布于秦岭以南各地，以及河北、山西和山东。山西及本区各地均有种植。花可食用，经过蒸、晒，加工成干菜，即金针菜或黄花菜，为重要的经济作物。

3. 天门冬属 *Asparagus* L.

多年生草本或半灌木。茎直立或攀缘状，根绳索状或肉质块状。叶片退化为鳞片状，叶腋内簇生绿色叶状小枝，鳞状叶基部常有刺。花小，花梗有关节，两性或单性、腋生、单生、簇生或排成总状花序；花冠钟状，花被6，离生；雄蕊6；柱头3裂，子房无柄，3室，每室2至多数胚珠。浆果球形，种子3~6颗。

约300种。中国24种。山西9种，晋西黄土高原3种。

分种检索表

1. 茎中部以上呈强烈回折状，分枝基部先下弯曲再上升，叶状枝原柱状……………………
………………………………………………………………**1. 曲枝天门冬 *A. trichophyllus***
1. 茎不呈回折弯曲状，叶状枝扁平……………………………………………………………**2**
　2. 花梗长10~20mm，叶状枝宽0.8~2mm，5~8枚簇生………**2. 羊齿天门冬 *A. filicinus***
　2. 花梗长1mm，叶状枝宽0.5~1mm，3~7枚簇生……………**3. 龙须菜 *A. schoberioides***

1. 曲枝天门冬 *Asparagus trichophyllus* Bge. Enum. Pl. China Bor. Coll. 65，1833；中国高等植物图鉴5：521，图7872，1976；中国植物志15：117，1978；山西植物志5：340，图版179：2-3，2004.

茎直立，高60~100cm，平滑，中部至上部强烈回折状，有时上部疏生软骨质齿，分枝曲，长5~25mm，粗9.8~1mm，稍刚硬。鳞片状叶基部有长1~3mm的刺状距，无硬刺。雌雄异株，花1~2朵腋生，花梗长2~4mm，关节位于近中部；雄花花被长6~8mm；花丝中部以下贴生于花被片上，雌花较雄花小。浆果直径6~7mm，熟时红色，有3~5颗种子。花期5月，果期7月。

分布于华北，辽宁、甘肃。生于山坡草地、沙荒地上。山西各山地均有分布，本区见于紫金山。

2. 羊齿天门冬 (蕨叶天门冬) *Asparagus filicinus* Ham. ex D. Don. in Prodr. Nepal. 49，1825；中国高等植物图鉴5：518，图7865，1976；中国植物志15：106，图版33：1-2，1987；山西植物志5：336，图版181：1-2，2004.

茎直立，高50~70cm，平滑，分枝有软骨质刺。块根纺锤状，成簇。叶状枝5~8枚簇生，宽0.8~2mm，先端尖，具中脉。鳞片状叶基部无刺。雌雄异株，花1~2朵生于叶，花梗长10~20mm，关节位于近中部；雄花花被长约2.5mm；雄蕊不贴生于花被，具退化雌蕊；雌花与雄花等大或略小，具退化雄蕊。浆果直径5~6mm，种子2~3颗。

分布于华中，山西、甘肃、陕西、浙江、西南。生于林下、灌丛、山地阴坡。山西吕梁山、太岳山、中条山有分布，本区见于人祖山。

3. 龙须菜 *Asparagus schoberioides* Kunth in Enum. Pl. 6：50，1825；中国高等植物图鉴5：518，图7866，1976；中国植物志15：106，图版34：4 - 5，1987. —*A. parviflorus* Turcz. —*A. schberioides* Kunch. var. *subcelaceus* Franch.

茎直立，高达1m，根细长，茎上部和分枝有细棱，棱上有狭翼。叶状枝3~7枚簇生，镰状条形，宽0.5~1mm，基部三棱形。鳞片状叶基部无刺。雌雄异株，2~4朵簇生，花梗长约1mm，雄花花被长2~2.5mm，雄蕊不贴生于花被上，雌花与雄花近等大。浆果直径6mm，熟时红色，种子1~2颗。花期5~6月，果期7~9月。

分布于东北、华北，河南、山东、陕西、甘肃。生于山坡草地、林缘。山西五台山、吕梁山、太岳山有分布，本区见于紫金山、人祖山。嫩茎可食。

2. 舞鹤草属 *Maianthemum* Web.

植株矮小，茎直立，不分枝，具横走根状茎。叶 2~3 枚，卵状心形。花小，白色，排成顶生穗状花序；花被 4，离生；雄蕊 4，着生于花被片基部；子房 2 室，每室 2 胚珠。浆果球形，红色，具 1~3 颗种子。

4 种。中国 1 种。山西与晋西黄土高原有分布。

1. 舞鹤草 *Maianthemum bifolim* (L.) F. W. Schmidt Fl. Boem. 4：55，1704；中国高等植物图鉴 5：501，图 7831，1976；中国植物志 15：41，图版 9：6-7，1978；山西植物志 5：391，图版 213，2004. —*Convollaria bifolia* L. —*Smilacina bifolia* Desf.

植株高 10~20cm。茎生叶 2 枚，互生，三角状卵形，长 4~6cm，宽 2~4cm，先端渐尖，基部心形，两面脉上有毛，叶柄长 0.5~2.5cm。花序顶生，长 2~4cm；花梗长 3~5mm，顶端有关节；花被片长 2mm，2 轮，平展，略下弯，具 1 脉；花丝短于花被；花柱等长于子房。浆果直径 2~4mm。

分布于东北、华北、西北、四川。生于林下。山西各山地均有分布，本区见于人祖山、紫金山。全草入药。

4. 菝葜属 *Smilax* L.

攀缘或直立灌木。茎多有刺，具块状根茎。叶互生，弧形脉，叶柄两侧多有卷须。雌雄异株，腋生伞形花序；花被 6，离生；雄蕊 6 或更多；子房 3 室，每室 1~2 胚珠。浆果。

约 300 种。中国 60 种。山西 3 种，晋西黄土高原 1 种。

1. 鞘柄菝葜(北京菝葜) *Smilax stans* Maxim. in Bull. Acad. Sci. Petersb. 17：170，1872；中国高等植物图鉴 5：537，图 7904，1976；中国植物志 15：203，1978；山西植物志 5：344，图版 185，2004. —*S. pekingensis* A. DC. —*S. vaginata* Decne. var. *stans* (Maxim.) T. Koyama. —*S. vaginata* Decne. var. *pekingnensis*(A. DC.) T. Koyama

直立灌木，高 0.3~1m。茎无刺，具纵棱。叶互生，卵圆形或卵状披针形，长 1.5~6cm，宽 1.5~5cm，全缘，弧形脉 5 条，下面苍白色，叶柄长 5~12mm，基部具宽叶鞘，叶鞘顶部有托叶脱落痕迹，无卷须。花黄绿色，1~3 朵呈伞形花序；总花梗为叶柄的 3~5 倍。

分布于河北、山西、陕西、甘肃、湖北、河南、安徽、浙江、四川、台湾。生于林缘、灌丛。山西太岳山、中条山、太行山有分布，本区见于人祖山。药用植物。

5. 山麦冬属 *Liriope* Lour.

多年生草本，肉质块根簇生。叶线形。花小，在花莛上排成总状花序；花被片 6，分离；雄蕊 6；子房 3 室。果肉质，含 1~2 颗种子。

8 种。中国 6 种。山西 3 种，晋西黄土高原 1 种。

1. 山麦冬(土麦冬) *Liriope spicata* Lour. in Fl. Cochinch 201，1790；中国高等植物图鉴 5：524，图 7877，1976；中国植物志 15：128，1978；山西植物志 5：356，图版 192，2004. —*Convollaria spicata* Thunb. —*Ophiopogon spicata* Ker-Gawl.

茎丛生，根多分枝，末端肉质膨大，有横走根茎。叶长 15~60cm，宽 2~8mm，叶缘有细齿，具 5 脉。花莛高 25~65cm，花序长 6~20cm，花 3~5 朵簇生于苞片腋内，在花序上间断排列；花梗具根茎，花被淡蓝紫色；雄蕊花丝长 2mm；子房球形，花柱长 2mm，稍弯，柱头不明显。种子近球形，直径约 5mm。花期 5~8 月，果期 8~10 月。

分布于华北、华东、华中、华南、陕西、四川、贵州。生于林下。山西太岳山有分布，本区见于人祖山，为该种在山西地理分布新记录。观赏花卉植物。块根入药。

6. 鹿药属 *Smilacina* L.

多年生草本。根状茎匍匐。茎单生，上部具叶，基部有鞘状鳞片。叶互生，柄极短。花小，两性或单性，雌蕊异株，排成顶生的总状花序或圆锥花序；花被片 6，离生或稍合生；雄蕊 6；子房 3 室，每室 1~2 胚珠。浆果球形。

约 25 种。中国 14 种。山西 2 种，晋西黄土高原 1 种。

1. 鹿药 *Smilacina japonica* A. Gray in Perry. Jap. Exp. 2：321，1856；中国高等植物图鉴 5：501，图 7832，1976；中国植物志 15：34，1978；山西植物志 5：393. 图版 214，2004. —*S. japonica* A. Gray. var. *manshurica* Maxim. —*Tovaria japonica* Baker.

植株高 30~60cm，根茎横走有膨大结节。叶互生，4~6 枚，卵状椭圆形，长 6~13cm，宽 3~7mm，先端渐尖，基部圆形，两面疏被毛。圆锥花序具 10~20 朵花，花梗长 2~6mm，花白色，花被片 6，白色，长约 3mm，基部稍合生，花丝与花被贴生；花柱与子房等长，柱头不裂。浆果球形，红色，具 1~2 颗种子。

分布于东北、华北、华东、华中、陕西、甘肃。生于林下。山西各山地均有分布，本区见于人祖山。根茎入药。

7. 黄精属 *Polygonatum* Mill.

多年生草本。根状茎横走，粗壮，有节。叶互生、对生、轮生，无柄或具短柄，托叶鞘状，膜质。花管状，白色，单生或排成伞形花序；花被 6；雄蕊 6；子房 3 室，每室 2~6 胚珠。浆果。

约 40 种。中国 31 种。山西 9 种，晋西黄土高原 4 种。

分种检索表

1. 叶轮生 ··2
1. 叶互生 ··3
  2. 根状茎伸长，花被片长 6~8mm，花柱长为子房的 1.5~2 倍 ········**1. 黄精 *P. sibiricum***
  2. 根状茎块状，花被片长 8~12mm，花柱等长于子房 ········**2. 卷叶黄精 *P. cirrhifolium***
   3. 花序具 2 花，苞片叶状，卵形，花柱等长于花被 ······**3. 二苞黄精 *P. involucratum***
   3. 花序具 1~4 花，苞片钻形，花柱等短于花被 ························**4. 玉竹 *P. odoratum***

1. 黄精 *Polygonatum sibiricum* Delar. ex Red. in Lil. 315，1812；中国高等植物图鉴 5：507，图 7844，1976；中国植物志 15：78，图版 26：1-3，1987；山西植物志 5：386，图版 211，2004. —*P. chinensis* Kunth.

根状茎圆柱形，直径 0.5~1cm。茎高 30~70cm。叶无柄，4~6 叶轮生，条状披针形，长 5~10cm，宽 4~14mm，先端卷曲。每叶腋 4~6 朵花，总梗长 5~15mm，小花梗长 2~8mm；花冠基部苞片披针形，膜质；花冠长 9~13mm，绿白色，花冠筒中部缢缩，雄蕊 6；花柱长于子房。浆果成熟黑色，直径约 5mm，种子 2~4 颗。花期 5~6 月，果期 7~8 月。

分布于东北、华北、西北东部，河南。生于林缘草地、灌丛。山西各山地均有分布，本区见于人祖山。根茎入药。

2. 卷叶黄精 Polygonatum cirrhifolium（Wall.）Royle in III. Bot. Himal. 380，1839；中国高等植物图鉴 5：507，图 7848，1976；中国植物志 15：78，图版 27：1-2，1978.—*Convallaria cirrhfolia* Wall.

根状茎块状，直径 1~2cm，连成念珠状。茎高 30~90cm。叶无柄，3~6 叶轮生，细条状披针形，长 4~9cm，宽 2~8mm，先端卷曲。每叶腋 2 朵花，总梗长 3~10mm，小花梗长 3~8mm；苞片微小或无；花冠筒长 8~11mm，淡紫色；雄蕊 6，着生于花冠筒中部；花柱短于子房。浆果成红色，直径 8~9mm。花果期 6~9 月。

分布于西南、西北东部，山西。生于林下山坡草地。山西中条山有分布，本区见于人祖山，为该种在山西地理分布新记录。根茎入药。

3. 二苞黄精 Polygonatum involucratum（Franch. et Sav）Maxim. in Mel. Biol. 11：844，1833；中国高等植物图鉴 5：505，图 7839，1976；中国植物志 15：58，1978；山西植物志 5：381，图版 207，2004.—*P. platyphylloum* Franch.—；*Periballanthus involucratus* Franch. et Sav.

根状茎圆柱形，直径 3~mm。茎高 20~50cm。叶柄极短，叶互生，卵状椭圆形至矩圆状椭圆形，长 5~10cm，宽 3~6cm，先端渐尖，下面有白粉。每叶腋 2 朵花，总梗长 1~2cm，顶端具 2 枚叶状苞片；苞片宿存，长 2~3.5cm；小花梗长 2~8mm；苞片披针形，膜质；花冠筒状，长约 2.5cm，绿白色。浆果成熟紫黑色，直径约 1cm，种子 7~8 颗。花期 5~6 月，果期 8~9 月。

分布于东北，河北、山西、河南。生于林下、灌丛。山西太岳山、中条山有分布，本区见于人祖山，为该种在山西地理分布新记录。根茎入药。

4. 玉竹 Polygonatum odoratum（Mill.）Druce in Ann. Seott. Nat. Hist. 226，1906；中国高等植物图鉴 5：504，图 7838，1976；中国植物志 15：61，图版 19：1-3，1978；山西植物志 5：383，图版 209，2004.—*P. officinale* All.—*Convallaria odorata* Mill.

根状茎圆柱形，直径 4~9mm。茎高 20~40cm，有纵棱。叶互生，椭圆形至卵状矩圆形。苞片钻形，膜质；花冠长 14~18mm，白色带黄绿色，花冠筒较直；雄蕊 6，着生于花冠筒中部，花柱短于子房。浆果成熟蓝黑色，直径 4~8mm，种子 3~4 颗。花期 6 月，果期 7~8 月。

分布于东北、华北、西北东部，河南。生于林缘草地、林下灌丛中。山西各山地均有分布，本区见于人祖山、紫金山。根茎入药。

95. 薯蓣科 Dioscoreaceae

缠绕草质或木质藤本。具有根状茎或块茎。叶互生，有时中部以上对生，单叶，心形、卵形或椭圆形，基出脉 3~9，有时为掌状复叶。雌雄异株，很少同株，稀有两性花；花单生、簇生或排列成穗状、总状或圆锥花序；花被片（或花被裂片）6，2 轮排列，基部合生或离生；雄蕊 6 枚，有时其中 3 枚退化；退化子房有或无；雌花中有或无退化雄蕊，子房下位，3 室，每室胚珠 2 至多数，中轴胎座，花柱 3，分离。果实为蒴果、浆果或翅果，种子多有翅。

9 属 650 种。中国 1 属 49 种。山西 1 属 2 种，晋西黄土高原 1 属 1 种。

1. 薯蓣属 *Dioscorea* L.

草质藤本。具块根或根茎，茎有时具刺，有时叶腋有珠芽。叶互生或对生，单叶或掌状复叶，掌状脉。花小，雌蕊异株，穗状花序或圆锥花序；花被 6，2 轮；雄蕊 3；子房 3 室，每室 2 胚珠。蒴果有翅。

约 600 种。中国 50 种。山西 2 种，晋西黄土高原 1 种。

1. 穿龙薯蓣 (穿山龙) *Dioscorea nipponica* Makino Ill. Fl. Jap. 1：2t. 45，1891；中国高等植物图鉴 5：555，图 7940，1976；中国植物志 16 (1)：60，图版 14：1-4，1985.——*D. acerifolia* Uline ex Diels——*D. giraldii* R. Knuth

缠绕草质藤本。茎左旋，近无毛，长达 5m，根状茎横生。单叶互生，表面有光泽，掌状心形，边缘不等大的三角状浅裂、中裂或深裂，基部叶长 10~15cm，宽 9~13cm，顶端叶片小，近于全缘；叶柄长 10~20cm。雌雄异株；雄花序为腋生的穗状花序，小花在花序基部 2~4 朵簇生，在顶端常为单生，花被碟形，6 裂，雄蕊 6 枚，着生于花被裂片的中央；雌花序穗状，单生，雌花具有退化雄蕊，柱头 3 裂，裂片再 2 裂。蒴果三棱形，长 1.5~2cm，宽 0.5~1cm，果棱翅状；种子每室 2 枚，有时仅 1 枚发育，有膜状翅。花期 6~8 月，果期 8~10 月。

山西各山地均有分布，本区广布。根状茎入药。

96. 鸢尾科 Iridaceae

多年生草本。具根状茎、球茎或鳞茎。叶多基生，条形、剑形或丝状，基部呈鞘状，折叠套生，具平行脉。花两性，色泽鲜艳美丽，辐射对称或左右对称，生于膜质佛焰苞片内，常排成总状、圆锥或聚伞花序；花被裂片 6，2 轮排列，内轮裂片与外轮裂片同形等大或不等大，下部长合生成花被管；雄蕊 3；子房下位，3 室，中轴胎座，胚珠多数，花柱 1，上部 3 分枝，圆柱形，有时扩大成花瓣状。蒴果，种子多数，常有附属物或小翅。

约 60 属 800 种。中国 11 属 (引种栽培 8 属)71 余种。山西 4 属 9 种 2 变种。晋西黄土高原 1 属 4 种。

1. 鸢尾属 *Iris* L.

多年生草本。具根状茎或匍匐状根茎。叶条形、剑形或为丝状，折叠套生。花鲜艳美丽，辐射对称，单生或呈总状圆锥花序；由佛焰苞片内抽出；花被裂片 6，2 轮排列，外轮较大，反折，基部狭长、鞘状，内轮较小，渐狭成爪状；雄蕊 3，着生于外轮花被基部；花柱 3 分枝花瓣状，反折覆盖花药，顶端 2 裂。蒴果具 3~6 棱，种子扁平或圆形。

约 300 种。中国 60 余种。山西 6 种 2 变种，晋西黄土高原 4 种。

分种检索表

1. 花茎二歧分枝状，叶剑形，花绿白色，有紫色斑纹……………………**1. 野鸢尾 *I. dichotoma***
1. 花茎不为二歧分枝状，叶线形，花蓝紫色……………………………………………**2**

2. 花被片上有须毛状附属物，根状茎极短，须根肉质肥大………**2. 粗根鸢尾 *I. tigridia***

2. 花被片上无附属物……………………………………………………………………3

   3. 根状茎极短，叶宽6cm，在中部扭转，蒴果长椭圆形，长4~6cm…………………
…………………………………………………………**3. 马蔺 *I. lactea* var. *chinensis***

   3. 根状茎细长，叶宽3~4cm，不扭转，蒴果长球形…………………………………
…………………………………………………………**4. 矮紫苞鸢尾 *I. runthenica* var. *nana***

1. 野鸢尾（白射干）*Iris dichotoma* Pall. Reise Russ. Reich. 3：712，1776；中国高等植物图鉴5：578，图7985，1976；中国植物志16(1)：172，1985；山西植物志5：453，图版247，2004.—*Pardanthus dichotomus* Ledeb.

茎高30~80cm，上部二歧状分枝。叶长15~35cm，宽1.5~3cm，顶端多弯曲呈镰刀形，渐尖或短渐尖，基部鞘状抱茎，无明显的中脉。佛焰苞片4~5枚，干膜质，内包含有3~4朵花；花白色，有棕褐色的斑纹，直径4~4.5cm，花梗细，常超出苞片。蒴果圆柱形，长3.5~5cm，具3棱；种子暗褐色，椭圆形，有小翅。花期7~8月，果期8~9月。

分布于东北、华北、西北东部、华中、华东。生于山地阳坡草地。山西及本区广布。

2. 粗根鸢尾 *Iris tigridia* Bge. in Ledeb. Fl. Alt. 1：60，1829；中国高等植物图鉴5：575，图7980，1976；中国植物志16(1)：193. 图版62：3-4，1985；山西植物志5：459，图版251，2004.

植株高10~30cm，根状茎肉质。叶条形，长5~30cm，宽1.5~4cm，两面叶脉突出。花莛短于叶，佛焰苞片2枚，披针形，膜质，具脉纹；花单生，蓝紫色或淡红紫色，有棕褐色的斑纹，外轮花瓣片倒卵形，边缘波状，中部有髯毛，内轮较大，顶端微凹；花柱裂片狭披针形，顶端2裂。蒴果椭圆形，长3cm，两端尖，具喙。花期5月，果期7月。

分布于内蒙古、山西、甘肃、宁夏。生于沙地、山地阳坡。山西五台山、太岳山有分布，本区见于人祖山，为该种在山西地理分布新记录。

3. 马蔺（马莲）*Iris lactea* Pall. var. *chinensis* (Fisch.) Koidz. in Bot. Mag. Tokyo 39：300，1925；中国高等植物图鉴5：579，图7987，1976；中国植物志16(1)：157，图版50：1-2，1985；山西植物志5：453，2004.—*Iris lactea* Pall. var. *chinensis* Fisch.

多年生密丛草本。根状茎外有大量绳索状须根。叶条形坚韧，长约50cm，宽4~6mm，无明显的中脉。花莛丛生，高10~30cm；苞片3~5枚，绿色，边缘白色，披针形，长4.5~10cm，包含有1~3朵花；花蓝紫色，花被上有黄色条纹，花被管长1~2cm，外花被匙形，长3~5cm，内花被较小，倒披针形；雄蕊3，贴于直立花柱外侧；花柱分枝花瓣状，顶端2裂。蒴果长椭圆形，长4~6cm，有6条明显的肋，有尖喙；种子近球形，棕褐色，略有光泽。花期5月，果期6~7月。

分布于东北、华北、西北、华东、华中、西南。生于荒地、盐碱化草场。山西及本区广布。可用于水土保持和改良盐碱土；叶供造纸及编织用；根可供制刷子；花和种子入药。

4. 矮紫苞鸢尾 *Iris runthenica* Ker-Gawl. **var. *nana* Maxim. in Mel. Biol. 10：705，1880.**

密丛生草本。根状茎细长匍匐，多分枝。叶线形，长约 30cm，宽 4mm，基部具枯死的叶鞘。花莛高 5~20cm；佛焰苞片边缘红紫色，含有 1~2 朵花；花蓝紫色，花被上有紫色条纹与斑点，外花被宽卵形，顶端凹缺，内花被裂较小；花柱分枝花瓣状，顶端 2 裂，有锯齿。蒴果球形；种子球形，有白色突起物。花期 5~6 月，果期 6~7 月。

分布于东北、华北，新疆、西南、江苏。本区见于人祖山、紫金山，为山西植物种新记录。

97. 兰科 Orchidaceae

陆生、附生、腐生草本，极罕为攀缘藤本。陆生与腐生种类常有块茎或肥厚的根状茎，附生种类常有由茎的一部分膨大而成的肉质假鳞茎及气根。叶互生或生于假鳞茎顶端，扁平或有时圆柱形或两侧压扁，基部具或不具关节。花莛或花序顶生或侧生；花常排列成总状花序或圆锥花序，少有为缩短的头状花序或减退为单花；花两性，通常两侧对称；花被片 6，2 轮；萼片离生或不同程度的合生；中央 1 枚花瓣称唇瓣，较侧瓣形态变化大，由于花梗和子房作 180° 扭转或 90° 弯曲，常处于下方（远轴的一方），常有褶片或毛等附属物，基部有囊或距；雄蕊与花柱、柱头完全融合成柱状体，称蕊柱，蕊柱顶端一般具药床和 1 个花药，腹面有 1 个柱头穴，柱头与花药之间有 1 个舌状器官，称蕊喙（源自柱头上裂片），罕具 2 枚花药（雄蕊）、柱头顶生、不具蕊喙的，蕊柱基部有时向前下方延伸成足状，称蕊柱足，此时 2 枚侧萼片基部常着生于蕊柱足上，形成囊状结构，称萼囊；花粉通常粘合成团块，称花粉团，花粉团的一端常变成柄状物，称花粉团柄，花粉团柄连接于由蕊喙的一部分变成固态黏块即黏盘上，有时黏盘还有柄状附属物，称黏盘柄；花粉团、花粉团柄、黏盘柄和黏盘连接在一起，称花粉块，并非所有属的花粉块均具有这 4 个部分；子房下位，1 室，侧膜胎座，较少 3 室而具中轴胎座，胚珠多数。蒴果，具极多种子。种子细小，无胚乳，种皮常在两端延长成翅状。

约 700 属 20000 种。中国 161 属 1100 种。山西 23 属 31 种，晋西黄土高原 7 属 7 种。

分属检索表

1. 唇瓣膨大成囊状，能育雄蕊 2 枚，生于合蕊柱两侧 ················ **1. 杓兰属 Cypripedium**
1. 唇瓣不膨大成囊状，能育雄蕊 1 枚，生于合蕊柱背部 ····························2
  2. 唇瓣有距 ··3
  2. 唇瓣无距 ··4
   3. 植株有 1~2 枚卵状块茎，唇瓣不分裂 ····················· **2. 舌唇兰属 Platanthera**
   3. 植株无块茎，根膨大，肉质簇生，唇瓣两侧各有一小齿 ········ **3. 蜻蜓兰属 Tulotis**
    4. 花小，粉红色，穗状花序轴螺旋状扭转，花盘旋上升 ····· **4. 绶草属 Spiranthes**
    4. 花黄绿色，花序轴不扭转 ··5
     5. 叶片在茎上互生，唇瓣中部收缩成狭窄的蜂腰状 ········ **5. 火烧兰属 Epipactis**
     5. 叶基生 ··6
      6. 植株具假鳞茎，叶卵状椭圆形，唇瓣不分裂 ········· **6. 羊耳蒜属 Liparis**
      6. 植株具块茎，叶狭长披针形，唇瓣 3 裂 ············· **7. 角盘兰属 Herminium**

1. 杓兰属 *Cypripedium* L.

陆生兰，具横走根茎。叶2至数枚，茎生。花多单生，稀2~3朵；中萼片较大，侧萼片合生；唇瓣囊状，较大，色彩鲜艳；蕊柱下弯，能育雄蕊2，生于蕊柱两侧，背部可见退化雄蕊，花粉不黏合成花粉块；柱头顶生，稍3裂。

约40种。中国23种。山西4种，晋西黄土高原1种。

1. 大花杓兰 *Cypripedium macranthum* Sw. in Vet. Acad. Nya. Handl. Stockh. 21：251，1800；中国高等植物图鉴 5：606，图 8042，1976；山西植物志 5：470，图版 256，2004. —*C. veutricosum* Sw. —*C. macranthos* var. *vetriconsum*（Sw.）Reichb.

植株高 25~50cm，茎微被柔毛；叶3~5枚，卵状椭圆形，长 8~15cm，宽 3~9cm，先端急尖，基部渐狭成鞘，全缘，两面具毛，弧形脉多条。苞片与叶同形，但较小；花单生，紫红色；中萼片先端2裂，侧萼片完全合生；唇瓣椭圆状球形，长 4~6cm，基部有毛，囊口直径1.5cm，花瓣基部被长柔毛；蕊柱长约2cm，柱头菱形，子房狭圆柱形，弧曲，长 1.5~2cm。蒴果纺锤形，长 3~5cm。花期 6~7 月，果期 8~9 月。

分布于东北、华北、西北、西南。生于林下、林缘草地。山西各山地均有分布，本区见于人祖山。花大而美丽，可供观赏。

2. 舌唇兰属 *Platanthera* Rich.

陆生兰，具块茎。叶数枚，茎生或近基生。总状花序，具多朵花，白色或黄绿色；中萼片与花瓣靠合成兜形，唇瓣位于下方，舌形，不分裂，基部有距，稀具耳；蕊柱贴生于唇瓣基部，花粉块2，有多数小块构成，具花粉柄和黏盘；柱头1，蕊喙生于两药室之间。

约50种。中国30种。山西2种，晋西黄土高原1种。

1. 二叶舌唇兰 *Platanthera chlorantha* Cust ex Rehb in Moessl. Handb. ed. z. 2：1565，1828；中国高等植物图鉴 5：616，图 8062，1976；山西植物志 5：481，图版 262：3，2004. —*P. freynii* Kranzl.

植株高 25~55cm，块茎 1~2，卵状矩圆形。茎基部具 1~2 叶鞘，叶2枚，于茎基部呈近对生状，倒卵状椭圆形，长 7~15cm，宽 2~6cm，先端钝或急尖，基部渐狭成鞘状柄，茎中部具叶状苞片，较小。总状花序常 6~20cm，花较大，白绿色，中萼片宽卵形，长 5~7mm，侧萼片椭圆形，歪斜，长 10mm；花瓣白色，头状披针形，长 6~7mm，唇瓣白色，条形，肉质，长 10~13mm，宽 1.5~2.5mm，不分裂，距圆筒形，长 17~22，镰刀状弯曲，先端稍膨大；蕊柱短而宽，花粉块长 4mm，具圆形黏盘。蒴果具喙。花期 6~7 月，果期 7~8 月。

分布于东北、华北，陕西、甘肃、西南。生于山坡林下、草丛。山西恒山、五台山、吕梁山、太岳山有分布，本区见于人祖山、紫金山。

3. 蜻蜓兰属 *Tulotis* Radin.

陆生兰，根茎肉质、指状。叶互生。总状花序具多数花，花小，黄绿色；萼片离生；唇瓣舌状下垂，基部3裂，中裂片较大，基部有纤细的距；蕊柱短，直立，两侧可见退化雄蕊；花药平行，花粉块2，具花粉块柄和黏盘，黏盘包于蕊柱基部的褶片中；柱头肥厚隆起，位于蕊喙中央。

5种。中国4种。山西及晋西黄土高原1种。

1. 蜻蜓兰 Tulotis asiatica Hara in Jour. Jap. Bot. 30：72，1955；中国高等植物图鉴5：620，图8069，1976；山西植物志5：476，图版260，2004.—*Orchis fuscenss* L.—*Perularia fuscescens*（L.）Lindl.

植株高25~50cm，根茎弓曲，长10cm。茎基部具2枚叶鞘；叶2~3枚，倒卵状椭圆形，长6~12cm，宽3~8cm，先端钝，基部渐狭成抱茎的叶鞘；茎上部具2枚披针形苞叶。总状花序长7~15cm，花多而密，苞片长于子房；花小，淡绿色，中萼片卵形，先端尖，侧萼片椭圆形，偏斜，边缘卷曲；花瓣披针形，先端钝，唇瓣舌状披针形。花果期8~9月。

分布于东北、华北、西北、四川、云南。生于林下、山坡草地。山西各山地均有分布，本区见于人祖山。可作切花材料。

4. 绶草属 Spiranthes Rich.

陆生兰，具肥大的肉质根。叶近基生，多少肉质。花序轴螺旋状扭转；中萼片与花瓣靠合成盔状，唇瓣直立，无距，边缘波状细裂进而3裂，基部凹陷，两侧各具1突起；蕊柱圆柱状，蕊喙直立，顶端钝，2裂，柱基部稍扩大，为无蕊柱脚；花药直立，位于后方，花粉块2，具花粉块柄。蒴果具3棱。

约50种。中国2种。山西及晋西黄土高原1种。

1. 绶草 Spiranthes sinensis（Pers.）Ames，Orch. 2：53，1908；中国植物志17：228，1999；山西植物志5：490，图版268，2004.—*Spiranthes lancea*（Thunb.）Backer Bakh. F. et V. STEENIS 中国高等植物图鉴5：622，图版657，1980.—*Neottia sinensis* Pers.—*Spiranthes amoena*（Bieb.）Spreng.

植株高15~30cm，根数条，指状，肉质，簇生于茎基部。茎较短，近基部生2~5枚叶。叶片条状披针形，长4~13cm，宽4~6mm，先端急尖或渐尖，基部收狭具柄状抱茎的鞘。总状花序具多数密生的花，长4~10cm，呈螺旋状扭转，有腺毛；苞片卵形，花小，紫红色、粉红色或白色；萼片的下部靠合，中萼片与花瓣靠合呈兜状，侧萼片与中萼片近等长，狭窄，先端稍尖；花瓣狭矩圆形，先端钝，与中萼片等长，唇瓣宽长圆形，舟状凹陷，先端钝，基部具爪，上部具强烈皱波状啮齿，中部稍缢缩，基部两侧各具1枚胼胝体；花药先端尖，花粉块较大，蕊喙裂片狭长；柱头马蹄形，子房纺锤形，扭转，有腺毛。花期6~8月。果期7~9月。

分布于全国各地。生于山坡林下、灌丛、草地或河滩沼泽草甸中。山西各山地均有分布，本区见于人祖山、房山峪口。全草民间作药用。

5. 火烧兰属 Epipactis R. Br.

陆生兰，根茎粗短。叶在茎上互生。总状花序具多花，下垂；萼片与花瓣张开，唇瓣中部缢缩如提琴状，下部为囊状，基部无距；蕊柱短，花粉块2，无花粉块柄，黏盘球形，子房扭转。

约20种。中国10种。山西及晋西黄土高原1种。

1. 小花火烧兰 Epipactis helleborine（L.）Grantz in Stirp. Austr. Ed. 467，1769；中国高等植物图鉴5：648，图8126，1976；山西植物志5：488，图版266，2004.—*Serapias helleborine* L.—*Epipaclis helleborine* Crantz. var. *rubiginosa* Audt. non Crantz.

植株高 20~65cm，根茎短，茎被短茸毛。叶 2~3 枚，互生，卵状椭圆形，长 6~9cm，宽 3~5cm，先端渐尖，基部抱茎。总状花序轴被毛，花疏生，苞片披针形；花黄绿色至淡紫色，中萼片卵状披针形，侧萼片歪斜；花瓣较小，卵状披针形，唇瓣长 6~8mm，中部缢缩，下部囊状半球形，上部近菱形，基部具 2 小突起；蕊柱粗厚，长 2mm。花期 6~8 月，果期 7~9 月。

分布于东北、华北、西北、西南。生于林下、山坡草地。山西太岳山、吕梁山、中条山有分布，本区见于人祖山。

6. 羊耳蒜属 *Liparis* Rich.

陆生或附生兰，具假鳞茎。叶多基生，或生于假鳞茎顶端。花莛从假鳞茎顶端发出，总状花序，唇瓣较花瓣与萼片宽大，不裂，具 2 个小突起，无距；蕊柱长，向前弯曲，上部具翅，无蕊柱脚；花粉块 4，成 2 对，无花粉块柄，无黏盘。

250 种，我国 50 种。山西 2 种，晋西黄土高原 1 种。

1. 羊耳蒜 *Liparis japonica* (Miq.) Maxim. in Bull. Acad. Sci. St. Petersp. 31：102，1887；中国高等植物图鉴 5：674，1976；山西植物志 5：501，2004. —*Mierostylis japonica* Miq.

陆生兰，假鳞茎球形。叶 2 枚，基生，卵状椭圆形，长 5~14cm，宽 2.5~8.5cm，先端渐尖，基部渐狭成鞘状柄。总状花序顶生，花序轴具翅，苞片鳞片状，膜质；花淡黄色或微带紫色，中萼片线状披针形，长 9mm，下延，侧萼片稍短；花瓣丝状，长 7mm，唇瓣倒卵形，长 5~6mm，不分裂，顶端具短尖；蕊柱短。蒴果倒卵形。花期 6~8 月，果期 7~9 月。

分布于东北、华北，甘肃。生于林下。山西吕梁山、中条山有分布，本区见于人祖山。全草入药。

7. 角盘兰属 *Herminium* Willd.

陆生兰，具块茎。叶数枚，近基生。总状花序，具多数小花，唇瓣 3 裂，无距；蕊柱短，柱头 2；花粉块 2，具花粉块柄和黏盘，黏盘卷成角状，外露。

40 种。中国 35 种。山西 2 种，晋西黄土高原 1 种。

1. 角盘兰 *Herminium monorchis* (L.) R. Br. in Acton, Hort. Kew. ed. 5：191，1813；中国高等植物图鉴 5：621，图 8072，1976；山西植物志 5：95，图版 271，2004. —*Ophrys monorchis* L. —*Herminium alaschanicum* var. *tanguticum* Maxim. —*Herminium tanguticum* (Maxim.) Rolfei.

植株高 5.5~35cm，块茎球形，直径 6~10mm，肉质。叶片椭圆状披针形，长 2.8~10cm，宽 8~25mm，先端急尖，基部渐狭并略抱茎，茎上部具 1~2 枚苞片状小叶。总状花序，长达 15cm；花苞片线状披针形；花小，黄绿色，下垂；侧萼片长圆状披针形，较中萼片稍狭，中萼片椭圆形，先端钝；花瓣近菱形，较萼片稍长，先端渐狭，唇瓣与花瓣等长，肉质增厚，基部凹陷呈浅囊状，近中部 3 裂，中裂片线形，长 1.5mm，侧裂片三角形；蕊柱长不及 1mm；药室并行，花粉块近球形，具极短的花粉团柄和黏盘，黏盘较大，卷成角状；子房圆柱状纺锤形，扭转，顶部明显钩曲。花期 6~7 月，果期 7~9 月。

分布于长江流域及以北各地。生于林下、灌丛、山坡草地或河滩沼泽草地中。山西各山地均有分布，本区见于人祖山、房山峪口。全草民间作药用。

附录一　对《山西植物志》的补充

1. 增补种类

（1）洋核桃（胡桃科洋核桃属）*Carya ilioensis* Koch.

（2）川陕鹅耳枥（桦木科鹅耳枥属）*Carpinus fargesiana* H. Winkl.

（3）欧洲白榆（榆科榆属）*Ulmus laevis*

（4）牛枝子（豆科胡枝子属）*Lespedeza potaninii* Vass.

（5）细叶百脉根（豆科蝶形花亚科）*Lotus tenuis*

（6）宿根亚麻（亚麻科亚麻属）*Linum perenne* L.

（7）冬青卫矛（卫矛科卫矛属）*Euonymus japonicus* Thunb.

（8）石防风（伞形科柴胡属）*Peucedanum terebinthaceum*

（9）雀瓢（萝摩科鹅绒藤属）*Cynanchum thesioides*（Freyn）K. Schum. var. *australe*（Maxim.）Tsiang et P. T. Li

（10）紫芎丁香（木樨科丁香属）*Syringa oblata* Lindl.

（11）少花猪殃殃（茜草科猪殃殃属）*Galium pauciflorum*

（12）光果猪殃殃（茜草科猪殃殃属）*Galium spurium* L.

（13）裂叶马当（菊科马兰属）

（14）紫花拐轴鸦葱（菊科鸦葱属）*Scorzonera divaricata* Turcz. var. *sublilacina* Maxim.

（15）圆柱披碱草（禾本科披碱草属）*Elymus cylindricus*（Franch.）Honda

（16）光盘早熟禾（禾本科早熟禾属）*Poa elanata*

（17）西伯利亚早熟禾（禾本科早熟禾属）*Poa sibirica*

（18）阿拉善鹅观草（禾本科鹅观草属）*Roegneria alashanica*

（19）毛盘鹅观草（禾本科鹅观草属）*Roegneria barbicalla* Ohwi

（20）狭叶鹅观草（禾本科鹅观草属）*Roegneria sinica* Keng var. *angustifolia* C. P. Wang

（21）中间型针蔺（莎草科荸荠属）*Eleocharis intersita* Zinserl.

（22）卵穗针蔺（莎草科荸荠属）*Eleocharis cvata*（Reth.）Roem

（23）密花小根蒜（百合科葱属）*Allium macrostemon* Bge. var. *uratense*（Franch..）

（24）矮紫苞鸢尾（鸢尾科鸢尾属）*Iris ruthenica* Ker Gawl.

2. 地理分布新记录

以下 71 种植物在《山西植物志》上虽有记载，但未记录在吕梁、临汾地区的分布，笔者的调查成果为山西植物地理分布的新记录。

（1）透茎冷水花（荨麻科冷水花属）*Pilea mongolica* Wedd.

（2）百蕊草（檀香科百蕊草属）*Thesiumchinense* Turcz.

（3）猪毛菜（藜科猪毛菜属）*Salsola collina* Pall.

（4）碱蓬（藜科碱蓬属）*Suaeda glauca*（Bunge）Bunge.

（5）马齿苋（马齿苋科马齿苋属）*Portulaca oleracea* L.

（6）牛扁（毛茛科乌头属）*Aconitum barbatum* Patrin ex Pers. var. *puberulum* Ledeb.

（7）大火草（毛茛科银莲花属）*Anemone tomentosa*（Maxim.）

（8）粗齿铁线莲（毛茛科铁线莲属）*Clematis argentilucida*（Lévl. et Vant.）W. T. Wang

（9）秦岭铁线莲（毛茛科铁线莲属）*Clematis obscura* Maxim.

（10）瓣蕊唐松草（毛茛科唐松草属）*Thalictrum petaloideum* L.

（11）细唐松草（毛茛科唐松草属）*Thalictrum tenue* Franch.

（12）淫羊霍（小檗科淫羊霍属）*Epimedium* Linn.

（13）蝙蝠葛（防己科蝙蝠葛属）*Menispermum* dauricum

（14）垂果蒜介（十字花科蒜介属）*Sisymbrium heteromallum* C. A. Mey.

（15）华北八宝（景天科八宝属）*Hylotelephium tatarinowii*（Maxim.）

（16）落新妇（虎耳草科落新妇属）*Astilbe chinensis*（Maxim.）Franch. et Savat.

（17）毛叶山樱花（蔷薇科樱属）*Cerasus serrulata* G. Don ex London var. *pubescens*（Makino）Yu et Li

（18）黑果栒子（蔷薇科栒子属）*Cotoneaster melanocarpus*

（19）桔红山楂（蔷薇科山楂属）*Crataegus aurantia* Pojark

（20）野山楂（蔷薇科山楂属）*Nippon Hawthorn* Fruit

（21）河南海棠（蔷薇科苹果属）*Malus honanensis* Rehd.

（22）北京花楸（蔷薇科花楸属）*Sorbus discolor* Maxim.

（23）甘草（豆科甘草属）*Glycyrrhiza uralensis* Fisch

（24）五脉山鼹豆（豆科山鼹豆属）*Lathyrus quinquenervius*

（25）二色棘豆（豆科棘豆属）*Oxytropis bicolor* Bunge

（26）白刺花（豆科槐属）*Sophora davidii*

（27）花苜蓿（豆科苜蓿属）*Medicago ruthenica*（L.）Trautv.

（28）青肤杨（漆树科青肤杨属）*Rhus potaninii*

（29）漆树（漆树科漆树属）*Toxicodendron vernicifluum*（Stokes）F. A. Barkl.

（30）软刺卫毛（卫矛科卫矛属）*Euonymus aculeatus* Hemsl.

（31）青榨槭（槭树科槭树属）*Acer davidii*

（32）青楷槭（槭树科槭树属）*Acer tegmentosum*

（33）文冠果（无患子科文冠果属）*Xanthoceras sorbifolia*

（34）东北鼠李（鼠李科鼠李属）*Rhamnus schneideri* Lévl. et Vant. var. *manshurica* Nakai

（35）毛果垂芥（十字花科芸薹属）*Brassica cernua*（Thunb.）F. B. Forbes et Hemsl

（36）苎麻麻（荨麻科苎麻属）*Boehmeria nivea*（L.）Gaudich.

（37）龙芽楤木（五加科楤木属）*Aralia mandshrica*

（38）刺楸（五加科刺楸属）*Kalopanax septemlobus*（Thunb.）Koidz.

（39）大齿山芹（伞形科山芹属）*Angelica grosseserratum*

（40）山芹（伞形科山芹属）*Angelica sieboldi*

（41）百金花（龙胆科百金花属）*Centaurium pulchellum*（Swartz）Druce var. *altaicum*

（Griseb.）Hara

（42）藤长苗（旋花科打碗花属）*Calystegia pellita*（Ledeb.）G. Don

（43）齿绿草（紫草科旋花科）*Calystegia pellita*（Ledeb.）G. Don

（44）麻叶风轮菜（唇形科风轮花属）*Clinopodium urticifolium*（Hance）C. Y. Wu & Hsuan ex H. W. Li

（45）鼬瓣花（唇形科鼬瓣花属）*Galeopsis bifida* Boenn.

（46）北京黄芩（唇形科黄芩属）*Scutellaria pekinensis*

（47）水茄（唇形科水茄属）*Solanum touvum*

（48）白芙（茄科茄属）

（49）沟酸酱（玄参科沟酸酱属）*Mimulus tenellus*

（50）唐古将忍冬（忍冬科忍冬属）*Lonicera tangutica*

（51）顶羽菊（菊科顶羽属）*Acroptilon repens*（L.）DC.

（52）窄叶小苦荬（菊科小苦荬属）*Ixeridium gramineum*

（53）日本风毛菊（菊科风毛菊属）*Saussurea japonica*

（54）翼茎风毛菊（菊科风毛菊属）*Saussurea alata* DC.

（55）长叶风毛菊（菊科风毛菊属）*Saussurea longifolia*

（56）红梗蒲公英（菊科蒲公英属）*Taraxcum erythropodium*

（57）远东芨芨草（禾本科芨芨草属）*Achnatherum extremiorientale*（Hara）Keng ex P. C. Kuo

（58）麦宾草（禾本科披碱草属）*Elymus tangutorum* Hand-Mzza.

（59）知风草（禾本科画眉草属）*Eragrostis ferruginea*（Thunb.）Beauv.

（60）林地早熟禾（禾本科早熟禾属）*Poa nemoralis* Linn.

（61）多叶早熟禾（禾本科早熟禾属）*Poa sphondylodes* var. *erikssonii* Melderis

（62）草沙参（禾本科草沙参属）*Adenophora stricta* Miq.

（63）东陵薹草（莎草科薹草属）*Carex tangiana* Ohwi

（64）头穗莎草（莎草科莎草属）*Cyperus glomeratus* L.

（65）水葱（莎草科蔗草属）*Schoenoplectus tabernaemontani*（Gmel.）Palla

（66）竹叶灯心草（灯心草科灯心草属）*Juncus effusus* Linn.

（67）山麦冬（百合科山麦冬属）*Liriope spicata*（Thunb.）Lour.

（68）卷叶黄精（百合科黄精属）*Polygonatum cirrhifolium*（Wall.）Royle

（69）二苞黄精（百合科黄精属）*Polygonatum involucratum*（Franch. et Savat.）Maxim.

（70）粗根鸢尾（鸢尾科鸢尾属）*Iris tigridia* Bunge

附录二　中文名索引

附录三　学名索引